Metzler, Der große Augenblick in der Weltraumfahrt

Rudolf Metzler

Der große Augenblick in der Weltraumfahrt

Von den ersten Raketen bis zur Raumstation

Loewe

Aktualisierte Sonderausgabe des Buches „Hallo Erde"
ISBN 3-7855-2032-8
© 1985 by Loewes Verlag, Bindlach
Grafiken: Lothar Tratz
Schutzumschlag-Foto: Mauritius-Photri
Schutzumschlag-Grafik: Claudia Böhmer
Gesamtherstellung: Mainpresse Richterdruck, Würzburg
Printed in Germany

Inhalt

Der Kern einer Raumstation, wie sie die Amerikaner in den neunziger Jahren errichten wollen: Wichtigste Bestandteile sind die Wohn- und Arbeitsräume für die Besatzung, Versorgungseinrichtungen für Luft und Wasser, Sonnenzellen für die Stromversorgung und Dockungsmechanismen für das Ankoppeln des Raumtransporters oder anderer Raumschiffe. (Foto: USIS)

Eine neue Heimat fern der Erde?

Die Raumstation als erster Schritt

Die Verfechter der Raumfahrt werden nicht müde, den Weltraum als ein letztes Paradies der Menschheit zu beschreiben. Schier grenzenlos – behaupten sie – hält er Rohstoffe und Energie für die ausgeplünderte Erde bereit. Er ermöglicht die Herstellung von Werkstoffen und Heilmitteln, wie es als Folge der Schwerkraft auf unserem Planeten nicht möglich ist. Schließlich steht er angesichts einer ständig steigenden Bevölkerungszahl auch als Kolonie und letzte Zufluchtsstätte der Menschheit zur Verfügung, sollte sich eines Tages hier unten kein Platz und keine Nahrung für alle mehr finden.

Solche Gedanken sind nicht gerade alltäglich. Mancher, der sie zum erstenmal hört, wird sich fragen: Ja, ist es denn mit unserer guten Mutter Erde so schlecht bestellt, daß man die Flucht in den Weltraum antreten müßte? Gewiß hat es einen vergleichbaren Vorgang schon einmal gegeben, als zu Beginn des industriellen Zeitalters die Überbevölkerung und in diesem Zusammenhang Arbeitslosigkeit, Armut und Hunger in Europa zunahmen und der überkochende Topf sich ein Ventil in Amerika suchte. Zehntausende, ja Hunderttausende von Auswanderern sind damals in das von fern gelobte Land gezogen, haben den Schmelztiegel der USA geschaffen und zu der Geburt der großen Nation jenseits des Atlantiks beigetragen. Wer damals keinen anderen Ausweg mehr sah und sich zu der langen, mühseligen Schiffsreise entschloß, dem mag es so ergangen sein wie manchem zukünftigen Erdenbewohner, der keine Chancen für eine segensreiche Entwicklung mehr sieht.

Noch ist es nicht soweit, daß wir uns eine neue Heimat fern der Erde suchen müßten. Wichtige Vorarbeiten sind noch nicht geleistet worden. Die uns versprochenen Reichtümer des Alls sind noch nicht erschlossen worden. Eher ist das Gegenteil der Fall: Bisher haben die Steuerzahler der großen Industriemächte, ohne vorher gefragt worden zu sein, viele Milliardenbeträge ausgegeben, um damit das Billett für den Eintritt in den Weltraum zu erstehen.

Ein erster Schritt in die schöne neue Welt, wie sie uns versprochen wird, soll die Weltraumstation sein. Die Amerikaner planen sie noch, für die Russen ist sie längst zum Alltag geworden. An Bord der Orbitalstation *Salut 7* haben sie mit einem fast achtmonatigen Aufenthalt im Jahre 1984 einen neuen Dauerflugrekord in der Schwerelosigkeit aufgestellt. Langzeitflüge wie dieser sind eine unabdingbare Voraussetzung dafür, eine ständig bemannte Raumstation betreiben zu können.

Seit April 1971 hat die Sowjetunion sieben solcher Stationen gestartet, eine davon erreichte ihre Umlaufbahn nicht. Insgesamt haben Dutzende von *Sojus*-Raumschiffen und ebenso viele *Progress*-Raumtransporter an ihr angelegt. Durch ständige technische Verbesserungen hat sich die östliche Raumfahrtmacht das Rüstzeug erarbeitet, um eines möglicherweise nicht mehr fernen Tages über eine Station im Weltraum zu verfügen, die diesen Namen wirklich verdient.

An Plänen herrscht kein Mangel in Europa

An Plänen in dieser Richtung fehlt es nicht in Europa. Da bereiten inzwischen die Franzosen eine schubstarke Version der *Europa*-Rakete vor. Die *Ariane 5* soll eine Nutzlast von fünf bis sechs Tonnen in eine geostationäre und eine von 15 bis 20 Tonnen in eine erdnahe Bahn tragen können. Damit könnte sie einen kleinen, etwa 18 Meter langen und acht Tonnen schweren Raumtransporter ins All tragen, der im Vergleich zu dem Güterwaggon des amerikanischen Raumtransporters ein Raumtaxi für vier Astronauten wäre. *Hermes* soll wie der *Space Shuttle* wieder zur Erde zurückkehren können.

Die Deutschen denken in Erweiterung ihrer Raumlabor-Pläne an eine freifliegende Intrumentenplattform, die an einer bemannten Raumstation anlegen könnte. *Eureca* könnte Bauteil für Bauteil auch im Weltraum zusammengesetzt werden. Zusammen mit den Italienern denkt man an eine Raumwerkstatt. Auch dieses Projekt *Columbus*, über das die Raumfahrtindustrien beider Länder bereits einen Entwicklungsvertrag abgeschlossen haben, könnte als ein Beitrag für die größere amerikanische Raumstation dienen.

Die Bundesregierung in Bonn war sich darüber im klaren, daß man eigene Wege in den Weltraum nicht beschreiten, sondern sie nur zusammen mit den politisch zuverlässigen Partnern in Washington und Paris gehen kann. Einen der beiden mächtigen Verbündeten vor den Kopf zu stoßen, hieße, die eigene Zukunft zu verbauen. Sicher war man sich auch, daß man in den sauren Apfel höherer finanzieller Zuschüsse für diese Zukunftsprogramme beißen mußte, um in dem wissenschaftlichen und technischen Wettlauf, der Auswirkungen auch auf andere industrielle Gebiete hat, weiter mithalten zu können.

Die frühen Raketenbauer

Ganswindt, der deutsche Edison

Von den zumeist mit Schießpulver angetriebenen Feststoffraketen, die als Waffe in einem Landkrieg eingesetzt werden konnten, bis zu den Flüssigkeitsraketen unserer Tage, die eine Nutzlast in den Weltraum transportieren können, war es ein weiter Weg. Einen kleinen Schritt in diese Richtung wies ein Deutscher, der im Voigtshof bei Seeburg in Ostpreußen geborene Hermann Ganswindt (1856–1934). Der mit einer lebhaften technischen Phantasie gesegnete Erfinder meldete viele seiner Ideen zum Patent an und erhielt bald in Berlin, wohin er seinen Wohnort verlegt hatte, in Anspielung auf seinen großen amerikanischen Zeitgenossen, dem viele Erfindungen auf dem Gebiet der Telegraphie gelangen, den Beinamen „der deutsche Edison". Unter seinen vielen Vorschlägen für den Bau von Maschinen, die sich in die Luft erheben sollten, war auch der Entwurf für ein „Weltenfahrzeug".

In einem Vortrag, den Ganswindt am 27. Mai 1891 in der Berliner Philharmonie hielt, befaßte er sich ausführlich mit dem Antrieb eines solchen Apparats, der nach dem Rückstoßprinzip konstruiert war. Damit hatte Ganswindt die Voraussetzung für einen Flug außerhalb der Atmosphäre richtig erkannt und klar beschrieben. Der Erfinder aus Berlin-Schöneberg war sich dabei im klaren, daß ein Treibstoff, der eine ausreichende Schubkraft entwickeln könnte, nicht zur Verfügung stand. Er schlug daher den Sprengstoff Dynamit als Antriebsmittel vor, wobei er die nur schlecht zu überwachende Wirkung dieses Explosivstoffes ausklammerte. Sein Fahrzeug sollte aus einem zylindrischen Stahlrohr bestehen, in dem außer dem Sprengstoff, von diesem durch eine starke Stahlplatte getrennt, zwei Weltraumfahrer untergebracht werden sollten. In weiteren Behältern sollten die notwendigen Vorräte an Atemluft und Verpflegung gelagert werden.

Ganswindt erläuterte vor achtzig Jahren in einer noch heute als korrekt geltenden Weise den Mechanismus seiner Phantasierakete, indem er erklärte: „Da die Fahrgeschwindigkeit dadurch erzielt wird, daß von dem schon bewegten Fahrzeug immer neue Explosionsmassen weggesprengt werden und vorn ein Hindernis im luftleeren Raum nicht existiert, die Maschine vielmehr um so sparsamer arbeitet, je schneller man fährt, läßt sich sogar die Fahrgeschwindigkeit nach Verlassen der atmosphärischen Luft so sehr steigern, daß man den Mars oder die Venus in zirka 22 Stunden erreichen könnte, wenn man mit einer doppelten Beschleunigung, wie diejenige der fallenden Körper ist, losfahren und von der Mitte des Weges an in demselben Maße bremsen würde."

Seine Raketenidee konnte Ganswindt zwar nicht verwirklichen, er konnte aber die Gewißheit mit ins Grab nehmen, als er völlig verarmt in Berlin starb, daß die von ihm als richtig erkannte Methode auch von anderen frühen Raketenpionieren als das einzig mögliche Prinzip beschrieben wurde, um den Weg zu den Sternen zu beschreiten.

Um über die Wirkungsweise des Raketenantriebs genügend Klarheit zu gewinnen, ist ein weiterer kleiner Abstecher in die Physik angebracht. Dabei ist es unerläßlich, in Gedanken einen Blick durch eines der modernsten Mikroskope, nämlich eines Elektronenmikroskops zu tun, das auch die kleinsten Teilchen eines Stoffes noch abzubilden vermag. Das kleinste Teilchen der Materie ist das Atom. Aus ihm sind alle lebenden und toten Stoffe aufgebaut, gleich, ob

Das „Weltenfahrzeug" Ganswindts aus dem Jahre 1891

es sich um feste, flüssige oder gasförmige Stoffe handelt. Diese Atome befinden sich unter normalen Umständen in ständiger Bewegung. Diese Bewegung wird um so schneller, je höher die herrschende Temperatur ist. Die dem Atom innewohnende Energie, die eine elektrische Ladung darstellt, wird dadurch freigesetzt und wird zur Wärmeenergie. Einfluß auf die Bewegungen eines Atoms, beispielsweise eines Kohlenstoffatoms in einem Stück Kohle, kann durch einen chemischen Prozeß genommen werden. Ein solcher chemischer Prozeß ist die Verbrennung, bei der der Kohle der Sauerstoff der Luft zugesetzt wird. Dieser Prozeß kann sich jedoch nur unter sehr hohen Temperaturen entwickeln. Dabei geschieht nichts weiter, als daß sich das Kohlenstoffatom mit einem Sauerstoffatom verbindet.

Das Ergebnis eines solchen Prozesses ist jedem bekannt: Sorgt man für eine ausreichend hohe Temperatur, das heißt, entzündet man die Kohle, dann entsteht eine heiße Flamme, die sich mit großer Geschwindigkeit von dem Brennpunkt entfernt. Die Wärme, die diese Flamme ausstrahlt, ist eine Folge der sich in ihr schnell bewegenden Atome des Verbrennungsgases, das aus der Verbindung von Kohlenstoff und Sauerstoff entstanden ist. Die in Bewegung geratenen Atome dieses Gases haben die Eigenschaft, in wilder Unordnung nach allen Richtungen „durcheinanderzuflitzen". Um die in ihnen enthaltene Energie zu nutzen, um sie gewissermaßen eine Arbeit verrichten zu lassen, muß man ihre Bewegung in eine bestimmte Richtung lenken. Nichts weiter geschieht in der Brennkammer einer Rakete, wo ein entzündeter Treibstoff durch den Einbau einer Düse gezwungen wird, den Raketenkörper in eine bestimmte Richtung zu verlassen. Der zu Gas verbrannte Treibstoff strömt dabei mit hoher Geschwindigkeit aus, wobei die Geschwindigkeit um so größer wird, je kleiner die Öffnung der Düse ist.

Zugleich wirkt sich das Newtonsche Reaktionsgesetz aus, wonach eine Aktion eine gleich große, aber entgegengesetzt wirkende Reaktion auslöst. Das Ergebnis ist, daß die auf die Düsenöffnung treffenden Gasatome an dieser Stelle keinen Widerstand vorfinden und entfliehen. Um so stärker ist der Widerstand, den die Atome auf der gegenüberliegenden (geschlossenen) Seite der Brennkammer vorfinden. An dieser Stelle wird der Gasdruck am höchsten, hier schiebt er die Rakete vor sich her. Dieser Schub ist zur Maßeinheit für die Antriebskraft einer Rakete geworden, die in Kilopond gemessen und angegeben wird, was in der Sprache der Physiker soviel wie ein Kilogramm bedeutet.

Konstantin Eduardowitsch Ziolkowski (1857–1935)

Bild rechts:
Eine Schnittzeich-
nung durch ein von Ziolkowski
im Jahre 1926 vorgeschla-
genes Raumschiffprojekt; es
bedeuten: 1 = Raum für Nutzlasten, 2 = Besatzungskabine,
3 = Wassertanks, 4 = Bat-
terien, 5 = Steuerungskreisel,
6 = Raketenmotor, 7 = Treibstofftanks, 8 = Raketendüse,
9 = Beobachtungsperiskop,
10 = Pilotensitz, 11 = Fernrohr, 12 = Sauerstofftanks.

Der „Raketenlehrer" aus Kaluga

Ohne von den Ideen des Deutschen Hermann Ganswindt über ein
„Weltenfahrzeug" zu wissen, beschäftigte sich im fernen Rußland zur
gleichen Zeit ein anderer Denker mit den Möglichkeiten einer
kommenden Weltraumfahrt. Seine wissenschaftliche Arbeit, die er
„Die Erforschung des Weltraums mit Reaktionsapparaten" nannte
und die er im Jahre 1898 abschloß, vermittelte wichtige Anregungen
an alle Forscher, die sich in späteren Jahren mit diesen Fragen beschäftigten. Der Name des Russen: Konstantin Eduardowitsch
Ziolkowski (1857–1935). Die Leistungen dieses sowjetischen „Vaters
der Raumfahrt" aber blieben nicht nur auf sein eigenes Land
beschränkt. Auch auf die Forscher im Westen übten sie eine Wirkung
aus und beeindruckten sie durch ihre kühnen Ideen.

In Rußland war zu Beginn des 19. Jahrhunderts viel mit Feststoffraketen experimentiert worden. Die Absicht war, sie für militärische
Zwecke einzusetzen, wie es die Engländer in verschiedenen Kriegen
zu Beginn dieses Jahrhunderts vorexerziert hatten.

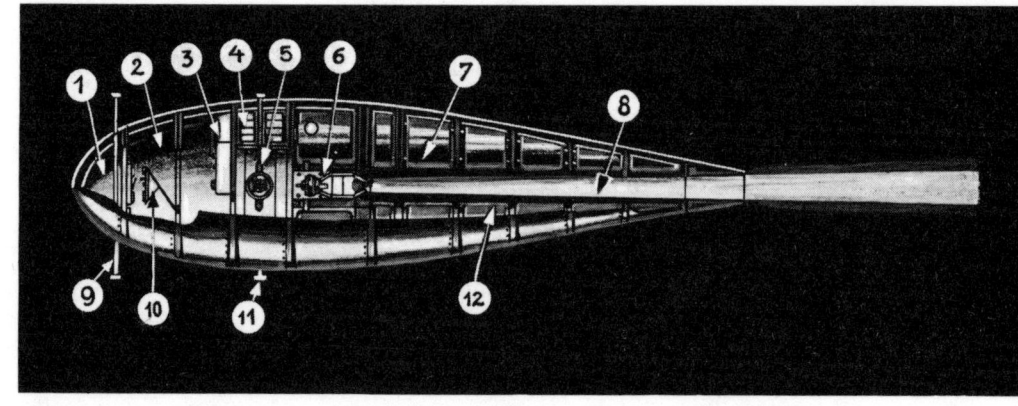

Aus diesen militärtechnischen Überlegungen heraus ließ der Zar in St. Petersburg ein eigenes Raketen-Institut einrichten. Er beauftragte den General Alexander Dimitrijewitsch Sasjadko (1779–1837) damit, die Technik dieser Waffe zu verbessern. Sasjadko ging an die Arbeit und ließ Raketentreibsätze konstruieren, die eine Geschoßladung bis zu einer Entfernung von drei Kilometern befördern konnten. Im Krieg mit der Türkei, der mit einem russischen Sieg endete, wurden ganze Ladungen gebündelter Raketen auf die Schwarzmeerfestung Warna abgeschossen.

Von diesen Raketenversuchen erfuhr auch Ziolkowski während seines Studiums an der Moskauer Universität. Er beschaffte sich alle Unterlagen darüber, soweit die Militärarchive sie freigegeben hatten. Mit theoretischem Wissen über die Raketentechnik vollgestopft, mußte er jedoch erkennen, daß sich damit kein Brot erwerben ließ. Er mußte sich deshalb einen anderen Beruf aussuchen. So wurde er Lehrer für Geometrie und Arithmetik an einer Schule in Borowo, nicht weit von Kaluga. Hier fand er genügend Zeit, sich weiterhin mit seinen Lieblingsideen zu beschäftigen. Ständig suchte er nach dem zweckmäßigsten Weg, wie eine Rakete auf ihre Reise geschickt werden könnte. Dabei wurde ihm klar, daß eine mit festen Explosivstoffen gefüllte Rakete nicht genügend Schub entwickeln würde, um aus dem Anziehungsbereich der Erde herauszukommen.

Seine Aufmerksamkeit richtete er deshalb auf die Verwendung flüssiger Treibstoffe. Ihm leuchtete ein, daß der Verbrennungsvorgang in diesem Fall ein ganz anderer sein würde. Eine Pulverrakete wurde einfach angezündet, wobei sich der entstehende Brand in der Pulverladung voranfraß. Eine etwa mit Petroleum gefüllte Rakete ließ sich nicht auf die gleiche Weise in Betrieb setzen, denn diese Ladung würde im Moment des Anzündens vollständig in Brand

13

gesetzt werden und explodieren. Ziolkowski fand einen Ausweg in der Form einer Brennkammer, in die der Treibstoff fortlaufend hineingespritzt werden mußte. Das Problem lag deshalb in der Konstruktion einer solchen Kammer, in der außer dem Treibmittel auch der für die Verbrennung notwendige Sauerstoff zur Verfügung stehen mußte. Seine Pläne, mit sauberen technischen Schnittzeichnungen versehen, legte er in der Studie „Die Rakete in den kosmischen Raum" fest, die im Jahre 1924 veröffentlicht wurde.

In diesen Aufzeichnungen findet sich auch die berühmt gewordene Formel, die zum Grundgesetz aller späteren Raketenbauer geworden ist. Ziolkowski erkannte als erster Wissenschaftler, daß die Endgeschwindigkeit einer Rakete von zwei Faktoren abhängig ist: von dem Verhältnis zwischen Startgewicht und dem nach dem Ausbrennen des Treibstoffs verbliebenen Gewicht sowie von der Geschwindigkeit der aus der Brennkammer entwichenen Verbrennungsgase. Der erste Faktor, auch Massenverhältnis genannt, ergibt sich aus der Teilung des Startgewichts durch das Leergewicht. Sind beispielsweise in einer 2800 Tonnen schweren Rakete 2100 Tonnen Treibstoffe getankt, dann ergibt sich nach dem Verbrennen dieser Masse ein Leergewicht von 700 Tonnen. Das Massenverhältnis erreicht in diesem Fall den Wert 4. Je größer diese Zahl und je höher die Austrittsgeschwindigkeit der Verbrennungsgase ist, um so höher ist auch die Geschwindigkeit der Rakete.

Diese theoretische Formel hat ihre Richtigkeit später bewiesen. Der Raketenbauer ließ es mit dieser Erkenntnis jedoch nicht genug sein. Er schlug auch die Grundform einer Rakete vor, die dem Ideal der späteren Raketenbauer recht nahekam: Sie sollte aus einem zylindrischen Metallkörper bestehen, der oben spitz zulief und damit in der Form einer Zigarre ähnelte. An dieser Stelle sollte ein Raum für die Raketenflieger und ihre Steuer- und Regelinstrumente eingerichtet werden, während der untere, größere Teil für die erheblichen Treibstoffvorräte reserviert bleiben sollte.

Als das geeignetste Verbrennungsgemisch empfahl er flüssigen Wasserstoff und flüssigen Sauerstoff. Falls die Handhabung dieser Brennstoffe, die nur bei tiefen Temperaturen ihren flüssigen Zustand erreichen, zu große Schwierigkeiten bereiten sollte (auch dieses Problem hatte Ziolkowski richtig erkannt), sollte eine Mischung von Methan und Sauerstoff oder Petroleum und Ozon gewählt werden. Noch heute gilt eine Kombination von Wasserstoff und Sauerstoff als der wirkungsvollste Antrieb, der auch bei Großraketen wie der amerikanischen Saturn verwendet wird.

Die Chemiker erklären den hohen Wirkungsgrad dieses Gemisches

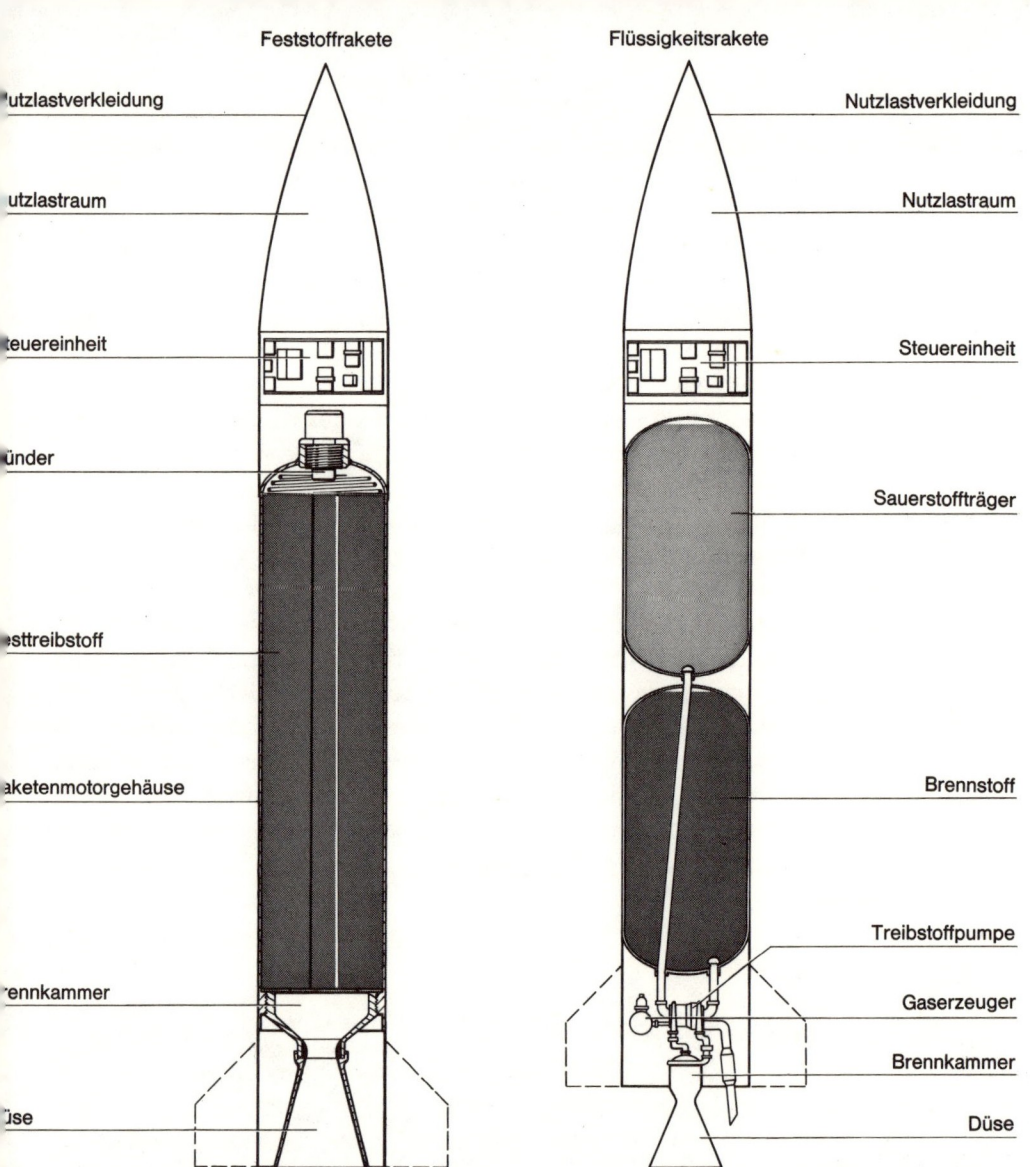

Feststoffrakete

- Nutzlastverkleidung
- Nutzlastraum
- Steuereinheit
- Zünder
- Festtreibstoff
- Raketenmotorgehäuse
- Brennkammer
- Düse

Flüssigkeitsrakete

- Nutzlastverkleidung
- Nutzlastraum
- Steuereinheit
- Sauerstoffträger
- Brennstoff
- Treibstoffpumpe
- Gaserzeuger
- Brennkammer
- Düse

Die wichtigsten Elemente einer Feststoff- und einer Flüssigkeitsrakete

so: Entscheidend ist das sogenannte Molekulargewicht eines Elements, das bei Wasserstoff den Wert 2 hat. Auch das Verbrennungsprodukt aus Wasserstoff und Sauerstoff, der Wasserdampf, steht mit einem Wert von 18 sehr günstig da. Das Resultat dieser niedrigen Molekulargewichte ist die bei der chemischen Reaktion der Verbrennung frei werdende große Wärmeenergie. Diese wiederum ist Voraussetzung für die hohe Austrittsgeschwindigkeit der Gase aus der Brennkammer und damit schließlich auch für die Geschwindigkeit der Rakete selbst.

15

Um die denkbar größte Schubkraft zu erzielen, empfahl Ziolkowski zudem die Bündelung mehrerer Raketen. Eine solche Mehrstufenrakete, wie sie im heutigen Sprachgebrauch heißen würde, nannte er „Raketen-Geschwader". Auch diese Idee des Raketenpioniers ist von den späteren Vollendern seines Gedankenguts übernommen worden. Die Russen bedienten sich dieser Methode, um ihre *Sputnik*-Satelliten und *Wostok*-Raumschiffe in eine Erdumlaufbahn zu schicken.

Nach Ziolkowskis Vorstellungen sollten drei Raketen mit jeweils eigenen Brennstoffvorräten und Triebwerken gekoppelt werden, wobei die beiden äußeren nebeneinander oberhalb der mittleren Rakete angebracht werden sollten. Die mittlere würde als erste Rakete gezündet werden und damit als Startrakete dienen. Erst nach ihrem Ausbrennen sollten die beiden übrigen Raketen gezündet werden. Auch hier ging Ziolkowski von den überlieferten Vorstellungen der Konstrukteure von Feststoffraketen ab, die sich die höchste Wirkung von der gleichzeitigen Zündung aller gebündelten Raketen versprachen. Heute wird sowohl das Prinzip der nebeneinander gekoppelten Raketen – bei der sowjetischen *Wostok*-Trägerrakete zum Beispiel oder bei der von der amerikanischen Luftwaffe entwickelten Titan-Rakete – als auch das der aufgestockten Raketen angewandt, das

Das Prinzip der Raketenbündelung läßt sich an der Wostok-Trägerrakete gut erkennen.

Robert Hutchinson
Goddards Raketen-
werkstatt von
Roswell in Neu-
Mexiko
im Jahre 1935

den Vorzug hat, durch das Absprengen der ausgebrannten Raketenstufe eine tote Last entfernen zu können.

Ziolkowskis geschichtliche Bedeutung für das herannahende Ra-
keten- und Raumfahrtzeitalter wird heute in Ost und West an-
erkannt. Seine Arbeiten über die Raketentechnik und die Grundlagen
interplanetarischer Flüge waren die ersten grundsätzlichen Untersuchungen, die im wissenschaftlichen Schrifttum der Welt zu finden sind. Seine mathematischen Berechnungen erwiesen sich bis
in die Gegenwart als stichhaltig und richtig. Seine klar und präzis
formulierten Gedanken haben die Arbeiten der nachfolgenden Generationen von Forschern beeinflußt und geprägt.

Goddard baut die Flüssigkeitsrakete

Die Ideen des Russen Ziolkowski setzte als erster der Amerikaner
Robert Hutchinson Goddard (1882–1945) in die Tat um. Diese Aufeinanderfolge in der Ahnenreihe der Raketenpioniere ist nur ein
Zufall, denn die Werke des Mathematiklehrers aus Kaluga waren
dem amerikanischen Physikprofessor zu dem Zeitpunkt, als er mit
seinen praktischen Versuchen begann, nicht bekannt. Aber die geistige Verwandtschaft ist nicht zu übersehen. Sie weist auf die führende Rolle hin, die diese beiden großen Nationen in der zweiten
Hälfte des 20. Jahrhunderts spielen.

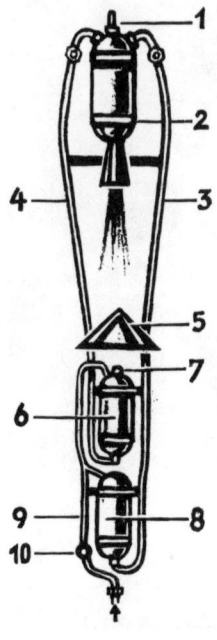

Goddards Raketentriebwerk bestand aus einem unverkleideten Rohr- und Behältersystem, das sich zusammensetzte aus dem Zündmechanismus (1), der Brennkammer mit der Düse (2), der Sauerstoffleitung (3), der Treibstoffleitung (4), einem Schutzhut zur Abschirmung der darunterliegenden Teile vor den heißen Verbrennungsgasen (5), dem Behälter für Flüssigsauerstoff (6) mit Überdruckventil (7), dem Treibstofftank (8) sowie einer Druckgasleitung (9) mit einem Regelventil (10)

Die Bedeutung Goddards liegt in der Konstruktion der ersten funktionstüchtigen Flüssigkeitsrakete. Zwar experimentierte er auch zunächst mit Feststoffraketen, die er mit Schießpulver gefüllt hatte. Die Ergebnisse erschienen ihm jedoch unbefriedigend. Deshalb begann er im Jahre 1920 mit der Entwicklung einer Rakete, die von flüssigen Treibstoffen auf ihre Bahn gebracht werden sollte. Als das größte Hindernis sah Goddard die Isolierung des Treibstofftanks von der Brennkammer an. Auch die Konstruktion einer Pumpe, die den Treibstoff in die Brennkammer zu befördern hatte, bereitete zunächst Schwierigkeiten. Ein weiteres Problem stellte sich mit der Wahl des richtigen Treibstoffs. Nach Versuchen mit leicht brennbaren Kohlenwasserstoffen wie Flüssigpropan und Diäthyläther verfiel er schließlich auf Benzin und Sauerstoff als Oxydator.

Mit den praktischen Versuchen begann Goddard in der Nähe seines Wohnorts Boston. Hier in Auburn brachte er am 16. März 1926 die erste Flüssigkeitsrakete der Welt zum Start. Innerhalb von 150 Sekunden legte sie einen Weg von 600 Metern zurück und erreichte dabei eine Geschwindigkeit von 90 Kilometern pro Stunde.

Vier Jahre nach dem ersten Start in Auburn konnte Goddard seine größten Erfolge erzielen. Ein verbessertes Raketenmodell flog am 30. Dezember 1930 rund 600 Meter hoch und erreichte dabei kurzfristig eine Geschwindigkeit von 800 Kilometern in der Stunde. Weitere fünf Jahre später konnte er neue Rekordmarken melden: Diesmal kam er bis auf eine Höhe von 2200 Metern und auf eine

Geschwindigkeit von 1100 Stundenkilometern, was der Geschwindigkeit des Schalls entspricht.

Goddards Berichte über diese Versuchsreihen erschienen später in den wissenschaftlichen Veröffentlichungen des angesehenen Smithsonian-Instituts von Washington, das sich um die Förderung der Forschung in den Vereinigten Staaten bemüht. Darin beschrieb er die Arbeitsweise der Pumpen, der Triebwerke sowie der Wirksamkeit der von ihm entwickelten treibstoffgekühlten Brennkammer. Auch über das Verhalten von Raketen auf einem Prüfstand legte er in Erfahrungsberichten Rechenschaft ab. Schließlich zog er aus seinen Versuchen Schlüsse auf die Wirkungsweise eines Raketentriebwerks im luftleeren Raum, den er mit verbesserten Aggregaten zu erreichen hoffte.

Goddards Tätigkeit war mit der Veröffentlichung seiner Arbeiten im ganzen Land bekanntgeworden. Unter dem Eindruck dieser vielversprechenden Forschungen wurde im Jahre 1930 die Interplanetarische Gesellschaft von Amerika gegründet.

Oberths Weg zu den Planetenräumen

Die ersten tastenden Schritte in Richtung auf ferne, nie betretene Welten wurden nicht allein in Rußland und Amerika gewagt. Auch in Deutschland gab es nach dem Berliner Hermann Ganswindt eine Anzahl von Männern, die sich in Gedanken und Taten mit der Rakete und ihren Möglichkeiten beschäftigten.

Im Jahre 1922 kam zu dem Verleger Rudolf Oldenbourg in München ein 28jähriger Mann mit pechschwarzen Haaren und einem abenteuerlich wirkenden Schnurrbart. Es handelte sich um den am 25. Juni 1894 in Siebenbürgen geborenen Hermann Oberth. Er legte ein Manuskript vor, das den Titel „Die Rakete zu den Planetenräumen" trug. Oldenbourg glaubte zunächst, den Verfasser eines utopischen Romans vor sich zu haben, der mit viel Phantasie und wenig Sachkunde eine Reise durch den Weltraum beschrieben hätte. Der Verleger technischer und wissenschaftlicher Literatur wollte schon abwinken, als ihn das Studium des Inhaltsverzeichnisses eines Besseren belehrte. Er las mit Interesse die Einleitung des schmalen Manuskriptes. Sie lautete:

„1. Beim heutigen Stand der Wissenschaft und Technik ist der Bau von Maschinen möglich, die höher steigen können, als die Erdatmosphäre reicht.

19

2. Bei weiterer Vervollkommnung vermögen diese Maschinen derartige Geschwindigkeiten zu erreichen, daß sie -- im Ätherraum sich selbst überlassen – nicht auf die Erdoberfläche zurückfallen müssen und sogar imstande sind, den Anziehungsbereich der Erde zu verlassen.
3. Derartige Maschinen können so gebaut werden, daß Menschen (wahrscheinlich ohne gesundheitlichen Nachteil) mit emporfahren können.
4. Unter gewissen wirtschaftlichen Bedingungen kann sich der Bau solcher Maschinen lohnen. Solche Bedingungen können in einigen Jahrzehnten eintreten."

Oberths Schriften gelten als der Anfang einer wissenschaftlichen Theorie der Weltraumfahrt in Deutschland. Im Jahre 1929 – inzwischen als Mathematiklehrer in Mediasch in Siebenbürgen tätig – erweiterte er seine erste Broschüre zu einem umfassenden Werk, das jetzt den Titel „Wege zur Raumschiffahrt" trug.

Er ging daran, Einzelteile eines Raketentriebwerks zu entwickeln. Auf dem Gelände der Chemisch-Technischen Reichsanstalt in Berlin-Plötzensee stellte er im Jahre 1930 einer staatlichen Kommission eine von ihm erfundene Kegeldüse vor, durch die Benzin und flüssiger Sauerstoff explosionsfrei verbrannte. Die Schubleistung

Die Rückkehr eines Raumfahrzeugs zur Erde – wie es sich der Raketentechniker Hermann Oberth im Jahre 1923 vorstellte.

dieses einfachen Raketentriebwerks wurde gemessen, wobei ein Schub von 7,5 Kilopond ermittelt wurde.

In den folgenden Jahren beschäftigte sich Oberth mit einer Fülle anderer Forschungsaufträge. Darunter war auch die Förderpumpe für die erste Großrakete der Welt, des in Deutschland gebauten Aggregats A 4.

Ein Raketenschlitten auf dem Eibsee

Hermann Oberth hatte in Deutschland eine Idee geweckt, die fortan nicht mehr zum Verstummen kam. Sein Buch „Die Rakete zu den Planetenräumen" löste in der Mitte der zwanziger Jahre eine lebhafte Diskussion in interessierten Kreisen aus. Die Meinungen der Fachleute und derjenigen, die sich dafür hielten, prallten dabei hart aufeinander. Viele waren sicher, Oberth Fehler in seiner Theorie nachweisen zu können. Andere übernahmen kritiklos seine Behauptungen und gingen daran, selbst den Nachweis zu führen, daß der Bau einer Flüssigkeitsrakete ohne Schwierigkeiten in die Tat umzusetzen sei.

Einer dieser begeisterten Verfechter des Raketengedankens war der in Bozen geborene Max Valier (1895–1930), der in Innsbruck das Physikstudium begonnen hatte und es, unterbrochen vom Ersten Weltkrieg, in Wien und München fortsetzte. An die Konstruktion von Raketen war noch nicht zu denken, da dies erhebliche finanzielle Aufwendungen erforderte. So begann er mit dem Bau von Raketenschlitten und -autos.

In den Opel-Werken von Rüsselsheim bei Frankfurt wurden zu Beginn des Jahres 1928 dann erste Versuche mit einem Raketenauto unternommen. Die dabei verwendeten Treibsätze waren von Friedrich Wilhelm Sander entwickelt worden. Am Steuer des Wagens saß der Rennfahrer Kurt C. Volkhardt. Das Raketenauto erreichte Geschwindigkeiten von 75 Kilometern in der Stunde, der zurückgelegte Weg war aber recht bescheiden, da die Treibsätze rasch verbrannt waren. Am 23. Mai steuerte Fritz von Opel selbst eine Neukonstruktion des von Valier entwickelten Wagens, Opel-Rak 2 genannt. Er hatte sich dazu die Rennstrecke der Berliner Avus ausgesucht. Dabei kam er auf 220 Kilometer pro Stunde, der Wagen rollte diesmal auch zwei Kilometer weit, was einen erheblichen Fortschritt gegenüber den Ergebnissen von Rüsselsheim bedeutete.

Da man mit dem Raketenmotor noch höhere Geschwindigkeiten zu erreichen hoffte, die Stabilität eines Automobils dafür aber zu

gering erachtete, wurde für das nächste Experiment ein Raketen-
schienenwagen gebaut, der gleichzeitig den Geschwindigkeitsrekord
für Schienenfahrzeuge – der auf 215 Kilometern pro Stunde stand –
brechen sollte. Am 23. Juni 1928 war es soweit. Auf einer schnurgeraden Bahnstrecke bei Hannover setzte sich das unbemannte Gefährt in Bewegung. „Um 2.30 Uhr erfolgte der Start", berichtete ein
Augenzeuge. „Man hörte einen leichten dumpfen Knall, das Deto-
nieren der ersten Rakete. Die Geschwindigkeit des Wagens erhöhte
sich zusehends. Nach schätzungsweise 250 Metern erreichte er unter
einer weiteren starken Explosion ein Tempo von 100 Kilometern in
der Stunde. Nach etwa 400 Metern zündete eine dritte Rakete. Das
kleine Fahrzeug fauchte den endlosen Schienenstrang entlang, eine
phantastische grauweiße Rauchfahne hinter sich herziehend, und
entschwand den Blicken."

Bei 1750 Metern Entfernung vom Startpunkt hatte der Wagen seine
größte Geschwindigkeit erreicht. Kurz vor Erreichung der 2000-Meter-
Marke wurde die automatische Bremse betätigt. Zwischen dem
einwandfrei vermessenen Abschnitt von 1600 bis 1850 Metern hatte
das Fahrzeug eine Geschwindigkeit von 245 Kilometern pro Stunde
erreicht.

Das Raketenauto Opel-Rak 2 bei seinem Start auf der Berliner Avus im Mai 1928

Nach einigen Fehlschlägen und Versuchen mit den Modellen Rak-Bob 1 und 2 suchte Valier sich ein neues Element, um dem Raketenantrieb einen Weg zu bahnen.

Schließlich fand sich der Berliner Unternehmer Paul Heylandt bereit, Valier in seinen Werkshallen in Britz bei Berlin zu beschäftigen. Valier, erfreut darüber, sein theoretisch bis in die kleinste Einzelheit ausgearbeitetes Flüssigkeitstriebwerk endlich bauen zu können, stürzte sich in die Arbeit. Innerhalb weniger Wochen stand Anfang des Jahres 1930 ein Experimentaltriebwerk auf dem Prüfstand. Als Treibstoff verwandte er Spiritus, der mit Stickstoff in die Brennkammer gedrückt wurde, während flüssiger Sauerstoff den Verbrennungsvorgang ermöglichte. Gleich beim ersten Versuch leistete das kleine Triebwerk einen Schub von 0,13 Kilopond. Innerhalb kürzester Zeit erhöhte er die Leistung auf 1,3 Kilopond. Das bedeutete eine Verbesserung um das Zehnfache. Vier Wochen später war er bereits bei 13 Kilopond angelangt und hatte damit die Leistung abermals um das Zehnfache gesteigert. Diese Leistung konnte zudem zehn Minuten lang eingehalten werden.

Rastlos getrieben von der Überzeugung, auf dem richtigen Weg zu sein, gönnte sich Valier kaum noch Ruhe. Er erweiterte die Versuchseinrichtungen ständig. „Am 17. Mai 1930 um 21 Uhr", so heißt es in einem Bericht über sein letztes Experiment, „trat Max Valier mit einer brennenden Lötlampe an die Brennkammer seines neuesten Triebwerks heran, um das auf dem Prüfstand befestigte Gerät anzuzünden. Zunächst lief der Motor einwandfrei, der Kammerdruck stieg bis auf sieben Atmosphären. Als das Manometer den Eichstrich 7 erreichte, gab es eine heftige Explosion. Max Valier schwankte und brach zusammen. Ein kleiner Splitter von der geborstenen Brennkammer war in seinen Brustkorb gedrungen und hatte die Lungenschlagader getroffen. Noch am Unfallort starb Valier durch innere Verblutung." Er war erst 35 Jahre alt.

Ein Einzelgänger wie Valier war auch der aus Wesermünde stammende Friedrich Wilhelm Sander, der nach seinen von Opel geförderten Versuchen mit Feststoffraketen wie viele andere zu der Überzeugung kam, daß der Flüssigkeitsrakete die Zukunft gehöre. Am 10. April 1929 soll er eine solche Rakete erfolgreich gestartet haben, wobei die Schubkraft 45 bis 50 Kilopond und die Brenndauer 132 Sekunden betragen haben soll. Wenn diese Behauptungen zutreffen, dann hätte es sich bei diesem Experiment um den ersten Start einer Flüssigkeitsrakete in Europa gehandelt.

Genauere Informationen liegen über eine andere Gruppe von Raketenbauern vor, die sich in Dessau an die Arbeit gemacht hatte.

Max Valier mit seinem Raketenschlitten Rak-Bob X in Schleißheim bei München

Die dort gebauten drei Raketentypen HW 1a, HW 1b und HW 2 stammten aus der Entwicklungsreihe des Ingenieurs Johannes Winkler und seiner Mitarbeiter Rolf Engel und Bernmüller. Finanziert hatte diese Versuche der Industrielle Hugo A. Hückel. Am 14. März 1931 wurde von dieser Mannschaft die HW 1a bei Dessau erstmals erfolgreich gestartet. Das Aggregat entwickelte dabei einen Schub von 4,5 Kilopond. Dieser Start wird von vielen Fachleuten als der erste Flug einer Flüssigkeitsrakete in Europa angesehen.

Die Weiterentwicklung HW 1b, die schon 100 Kilopond Schub leistete, trug bereits die wesentlichen Merkmale einer modernen Raketenkonstruktion mit zwei Treibstoffbehältern, gekühlter Brennkammer und leistungsfähigen Einspritzpumpen. Bei dem ersten Startversuch mit dieser Rakete am 6. Oktober 1932 bei Pillau auf der Frischen Nehrung kam es jedoch zu einer Explosion, bei der die Rakete auf dem Abschußgerüst in tausend Stücke zerrissen wurde. Eine Wiederholung des Versuchs kam aus finanziellen Gründen nicht in Frage, denn der Bau hatte bereits Tausende von Mark verschlungen. Wegen der richtungsweisenden Konzeption, die von Winkler und seinem Team angewendet wurde, gelten diese Männer noch heute als die erfolgreichsten Wegbereiter des aufdämmernden Raketenzeitalters.

Die Träumer machen ernst

Nebels junge Feuerköpfe

Zu den Männern der ersten Stunde zählte auch der Diplom-Ingenieur Rudolf Nebel (1894–1978). Nebel galt als der führende Kopf auf dem Reinickendorfer Raketenflugplatz, auf dem nur wenige Raketen gestartet wurden, weil die Nähe der Millionenstadt Berlin ein solches Experiment verbot. Um ihn scharte sich eine Garde junger Feuerköpfe, die wie er selber von der Raketenidee durchdrungen waren. Zu ihnen gehörten Walther Riedel, ein begabter Ingenieur, der wie Valier in den Heylandt-Werken gearbeitet hatte, Rolf Engel, der seine langjährigen Erfahrungen in die Messerschmitt-Bölkow-Blohm-Werke einbrachte, Willy Ley, der die technische Sprache der Konstrukteure vorzüglich in ein allgemeinverständliches Deutsch fassen konnte, und schließlich der 18jährige Wernher von Braun (1912–1977), der hier seine ersten Erfahrungen sammelte. Von Januar 1931 bis zum Dezember 1933 führte Nebels junge Mannschaft nach einer von Engel aufgestellten Bilanz insgesamt 250 Prüfstandversuche durch. Die wichtigsten Ergebnisse dieser Tätigkeit lauteten:

1. Es wurden nicht nur Sauerstoff und Kohlenwasserstoffverbindungen, sondern auch Gemische von Alkohol und Wasser erfolgreich erprobt.
2. Das Problem, auf welche Weise die Brennkammer einer Rakete am zweckmäßigsten zu kühlen sei, wurde zufriedenstellend gelöst.
3. Auf der Suche nach dem richtigen Werkstoff für die Brennkammer, die für einen Flug im Weltraum möglichst leicht zu sein hatte, wurden verschiedene Aluminiumlegierungen erfolgversprechend ausprobiert.
4. Die verbrauchten Treibstoffmengen konnten durch eine Verbesserung der Einspritzpumpe herabgesetzt werden.
5. Ebenfalls wurde untersucht, ob sich die Durchsätze der Treibstoffe regeln und damit auch die Geschwindigkeit der Rakete steuern lasse.

Die Hohmannschen Ellipsenbahnen

Unbeachtet von den frühen Raketenbauern hatte der in Hardheim im Odenwald geborene Ingenieur Walter Hohmann (1880–1945) sich Gedanken über ein Problem gemacht, das zu dieser Zeit für eine Lösung noch nicht reif zu sein schien. Er verfaßte ein Manuskript, das wie Oberths und Valiers Schriften erstmals bei Oldenbourg in München erschien und den in eine ferne Zukunft weisenden Titel trug „Von der Erreichbarkeit der Planeten". Der im Essener Stadtbauamt beschäftigte Hohmann hatte sich in seiner Freizeit als Erholung von seiner erdgebundenen Konstruktionstätigkeit mit der Navigation von Raumfahrzeugen im interplanetarischen Raum beschäftigt und ihre günstigsten Bahnen bei den verschiedenen Stellungen von Erde, Mond und den Planeten errechnet, die inzwischen unter dem Namen Hohmannsche Ellipsen in die Raumfahrtwissenschaft eingegangen sind. Nach diesen umfangreichen Zahlenkolonnen lassen sich alle möglichen Starttage für einen Weltraumflug errechnen. Noch heute gehen Amerikaner und Russen nach der von Hohmann empfohlenen Methode vor.

Der Pfadfinder der heutigen Astronauten und Kosmonauten aber ging in seiner Schrift über diese Berechnungen hinaus. Er, der zeitlebens keine Anerkennung für seine vorausschauende Arbeit fand, ermittelte auch die voneinander abhängigen Größen, Gewichte und

**Walter Hohmann
(1880–1945)**

Geschwindigkeiten für zukünftige Raumfahrzeuge, die einmal zu Flügen nach dem Mond oder nach dem Mars starten würden. Er schlug dabei auch die heute angewandte Methode vor, die Landung auf einem Himmelskörper mit einem Beiboot vorzunehmen, das aus Gründen der Gewichtsersparnis später im Weltraum zurückgelassen werden sollte, während sich das Rückkehrfahrzeug in einer Umlaufbahn bereithielt. Das Mondumlaufverfahren, mit dem die Amerikaner den Mond eroberten, geht im Prinzip auf Hohmanns Überlegungen zurück.

In Hohmanns Tabellen findet sich auch bereits die Aufstellung der Gewichte, die bei einer Planetenexpedition nicht überschritten werden dürfen. Für ein Mondlandungsboot setzte er ein Gewicht von einer Tonne an, das in der Umlaufbahn zurückbleibende Mutterschiff durfte nach seinen Berechnungen sechs Tonnen nicht überschreiten, wenn das Abhebegewicht der Startrakete nicht über 1870 Tonnen liegen sollte – eine für die damalige Zeit noch nicht im Bereich des Möglichen liegende Größenordnung.

In einer weiteren, 1925 veröffentlichten Schrift „Fahrtroute, Fahrzeiten und Landungsmöglichkeiten" beschäftigte sich der Stadtbaurat aus dem Ruhrgebiet mit den ungefähren Zeiten, die eine interplanetarische Expedition in Anspruch nehmen würde. Hohmann setzte dabei die Dauer eines Flugs zum sonnennächsten Planeten Merkur unter Ausnutzung einer günstigen Stellung zur Erde mit 105 Tagen an, zur Venus müßten die Raumfahrer schon mit 146 Tagen rechnen, während der Flug zum Mars gleich 258 Tage in Anspruch nähme. Der Weg zum fernen Jupiter ginge über drei Jahre, wobei für den Rückflug eine entsprechend lange Zeit veranschlagt werden müßte.

Alle diese Vorausberechnungen stimmen mit den heute als richtig erachteten Werten im großen und ganzen überein. Das gilt auch für den in Stunden angegebenen Zeitraum, in dem ein kurzfristiger Ausflug zum Mond möglich wäre, der bereits 24 Jahre nach dem Tod des großen Raumfahrttheoretikers Wirklichkeit wurde.

Sänger errechnet die Kosten

Wie groß auch das Verdienst der frühen Theoretiker und Praktiker gewesen sein mag, für die überwiegende Mehrheit der Bevölkerung galten sie als Träumer, die ihr Ziel zu Lebzeiten niemals erreichen würden. Diese Geisteshaltung zeigte sich auch in den Stellungnahmen staatlicher Stellen und der Privatindustriellen, die von den Wissenschaftlern um Unterstützung angegangen worden waren. Kaum jemand, der über Geld verfügte, zeigte sich bereit, Forschungen zu finanzieren, deren Ergebnis nicht abzusehen war; nur selten wagte jemand, Investitionen für eine ungewisse Zukunft vorzunehmen.

Diese Schwierigkeiten sah der im böhmischen Preßnitz geborene Eugen Sänger (1905–1964) als eines der größten Übel der jungen Weltraumforschung an. Er versuchte deshalb, in dieser Hinsicht Abhilfe zu schaffen.

Sänger machte sich als erster Wissenschaftler Gedanken darüber, was ein Land für seine Raumfahrtanstrengungen zu zahlen habe, ob diese Kosten überhaupt in einem Verhältnis zu seiner wirtschaftlichen Leistungsfähigkeit stehen und ob die Raumfahrt folglich überhaupt einen Sinn haben könnte. Er fand heraus, daß die Kosten für Projekte der Raumfahrttechnik in einem ganz bestimmten Verhältnis zu dem erreichten technischen und wirtschaftlichen Entwicklungsstand zu stehen haben.

Sänger kam in seinem Buch „Raumfahrt heute, morgen, übermorgen" zu folgenden aufschlußreichen Ergebnissen: „In den beiden führenden Raumfahrtländern UdSSR und USA, also dem westlichen und östlichen Flügel des Blockes der weißen Menschheit mit zusammen über 400 Millionen Menschen, beträgt der Gesamtaufwand für die Raumfahrt jährlich über fünf Milliarden Arbeitsstunden. Das entspricht zwei Prozent der auch durch das Bruttosozialprodukt darstellbaren Arbeitskapazität dieser Menschengruppen. Der Aufwand für Schulzwecke beträgt demgegenüber in den USA 3,5 Prozent, der für militärische Zwecke zehn Prozent. Als Wert der mittleren Arbeitsstunde könnte man etwa das nationale Bruttosozialprodukt, geteilt durch die Zahl der in einem Jahr geleisteten Arbeitsstunden, benutzen. Wenn man diese letzte Zahl dann auf die etwa 40 Prozent des werktätigen Anteils an der Bevölkerungszahl mit jährlich rund 2400 geleisteten Arbeitsstunden bezieht, dann ergibt sich ein mittlerer Wert der Arbeitsstunde in nationalen Währungseinheiten, der rund 3 Dollar in den Vereinigten Staaten, 6,50 Mark in Westeuropa und 5 Rubel in der Sowjetunion beträgt." In diesem Verhältnis also lassen sich die aufgebrachten Leistungen in Ost und West vergleichen, stellte Sänger fest. Auf ein bestimmtes Projekt der Raumfahrt bezogen bedeutet dies: Für die erste bemannte Landung auf dem Mond mußten die Amerikaner zehn Milliarden Arbeitsstundenwerte aufbringen. Das entspricht 30 Milliarden Dollar in den Vereinigten Staaten und 50 Milliarden Rubel in der Sowjetunion.

Sänger stand mit seinen theoretischen und praktischen Arbeiten in vorderster Front des neuen Raumfahrtzeitalters. Seine Forschungen galten einem weiten Bereich: Er beschäftigte sich in seinem Leben mit Raketenflugtechnik und Flüssigkeitsraketen, mit Raketenschlitten und Staustrahlantrieben, mit der Hyperschallströmung sowie mit chemischen und atomaren Raketenantrieben.

In den letzten Jahren seines Lebens nahm Sänger mehrmals zur Problematik der vielstufigen Raketen Stellung, die nach seiner Ansicht eine Verzweiflungslösung darstellen. Ihm schwebte immer der Typ eines Raumfahrzeugs vor, das wie ein Flugzeug mit aerodynamischer Hilfe von der Erde aus startet, im Überschall- und später Hyperschallflug bis an die Grenze der Lufthülle steigt, dann auf Raketenantrieb umschaltet und später im Gleitflug wieder zur Erde zurückkehrt.

Auf diese Pläne stützten sich später die amerikanischen Arbeiten an dem Weltraumfahrzeug Dyna Soar, die jedoch nie bis zur Produktionsreife gediehen. Sängersche Konstruktionsideen wurden auch beim Bau des amerikanischen Raketenflugzeugs X 15 verwendet, mit dem mehrere Geschwindigkeits- und Höhenweltrekorde aufgestellt wurden.

Peenemünde, 3. Oktober 1942

Das Verdienst, die von vielen Gruppen und Grüppchen mit viel Elan und privater Initiative in Angriff genommene Raketenentwicklung in Deutschland unter einen Hut gebracht zu haben, gebührt einem Mann, der sich sowohl als Organisator wie als Techniker hervortat. Freilich, er tat es nicht in eigener Verantwortung, sondern handelte auf militärischen Befehl. Sein Name: Walter Dornberger (1895–1980).

Er richtete die Versuchsstelle West auf dem Flugplatz von Kummersdorf bei Berlin ein und begann hier systematisch mit dem Bau einer Flüssigkeitsrakete, deren Zweck es sein sollte, eine Sprengladung über eine bislang für unmöglich gehaltene Entfernung ins Ziel zu tragen. Wer dem Ruf Dornbergers in den frühen dreißiger Jahren folgte, war sich klar darüber, daß sie diesen Umweg über die Waffe in Kauf nehmen mußten. Der Auftrag jedoch lautete nach wie vor, ein Vehikel zu schaffen, mit dem eines Tages die Erforschung des Weltraums und möglicherweise sogar eine Fahrt zum Mond oder den Planeten unternommen werden konnte.

Dornbergers Mannschaft – er hatte im Herbst 1932 Walther Riedel und Wernher von Braun aus Reinickendorf geholt, der begabte Techniker Heinrich Grünow und der Konstrukteur Arthur Rudolph stießen später hinzu – setzte zunächst auf bewährte Entwicklungen. Sie begannen mit einer Brennkammer aus den Heylandt-Werken, die einen Schub von 20 Kilopond leistete, machten sich aber später an den Eigenbau einer Kammer, die schon 300 Kilopond lieferte. Rückschläge und Unglücksfälle blieben auch hier nicht aus.

Im Jahre 1933 ging man in Kummersdorf daran, eine erste Rakete von 150 Kilogramm Gewicht zu bauen, die 1,40 Meter lang war und von einem 75prozentigen Alkoholgemisch und Sauerstoff angetrieben werden sollte. Die Aggregat 1, abgekürzt A 1, genannte Rakete sollte für die Dauer von 16 Sekunden einen Schub von 300 Kilopond erzeugen. Um ihren Flug zu stabilisieren, wurde an ihrer Spitze ein Drehstrommotor angebracht, dessen rotierende Achse wie ein Kreisel wirken sollte. Durch dieses ursprünglich nicht eingeplante Hilfsgerät aber wurde die Rakete zu kopflastig und verweigerte den Flug.

Diesen Fehler wollten Dornbergers Raketenbauer bei ihrem zweiten Anlauf unbedingt vermeiden. 1934 entstand daher das A 2, bei dem der Stabilisierungskreisel in die Mitte des Raketenkörpers zwischen Treibstoff- und Sauerstofftank eingebaut worden war. Der Start der ersten zwei Flugkörper dieses Typs wurde zum Erfolg: Auf der Insel Borkum erreichte das A 2 Anfang Dezember 1934 Höhen von 2200 Metern. Ein erfolgreicher Anfang war gemacht.

Prüfstand VII der Heeresversuchsanstalt Peenemünde auf der Ostseeinsel Usedom

1936 begann der Umzug der militärischen Raketenbauer von Kummersdorf zu einem kleinen Fischerdorf an der Ostseeküste, das später zum Inbegriff für die deutsche Raketenentwicklung überhaupt wurde. Hier in Peenemünde, an der äußersten Nordspitze der Insel Usedom, war im August 1936 der erste Spatenstich für die um diese Zeit größte Raketenversuchsanstalt der Welt getan worden.

Dornberger selbst berichtete über das militärische Großprojekt: „Hunderte von Millionen Mark wurden in dieses Unternehmen hineingepumpt. Die damals modernsten Laboratorien und Versuchsfelder wurden gebaut. Reihen von Raketenprüfständen aus Beton und Eisen, ausreichend für Triebwerke und Geräte von wenigen 100 Kilogramm bis 200 Tonnen Schub, wurden entlang der Küste errichtet. Der größte Windkanal der Welt, in dem Überschallgeschwindigkeiten erzeugt werden konnten, ausgerüstet mit den modernsten Mitteln der Meßtechnik, wurde in Betrieb genommen. Sauerstofferzeugungsanlagen, Werkstätten und Verwaltungsgebäude, verbunden durch ein Netz von Schnellbahnen und Betonstraßen, vollendeten zusammen mit der notwendigen Wohnsiedlung das Bild dieser zur damaligen Zeit in der Welt umfangreichsten und bestausgerüsteten Forschungs- und Entwicklungsstelle."

Inzwischen hatte Dornbergers Raketenmannschaft auch das Aggregat 3 startbereit gemacht.

Am 4. Dezember 1937 um 10.03 Uhr war es soweit. Das A 3 hob sich zwar programmgemäß vom Boden, ein Fehler in der Steuerungsanlage aber ließ es wieder zur Erde stürzen, noch ehe es seine endgültige Höhe gewonnen hatte. Die eingebauten Meßinstrumente, die den Druck und die Temperatur während des Fluges messen, und eine Kleinkamera, die diese Meßergebnisse aufzeichnen sollte, wurden dabei zerstört.

Immerhin hatten die Arbeiten an dem A 3 erhebliche Fortschritte gebracht. Der Schub des mit Spiritus und Flüssigsauerstoff arbeitenden Triebwerks konnte auf 1,5 Tonnen erhöht werden, die Ausströmgeschwindigkeit der Brenngase erreichte für 45 Sekunden den Spitzenwert von 2000 Metern in der Sekunde. Neue Zerstäuberdüsen sorgten für einen gleichmäßigen Brennvorgang. Die Brennkammer bestand aus einer hochwertigen magnesiumhaltigen Aluminiumlegierung, die wärmefest und korrosionsbeständig war. Außerdem wurden am Heck des Raketenrumpfes erstmals Stabilisierungsflächen verwandt, die aus Molybdän bestanden und daher von dem Strahl der heißen Verbrennungsgase nicht angegriffen werden konnten.

Punkt 16 Uhr erhob sich am 3. Oktober 1942 vom Prüfstand VI ein bulliger Raketenkörper, stieg zunächst schwerfällig, dann immer schneller werdend senkrecht empor, neigte sich zu einer bogenförmigen Flugbahn und verschwand in Richtung Ostnordost, von Hunderten von Ferngläsern entlang der Ostseeküste mit Spannung verfolgt. Start und Flug der ersten Fernrakete der Welt waren gelungen. Das Tor zum Weltraum war einen Spaltbreit aufgestoßen.

Eine A 4 wird in Peenemünde zu ihrem vierten Startversuch vorbereitet. Maskottchen der Raketenbauer war die Frau im Mond.

Die Erde erhält einen Kunstmond

Die Welt hat sich verändert

Was die amtliche sowjetische Nachrichtenagentur TASS am 4. Oktober 1957 gegen 14 Uhr Moskauer Zeit bekanntgab, versetzte die Zeitungsredaktionen und Rundfunkanstalten in der ganzen Welt in eine nur selten wahrzunehmende hektische Stimmung. Genau 15 Jahre und einen Tag nach dem Start einer ersten Großrakete in Peenemünde kam aus der Hauptstadt der Sowjetunion die elektrisierende Meldung, daß mit dem Start eines ersten Satelliten die Erde einen Kunstmond erhalten habe. *Iskustwienny Sputnik Zemlie*, die russische Bezeichnung für diesen künstlichen Begleiter der Erde, wurde innerhalb kürzester Frist zum sinnverwandten Wort für einen Satelliten überhaupt.

Der sowjetische *Sputnik* war an diesem 4. Oktober von dem zu diesem Zeitpunkt noch nicht zum Kosmodrom ausgebauten Raketenschießplatz Baikonur in der Nähe des Aralsees mit einer zweistufigen T-3-Rakete in eine Umlaufbahn um die Erde geschossen worden. Der kugelförmige Körper mit seinen vier wie kahle Kohlstrünke abstehenden Antennenstäben hatte einen Durchmesser von 58 Zentimetern und wog 83,6 Kilogramm. Mit ihm war auch die kegelförmig zulaufende Schutzhülle der Raketenspitze sowie die letzte Stufe der Trägerrakete in eine Umlaufbahn gelangt, so daß eigentlich drei von Menschenhand gefertigte Teile auf einmal aus dem Anziehungsbereich der Erde gebracht worden waren. Die Wissenschaftler, die sofort darangingen, dieses erste Ereignis des Weltraumzeitalters gewissenhaft zu registrieren, führten somit gleich drei künstliche Satelliten in ihrem Katalog auf. Es waren die Objekte Alpha 1 für die Raketenstufe, Alpha 2 für *Sputnik* und Alpha 3 für den Schutzkegel.

Die TASS-Meldung gab der staunenden Welt, die mit diesen Angaben noch wenig anzufangen wußte, weitere Einzelheiten bekannt: „Laut ersten Berechnungen", so hieß es in den eilends angefertigten Übersetzungen, „wird sich der Satellit in Höhen bis zu 900 Kilometern über der Erdoberfläche bewegen; eine vollständige Erdumkreisung wird eine Stunde und 35 Minuten dauern. Der Nei-

Der erste künstliche Erdsatellit, Sputnik 1

gungswinkel der Flugbahn zur Äquatorialebene beträgt 65 Grad. Das
bedeutet, daß der Satellit einen Bereich des Erdballs überfliegt, der
sich etwa vom nördlichen bis zum südlichen Polarkreis erstreckt und
annähernd 95 Prozent der gesamten Oberfläche unseres Planeten
einbezieht."

Der neue Trabant der Erde bewegte sich (für einen Beobachter auf
einem der Fixsterne) auf einer gleichbleibenden elliptischen Bahn. Da
die Erde jedoch ihre Lage gegenüber dem Himmelsgewölbe ständig
verändert und sich um ihre eigene Achse dreht, tauchte dieser erste
Satellit und nach ihm alle folgenden nach einem vollen Erdumlauf
nicht wieder über demselben Punkt auf, den er bei der vorhergehenden Umkreisung überflogen hatte, sondern über einem
Punkt, der zwar auf dem gleichen Breitengrad, aber weiter westlich
lag. Diese Verschiebung betrug nicht genau 24 Grad, da der Satellit
sonst nach 24 Stunden von einer bestimmten Position aus in der
gleichen Stellung hätte beobachtet werden können. In Wirklichkeit
wurden jedoch beim ersten *Sputnik* geringe Abweichungen festgestellt.

34

Sputnik 1, wie er erst später genannt wurde, war mit zwei Radiosendern ausgerüstet, die ununterbrochen mit einer Frequenz von 20,005 und 40,002 Megahertz Signale aussandten, was einer Wellenlänge von 15 beziehungsweise 7,5 Metern entsprach. Diese Signale dauerten 0,3 Sekunden, darauf folgte eine ebensolange Pause. Abhörstationen und Amateurfunker machten sich daran, auf den angegebenen Wellenlängen das Zeichen einer neuen Zeit einzufangen. Sie vernahmen die abgehackten, nervös klingenden Pieptöne als eine ungewöhnliche Botschaft aus dem fernen Weltraum, bis die Batterien nach 21 Tagen erschöpft waren. Auch der Satellit selber hatte nach 92 Tagen das Ende seiner Lebenszeit erreicht, er drang in die dichteren Schichten der Lufthülle ein und verglühte.

Der erste künstliche Satellit, von dem die Sowjetunion später originalgroße Nachbauten stolz in vielen Ländern präsentierte, bestand aus einer Aluminiumlegierung, deren Oberfläche spiegelblank poliert war. In der mit Stickstoff gefüllten Kugel waren neben dem Sender und den ihn speisenden Batterien nur einige wenige Meß- und Regelinstrumente eingebaut. Die annähernd drei Meter langen Antennen waren während des Starts eng an den Schutzmantel gepreßt und entfalteten sich erst im Weltraum, nachdem der Behälter abgesprengt worden war. Antennen und Sender nahmen den größten Teil des Gewichts in Anspruch.

Die ausgestrahlten Funkwellen gaben den Sowjets die ersten wichtigen Hinweise über die Verhältnisse in der oberen Atmosphäre, so daß dieser Satellitenflug nicht nur einen Propagandawert, sondern auch große wissenschaftliche Bedeutung hatte. Gerade auf diesen Punkt legten die Weltraumpioniere aus Moskau in ihren Veröffentlichungen besonderen Wert. Sie stellten den *Sputnik*-Start als einen wichtigen Beitrag zum Geophysikalischen Jahr heraus, das auf eine Anregung von Wissenschaftlern aus der ganzen Welt am 1. Juli 1957 begonnen hatte, um die vielen noch ungeklärten Erscheinungen in der oberen Atmosphäre zu erforschen. Umfangreiche Messungen an den verschiedensten Stellen der Welt, besonders auch in den menschenleeren Gegenden der Polgebiete, in den Weltmeeren und in den oberen Schichten der Lufthülle sollten das Gesamtbild unseres Planeten durchsichtiger und überschaubarer machen.

Besonders die mit staatlichen Mitteln reichlich ausgestatteten Wissenschaftler in den Vereinigten Staaten und in der Sowjetunion setzten ihren ganzen Ehrgeiz daran, möglichst viele Ergebnisse zu diesem weltweiten Unternehmen beizutragen. Dabei vertrauten die Russen besonders auf ihre Forschungsraketen, mit denen sie einen Großteil der noch verbliebenen Geheimnisse zu enträtseln hofften. Innerhalb

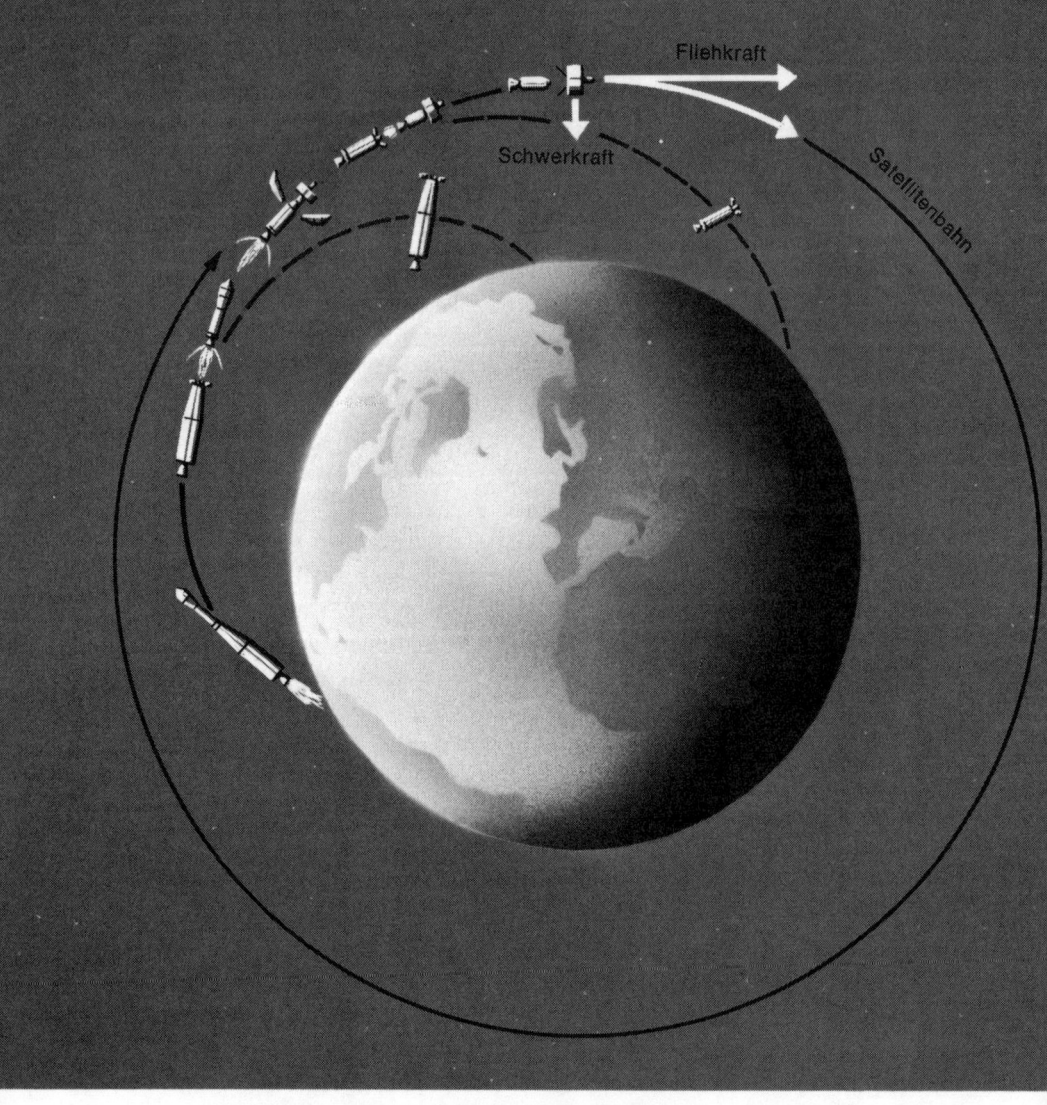

Die sich gegenseitig aufhebende Schwerkraft und Fliehkraft halten den Satelliten in seiner Umlaufbahn um die Erde, die in der Regel eine Ellipse bildet.

dieses im Hinblick auf seine wissenschaftlichen Ergebnisse so fruchtbaren Jahres entsandten sie nicht weniger als 175 Forschungsraketen in die Atmosphäre und den Weltraum, drei davon trugen Satelliten in ihrer Spitze. Abschußorte waren außer Zentralrußland auch das Franz-Joseph-Land nördlich des 80. Breitengrads, ein Schiff in der Südpolregion sowie Gebiete um den Äquator. Insgesamt beschäftigten sich einige tausend Forscher in 503 Stationen damit, den Forderungen, die dieses Geophysikalische Jahr stellte, gerecht zu werden.

„Ein sehr wichtiger Bestandteil der Forschungen", so hieß es in

36

einem Bericht aus Moskau damals, „die mit Hilfe des Satelliten durchgeführt werden, ist die Beobachtung seiner Bewegung, die Prüfung der Feststellung und Voraussage der weiteren Bewegung aufgrund der Resultate der Beobachtungen. Der Satellit wird anhand seiner ausgestrahlten Funksignale sowie in Sternwarten mit optischen Instrumenten beobachtet. Neben Fachkräften sind auch Radioamateure sowie Gruppen von astronomischen Beobachtungsstationen dabei, mit eigens für diesen Zweck hergestellten Geräten die Messungen vorzunehmen. Diese Messungen können bis zu einer Genauigkeit von einem Grad ausgeführt werden. Alle diese Angaben werden gesammelt und von einer zentralen Stelle aus überprüft. Dabei werden modernste Mittel, wie Elektronenrechenmaschinen, eingesetzt. Die Angaben geben auch der geophysikalischen Forschung wichtige Anhaltspunkte an die Hand. Dazu gehört die Bestimmung der Atmosphärendichte aufgrund der Veränderung der Flugbahn des Satelliten. Um die im Umkreis des Satelliten sich abspielenden Prozesse genau registrieren zu können, wurden empfindliche Elemente eingebaut, die die Frequenzen der Funkimpulse, das Verhältnis zwischen der Dauer der Impulse und der dazwischenliegenden Pausen bei einer Änderung gewisser Daten auf dem Satelliten anzeigen. Auf diese Weise können beispielsweise Temperaturveränderungen, die bei dem Flug durch die Sonnen- und Nachtseite der Erde auftreten, wahrgenommen werden. Von großer Bedeutung ist auch die Beobachtung der Verbreitung der Funkwellen des Satelliten. Die Messung der Höhenlage der Funkwellen vermittelt Daten über das Abklingen der Radiowellen in bisher unerforschten Bereichen der Atmosphäre."

Das Organisationstalent Chrunitschow

Die Sowjets hatten einen glänzenden militärischen Organisator gefunden, der, wie Dornberger in Deutschland, die teilweise auseinanderstrebenden Interessen der russischen Raketentechniker zusammenführte. General Michail W. Chrunitschow, ein Artillerieoffizier, erteilte ihnen als Kenner der militärischen Notwendigkeiten zunächst einmal den Auftrag, mit Feststoffraketen angetriebene Werfergeschosse zu bauen, die unter dem Namen Stalin-Orgel bekannt wurden.

Chrunitschow, dem nach dem Krieg das gesamte Raketen- und Weltraumprogramm der Sowjets unterstellt wurde, strebte schon zu diesem Zeitpunkt den Bau von Großraketen an. Am 30. Oktober

1947 startete er mit Hilfe von einigen deutschen Spezialisten in der Wolgasteppe von Kapustin Jar, südöstlich von Stalingrad, eine A 4, die 300 Kilometer weiter östlich niederging. Unter der Regie des bulligen Generals, der inzwischen auch einer der stellvertretenden Ministerpräsidenten der UdSSR geworden war, wurde die eigene Entwicklung militärischer Raketen vorangetrieben.

Das Ergebnis war die T-Serie, die man als erste einsatzfähige Raketengeneration der Sowjetunion bezeichnen kann. Die T 1 war noch eine Kurzstreckenrakete, die aber bald von der T 2 abgelöst wurde, die eine Reichweite von 2800 Kilometern hatte. Aus dieser Mittelstreckenrakete wiederum ging die 280 Tonnen schwere T 3 hervor, die auch den *Sputnik* in eine Umlaufbahn brachte.

Als weiterer Wegbereiter des in der Sowjetunion begonnenen neuen Zeitalters ist noch der Wissenschaftler Anatoli Arkadjewitsch Blagonrawow aufzuführen, der sich auf internationalen Tagungen schlicht als „Professor der Ballistik" vorzustellen pflegt. Der gelernte Schiffsbauer hatte schon früh Karriere gemacht und zahlreiche Posten an wichtigen wissenschaftlichen Schaltstationen inne, ehe er im Ausland bekannt wurde. Er führte die sowjetische Delegation an, die Ende September 1957 an einer internationalen Tagung für Raketentechnik und Weltraumforschung in Washington teilnahm.

Ein Teilnehmer dieser Konferenz berichtete: „Die sowjetischen Forscher waren aufmerksame Beobachter. Zu der Hauptfrage, wie man in die Schichten der oberen Atmosphäre gelangen könnte, sagten Blagonrawow und die Herren seiner Begleitung, ganz wie man erwartet hatte, zunächst nichts. Die Konferenz dauerte vom 30. September bis zum 4. Oktober. Am letzten Tag, als schon Aufbruchstimmung um sich griff, lud Professor Blagonrawow seine Kollegen aus den westlichen Ländern zu einer Erläuterung ein und deutete dabei an, daß die sowjetischen Forscher über gewisse Erfolge bei der Erforschung der erdnahen Atmosphäre berichten wollten. Der weißhaarige Mann mit den buschigen Augenbrauen, dem niemand seinen hohen Rang als Generalleutnant der Roten Armee ansah, sorgte dann für die Sensation der Tagung: Er berichtete über den Start des *Sputniks*. Bis in die späte Nacht wurde dann in dem Kreis der Gelehrten diskutiert, gefragt, geantwortet."

Nicht minder überraschend war die Wirkung der Nachricht an einem anderen Ort in den Vereinigten Staaten, wo sich der nach der Wiederwahl von Präsident Eisenhower zum neuen Verteidigungsminister ernannte Neil McElroy zum erstenmal über die Entwicklung von militärischen Raketen informieren wollte. McElroy hatte sich zu diesem Zweck im Redstone-Arsenal des amerikanischen Heeres bei

Huntsville im Bundesstaat Alabama angesagt, wo er von Entwicklungschef Generalmajor John B. Medaris und seinen Mitarbeitern erwartet wurde. Unter diesen befand sich auch der technische Direktor dieser Raketenanstalt, der aus Deutschland stammende Wernher von Braun. Anstatt sich über das in Arbeit befindliche Projekt, die Redstone-Heeresrakete, zu unterhalten, wurde auch hier der *Sputnik* zum Gesprächsthema Nummer eins. Der deutsche Raketenkonstrukteur, von dem amerikanischen Minister über seine Ansichten befragt, hielt mit seiner Meinung nicht hinter dem Berg: „Wir wußten es, daß die Russen es schaffen würden", hielt er dem erstaunten McElroy entgegen. „Aber wir können es auch. Wir haben hier die Raketen. Geben Sie uns freie Hand, Herr Minister, lassen Sie uns etwas tun. Sie können von uns in sechzig Tagen einen Satelliten haben. Geben Sie uns freie Bahn und sechzig Tage, Mister McElroy."

Diese Szene zeigt deutlich, wie tief der *Sputnik*-Schock die Amerikaner getroffen hatte, die zu diesem Zeitpunkt keinen vergleich-

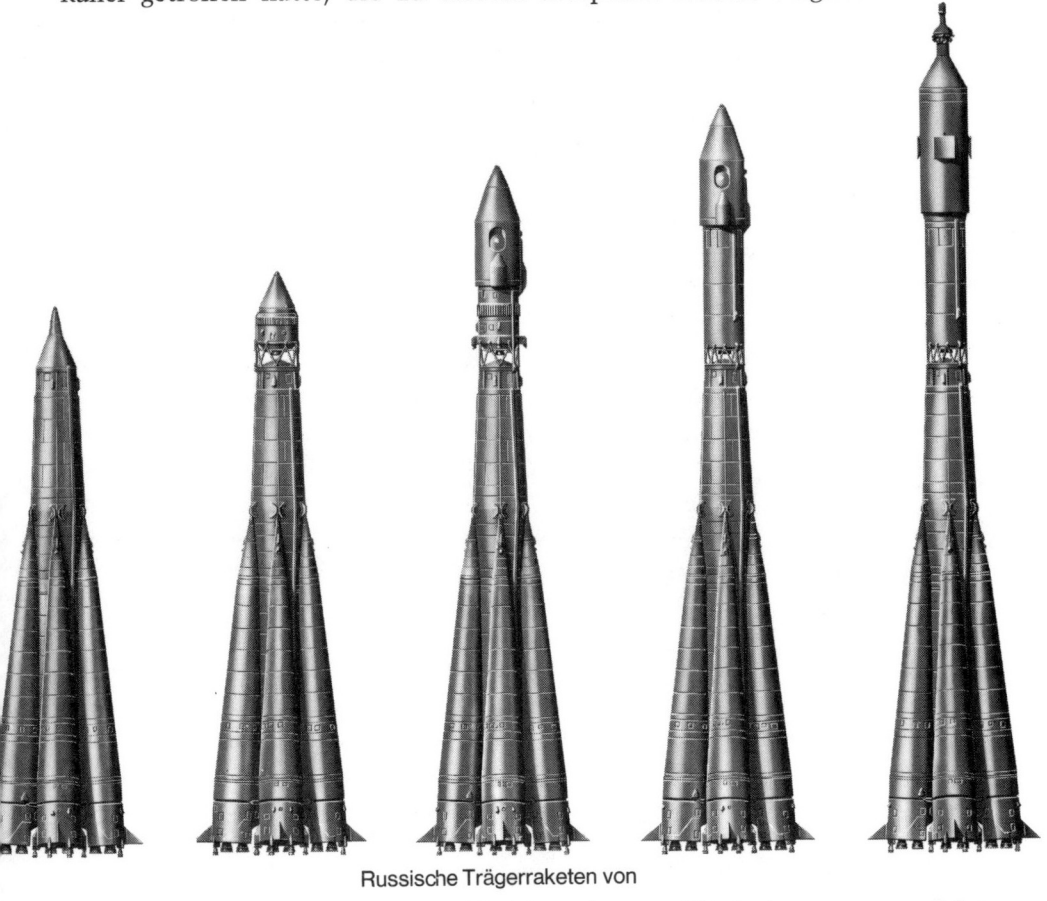

Russische Trägerraketen von

| Sputnik | Luna | Wostok | Woschod | Sojus |

baren Weltraumerfolg zu verzeichnen hatten. Zwar gab es auch in den Vereinigten Staaten Pläne, einen Satelliten in eine Umlaufbahn zu bringen, sie wurden jedoch durch einen erbitterten Kampf um die Zuständigkeit von den verschiedenen amerikanischen Waffengattungen unnötig in die Länge gezogen.

Ein Lebewesen im Weltraum

Schneller, als auch die kühnsten Optimisten erwarten konnten, stellten die Sowjets unter Beweis, daß ihr erster Griff nach den Sternen kein Einzelereignis war und daß sie es mit der Eroberung des Weltraums ernst nahmen. Nicht einmal vier Wochen nach dem Start von *Sputnik 1* entsandten sie am 3. November 1957 einen zweiten Satelliten in eine Erdumlaufbahn. Was die Menschen dabei überraschte, war die Schnelligkeit, mit der sie dazu in der Lage waren; was sie aber geradezu erregte, war der Inhalt dieser neuen Raumkapsel: An Bord von *Sputnik 2* befand sich mit der Eskimohündin Laika das erste Lebewesen im Weltraum.

Aber auch diese Weltraumsensation wurde, zumindest für die Fachleute, noch übertroffen: Schier als ein technisches Wunder erschien es ihnen, daß dieser von einer vierstufigen Rakete in eine Erdumlaufbahn getragene Satellit 503,8 Kilogramm wog und damit sechsmal so schwer wie sein Vorgänger war. Das waren mehr als zehn Zentner, mehr als eine halbe Tonne.

Das war auch keine medizinballgroße, polierte Kugel mehr, sondern ein kegelförmiger Satellitenkörper, in dem sich eine luftdicht abgeschlossene Kabine mit einem Sauerstofftank und einem Behälter für den Nahrungsmittelvorrat des Bastardhundes befand. Auch die Meßeinrichtungen waren verfeinert worden. Es gab Wärmeregelanlagen und einen Apparat, der die Atmung, den Pulsschlag, den Blutdruck und die Herzströme des Tieres festhielt und die gemessenen Werte zur Erde funkte. Die für das Wohlbefinden des Lebewesens notwendigen Temperaturen wurden exakt eingehalten und der bei der Atmung ausgeschiedene Stickstoff abgeleitet.

Neben diesen biologischen Daten wurden auch die Umweltbedingungen des Satelliten gemessen. Ein Gerät ermittelte die Sonnenstrahlungen im Ultraviolett- und Röntgenbereich, ein anderes die Dichte der Atmosphäre und den noch in diesen Höhen zu verzeichnenden Druck. Wiederum waren zusätzlich zwei Sender eingebaut, die auf derselben Wellenlänge arbeiteten wie *Sputnik 1*. Die mittlere Bahnhöhe des neuen Erdbegleiters betrug diesmal 933 Kilometer, die Umlaufzeit zu Beginn 103,7 Minuten mit einer Abnahme von 2,3 Sekunden täglich; entsprechend nahm die Flughöhe von Tag zu Tag ab. Schuld daran war der Widerstand der Atmosphäre, der den Flugkörper langsam, aber beständig abbremste, bis er nach 162 Tagen endgültig in dichtere Luftschichten eindrang und verglühte.

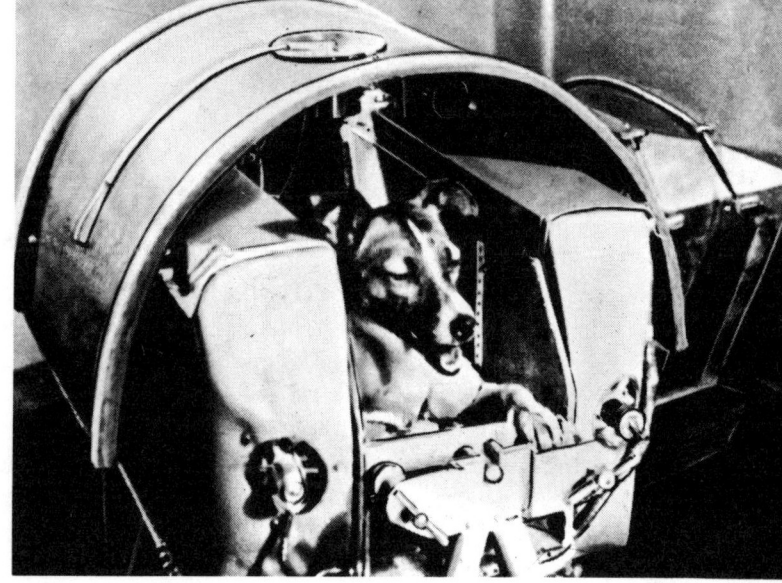

Als erstes Lebewesen gelangte die Eskimohündin Laika in der Druckkabine des sowjetischen Satelliten Sputnik 2 in den Weltraum.

Die Weltraumhündin Laika, von der Öffentlichkeit zum populärsten Tier erhoben, mußte nach sieben Tagen an Sauerstoffmangel sterben, weil die an Bord befindliche Menge an Atemluft inzwischen verbraucht war. Zwar erhob sich ein Sturm der Entrüstung in der Welt, die Tierschutzvereine protestierten, aber die Sowjets konnten mit gutem Gewissen darauf hinweisen, daß Tiere im Dienst der Forschung Tag für Tag geopfert würden und daß es ohne solche Versuche einfach keinen Fortschritt gäbe.

Die Ergebnisse dieses siebentägigen Experiments, in dem die Einwirkung der Schwerelosigkeit auf einen lebenden Organismus erstmals über eine längere Periode hinweg beobachtet werden konnte, erfüllte alle Erwartungen der sowjetischen Wissenschaftler. Sie konnten feststellen, daß die Beschleunigung während des Starts von dem Tierkörper ohne nachteilige Folgen ertragen wurde. Auch die Einwirkung der Vibration und des Lärms der Raketenmotoren waren nachweisbar. Die Frequenz der Herzschläge erhöhte sich während des Aufstiegs in die Umlaufbahn um das Dreifache, sank aber nach überraschend kurzer Zeit schon wieder auf die normalen Werte.

Das Elektrokardiogramm zeigte keine krankhaften Veränderungen. Auffallend stark schwankte hingegen die Atmung des Tieres, das bei der größten Beschleunigung des Satelliten drei- bis viermal so schnell atmete wie gewöhnlich. Im Zustand der Schwerelosigkeit war die Atmung wieder völlig normal, die Bewegungen angesichts der engen Behausung nur mäßig. Soweit die siebentägigen Aufzeichnungen einen Rückschluß auf eine längere Schwerelosigkeit zuließen, konnten die Sowjets beruhigt feststellen, daß alle organischen Funktionen ohne nachwirkende Schäden abgelaufen seien.

Völlig fehlerfrei war dieser erste Weltraumflug eines Lebewesens freilich nicht verlaufen, wie die Sowjets später zugaben. Sie hatten ursprünglich geplant, die Kabine aus dem Satelliten herauszukatapultieren und sie wieder unbeschädigt zur Erde zurückzuführen, um das an Bord befindliche Tier gründlich untersuchen zu können. Die Kabine wurde, wie sich später herausstellte, auch tatsächlich abgesprengt, aber die eingebauten Bremsraketen zündeten nicht präzise genug, um die Geschwindigkeit für das Eintauchen in die Lufthülle abzubremsen. Die Kabine wurde zum selbständigen Satelliten und umkreiste mit der toten Laika an Bord noch wochenlang die Erde.

Der russische Weltraumwissenschaftler Blagonrawow räumte später ein, daß dieses Problem der Rückkehr eines Raumkörpers, der mit einer Geschwindigkeit von acht Kilometern in der Sekunde dahinrase, noch gelöst werden müsse, ehe man an die Entsendung eines Menschen in eine Erdumlaufbahn denken könne. Er zeigte sich aber zuversichtlich, als er auf einer Pressekonferenz nach dem Flug von *Sputnik 2* in Moskau feststellte: „Es wird in Zukunft möglich sein, auch Menschen in den Weltraum zu schicken, doch der erstmalige und einmalige Versuch mit einem Hund genügt bei weitem nicht. Eine Reihe von Problemen wartet noch auf ihre Lösung."

Er gab auch eine Antwort auf die oft gestellte Frage, warum sich die Russen ausgerechnet einen Hund als Versuchskaninchen ausgesucht hatten: „Der russische Hund ist seit langem ein guter Freund der Wissenschaftler. Wir haben viele Angaben über sein körperliches Verhalten unter den unterschiedlichsten Umständen. Sein Blutkreislauf und seine Atmungsorgane sind denjenigen des Menschen nahe verwandt. Er ist zudem sehr geduldig und widerstandsfähig gegenüber außergewöhnlichen Belastungen."

Schließlich rief der russische Wissenschaftler auch noch die Tatsache in Erinnerung, daß sich der Mensch bei seinem ersten, noch zaghaften Versuch, den Luftraum zu erobern, ebenfalls der Tiere bedient habe: Noch bevor sich ein Mensch im Jahre 1783 einem

Ballon anvertraut habe, habe er ein Schaf, ein Huhn und eine Ente in das ihm fremde Element entsandt und sich erst später selber hinterhergewagt.

Das auf der Erde nicht wahrnehmbare Gebell der russischen Weltraumhündin Laika klang den Amerikanern schrill in den Ohren. Es waren nicht nur die Tierschutzvereine, sondern vor allem die Politiker und Weltraumfachleute, die sich beunruhigt fühlten.

Das Gefühl der Ohnmacht, das die Amerikaner in diesen Spätherbsttagen des Jahres 1957 beschlich, war deshalb so niederschmetternd, weil diese Situation nach der Meinung vieler ihrer Fachleute gar nicht erst hätte einzutreffen brauchen. Sie ärgerten sich vor allem darüber, daß der Stand der amerikanischen Raketenforschung zweifellos vergleichbare Erfolge erlaubt hätte, wenn die Regierung Eisenhower nicht auf einer strikten Trennung von militärischen und zivilen Raumfahrtprojekten bestanden und zudem allen Waffengattungen in der Verfolgung ihrer eigennützigen und oftmals auch eigensinnigen Ziele nicht freie Hand gelassen hätte. Auch die in den Augen der Experten unverantwortliche Kürzung der Mittel für die Weltraumprojekte wurde der Regierung jetzt unverblümt angelastet.

Platz für einen Kosmonauten

Die Diskussion um den technischen Führungsanspruch, den die Sowjetunion mit den Starts ihrer ersten beiden Erdsatelliten vor aller Welt reklamiert hatte, war noch in vollem Gange, als eine neue Nachricht aus Moskau den Fachleuten den Atem verschlug. Am 15. Mai 1958 wurde *Sputnik 3* in eine Erdumlaufbahn gebracht. Seine Maße und Gewichte übertrafen die seiner Vorgänger wiederum erheblich: Der kegelförmige Satellitenkörper wog immerhin 1327 Kilogramm, wovon 968 Kilogramm allein die an Bord befindlichen Meßgeräte und Sender ausmachten. Wiederum hatten die Sowjets die Nutzlast gegenüber *Sputnik 2* um das Zweieinhalbfache, gegenüber *Sputnik 1* sogar um mehr als das Fünfzehnfache erhöht. Ohne die im Weltraum herausragenden Antennen hatte der Satellit eine Länge von 3,75 Metern und einen Durchmesser an der breitesten Stelle von 1,73 Metern. Seine Umlaufbahn war im Gegensatz zu den kreisförmigen Bahnen von *Sputnik 1* und *Sputnik 2* stark elliptisch. An seiner erdfernsten Stelle flog er 1880 Kilometer hoch, seine Umlaufzeit betrug 106 Minuten.

Der Raum des neuen *Sputniks* hätte ausgereicht, um einen Menschen, wenn auch unter beengten Verhältnissen, aufzunehmen. Die

Ein Modell des dritten sowjetischen Sputnik, der an Gewicht und Größe seine beiden Vorgänger erheblich übertraf.

Entsendung eines Kosmonauten in den Weltraum war in den Plänen der sowjetischen Wissenschaftler freilich noch nicht vorgesehen. Denn auch der unbemannte Satellit hatte eine große Anzahl von Aufgaben gestellt bekommen, die er während seines Fluges um die Erde erfüllen sollte.

In einem ausführlichen Bericht hatte die Regierungszeitung „Prawda" auf den Zweck des neuen Satellitenstarts hingewiesen: „*Sputnik* 3 ist mit modernen Funkgeräten ausgerüstet", hieß es, „die eine genaue Messung seiner Umlaufbahn gewährleisten. Außerdem

trägt er eine elektronische Fernmeßanlage, Registrier- und Speicher-
geräte, die laufend die Ergebnisse der wissenschaftlichen Messungen
registrieren, sie während des Fluges in ihrem mechanischen Gedächtnis behalten und über Meßsender an eigens für diesen Zweck ein-
gerichtete Bodenstationen in der Sowjetunion übermitteln. Dort
werden die gesammelten und übertragenen Informationen aufgenommen und analysiert. Der Satellit hat eine Programmsteuer-
einrichtung an Bord, durch die der automatische Arbeitsablauf der
Instrumente gewährleistet ist. Diese Vorrichtung ist ausschließlich
mit Halbleiterelementen bestückt. Außerdem ist diese neue Technik
auch in den anderen Teilen der Satellitenausrüstung verwendet
worden. Insgesamt sind mehrere tausend Halbleiterelemente in die
einzelnen Geräte eingebaut. Die Energieversorgung wird durch
moderne elektrochemische Stromquellen und Silizium-Halbleiter-
batterien gewährleistet, die die Energie der Sonnenstrahlen in elektronische Energie umwandeln."

Mit dieser aufschlußreichen Erklärung hatten die Sowjets deutlich
gemacht, daß sie die neuesten Erkenntnisse der Elektrotechnik in
ihrem Satelliten verwertet hatten. Sie hatten auch erstmals Sonnenzellen verwendet, mit deren Hilfe Sonnenenergie für die elektronische Bordversorgung nutzbar gemacht werden konnte. Das
bedeutete, daß die Batterien ständig neu aufgeladen werden konnten
und eine wesentlich längere Lebensdauer als die zuvor verwendeten
Energiespeicher hatten. Während des Flugs um die von der Sonne
beschienene Seite der Erde wurden die Batterien also immer wieder
„aufgetankt" und konnten bei dem Flug durch die Nachtseite ihre
Energie wieder abgeben.

Das hohe Gewicht des russischen Satelliten wies vor allem auch
auf die erhebliche Leistung der Trägerrakete hin, bei der es sich vermutlich um eine auf vier Stufen ausgebaute Rakete vom T-3-Typ
handelte. Bei den Amerikanern war man sicher, daß die Sowjets eine
völlige Neukonstruktion verwendet hatten, die mit der Trägerrakete
für die beiden ersten *Sputniks* nichts mehr gemein hatte. Anders
konnte man sich die Schubverstärkung nicht erklären, die es
ermöglicht hatte, innerhalb eines halben Jahres das Gewicht der
Nutzlast um das Fünfzehnfache zu erhöhen.

In Wahrheit hatten die Russen einen Weg gewählt, den ihnen schon
Ziolkowski in seinen theoretischen Schriften gewiesen hatte, als er
ihnen empfahl, die einzelnen Raketen zu bündeln. Sie bauten die
erste Stufe von viermal vier Triebwerken um die zweite Stufe mit
abermals vier Triebwerken herum. Als sie diese Raketenkombination
erstmals im Westen vorstellten – es war auf dem Pariser Luft-

und Raumfahrtsalon im Mai 1967 –, da verstummten endlich die vielen Gerüchte um die neuen Triebwerkstechniken und die Wundertreibstoffe, mit denen die Russen angeblich ihre Erfolge erzielt hatten. Es zeigte sich, daß ihre Triebwerke etwa die gleichen Leistungen brachten wie die der Amerikaner. Das Geheimnis lag lediglich in dem angewandten Prinzip der Bündelung.

Um die Ergebnisse der jungen Raumfahrttechnik im richtigen Licht zu sehen, ist es ratsam, sich die Größenordnungen vor Augen zu führen. Wählt man dazu einen mittleren Globus von 34 Zentimetern Durchmesser, dann würde der nur zwölf Zentimeter messende Mond in einem Abstand von zehn Metern um die Erde kreisen. Die drei sowjetischen Satelliten aber würden im gleichen Verhältnis nur einen Abstand von einem Zentimeter von der Oberfläche des Globus einhalten, wobei ihre Größe nicht mehr zu erkennen wäre: sie betrüge nur den Bruchteil eines Hundertstelmillimeters. Eine solche maßstabsgerechte Verkleinerung macht auch deutlich, was den Weltraumwissenschaftlern nach ihrem spektakulären Beginn noch zu tun übrigblieb.

Das Kosmodrom von Baikonur

Die ersten sowjetischen Satellitenstarts rückten einen Ort in den Mittelpunkt des weltweiten Interesses, der zuvor nicht einmal mit seinem Namen bekannt war. Er liegt in der selbständigen Sowjetrepublik von Kasachstan, die sich von dem bis zu 1100 Metern ansteigenden Ulu-Tau-Gebirge im Norden bis zur Hungersteppe im Süden und vom Uralfluß im Westen bis zur chinesischen Grenze im Osten erstreckt. Über eine Entfernung von mehr als 1000 Kilometern breitet sich hier eine tischebene Gras- und Sandsteppe aus, die vornehmlich von Wanderhirten als Weideland genutzt wird, in einigen Teilen durch die Heranführung von Wasser jedoch auch urbar geworden ist.

In dieser einsamen Landschaft errichteten die Sowjets etwa 400 Kilometer nordöstlich des Aralsees ihr Kap Kennedy: Baikonur. In diesem Gebiet der Karaganda-Steppe wurden zuvor nur Kohle und Salz abgebaut, die sich in riesigen Lagerstätten vorfinden. Aber erst die Errichtung der Raketenabschußrampe hat aus Baikonur eine stadtähnliche Siedlung gemacht, die schon im Jahre 1954 zum Sperrgebiet für ausländische Touristen erklärt wurde. Bei der Wahl dieses Ortes dürften klimatische Bedingungen den Ausschlag gegeben haben. Das hier herrschende ausgeglichene Festlandklima garantiert

Eines der wenigen Bilder, die aus dem streng gegenüber der Außenwelt abgeschirmten sowjetischen Raketenstartplatz Baikonur in den Westen gelangt sind: Es zeigt einen Kontrollraum, in dem die Weltraumflüge überwacht werden.

das ganze Jahr über Schönwetterperioden mit hohen Temperaturen im Sommer und niedrigen Kältegraden im Winter. Entscheidend ist dabei die geringe Regenmenge von nur 200 Millimetern im Jahr.

„Um das geheimnisumwitterte Baikonur zu besuchen", so berichtet einer der wenigen westlichen Besucher, denen die Tore zum Kosmodrom geöffnet wurden, „fährt man längs der Bahnlinie Dsheskaskan-Karsakpai an ausgedehnten Tagebaugruben für Kupfererz vorbei, in denen sich Großbagger in die Steppe fressen, um das kostbare Buntmetall zu fördern. In Karsakpai kreuzt die alte Steppenstraße, die von Ischim aus dem Gebiet Kustanai kommt, die Bahnlinie. Dieser Steppenstraße, einem staubigen, breitgefahrenen Streifen, den man nicht ohne Kompaß befahren kann und den zumeist nur Hirten mit ihren Herden bevölkern, muß man nach Süden folgen. Begleitet von graubraunen Staubwolken der Fahrzeugkarawanen muß man viele Tage reisen, ehe man an Barchanen vorbei über Sanddünen den Syr-Darja bei Dschusalj erreicht. Jahrtausendelang mögen Kamele

47

mit Seiden und Gewürzen, Fellen und chinesischem Porzellan beladen diesen Weg gezogen sein.

Heute finden sich hier südwestlich von Baikonur die Prüfstände für Raketentriebwerke, Montagehallen, unterirdische Befehlsstände und die Startplätze für kleinere und große Raketen. Mit dem Bau dieser Anlagen wurde 1950 begonnen. Ende 1954 kam die abseits des Kosmodroms gelegene Sternenstadt am Schubar-Tengus-See hinzu, in dem die vielen Techniker und Wissenschaftler ihre Wohnung bezogen haben.

Der Zugang zum Kosmodrom und zur Sternenstadt ist durch einen dreifachen Sicherungsgürtel versperrt. Weit außerhalb der Anlagen stehen in der Steppe mitten in den gelben Blüten der Wermutsträucher die ersten Kontrolltürme. Zwischen zwei Reihen schweren Drahtverhaus ist ein mannshoher Laufgang gelassen, in dem sich auf Menschen abgerichtete Hunde bewegen. Fast hundert Kilometer vom eigentlichen Raketenstartplatz entfernt ist dieser äußere Ring; etwa 30 Kilometer weiter folgt der zweite und schließlich – eng um das eigentliche Kosmodrom – der dritte Sicherheitsgürtel."

Bis zu diesem Kontrollpunkt an der schnurgeraden Straße von der Sternenstadt zum Raketenstartplatz darf der Besucher seinen eigenen Wagen benutzen. Nachdem seine Papiere und seine Besuchsgenehmigung von den Wachen genauestens unter die Lupe genommen worden sind, darf er einen der geheimsten Plätze des Sowjetreichs betreten, wobei ihm ein Begleitoffizier nicht von den Fersen weicht. Mit einem Bus wird die Fahrt bis zu den noch zehn Kilometer entfernten Abschußplätzen fortgesetzt. Unser Augenzeuge berichtet darüber:

„Mit sowjetischer Gründlichkeit werden im Autobus hinter dem Schlagbaum noch einmal die Zahl der Fahrgäste und alle Ausweise geprüft. Dann erst setzt sich das Fahrzeug in Bewegung. Ein Wald von Starttürmen, an denen mehrstufige Raketen startbereit stehen, wird durchfahren. Schließlich hält der Bus in der Nähe einer der im Boden eingelassenen Betonplatten, auf denen, von Gerüsten umgeben, die gewaltigen Sechs-Stufen-Raketen für kosmische Flüge stehen. Erst aus unmittelbarer Nähe ist zu erkennen, welche verwirrende Fülle von technischen Anlagen notwendig ist, um diese riesigen ‚Maschinentürme' in die Luft zu bringen. Das Hauptstartgerüst, eine fahrbare Anlage aus Stahlträgern, reicht bis zur Spitze der Rakete hinauf. Rohrgerüste und Arbeitsbühnen von unterschiedlicher Höhe sind zusätzlich um das Projektil aufgebaut. Schwere Stahltrossen halten, straff gespannt, die Rakete in ihrer senkrechten Lage. In unmittelbarer Nähe liegt der Eingang zu einem unterirdischen

Betonbau, von dem aus die Startvorbereitungen überwacht und die Startbefehle erteilt werden. Lange Fluchten von Korridoren mit vielen hundert Türen links und rechts, hinter denen die für die einzelnen Raketensysteme verantwortlichen Operateure sitzen. In dem größten der Räume sitzt der Leiter des Startkommandos, der durch ein Periskop die letzten Phasen des Starts überwacht und seine Kommandos gibt, die wie bei der amerikanischen Zeremonie des Countdowns mit den Zahlen tri, dwa, odin (drei, zwei eins – Zündung) enden. Mit dem Startbefehl ‚Kontakt' gibt es kein Zurück mehr: Die Rakete erhebt sich von ihrem Betonbett und beginnt ihren Flug."

Die ewigen Zweiten?

Amerika verpaßt den Starttermin

Am 29. Juli 1955 hatte der Pressesekretär Präsident Eisenhowers die in- und ausländische Presse in Washington zu sich gebeten, um eine wichtige Erklärung abzugeben. Am nächsten Tag war in allen Zeitungen zu lesen, daß der Präsident der Vereinigten Staaten ein technisches Programm gebilligt habe, um im Geophysikalischen Jahr 1957 einen künstlichen Erdsatelliten mit Forschungsaufgaben in eine Kreisbahn um die Erde entsenden zu können. Zu diesem Zweck solle eigens eine Rakete, die Vanguard, entwickelt werden. Bereits der Name Vanguard (Vorhut) zeigte an, mit welcher Entschlossenheit die Amerikaner dieses rein wissenschaftlich ausgerichtete Programm in Angriff nehmen wollten.

Sie verzichteten auf die Weiterentwicklung einer der bereits vorhandenen militärischen Raketen und wollten von Grund auf etwas Neues schaffen, auf dem die zivilen Weltraumprogramme in Zukunft aufbauen konnten. Mit diesem Raketenträger sollten nacheinander mehrere Satelliten gestartet werden. Die maximale Größe dieser künstlichen Erdtrabanten sollte bei 50 bis 60 Zentimetern Durchmesser liegen, das Gewicht 50 Kilogramm nicht überschreiten.

Die Raketenexperten der verschiedenen Waffengattungen verwiesen darauf, daß die Verwendung einer ihrer bereits existierenden Raketentypen als Grundstufe mit Sicherheit erfolgversprechender sein würde als die Konstruktion eines völlig neuen Geschosses, dessen Verwirklichung mehrere Jahre in Anspruch nehmen würde. Das Heer empfahl zu diesem Zweck die von Wernher von Braun bereits fertiggestellte Redstone, die Luftwaffe wiederum schlug vor, auf die von ihr in Auftrag gegebene Atlas zu warten, deren Schubkraft für die in Betracht kommende Aufgabe durchaus ausreiche. Die Marine schließlich wartete mit ihrer Viking auf, die allerdings durch eine zusätzliche Stufe hätte verstärkt werden müssen. Die Regierung blieb jedoch bei ihrer getroffenen Entscheidung und beauftragte das Raketenentwicklungszentrum der Marine, mit der Konstruktion der Vanguard zu beginnen.

Inzwischen hatten auch die Sowjets ihre Absicht erklärt, das Geophysikalische Jahr nicht verstreichen zu lassen, ohne einen Forschungssatelliten in den Weltraum zu entsenden. Mit dieser Ankündigung sorgten sie auf dem Internationalen Astronomischen Kongreß, der im Herbst 1955 in Kopenhagen stattfand, für eine echte Sensation. *Damit hatte der Wettlauf zwischen den Vereinigten Staaten und der Sowjetunion um die Vorherrschaft im Weltraum begonnen.* Wer würde dieses hochgesteckte Ziel zuerst erreicht haben?

Schon sehr bald sollte sich zeigen, daß die Amerikaner mit der kühnen Konzeption der Vanguard, die alle technischen Möglichkeiten der noch jungen Raketentechnik ausschöpfen sollte, den Bogen überspannt hatten. Sie konnten die Termine, die sie sich selbst gesetzt hatten und die nur aus den mangelnden Erfahrungen zu erklären sind, nicht einhalten und hinkten hoffnungslos hinter dem Zeitplan her. Auch die schlechte Zusammenarbeit zwischen den drei Firmen, die jeweils eine der drei Stufen zu entwickeln hatte, brachte Verzögerungen mit sich, die nicht mehr aufzuholen waren.

Da die Konstruktion eines Raketentriebwerks für die meisten dieser Industriefirmen Neuland bedeutete, blieben auch technische Rückschläge nicht aus. Es gab Explosionen bei den Probeläufen und Fehlkonstruktionen. Die Enttäuschungen häuften sich, da die errechneten Werte in Wirklichkeit nicht zu erreichen waren. Zwischen den Leistungen auf dem Papier und in der Praxis klaffte eine große Lücke. Schließlich passierten Pannen, die auf eine nachlässige Verarbeitung der Raketenteile in den Herstellerwerken zurückzuführen waren. Der Trennmechanismus, der den Satelliten von der dritten Raketenstufe nach dem Erreichen der Umlaufbahn zu lösen hatte, versagte seinen Dienst und mußte von Grund auf neu konstruiert werden. Auch die Vibration nach dem Start der Rakete war so heftig, daß die Befürchtung aufkam, die empfindlichen Meßinstrumente des Satelliten könnten ihren Dienst versagen, so daß nachträglich die Struktur der Rakete verstärkt werden mußte. Die Häufung von Pannen und aufgedeckten Fehlerquellen schien kein gutes Omen für einen erfolgreichen Start in den Weltraum zu sein.

Die Folgen der überstürzten Entwicklungsarbeit ließen nicht lange auf sich warten. Der für den Herbst 1957 vorgesehene Starttermin mußte bereits im Mai abgesagt werden. Statt September wurde jetzt der November als das früheste Datum genannt. Es kam zu einer weiteren Verzögerung, die in den Vereinigten Staaten mit Unbehagen und Verärgerung zur Kenntnis genommen wurde, da die Sowjets inzwischen am 4. Oktober ihren ersten *Sputnik* und bereits einen Monat später einen zweiten Satelliten in eine Erdumlaufbahn

geschickt hatten. Für die Amerikaner stand fest, daß sie den Starttermin für den Eintritt in den „Klub der Weltraummächte" bereits
verpaßt hatten.

Am Donnerstag, dem 5. Dezember 1957, schien es endlich soweit zu sein. Auf einer Startrampe des Raketenschießplatzes Kap
Canaveral (später Kap Kennedy) im Mangrovendschungel von
Florida stand die 21 Meter hohe und zehn Tonnen schwere Van-
guard zum Start bereit. Das Triebwerk der ersten Stufe entwickelte
einen Schub von 12,7 Tonnen und wurde von einem Gemisch aus 95
Prozent Benzin, vier Prozent Alkohol und einem Prozent Schmieröl
angetrieben. Während der Brennzeit von 131 Sekunden sollte dieses
Triebwerk die Rakete bis in eine Höhe von 60 Kilometern tragen, wo
dann das Aggregat der zweiten Stufe gezündet werden und seine
Arbeit beginnen sollte, die Rakete 150 Kilometer weiter in den
Weltraum hinauszutragen. Erst dann sollte die dritte Stufe, eine Feststoffrakete, in Aktion treten, mit deren Hilfe die Endgeschwindigkeit
von rund 27 000 Kilometern in der Stunde erreicht werden sollte, die
notwendig war, um die Nutzlast in eine Erdumlaufbahn zu bringen.

Die Nutzlast des Testsatelliten betrug nur 1,5 Kilogramm, sollte
aber später auf 10 Kilogramm erhöht werden, wobei sich auch der
Umfang von 16,2 Zentimetern um das Zehnfache vergrößert hätte. In
den Erprobungssatelliten waren noch keine Meßgeräte eingebaut.
Vielmehr bestand sein Inhalt nur aus zwei Sendern, die von einer
Trocken- und einer Sonnenbatterie gespeist waren. Die äußerst be-
scheidenen Maße dieses ersten amerikanischen Weltraumkörpers
veranlaßten den sowjetischen Ministerpräsidenten Nikita Chruschtschow zu der Bemerkung, Amerika wolle eine Pampelmuse in
den Weltraum schießen, während sein eigenes Volk es immerhin zu
einem Medizinball gebracht habe.

Die Startzeit am ersten Dezember-Donnerstag 1957 war auf 17.45
Uhr Mitteleuropäischer Zeit festgesetzt worden. Auf dem noch
behelfsmäßig eingerichteten Raketenstartplatz an der Ostküste der
Halbinsel von Florida hatten sich viele Gäste angemeldet. Auch die
Reporter von Fernsehen und Rundfunk waren dabei, als der erste
öffentlich übertragene Start eines amerikanischen Satelliten feststand. Doch die Zuschauer und Reporter mußten sich in Geduld fassen. Immer wieder mußte der Start verschoben werden, weil ein
wichtiges Teilchen im ganzen System seinen Dienst versagte oder
weil das Funktionieren der einzelnen Triebwerke und Regelgeräte
auf den Kontrolltischen der damals noch in einem behelfsmäßigen
Blockhaus untergebrachten Startleitung nicht zu erkennen war.
Neunmal wurden an diesem Tag die Dispositionen über den Haufen

geworfen und neue Zeitangaben für den Start gemacht. Die Techniker suchten fieberhaft, konnten aber die auftretenden Schwierigkeiten nicht beseitigen. Die hereinbrechende Dunkelheit veranlaßte die für den Start verantwortlichen Marine-Offiziere schließlich, den Start zu vertagen. Enttäuscht bauten die Kameraleute des Fernsehens und die Fotoreporter ihre Geräte ab und vertrösteten sich auf den nächsten Tag.

Vierundzwanzig Stunden später hatten alle Beobachter wieder Posten bezogen. In einem sicheren Abstand hatte man Tribünen errichtet, von denen aus der Start gut verfolgt werden konnte. Niemand der vielen Besucher wollte fehlen, wenn der erste vor den Augen der ganzen Welt zu verfolgende Countdown einer amerikanischen Rakete über die Bühne ging:

„Three, two, one ignition!" (Drei zwei eins Zündung) hallte es aus den Lautsprechern. Ein Druck auf den Startknopf. Wissenschaftler, Techniker und Besucher, darunter viele hundert Journalisten, hielten den Atem an. Eine ganze, ewig während Sekunde geschah nichts. Dann schossen Flammen aus dem schlanken, silbrig glänzenden Leib der Rakete. Ein orangeroter Feuerball bildete sich an den Triebwerken am Fuß des Projektils, die Rakete explodierte mit einem gewaltigen Knall. Dichter, immer dunkler werdender Rauch hüllte die Startrampe ein und nahm den Beobachtern jede Sicht. Amerikas erster Versuch, eine Vanguard-Rakete mit einem drei Pfund schweren Satelliten in den Weltraum zu schießen, war mißlungen. Der einzige Trost: Keiner der bei den Startvorbereitungen tätigen Techniker wurde verletzt, alle hatten rechtzeitig in dem Schutzbunker Unterschlupf gefunden.

Der Leiter des Vanguard-Projekts, Admiral John Hagen, erklärte kurz danach, ein „Druckverlust in der Treibstoffkammer der ersten Raketenstufe" sei die Ursache gewesen. Das ausgebrochene Feuer konnte innerhalb kürzester Zeit gelöscht werden. „Wir haben Pech gehabt", meinte der Raketenexperte der Marine lakonisch. „Bei vorangegangenen Versuchen hat es dreimal geklappt. Aber ein solcher Raketenstart steckt nun einmal voller Risiken."

In aller Stille und ohne Einschaltung der zuständigen staatlichen Behörden in Washington hatte sich das Raketenversuchszentrum des Heeres in Huntsville darangemacht, ihre erprobte Redstone-Rakete so zu verbessern, daß sie in der Lage war, eine bescheidene Nutzlast in eine Erdumlaufbahn zu bringen. Bereits am Sonntag nach der verpatzten Premiere in Kap Canaveral schrieb Raketen-Entwicklungschef General Medaris einen Brief an das amerikanische Verteidigungsministerium im Pentagon von Washington, in dem er mitteilte, daß eine verbesserte, Jupiter C genannte Redstone-Version bereitstünde, um ihr Glück zu versuchen. Sollten die hohen Militärs in Washington von diesem Angebot keinen Gebrauch machen, dann werde er und mit ihm sein Konstrukteur Wernher von Braun seinen Rücktritt einreichen, um die verfahrene Situation, in der sich das ehrgeizige Amerika befand, nicht mehr länger mitverantworten zu müssen.

Dieser Brief verfehlte seine Wirkung nicht. Das Pentagon erteilte der Medaris-Mannschaft, der viele deutsche Wissenschaftler aus Peenemünde angehörten, grünes Licht.

Auf Sputnik folgt Explorer

Die Leute aus Huntsville hielten Wort. Nicht einmal 80 Tage nach der Auftragserteilung und zwei Monate nach der Explosion der Vanguard-Rakete stand auf einer Abschußplattform in Kap Canaveral eine neue Rakete, an die 25 Meter hoch und 29,6 Tonnen schwer. Ihr Name: Jupiter C. Ihre erste Stufe bestand aus der bewährten Heeresrakete Redstone, deren Treibstoffbehälter vergrößert und anstatt des herkömmlichen Benzins mit einem neuartigen Hydrazin-Treibstoff gefüllt war, der die Schubkraft vergrößern sollte. Auf dieser Stufe war ein tonnenförmiges Bündel von elf kleinen Feststoffraketen montiert, das während des Flugs rotieren sollte, um die Flugbahn der Rakete zu stabilisieren.

Inmitten dieser bisher nicht erprobten zweiten Stufe war die dritte Stufe angebracht, die nach dem Ausbrennen der elf Treibsätze gezündet werden sollte, um den an der Spitze angebrachten Satelliten auf seine endgültige Bahn zu bringen. Diese Jupiter-C-Kombination war noch durch eine vierte, Juno genannte, Stufe ergänzt worden, die aus einer einzigen Feststoffrakete bestand. Fest damit verbunden war der *Explorer*-Satellit.

Mit einer Schubkraft von 38 Tonnen sollte die erste Stufe das ganze Raketenbündel auf eine Höhe von 100 Kilometern tragen. Nach dem Brennschluß der Flüssigkeitstriebwerke sollte der Rest antriebslos bis zu einer Höhe von 320 Kilometern weiterfliegen, um dann den notwendigen restlichen Schub durch die Feststoffraketen zu erhalten, die nur eine Brennzeit von wenigen Sekunden hatten. Auf der Spitze der letzten Stufe befand sich unter einem Schutzkegel der mit der leergebrannten Raketenkapsel nur 13,7 Kilogramm schwere, fast zwei Meter lange und 16,2 Zentimeter im Durchmesser breite geschoß-förmige Satellit, der nach Gewicht und Größe den sowjetischen

Sputniks weit unterlegen war, in seinen Leistungen jedoch mithalten konnte. Auch er enthielt wie *Sputnik 1* zwei Sender und sechs Batterien, die im Gegensatz zu den zunächst von den Sowjets verwendeten mit Sonnenlicht aufgeladen werden konnten. Über sechs Antennenstäbe von je 16,2 Zentimeter Länge wurde die Sendeenergie abgestrahlt.

Bereits mit diesem ersten in eine Umlaufbahn geschossenen Satelliten bewiesen die Amerikaner die Fähigkeit, leistungsstarke Instrumente auf kleinstem Raum unterzubringen. Mit dieser perfekten Miniaturisierungstechnik erreichten sie es immerhin, daß ihr *Explorer 1* noch jahrelang im Weltraum seine Arbeit verrichten konnte, während *Sputnik 1* bereits nach drei Wochen verstummte und nach zwei weiteren Monaten in der Atmosphäre verglühte.

Die Leistungen des amerikanischen „Möchtegern-Satelliten" – wie er vielfach genannt wurde – waren erstaunlich. Er war dafür präpariert, die kosmische Strahlung in der oberen Atmosphäre zu messen. Er berichtete auch über die Einschläge von Mikrometeoriten auf seine Oberfläche und funkte die Temperatur an seiner Innen- und Oberfläche zur Erde. Diese Meßinstrumente waren sinnreich erdacht.

Der Einschlag von Meteoriten wurde beispielsweise auf zwei verschiedenen Wegen mitgeteilt. Zunächst einmal sprach ein hochempfindliches Mikrophon auf die Vibrationen der Stahlhülle an. Die Stärke der Schwingungen, die durch den Aufprall der Weltraumkörper ausgelöst wurden, ließen sich so auf akustischem Wege zur Erde übertragen. Darüber hinaus war der Satellit auch mit einem Gitternetz ausgerüstet, dessen Drähte brachen, sobald sie von einem Meteoriten getroffen wurden. Dadurch wurde der elektrische Widerstand innerhalb dieses Netzes erhöht, was gleichfalls am Boden registriert werden konnte. Die Thermometer zur Ermittlung der Temperatur in den verschiedenen Teilen des Satellitengeschosses befanden sich an der Außenhaut, im Instrumententeil und in der Spitze. Für die Übertragung der Meßwerte waren zwei kleine Sender eingesetzt, die mitsamt der Batterie nicht mehr als ein Kilogramm wogen.

Auf Kap Canaveral herrschte höchste Spannung, als der Starttermin näher rückte. Ein Augenzeuge erinnert sich: „Die Jupiter C steht da, rauchend und dampfend wie ein Wurstkessel auf dem Feuer, während Treibstoff und flüssiger Sauerstoff eingepumpt werden, um sie für den Flug im Weltraum einzuheizen. Bereits elf Stunden vor dem Startkommando hat der Countdown eingesetzt. Während dieses Zeitraums wird noch einmal das Funktionieren der einzelnen

Aggregate, der elektrischen Meßgeräte, der Pumpen und Ventile überprüft. In den letzten beiden Stunden werden Befehle mit Lautsprechern über das weite Areal des Abschußplatzes übertragen. Zwei Minuten zuvor werden dann die letzten Sekunden gezählt. Seitdem ein quäkendes Horn ein letztes Warnzeichen von sich gegeben hat, ist das Gelände am Kap wie leergefegt. Es ist die Nacht vom 31. Januar auf den 1. Februar 1958, 22.48 Uhr ostamerikanischer Zeit. Das ist die Stunde für Robert Moser, der für die Startvorbereitungen verantwortlich ist und den Zündungsbefehl zu geben hat. Mit dem Zug an einem kleinen Metallring im Bunker wird der Startmechanismus in Gang gesetzt. Jetzt dauert es noch fast 16 Sekunden, bis die Jupiter C vom Startplatz 5 abhebt. Der Super-

Der Raketenstartplatz Kap Canaveral, das frühere Kap Kennedy

brennstoff Hydrazin und Sauerstoff strömen in die Brennkammer und werden gezündet. Grellweiß steht die Rakete lotrecht im strahlenden Licht der Scheinwerfer, noch ist nicht zu sehen, daß in ihr soeben ein Vulkan sich zu regen beginnt. Jetzt schießt ein orangeroter Feuerball aus der Raketendüse am Fuß des Projektils. Der Abgasstrahl scheint zu wachsen, scharf gebündelt vermittelt er den Eindruck, als schiebe er die Rakete mit Amerikas erstem Satelliten an der Spitze vor sich her. ,Go, baby, go', brüllen die Techniker, die um General Medaris den Start an Instrumententafeln, Fernsehschirmen und Periskopen beobachten. Und es sieht so aus, als ob diese Beschwörungen etwas nutzten. ,Sie hebt ab, steigt herrlich', schreit es durcheinander, lautstarker Jubel bricht sich Bahn. Inzwischen hat die Jupiter C eine kleine Wolke am Abendhimmel vor der Küste Floridas durchstoßen und ist nur noch als ein heller, leicht hin und her schwankender Stern zu beobachten. Nachdem die flüssigkeitsgetriebene Startrakete, im Jargon von Kap Canaveral Booster genannt, ausgebrannt ist, verlischt auch dieser Bezugspunkt, die Rakete steigt zunächst antriebslos weiter. Nach einer Flugzeit von 409 Sekunden liegt es an dem 44jährigen aus Stuttgart stammenden Ernst Stuhlinger, mit einem Funkimpuls die zweite Stufe mit den elf Feststoffraketen zu zünden. Er hat im Rechenzentrum anhand des Doppler-Effekts die Geschwindigkeit der Rakete überwacht. Ein winziger Rechenfehler hätte alle Bemühungen über den Haufen werfen können. Aber Mr. Apex, wie er hier wegen seiner heiklen Aufgabe, den Scheitelpunkt (englisch: apex) der Raketenbahn genau zu bestimmen, genannt wird, läßt sich nicht aus der Ruhe bringen. Sein Knopfdruck erfolgt genau in der richtigen Sekunde.

Aber damit sind noch nicht alle Gefahrenquellen ausgeschaltet. Hätte auch nur eine der – nach heutigen Maßstäben – primitiven Raketen der Oberstufe versagt, wäre die errechnete stufenweise Beschleunigung unter Abstoßung des überflüssig gewordenen Gewichts der Startrakete nicht erreicht worden, wäre auch der Versuch des amerikanischen Heeres, einen Satelliten zu starten, kläglich gescheitert. Als eine weitere, vor den Augen der Welt höchst blamable Folge wäre die wissenschaftliche Nutzlast zur Erde zurückgefallen, wäre Amerikas erster Satellit, statt in die Umlaufbahn zu gelangen, wie ein Meteor in der Atmosphäre verglüht."

Nicht ganz vier Monate nach den Sowjets war es auch der westlichen Führungsmacht gelungen, einen Satelliten um die Erde zu schicken, der, wie die *Sputniks* der Russen, wissenschaftliche Daten sammeln konnte und damit einen Beitrag zum Geophysikalischen

Freude über den Start des ersten amerikanischen Erdsatelliten: Ein Modell des Raumflugkörpers präsentieren (von links) William A. Pickering, James A. Van Allen und Wernher von Braun.

Jahr leistete. Denn auf diese Aufgabe wies ja sein Name *Explorer* (Entdecker) eindeutig hin. Daß er seinem Namen alle Ehre machte, sollte sich in der Zukunft zeigen. Gleich der erste wissenschaftliche Satellit der Vereinigten Staaten entdeckte den Van-Allen-Gürtel, einen rings um die Erde verlaufenden, an den Polen abgeplatteten Strahlungsgürtel, dessen Existenz der amerikanische Physiker James A. van Allen bereits vorher vermutet hatte.

Die Nachricht vom geglückten Start der Jupiter C mit dem *Explorer*-Satelliten an der Spitze wurde im ganzen Land mit Jubel begrüßt. Diesmal ließ sich auch Präsident Eisenhower aus seiner Reserve locken: Persönlich teilte er seinem Volk noch in den Nachtstunden den Erfolg mit. Sein Dank galt vor allem den Männern, die den Anschluß an den von den Sowjets erreichten Stand der Weltraumforschung gefunden hatten: General Medaris mit seiner Mannschaft, allen voran der deutsche Raketen-Professor Wernher von Braun, William H. Pickering, der das Institut für Strahlantriebe an der Universität von Kalifornien in Pasadena bei Los Angeles leitete

und der später auf dem Gebiet der Mondflugkörper und der interplanetarischen Sonden hervorragende Arbeit leistete, sowie James A.
van Allen, der für die Instrumentierung der Kapsel verantwortlich
zeichnete.

„Das war Brauns Geschoß "

Der Mann, dem die Amerikaner dieses eindrucksvolle Schauspiel am
Himmel von Florida im wesentlichen zu verdanken hatten, war
während des Startvorgangs in Kap Canaveral nicht anwesend. Sein
Chef, General Medaris, hatte ihn nach Washington geschickt, wo er
im Befehlsraum des Verteidigungsministeriums der zivilen und
militärischen Spitze des Pentagons über die auf dem Fernsehschirm
übertragenen Ereignisse vom Kap Bericht erstatten sollte.

Zunächst erklärte er Heeresminister Brucker und den interessiert
zuhörenden Generälen aller Waffengattungen den Verlauf der komplizierten Startvorbereitungen. Schneller als erwartet erhob sich dann
die Jupiter C für die Fernsehzuschauer in den Himmel. Erst jetzt
begann für die hohe Generalität das bange Fragen: Hatten auch, was
die Fernsehkamera nicht mehr erfassen konnte, die übrigen Stufen
gezündet? Und war die vorausberechnete Umlaufbahn erreicht
worden? Sieben Minuten nach dem Start war man auf Kap Canaveral
sicher, daß diesmal alles geklappt hatte. Der Adjutant General
Medaris' erkundigte sich, ob er der in Washington wartenden
Regierung und über diese Präsident Eisenhower die Erfolgsmeldung
mitteilen sollte. Aber Medaris hatte eine bessere Idee: „Lassen wir sie
noch ein bißchen schmoren." Um 22.56 Uhr, acht Minuten nach dem
Start, fiel dann auch Amerikas verantwortlichen Politikern und
Militärs ein Stein vom Herzen.

Mit dem Erreichen der Umlaufbahn aber war der volle Erfolg des
Unternehmens noch nicht sichergestellt. Brauns Mitarbeiter hatten
ausgerechnet, daß der *Explorer*-Satellit genau 106 Minuten nach dem
Start über der südkalifornischen Hafenstadt San Diego auftauchen
müßte. Als diese Zeit verstrichen war, rief der deutsche Raketenbauer vom Pentagon aus in der Bahnverfolgungsstation von San
Diego an. Er erhielt die niederschmetternde Antwort: „Wir haben
noch nichts empfangen." In den folgenden drei bis vier Minuten, in
denen die heißersehnte Nachricht noch immer nicht durchgegeben
wurde, ließ Braun noch einmal Bahnberechnungen anstellen und zog
daraus die Erkenntnis, daß der Satellit — weiter als vorausberechnet — in den Weltraum hinausgeflogen war. Diese Vermutung

sollte sich bestätigen, denn genau 114 Minuten nach dem Start, der von Kap Canaveral aus in Richtung Osten erfolgt war, hatte der Satellit wieder nach fast einer vollen ersten Erdumkreisung den nordamerikanischen Kontinent erreicht, diesmal aus westlicher Richtung kommend. Acht Minuten später als erwartet kam dann die Freudenbotschaft aus San Diego: „Er ist da, wir haben ihn geortet."

Medaris stellte im Laufe dieser für die amerikanische Weltraumfahrt so bedeutsamen Nacht den Presseleuten auf dem in der Nähe von Kap Canaveral gelegenen Patrick-Luftstützpunkt seine Mitarbeiter vor, die nach seinen Worten in „entscheidender Weise an diesem Erfolg teilhaben". Er nannte sie, wie es innerhalb eines eng zusammenarbeitenden Teams in Amerika üblich ist, bei ihren Vornamen, was den Journalisten sogleich die deutsche Abstammung der meisten Wissenschaftler verriet. Wernher von Brauns Name machte die Runde, und ein Reporter überschrieb seinen Bericht in einer großen amerikanischen Zeitung, in Anlehnung an ein sprichwörtlich gewordenes Zitat aus Schillers Drama „Wilhelm Tell": „Das war Brauns Geschoß."

In dieser Nacht wurde auch viel darüber geredet, warum die amerikanische Regierung der Marine den Vorzug vor dem Heer

Die Raketenahnenreihe der amerikanischen Raumfahrt

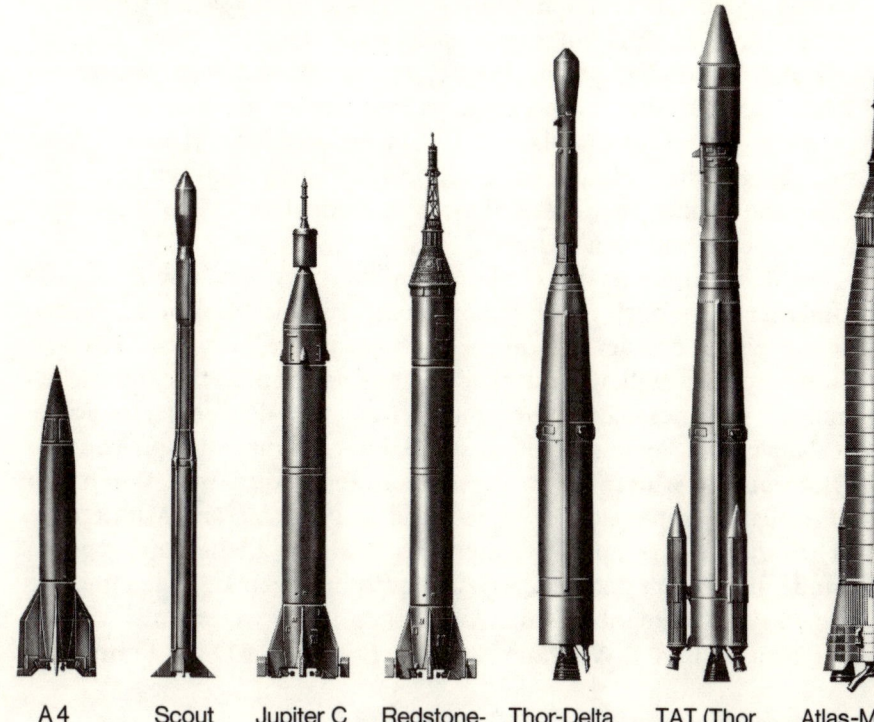

A 4   Scout   Jupiter C   Redstone-   Thor-Delta   TAT (Thor   Atlas-Merc
                              Mercury   Augmented Thrust)

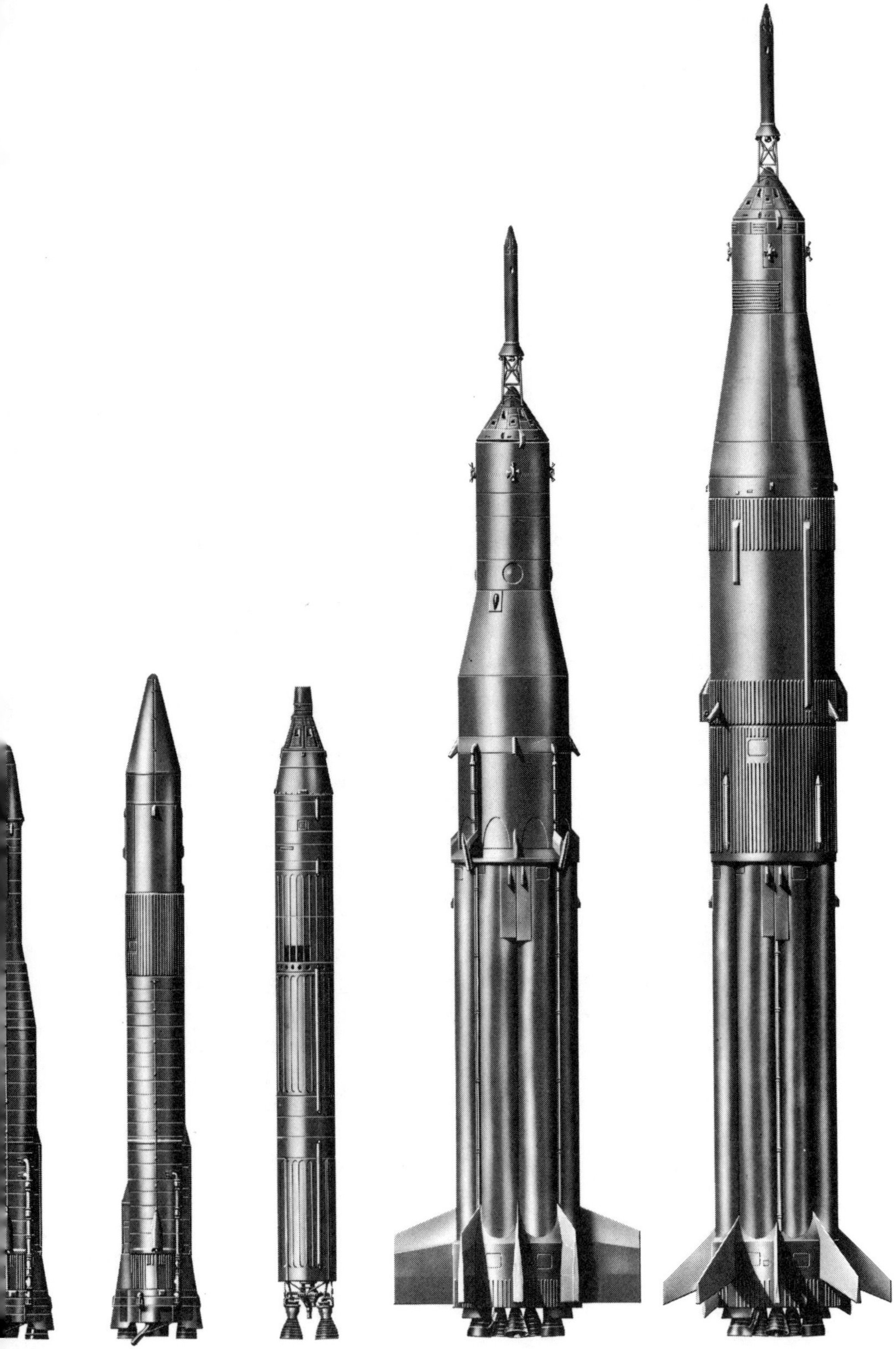

s-
na B   Atlas-Centaur   Titan-Gemini   Saturn 1 B   Saturn 1

gegeben hatte, den ersten Satelliten um die Erde zu schießen. Die Vermutung lag nahe, daß eine vornehmlich aus Amerikanern bestehende Entwicklungsmannschaft ausersehen werden sollte, den geschichtlichen Griff in den Weltraum zu tun.

Von den Wissenschaftlern des Heeresraketenzentrums in Huntsville war bekannt, daß sie sich zumeist aus den Spitzenkräften der Raketenversuchsanstalt von Peenemünde zusammensetzten, die nach dem Krieg geschlossen der amerikanischen Einladung gefolgt waren, ihre Arbeit in den Vereinigten Staaten fortzusetzen. Die Zeitungen in aller Welt versäumten nicht, auf diese Tatsache hinzuweisen, und in der einflußreichen New York Times stand am nächsten Tag zu lesen: „Die Geschichte des historischen amerikanischen Satellitenstarts vom 31. Januar geht direkt auf die Arbeiten der Deutschen an der V-2-Rakete in Peenemünde zurück."

Am herzlichsten war diese Freude nicht in Kap Canaveral, auch nicht in den engen Straßenschluchten der Millionenstadt New York zu spüren, wo die Rundfunkmeldungen über den erfolgreichen *Explorer*-Start bereits vier Stunden nach dem geschichtlichen Ereignis durch aktuellere Hinweise abgelöst wurden, nämlich durch Warnungen vor einem herannahenden Schneesturm in den östlichen Staaten der USA. Überschäumende Begeisterung wurde während dieser Nacht aus jener Stadt gemeldet, wo die Raketenbauer des Heeres ihren Wohn- und Arbeitsplatz hatten. Als Raketengeneral Medaris davon erfuhr, bestieg er noch in den frühen Morgenstunden des folgenden Tages ein Sonderflugzeug, das ihn nach Huntsville in Alabama brachte, wo die Bürger auf der Straße tanzten.

Was Medaris wenige Stunden später sah, erinnerte ihn an einen Silvesterabend auf der Fünften Avenue in New York oder an einen Faschingszug in Südamerika. Hier, tief im Süden der Vereinigten Staaten und weit von Florida entfernt, entlud sich plötzlich ein nie gekanntes Gemeinschaftsgefühl. Die Bürger der Stadt fuhren, ihre Autohupen betätigend und sich gegenseitig zuwinkend, fröhlich durch die Stadt oder entfalteten schnell gemalte Spruchbänder, auf denen sie ihre Stimmung wiederzugeben versuchten. „Der Weltraum gehört uns hier in Huntsville", stand darauf, oder „Mach Platz, Sputnik!" Und vor dem Gerichtsgebäude der Stadt wurde sogar eine Strohpuppe verbrannt, die den ein Jahr zuvor abgelösten Verteidigungsminister Charles E. Wilson darstellen sollte, den man in Huntsville dafür verantwortlich machte, daß die Raketenbauer des Heeres ihre Entwicklung nicht mit offizieller Genehmigung weitertreiben durften.

Der Mensch überwindet
die Erdenschwere

„Hallo, Erde, hier spricht der Kosmonaut"

Aus den Lautsprechern in und um Moskau erklang ein Unterhaltungskonzert mit volkstümlicher Musik. Da wurde das abgespielte Band plötzlich ausgeblendet und schmetternde Fanfarenstöße setzten ein. Die russischen Zuhörer horchten auf: Es mußte eine wichtige Meldung sein, die ihnen über den Rundfunk bekanntgegeben werden sollte. Es war drei Minuten vor 10 Uhr Moskauer Zeit am Mittwoch, dem 12. April 1961.

Die Aufmerksamkeit der Rundfunkhörer war nicht zu Unrecht geweckt worden. Mit feierlicher Stimme verlas ein Sprecher eine nur wenige Zeilen umfassende Meldung der Nachrichtenagentur TASS: „Seit einigen Minuten befindet sich ein bemanntes sowjetisches Raumschiff mit dem Namen *Wostok* (Osten) auf dem Flug um die Erde. An Bord befindet sich der siebenundzwanzigjährige Major der sowjetischen Luftwaffe, Jurij Gagarin."

Fünf Minuten später wurde eine ausführlichere Fassung der Meldung gesendet, die fortan in regelmäßigen Abständen wiederholt wurde. Darin hieß es, daß der erste Mensch im Weltraum um 9.07 Uhr Moskauer Zeit vom Kosmodrom Baikonur aus mit einer 4725 Kilogramm schweren Raumkapsel in den Weltraum geschossen worden sei. Das Raumschiff habe die vorausberechnete Umlaufbahn erreicht, seine weiteste Entfernung von der Erde betrage 302 Kilometer, die nächste 175 Kilometer. Die Erde werde in einem Zeitraum von 89,1 Minuten umkreist. Zwischen dem Raumschiff und den Bodenstationen bestehe eine wechselseitige Funkverbindung. Der Pilot könne durch eine eingebaute Fernsehkamera von der Erde aus gut beobachtet werden.

Mit dieser Sondermeldung war das Signal für Freudenkundgebungen in der ganzen Sowjetunion gegeben. Auf den Straßen in Moskau und den anderen Städten fielen sich wildfremde Menschen in die Arme und beteuerten einander, wie glücklich sie seien, zu diesem erfolgreichen Volk zu gehören, das an der Spitze des Fortschritts marschiere. Der Jubel wurde noch größer, als eineinhalb Stunden nach der ersten Mitteilung auch die geglückte Landung gemeldet

wurde, die in einer „vorherbestimmten Gegend der Sowjetunion"
erfolgt sei. Stolz wurden auch die ersten Worte verbreitet, die Kosmonaut Gagarin nach dem Ausstieg aus der niedergegangenen Kapsel zu den auf ihn zugeeilten Sowjetbürgern gesagt haben soll: „Teilt
der Partei, der Regierung und Ministerpräsident Nikita Chruschtschow persönlich mit, daß die Landung planmäßig war. Ich habe
keine Verletzungen oder Brüche. Der geglückte erste Raumflug eines
Menschen eröffnet grandiose Aussichten für die Eroberung des Weltraums durch die gesamte Menschheit."

Das sind, wenn sie tatsächlich so gesprochen worden sind, patheti-
sche Worte, die man dem sympathischen Jurij Alexejewitsch, der
später noch viele Besuche in westlichen Ländern machte, gar nicht
zutrauen möchte. Da hört sich das Telefongespräch, das Gagarin
wenige Stunden später mit dem mächtigen Partei- und Regierungs-
chef führte, doch schon menschlicher an. Es begann mit dem Glück-
wunsch Chruschtschows: „Hallo, lieber Jurij Alexejewitsch! Es ist
mir eine große Freude, dich zu der hervorragenden Heldentat, dem
ersten Weltraumflug im Raumschiff *Wostok*, zu beglückwünschen.
Das ganze Sowjetvolk ist begeistert von deiner ruhmreichen Tat, der

**Die fünffach gebündelte
Wostok-Rakete,
mit der Moskau das
Wettrennen um die
Entsendung eines
Menschen in den Welt-
raum gewann.**

Der erste Mensch im Weltraum war der sowjetische Luftwaffen-Major Jurij Gagarin (1934–1968)

über Jahrhunderte als eines Beispiels von Mut, Tapferkeit und Heldentum im Dienst der Menschheit gedacht werden wird. Von ganzem Herzen gratuliere ich dir zu der glücklichen Rückkehr von der Weltraumreise zur heimatlichen Erde. Ich umarme dich, bis zu unserer baldigen Begegnung in Moskau! Dann werden du und ich und unser ganzes Volk diese Heldentat bei der Eroberung des Weltraums feiern. Die ganze Welt soll sehen, wozu unser Land fähig ist, was unser großes Volk und unsere sowjetische Wissenschaft erreichen können."

Gagarin antwortete: „Jetzt sollen die anderen Länder versuchen, uns einzuholen."

Chruschtschow fiel dem Kosmonauten sofort ins Wort: „Das ist richtig. Die kapitalistischen Länder sollen versuchen, unser Land einzuholen, das den Weg in den Weltraum gebahnt und den ersten Kosmonauten der Welt gestartet hat."

Den Weg in den Weltraum hatte Gagarin, ein Bauernsohn aus dem Dorf Kluschino bei Smolensk, bereits zu früher Stunde an diesem historischen 12. April 1961 angetreten, nachdem er sich am Abend zuvor nach einem Kartenspiel und bei leichter Tonbandmusik entspannt und auf das Einnehmen einer Schlaftablette verzichtet hatte.

Die letzte Nacht vor dem Start auf der Spitze einer *Wostok*-Rakete verbrachte er gemeinsam mit seinem Kameraden German Titow in einem kleinen, braunen Landhaus am Rand der Sternenstadt von Baikonur. Um 5.30 Uhr wurde er geweckt, machte die ihm während seiner Ausbildungszeit zum Kosmonauten zur Selbstverständlichkeit gewordenen Leibesübungen und ließ sich zu einem Frühstück nieder, das aus Kaffee, Brot, Brombeermarmelade und gehacktem Fleisch bestand. Zugleich war ein Arzt zur Stelle, der eine letzte Routineuntersuchung durchführte; Ordonnanzen halfen ihm in seine Kleidung, die aus einer hellblauen Unterwäschegarnitur und dem leuchtendorangeroten Raumanzug bestand. Man gab ihm die letzten Anweisungen, dann schritt er zu einem vor dem Haus wartenden Autobus, der ihn die wenigen Kilometer bis zur Startrampe in der Grassteppe brachte. Gagarin, auf dessen Raumfahrkombination noch die Zeichen eines Hauptmanns der sowjetischen Fliegertruppen angebracht waren (die Beförderung zum Major erreichte ihn erst während des Flugs um die Erde), meldete sich bei seinem Vorgesetzten ab: „Hauptmann Gagarin zum ersten Flug mit dem Raumschiff *Wostok* bereit."

Damit begann für den Raumfahrer die letzte Vorbereitungsphase vor dem Start, der neunzig Minuten später angesetzt war. Mit einem schrägen Aufzug ging es aufwärts zur Raketenspitze, wo das *Wostok*-Raumschiff mit der dritten Stufe der Trägerrakete verbunden war. Die Kosmonautenkapsel, die ein paar Jahre später wiederholt auch in westlichen Ländern gezeigt wurde, bestand aus einer im Durchmesser 2,65 Meter breiten Kugel, die mit zwei Luken und drei runden Bullaugen ausgestattet war. Das Material: eine hitzefeste Metallegierung, die von einer isolierenden Kunststoffschicht umgeben war.

Das Innere der geräumigen Kugel war nur mit den notwendigsten Kursbestimmungs- und Sprechfunkgeräten ausgestattet. Die Sauerstoff- und Energieversorgung wurde durch das während des Fluges fest mit der Kommandokapsel verbundene Geräteteil garantiert, das erst unmittelbar vor dem Wiedereintreten in die dichtere Lufthülle abgesprengt wurde. Von den 4,7 Tonnen, die diese Raumschiffkombination wog, entfielen 2,5 Tonnen auf die Kugel mitsamt dem einsamen Insassen, der als erstes daranging, alle Meßeinrichtungen und Kontaktgeber zu überprüfen, so wie er es in seiner langen Ausbildungszeit tausendmal geübt hatte. Er stellte fest, daß die Temperatur in der Kabine genau dem wünschenswerten Mittel entsprach, daß der Feuchtigkeitsgehalt von 65 Prozent einen angenehmen Aufenthalt ermöglichte und daß der Druck von 1,2 Atmosphären zuverlässig erreicht wurde. Er überzeugte sich, ob sich sein einfacher Sitz drehen ließ, damit er ihn während der starken Beschleunigung

Gagarin nimmt Abschied zu seinem historischen Flug. Mit einem Aufzug wird er in die an der Raketenspitze angebrachte Raumkapsel gebracht.

durch die Rakete genau in die Fortbewegungsrichtung stellen konnte. Die neunzig Minuten vergingen schneller als erwartet. Gagarin gab das vereinbarte Zeichen, daß er alle Funktionen des Raumschiffs überprüft habe.

Inzwischen war es 9.07 Uhr Moskauer Zeit geworden. In seinen Kopfhörern hörte er das Startkommando. Zugleich begannen auch die Raketentriebwerke dumpf zu röhren und zu brüllen. Er spürte, wie sich die Rakete sacht von ihrer Plattform löste. Sehen konnte er außer einem Stück blauen Himmels nichts, da er mit dem Rücken zur Erde festgeschnallt war. Er spürte, wie sich das Raumschiff rasch und unaufhaltsam beschleunigte.

Das aus dem Antriebsteil und der Pilotenkabine bestehende Raumschiff Wostok 1

Damit war für ihn die Zeit gekommen, sich über das Mikrophon des Funksprechgeräts bei der Bodenkontrolle zu melden. „Hallo, Erde, hier spricht der Kosmonaut!" rief er mit bewegter Stimme. „Wir steigen unaufhörlich. Alle Geräte arbeiten normal."

Als die erste Stufe der *Wostok*-Rakete wenig später aus ihrer senkrechten Stellung in eine waagerechte Lage einbog, konnte Gagarin auch Teile der Erde erkennen. Er schilderte jetzt laufend seine Beobachtungen: „Wie prachtvoll", rief er mit einer sich vor Begeisterung beinahe überschlagenden Stimme: „Ich sehe die Erde, Wälder, Wolken." Und unaufhörlich kam es aus seinem Mund: „Die Sicht ist gut. Wünsche euch das Beste. Man kann alles gut sehen, nur einige Gebiete sind bewölkt. Der Flug geht normal weiter. Alles an Bord ist normal. Ich fühle mich gut. Auch die Apparaturen an Bord funktionieren planmäßig."

Inzwischen hatte sich die Trägerrakete längst vom Raumschiff getrennt, und nur der gleichzeitig als letzte Stufe dienende Geräteteil der *Wostok*-Kugel beschleunigte die Kapsel planmäßig weiter. Mit einem Blick auf die Instrumente erkannte Gagarin, daß die Temperatur um ein Grad von der Norm abwich, während der Druck bis auf eine Atmosphäre gestiegen war, was aber, wie er wußte, zu keinen Besorgnissen Anlaß geben mußte. Jetzt, während die Beschleunigung immer noch zunahm, fühlte er auch zum ersten Male den Zustand der Schwerelosigkeit, den er zunächst ein wenig ungewohnt, dann aber rasch als angenehm empfand: „Man paßt sich rasch an", berichtete er zur Erde. „Ich fühle eine außergewöhnliche Leichtigkeit in jedem Glied."

Dann machte er eine Entdeckung: „An ein Bullauge hat sich der Tropfen einer Flüssigkeit verirrt, er schwebt dort und rollt hin und her wie ein Quecksilbertropfen. Es sieht aus wie ein Tropfen Tau auf einer Blume."

Während er neue, noch nie von einem Menschen beobachtete Erscheinungen zu den Bodenstationen sprach, hatte sein Raumschiff die notwendige erste kosmische Fluchtgeschwindigkeit erreicht und damit eine Kreisbahn um die Erde eingeschlagen. Erste Berechnungen ergaben, daß die Neigung der Bahn 64 Grad und 57 Minuten betrug und damit nur wenig von dem angestrebten Einschußwinkel abwich, der garantieren sollte, daß *Wostok 1* nach einer Erdumkreisung auch wieder das Gebiet der Sowjetunion überflog.

Die Bahn führte ihn zunächst in südöstliche Richtung, über Taschkent und das Hindukusch-Gebirge, womit er sein Vaterland bereits innerhalb von wenigen Minuten verlassen hatte. Über den nördlichen Teil von Westpakistan erreichte er Indien, überflog den Indischen Ozean in Richtung auf die Südspitze Australiens und flog weiter in Richtung auf das südliche Ende des amerikanischen Kontinents in der Gegend von Feuerland. Wie aus diesem Kurs zu ersehen ist, war garantiert, daß nur wenige fremde Länder, vor allem aber keine westlichen, überflogen wurden, sondern daß zumeist Wasser unter dem Auge des ersten Weltraumfliegers dahinzog. Als er 42 Minuten nach dem Start Kap Hoorn überflog, hatte er für eine Zeitlang keinen Kontakt mit einer sowjetischen Bodenstation, da in dieser Gegend kein Funkschiff stationiert war.

Gagarin stellte beruhigt fest, daß die automatische Kurssteuerung, die auf die Sonne ausgerichtet war, zur Zufriedenheit arbeitete. Seine Geschwindigkeit betrug jetzt 28 000 Kilometer in der Stunde. Die Belastungen, denen der Organismus des Kosmonauten während des Starts ausgesetzt gewesen war, waren jetzt nicht mehr zu spüren. Er registrierte einen normalen Herzschlag und begann damit, ein vorbereitetes Programm abzuwickeln. Zunächst entnahm er einer Tasche einige Tuben, in denen pastenförmige Speisen waren.

Die Schwerelosigkeit im Raumschiff verbot das Essen von losen Nahrungsmitteln, so wie es auf der Erde üblich ist, da sich flüssige, halbtrockene oder auch trockene Speiseteile gleichmäßig im Raum der Kapsel verteilen würden. Bisse der Kosmonaut von einem festen Stück Brot, bestünde die Gefahr, daß sich Krümel loslösten und ein unheimliches Eigenleben unter dem Einfluß der Schwerelosigkeit führten. Ein Weltraumessen – darüber waren sich die Wissenschaftler schon vor dem ersten Flug eines Kosmonauten klar geworden – mußte aus einem dicht verschlossenen Behälter direkt in den Mund eingeführt werden, wobei sich Tuben, Plastikflaschen und Plastikröhrchen am besten eignen mußten.

Inzwischen durchflog Gagarin mit seinem Raumschiff *Wostok* die Nachtseite der Erde. Von dem wechselnden Spiel der Farben, das sich beim Heraustreten aus dem Erdschatten bot, berichtete er später besonders eindrucksvoll: „Süden, Norden, Westen und Osten, die üblichen Orientierungsrichtungen auf der Erde, hatten für mich keine Bedeutung mehr. Mein Autopilot hatte den vorgesehenen Kurs fest im Griff. Orientieren konnte ich mich mit Hilfe eines verbesserten seemännischen Bestecks an einem Leitstern, den ich ein paarmal anpeilte, um mich zu vergewissern, daß ich meine Bahn einhielt. Die Sterne leuchteten heller und waren weitaus klarer zu sehen als von der Erde aus, selbst wenn man den Vergleich mit einem besonders klaren Nachthimmel fern von einer Großstadt zog. Die größten von ihnen hatten eine hellblau leuchtende Aureole, wie man es von der Sonne her kennt. Langsam wechselten die Farben vom tiefdunklen Schwarz über ein farbenprächtiges Violett, Dunkelblau und schließlich zum zarten Hellblau. Beim Heraustreten aus dem Erdschatten war der vor mir liegende Horizont von einem grell leuchtenden orangeroten Streifen überlagert. Die für mich jetzt zum zweitenmal innerhalb kürzester Zeit aufgehende Sonne kündigte sich an. Der Streifen ging sehr schnell in alle Regenbogenfarben über und machte schließlich dem Sonnenball selbst Platz."

Eine Stunde und acht Minuten waren seit dem Start in Kasachstan vergangen, als die automatischen Geräte die herannahende Landung ankündigten. Im Geräteteil wurden Bremsraketen gezündet, die den Flug des Raumschiffs verlangsamten und ihn erst allmählich, dann immer steiler nach unten lenkten. Zu diesem Zeitpunkt – es war inzwischen 10.15 Uhr Moskauer Zeit – überflog *Wostok 1* die ostafrikanische Küste. Zehn Minuten später spürte Gagarin die Bremswirkung der negativen Beschleunigung. Die dichtere Atmosphäre rieb sich an der Wärmeschutzhülle des Raumschiffs und ließ die ersten Funken aufsprühen. Der Geräteteil wurde abgesprengt, und die Kugel flog allein ihrem Landepunkt entgegen. Der Kosmonaut selbst konnte an ihrem Kurs nichts mehr ändern. Ob wohl alles gut ging?

Eine Kugel fällt vom Himmel

Was sich in den folgenden zehn Minuten im Gebiet von Saratow an der mittleren Wolga abspielte, ist häufig berichtet worden. Allerdings weichen die Schilderungen auch immer wieder voneinander ab, was die Namen der Zeugen und ihre später wiedergegebenen Äußerungen angeht. Folgen wir der Schilderung der Förstersfrau Anna Akimowna, die auf einem Acker in der Nähe des Dorfes Smelowka Kartoffeln steckte. Das Dorf liegt im Bezirk Ternowka, etwa 30 Kilometer südwestlich der Stadt Engels an der Wolga, die zu dieser Jahreszeit infolge der Schneeschmelze an ihrem Oberlauf weit über die Ufer getreten war.

Frau Akimowna berichtete: „Meine sechsjährige Enkelin, die mit mir aufs Feld gegangen war, zupfte mich plötzlich am Ärmel und rief: ‚Schau, Oma, da kommt was geflogen!' Vom Himmel schwebte tatsächlich ein Ding herunter, wie ich es noch nie im Leben gesehen hatte. Dann aber kam auch schon ein Mann auf mich zu. Er hatte eine rote Fliegerkombination an. Als er mich ansprach, war ich sehr erfreut. Er drückte mir die Hand und stellte sich als sowjetischer Offizier vor. Ich erzählte ihm, daß auch mein Sohn Josif bei der Armee diente, und sagte ihm dann, er hätte leicht in die Hochwasser führende Wolga stürzen können. Da lachte er und antwortete nur: ‚Ich wäre schon nicht untergegangen.' Ich fragte ihn besorgt, ob er keinen Hunger und Durst habe, und wollte ihm meine mitgebrachte Milch anbieten. Er aber sagte, er sei satt und brauche nur rasch ein Telefon. Der nächste Anschluß in der Kolchose war gut drei Kilometer entfernt. Wie war dem Mann da zu helfen? Ich wollte schon das Pferd einspannen, als ich Traktoristen aus der benachbarten Schewtschenko-Kollektivwirtschaft kommen sah, deren Felder an unsere Kolchose grenzten. Mir wurde gleich leichter ums Herz, denn die Männer hatten ein Lastauto bei sich. Aber auch in der Nähe befindliche Soldaten hatten einen Knall gehört und ihn zunächst als den Durchbruch eines Flugzeugs durch die Schallmauer gedeutet. Daraufhin aber hatten sie das an einem Fallschirm hängende Raumschiff entdeckt und es mit einem Lkw bis zum Landeplatz verfolgt. Diese Männer nahmen den Mann, der mit einer Kugel aus dem Himmel geflogen kam, gleich in ihre Mitte und brachten ihn in ein Lager, wo eine schnelle Telefonverbindung mit der für Gagarin zuständigen Luftakademie in Moskau hergestellt wurde."

Gagarin und sein Raumschiff landeten um 10.55 Uhr Moskauer Zeit „an einer vorherbestimmten Stelle in der Sowjetunion", wie es schon in den ersten Nachrichten geheißen hatte. An dieser Formulierung sind später viele Zweifel angemeldet worden. Es wurde gesagt, daß die Verlängerung der Flugbahn genau wieder über den Kosmodrom von Baikonur geführt hätte, der jedoch noch rund 1000 Kilometer von der Landestelle entfernt liegt. Es wäre durchaus denkbar, daß auch die Landung wieder am selben Ort hätte stattfinden sollen wie der Start. Aber auch das um 1000 Kilometer zu frühe Aufsetzen verdiente Achtung vor der Zuverlässigkeit der sowjetischen Landetechnik.

Vom Einschalten der ersten Bremsraketen bis zum Aufschlag auf der Erde war das Raumschiff immerhin noch 30 Minuten unterwegs und legte in dieser Zeit 8000 Kilometer zurück. Gagarin erlebte während dieser Minuten wahrscheinlich die spannungsreichste Zeit seines ganzen, 89,1 Minuten langen Fluges. Da war zunächst einmal das Eintauchen in die dichtere Lufthülle, die aus der glatten Metallkugel einen funkensprühenden Feuerball machte. Während dieses minutenlangen Fluges war bei dem Blick aus den wärmefesten Bullaugen nur eine lodernde Flamme zu sehen. Auch die Funkverbindung mit den Bodenstellen war in dieser Phase abgebrochen. Die Temperatur in der Kapsel stieg zugleich um mehrere Celsius-Grade an.

Kaum war dieser, vielleicht der gefährlichste, Augenblick der ganzen ersten Weltraumfahrt zu Ende gegangen, als ein erster Bremsfallschirm automatisch aus der *Wostok*-Kugel herausflog, der sogleich den großen Hauptfallschirm mit herausriß. Damit wurde der freie Fall der Kapsel abgebremst. Gagarin spürte einen heftigen Ruck. Für die restlichen tausend Meter bis zum Erdboden hatten die Konstrukteure der *Wostok*-Kapsel mehrere Varianten vorgesehen: Um dem Kosmonauten eine sichere Landung zu garantieren, war sein Sitz als Schleudersitz konstruiert, der wie bei einem Militärflug-

Bild rechts: Landung der Wostok-Kapsel in ihren wichtigsten Phasen: Abtrennen der Versorgungskapsel, Bremszündung und Trennung vom Triebwerksteil; danach bleiben dem Kosmonauten zwei Landungsmöglichkeiten: Entweder sprengt er – wie rechts dargestellt – die Ausstiegsluke heraus, schießt sich mit seinem Schleudersitz heraus und landet schließlich am Fallschirm oder er verbleibt in der Kapsel, die ebenfalls an einem Fallschirm zur Erde niedergeht.

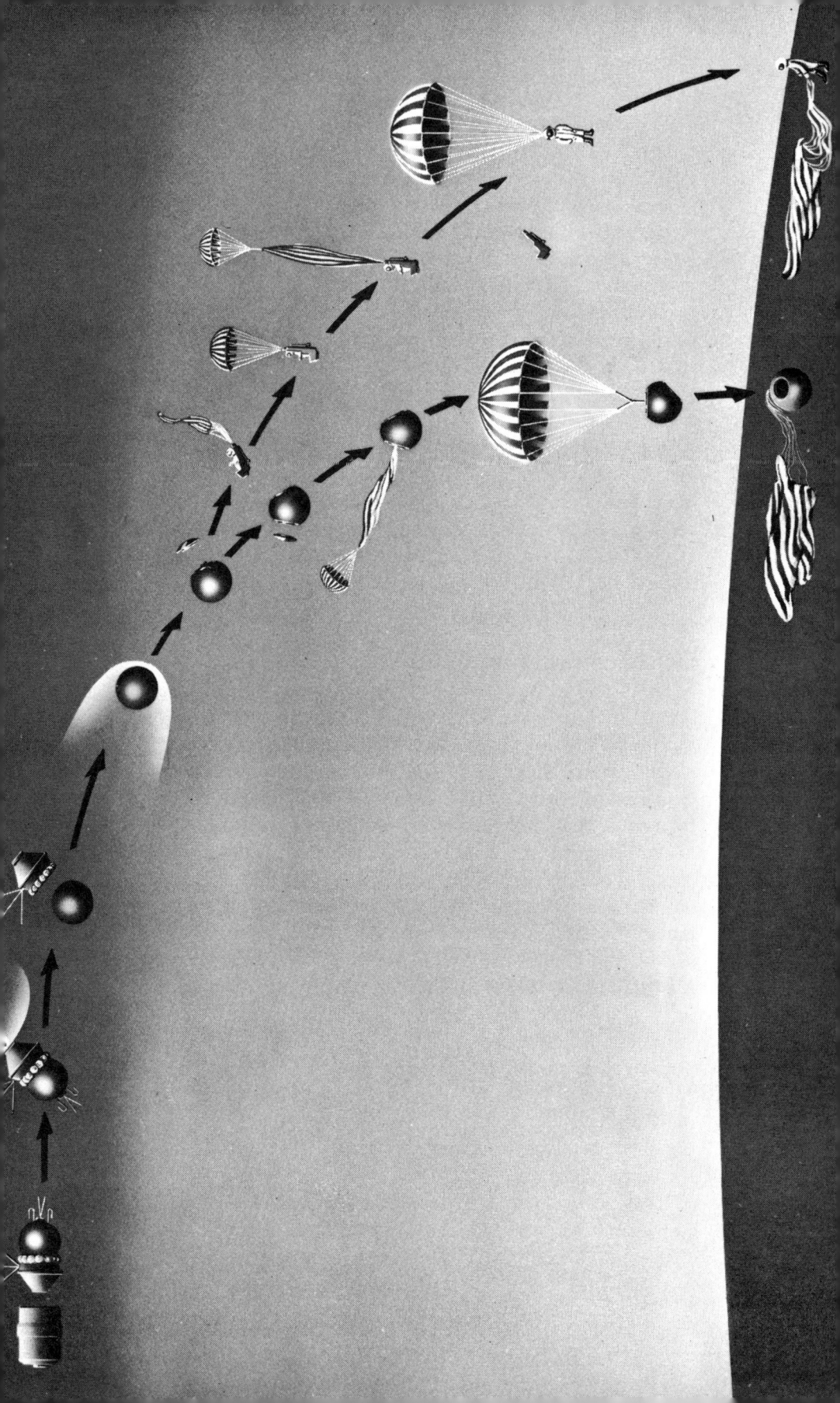

zeug mitsamt dem Piloten herauskatapultiert werden konnte, um an einem eigenen Fallschirmsystem leicht auf dem Erdboden aufzusetzen. Diese Schleudertechnik sollte in einer Höhe von siebenhundert Metern in Gang gesetzt werden, falls es der Raumschiffinsasse für zweckmäßig hielt.

Gagarin entschied sich jedoch dafür, in der Kapsel zu bleiben, wie es ihm nahegelegt worden war. Der Aufprall war in diesem Fall härter, er überstand ihn aber, wie wir inzwischen erfahren haben, ohne Schaden zu nehmen. Aus dieser nicht ganz gefahrenfreien Landung in der Kugel erklärt sich wohl auch der demonstrative Hinweis des Kosmonauten an seine Dienststellen, daß er die Landung ohne Verletzung oder Bruch überstanden habe.

Es gab später auch einige andere amtliche sowjetische Darstellungen, die von einer Landung des Kosmonauten am Fallschirm sprachen. Fest steht jedenfalls, daß einige von Gagarins Nachfolgern später diese Landetechnik versucht hatten und ebenso sicher zur Erde zurückfanden wie ihr berühmter Kollege, auf den nach seiner Landung in der Nähe der Wolga viele Ehrungen warteten.

Der Bauernsohn aus Kluschino

Westliche Fachleute haben in dem Bestreben, die sowjetische Ersttat nicht überbewertet in die Geschichte der Weltraumfahrt eingehen zu lassen, später nicht ganz zu Unrecht darauf hingewiesen, daß bei dem ersten Menschenflug um den Erdball und auch bei den darauf folgenden von einer Raumschiffahrt noch keine Rede sein konnte. Major Gagarin, so wurde gesagt, habe in seiner *Wostok*-Kapsel nicht mehr getan als Münchhausen auf seiner Kanonenkugel: Er habe abwarten müssen, ob alles gut verlaufe. Zu einer Steuerung oder einem Beschleunigen oder zu einer Verringerung der Geschwindigkeit des Raumschiffs von der Hand des Piloten aus habe keine Möglichkeit bestanden. Verbesserungen der Raumschiffe, die zu ihrer Manövrierbarkeit geführt hätten, seien später erst den Amerikanern gelungen. Bei den Russen aber hätten alle Steuerkommandos von der Erde aus gegeben werden müssen: der Start, die Zündung der verschiedenen Raketenstufen, die Bahnkorrekturen und schließlich die Zündung der Bremsraketen. Von diesem Zeitpunkt an habe es ohnehin keine Eingriffsmöglichkeiten mehr für die Raumfahrttechniker gegeben.

Nun gab es freilich eine Reihe von guten Gründen, es bei der Steuerung von den Bodenstationen aus zu belassen: Denn ein

Raumschiffpilot hatte in seiner einfach ausgestatteten Kapsel gar nicht die Möglichkeit, seine Flugbahn so genau zu bestimmen, wie das erforderlich gewesen wäre. Dazu fehlten ihm eine Anzahl wichtiger Beobachtungsinstrumente und vor allem ein Bordcomputer, an dessen Einbau erst später gedacht werden konnte, als die Industrie entsprechend kleine Geräte herzustellen in der Lage war. Anfang der sechziger Jahre wurde diese Aufgabe weitaus besser von der Kette der Bodenstationen übernommen, die ihre Beobachtungen sofort an eine Zentrale weiterleiteten, wo die angefallenen Daten dann mit einer großen Verarbeitungsanlage ausgewertet wurden.

Diese Feststellungen schmälern aber nichts an der Bedeutung des sowjetischen Kosmonauten Jurij Alexejewitsch Gagarin, der sich als erster Mensch von der Schwerkraft der Erde befreien konnte.

Gagarin war ein Bauernsohn, er war zuverlässig, hatte eine rasche Auffassungsgabe und einen wachen Geist, der eine neu auftauchende, unbekannte Situation rasch erkennen konnte. Seine Reaktionen erfolgten jedoch nicht blindlings oder vorschnell. Bevor er seine Schlüsse zog, ging er in Gedanken erst alle Lösungsmöglichkeiten durch und entschied sich dann für den erfolgversprechenden Schritt. Seine Bedachtsamkeit wirkte deshalb nicht schwerfällig, seine Entschlußfreudigkeit nicht von der Angst diktiert, eine falsche Entscheidung könne besser als keine Entscheidung sein. Der kleine, fast zierlich wirkende Gagarin war Offizier der sowjetischen Fliegertruppen.

Das gutmütige Gesicht des russischen Bauernsohnes aus der Gegend von Smolensk, das leicht verschlossen wirkte, hellte sich sofort auf, wenn an ihn eine Frage gerichtet wurde. Viele Menschen, für die Gagarin über Nacht ein moderner Held geworden war, konnten ihn nach dem 12. April 1961 bewundern. Moskau versteckte seinen Eroberer des Kosmos keineswegs vor der Öffentlichkeit, sondern ließ ihn vor der Weltpresse auftreten und über seine Erlebnisse im Weltraum berichten.

Er begann auf der ersten Pressekonferenz zu erzählen: „Ich wollte schon immer Kosmonaut werden. Der Wunsch, in den Weltraum zu fliegen, war mein eigener Wunsch. Als ich mit der Aufgabe betraut wurde, begann ich mit der Ausbildung für den Flug. Und nun ist mein Wunsch, wie Sie sehen, Wirklichkeit geworden."

Ohne Zögern berichtete er über Einzelheiten seines Flugs, für die sich die Journalisten besonders interessierten: „Ich wollte jeden Punkt des Auftrags ausführen – und das so gut wie möglich. Es gab eine Menge zu tun, und der ganze Flug bedeutete viel Arbeit."

Als er gebeten wurde, seine Eindrücke von den Bildern der fernen

Erde und des Weltraums zu schildern, wurde seine sachliche Darstellung phantasievoll ausgeschmückt: „Die von der Sonne erhellte Seite der Erde ist sehr gut sichtbar, man kann leicht die Konturen der Kontinente und Inseln, ja sogar die großen Flüsse, Seen und Gebirgszüge unterscheiden. Über sowjetischem Gebiet konnte ich sogar deutlich große Kolchosenfelder erkennen. Als Pilot von Flugzeugen bin ich nie höher als 15 000 Meter gekommen. Von einem Raumschiff aus, das zwanzigmal so hoch fliegt, werden natürlich Einzelheiten der Erdformation winzig klein oder sie verblassen einfach. Zum erstenmal konnte ich mit eigenen Augen auch die Kugelgestalt der Erde wahrnehmen, natürlich sah ich nie die gesamte Kugel vor mir. Der Anblick des Horizonts aber ist äußerst eigenartig und sehr schön. Besonders eindrucksvoll ist der malerische Übergang von der hellen, in vielen zarten Farben leuchtenden Oberfläche der Erde zu dem absolut schwarzen Himmel mit seinen Sternen. Dieser Übergangsbereich sieht aus wie eine Filmschicht, die den Globus wie einen Gürtel umspannt. Sie ist von einer sanften hellblauen Farbe, die unsere Erde wie einen blauen Planeten erscheinen läßt." Diese Beobachtungen wurden von seinen Nachfolgern bestätigt. Den deutlichsten Eindruck davon hatten die amerikanischen Mondfahrer, die sich als erste Menschen genügend weit von der Erdoberfläche entfernten, um den Globus mit einem Blick zu erfassen.

Die Fragen der Reporter aus aller Welt an Gagarin wollten kein Ende nehmen. Auf eine entsprechende Bemerkung antwortete er: „Den Mond sah ich nicht, da zur Zeit meines Fluges gerade Neumond war. Aber die Sonne war in ihrer Leuchtkraft stärker, als ich es erwartet hatte. Sie ist viel heller als von der Erde aus. Das ganze Bild des Firmaments ist ebenfalls kontrastreicher, so daß von einer Sternwarte im Weltraum aus sicherlich bessere Beobachtungen gemacht werden könnten als von der Erde aus."

Auf die Frage, was sein größtes Erlebnis während des Weltraumfluges gewesen sei, antwortete er – für westliche Ohren unerwartet –, das sei für ihn die Aufnahme in die Kommunistische Partei gewesen, auf deren Anwärterliste er seit langem gestanden habe und die ihn genau zur Zeit seines Weltraumfluges aufgenommen habe. Er vergaß nicht hinzuzufügen, daß er das Unternehmen der Partei der Arbeiterklasse, dem bevorstehenden Parteikongreß und dem ganzen Volk der Sowjetunion widmen möchte.

Auch das Verhältnis zu den Amerikanern, die in jenem Frühjahr 1961 gleichfalls ein bemanntes Weltraumunternehmen angekündigt hatten, sah er im Licht der politischen Gegnerschaft von Kommunismus und Kapitalismus. Gagarin gab sich auf eine entsprechende Frage gönnerhaft: „Wir werden die Leistungen amerikanischer Kosmonauten, wenn sie in den Weltraum fliegen, begrüßen. Im Kosmos ist genug Platz für uns alle. Unsere Partei und unsere Regierung haben vorgeschlagen, den äußeren Weltraum für friedliche Zwecke und für einen friedlichen Wettstreit zu nutzen. Dieses Gebiet darf nicht für kriegerische, sondern nur für friedliche Zwecke mit Mitteln der Weltraumfahrt erreicht werden."

Arme und Beine gewichtlos

Wie aber hatte der im besten körperlichen Zustand befindliche Fliegeroffizier die Auswirkungen der Schwerelosigkeit ertragen, die vor ihm noch kein Mensch über einen so langen Zeitraum von eineinhalb Stunden aushalten mußte? Auch hier rückte Gagarin mit einer Antwort heraus: „Ich habe mich ausgezeichnet gefühlt und keine Beschwerden wahrgenommen. Beine und Arme waren gewichtlos, das war deutlich zu spüren. Die losen Gegenstände schwebten in der Kabine. Ich saß, wenn ich mich losschnallte, nicht mehr fest auf meinem Stuhl, sondern schwebte ebenfalls in der Kugel. Aber auch in diesem Zustand konnte ich essen und trinken. Überhaupt spielte sich alles so ab, wie ich es von der Erde her gewohnt war. Ich arbeitete sogar unter diesen Bedingungen und legte schriftlich meine Beobachtungen nieder, wie es mein Arbeitsplan vorschrieb. Meine Handschrift änderte sich dabei nicht, wie hinterher eindeutig festgestellt werden konnte. Ich mußte nur beim Schreiben das Notizbuch festhalten, sonst wäre es fortgeschwebt und ich hätte es zuvor wieder einfangen müssen. Ich hielt auch über verschiedene Sprechkanäle Kontakt mit den Bodenstationen. Dazu mußte ich Knöpfe und auch die Morsetaste drücken. Dabei merkte ich besonders deutlich, daß die Schwerelosigkeit die Arbeitsfähigkeit des Menschen überhaupt nicht mindert. Der Übergang von der Schwerelosigkeit zum Einfluß der Schwerkraft, wie er in der Landephase beobachtet werden konnte, ist weich und übergangslos. Auch dabei hatte ich keine Beschwerden. Jetzt schwebte ich nicht mehr über meinem Stuhl, sondern saß fest auf ihm, so daß ich es mir wieder bequemer machen konnte. Über die Rückkehr zur Erde war ich natürlich glücklich. Es war wie nach einer Heimkehr von einer sehr langen Reise, die mich weit geführt hatte, obschon ich den Erdboden doch nur für nicht ganz 90 Minuten verlassen hatte."
Gagarin hatte die Erwartungen seiner militärischen und zivilen

Auftraggeber nicht enttäuscht. Er hatte sich sowohl in seiner Weltraumkapsel als auf dem glatten internationalen Parkett, das nach dem Flug durch den Kosmos auf ihn wartete, bewährt. Stolz sahen die Sowjetmenschen ihn als einen der ihren an. Und er war tatsächlich einer von Millionen aus ihrer Mitte.

Der Sohn eines Kolchosbauern aus Kluschino im Bezirk Ghatsk hatte sich kaum in eine Mittelschule eintragen lassen, als die Deutschen sein Land überfielen. Der am 9. März 1934 geborene Gagarin war zu jung, um zu den Waffen zu greifen. Nachdem er und seine Familie die Besatzungszeit überstanden hatten, besuchte er erneut die Mittelschule, ließ sich als Gießer ausbilden und besuchte eine Industriefachschule in Saratow an der Wolga, die er 1955 mit Auszeichnung beendete.

Dort kam er auch erstmals mit der Luftfahrt in Berührung, nachdem er Mitglied des Fliegerklubs geworden war. Die Welt des Fliegens beeindruckte ihn so stark, daß er noch im selben Jahr die Fliegerschule in Orenburg besuchte und sie nach zweijähriger Ausbildung wieder verließ, worauf er sofort in die sowjetischen Fliegertruppen aufgenommen wurde. In den folgenden Jahren überschlugen sich die Ereignisse für den kleinen Jurij Gagarin, denn die Ausbildung zum Offizier nahm seine ganze Kraft in Anspruch. Er erinnerte sich später aber noch genau, wie er reagiert hatte, als die Nachricht vom Start des ersten Erdsatelliten ausgestrahlt wurde: „An diesem Abend rannten wir alle sofort nach unserer Rückkehr vom Flugplatz ins Klubzimmer und lauschten begierig auf Berichte von der Position des ersten Raumfahrzeugs der Welt und von der Geschwindigkeit dieses Körpers, die so schwer vorstellbar war, nämlich 8000 Meter in der Sekunde. Einer meiner Freunde meinte, es werde wohl noch 15 Jahre dauern, bis es einen bemannten Flug im Weltraum geben werde. Keiner von uns ahnte damals, wie falsch diese Prophezeiung war. Daß diese Bemerkung ausgerechnet zu dem Mann gemacht wurde, den die Ehre des ersten Weltraumflugs später treffen sollte, war ein weiterer Grund, der dieses Gespräch für mich unvergeßlich werden ließ."

Gagarin, inzwischen zum Leutnant befördert, meldete sich zum Dienst in der Arktis. In der Einsamkeit der von Eis und Schnee beherrschten Landschaft und in dem Einerlei seines Dienstalltags wuchs in ihm die Überzeugung, daß die Zukunft dem Weltraum gehöre. Kurz entschlossen bewarb er sich für die Kosmonautengruppe, die ausgebildet wurde, um einmal den ersten Schritt in den Weltraum zu wagen. Er tat dies, obschon er inzwischen verheiratet war und eine Tochter hatte.

Die medizinische Untersuchung verlief für ihn günstig – die wichtigste Voraussetzung. Seine Befürchtung, daß er möglicherweise mit seinen 1,64 Metern zu klein sein könnte für die von ihm geforderte Anstrengung, erwies sich als grundlos. Er wurde in ein Spezialtrainingszentrum einberufen, durfte den wahren Grund jedoch niemandem mitteilen, nicht einmal seiner Frau.

Für Gagarin begann eine harte Zeit, in der er in besonders eingerichteten Isolationskammern, die sowohl der Erzeugung ungewöhnlicher Hitze- wie Kältegrade dienten, in großen Zentrifugen, Vibrationsgeräten und Raumschiffsimulatoren auf seine besondere Aufgabe vorbereitet wurde. Hinzu kam eine intensive Ausbildung als Fallschirmspringer, die darauf hindeutete, daß diese Art der Rückkehr zur Erde bei einem Weltraumflug eine Rolle spielen würde. Gagarins Leben endete bereits mit 34 Jahren, als er am 27. März 1968 mit einem Militärflugzeug abstürzte.

Sergej Koroljow, Vater der Raumschiffe

Gagarin hat nach seinem Weltraumflug über die erste Begegnung mit dem *Wostok*-Raumschiff berichtet, die ihm und seinen Kameraden der Chefkonstrukteur der Kapsel, Sergej Koroljow, vermittelt hatte: „Koroljow erklärte uns, daß die Außenwände des Schiffes mit einer verläßlichen Isolationsschicht überzogen seien, die verhindere, daß das Schiff beim Wiedereintritt in die Atmosphäre verbrennen könne. Der Chefkonstrukteur verriet uns auch, was wir damals noch nicht wußten: daß für den ersten bemannten Raumflug nur eine Erdumkreisung angesetzt sei. Als ich zum erstenmal in die Kabine kletterte, stellte ich zu meinem Erstaunen fest, daß sie größer als die Kanzel eines MIG-Jagdflugzeuges war. Ich bekam zum erstenmal die Schaltanlage mit den Instrumenten zu Gesicht; zu meiner Linken Radioschalter, Einstellscheiben und Umgebungs-Kontrollgeräte, zu meiner Rechten die Anlagen für das Orientierungssystem, der Spind für Nahrungsmittel und der Radioempfänger. Direkt vor mir waren eine elektrische Uhr und die wichtigsten Navigationsinstrumente eingebaut, darunter ein Globus in der Art eines Kreiselkompasses, der so konstruiert war, daß er sich entsprechend der vom Raumschiff zurückgelegten Bahn drehte. Besonders interessierte mich auch der Schleudersitz, weil er Sicherheitsvorkehrungen enthielt, die ich noch nie gesehen hatte. In die kugelförmige Kapsel war auch eine Fernsehkamera eingebaut.

Das Raumschiff, so erklärte man uns, war so gebaut, daß es so-

Als der geistige Kopf der sowjetischen Satelliten- und Raumschifftechnik gilt Sergej P. Koroljow (1906–1966), der sich hier mit Jurij Gagarin unterhält.

wohl ohne den Piloten als auch mit ihm auf Land aufsetzen konnte. Es konnte notfalls jedoch auch auf einer Wasserfläche niedergehen. Ich verließ die Kabine schweigend. Ich konnte keine Worte finden, um meine Bewunderung auszudrücken."

German Titow, ein Kosmonautenkamerad Gagarins und dazu ausersehen, den zweiten sowjetischen Weltraumflug auszuführen, schilderte die Begegnung mit Koroljow später ebenfalls in allen Einzelheiten: „Wir nannten den mittelgroßen, breitschultrigen Mann liebevoll nach seinen Initialen S. P. Es kam der Tag, an dem er uns zu sich bestellte. Zum ersten Male sahen wir bei dieser Gelegenheit den Chefkonstrukteur, wie er offiziell genannt wurde. Er nahm uns mit in die Montagehalle, wo er uns mit der durch Sachkenntnis gezügelten Leidenschaft die Einzelheiten des *Wostok*-Raumschiffs erläuterte. ‚Schaut euch dieses Raumschiff an‘, sagte er, ‚aber bewundert es nicht nur, sondern sagt auch, was euch nicht daran gefällt. Wir werden jeden Hinweis an Ort und Stelle prüfen und, wenn nötig, Veränderungen vornehmen. Schließlich sollt ihr mit dem Raumschiff fliegen und nicht wir.‘

Als einer der Kosmonauten sich über die hohen Temperaturen in der Versuchskammer beklagte, lächelte Koroljow und sagte: ‚Schwierig im Manöver, leicht im Kampf. Wenn sich der Kosmonaut vor dem Start so fühlt, als ob er eine Heldentat begehe, dann ist er für den Raumflug noch nicht reif. Früher habe ich meine Flugzeuge selbst geflogen und erprobt. Mein Traum ist es, einmal in einem Raumschiff mitzufliegen, das ich konstruiert habe. Aber das ist nicht möglich. Viel wichtiger ist es, auf der Erde weiterzuarbeiten. Unser großes Ziel ist die Konstruktion großer interplanetarischer Raumschiffe, die eine Masse von mehreren Dutzend Tonnen aufweisen und ausgedehnte kosmische Flüge mit einer Flugdauer bis zu zwei und drei Jahren erlauben. Die Kosmonautik hat eben eine grenzenlose Zukunft wie das Weltall selber.'"

Sergej Koroljow (30. 12. 1906–14. 1. 1966) war nicht nur der Vater des *Wostok*-Raumschiffs, sondern der geistige Vater aller sowjetischen Satelliten und Raumkapseln, angefangen von *Sputnik* und *Lunik* bis zu den *Wostok-*, *Woschod-* und den *Sojus*-Raumschiffen. Der Sohn eines Lehrers aus Schitomir in der Ukraine ging als 21jähriger Techniker in eine Moskauer Flugzeugfabrik. Nebenher fand er noch die Zeit zu einem Studium: Im Jahre 1930 absolvierte er die Fakultät für Flugzeugmechanik der Technischen Hochschule in Moskau mit Auszeichnung. Seine Diplomarbeit bestand in der Konstruktion eines zweisitzigen Motorflugzeugs, das voll kunstflugtauglich war. Die Anleitung dazu hatte er von dem bekannten Flugzeugkonstrukteur Andrei Nikolajewitsch Tupolew empfangen, der noch heute Chefkonstrukteur einer Gruppe von Flugzeugbauern ist. Produkte dieser Mannschaft sind Düsenverkehrsflugzeuge, darunter auch das erste Überschall-Verkehrsflugzeug der Welt, die TU 144.

Seit dem Jahr 1933 arbeitete Koroljow an der Entwicklung von Flüssigkeitsraketentriebwerken. Sechs Jahre später konnte er eine Rakete in die Luft bringen, die einen Schub von 175 Kilopond entwickelte. Im selben Jahr flog auch noch ein Raketengleiter, der zuvor von einem Flugzeug auf größere Höhen geschleppt werden mußte und dann ausgeklinkt wurde. Auch an dem Bau der unter dem Namen Stalin-Orgel bekanntgewordenen Raketenwerfer beteiligte sich Koroljow, nachdem der Krieg ausgebrochen war.

Seine größten technischen Leistungen aber erreichte er als Leiter des Konstruktionsbüros für kosmische Flugkörper und Raumschiffe, in dem alle wichtigen Trägerraketen und ihre Nutzlasten, mit denen die Sowjets das kosmische Zeitalter eröffneten, entwickelt wurden. Innerhalb von zehn Jahren gelang es Koroljows Ingenieuren, diese Nutzlasten von 83,6 Kilogramm *(Sputnik 1)* bis auf 12,2 Tonnen *(Proton)* zu erhöhen, was eine 150fache Steigerung bedeutet.

Amerikas Antwort heißt Mercury

Shepards „Weltraumrutscher"

Eine Silbermedaille von der Größe einer Taschenuhr an einem blau-roten Seidenband erinnert den amerikanischen Marineoffizier Alan B. Shepard an den 5. Mai 1961. An jenem Maitag gelang es den Amerikanern erstmals, einen Menschen zu einem kurzen Flug in den Weltraum zu entsenden. Der „Weltraumrutscher" Shepards, wie ihn vor allem die Russen geringschätzig abtaten, dauerte nur 14 Minuten, führte in eine Höhe von lediglich 180 Kilometern und ließ ihn 460 Kilometer vom Startplatz entfernt niedergehen.

Die Medaille, von der amerikanischen Weltraumbehörde NASA (National Aeronautics and Space Administration) für hervorragende Verdienste verliehen, war die erste Auszeichnung für einen „herausragenden Beitrag in der Weltraumtechnologie", wie es in der dazugehörigen Urkunde heißt. Das in Silber geprägte NASA-Emblem – ein stilisierter Satellit in einer hohen Erdumlaufbahn – entsprach in keiner Weise dem wirklichen Ablauf des Unternehmens. Die Amerikaner nannten diesen ballistischen Flug, bei dem die Endgeschwindigkeit der bemannten Raumkapsel nicht ausreichte, um in eine Erdumlaufbahn zu gelangen, einen suborbitalen Flug und machten sich damit ein wenig der Hochstapelei schuldig. Es war eine kurze Stippvisite im Weltraum, deren Ergebnisse äußerst bescheiden waren. Im Vergleich zu der einmaligen Erdumrundung Gagarins mußte der amerikanische Flug nur als ein Versuch angesehen werden, mit den Sowjets Schritt zu halten. Was sie daran hinderte, es dem Weltraum-Konkurrenten gleichzutun, war das Fehlen einer genügend schubstarken Rakete.

Immerhin waren mit dem Start und der Landung die gleichen Probleme wie bei jedem anderen Weltraumflug zu lösen. Das galt vor allem für die Rückkehr des Raumschiffs zur Erdoberfläche. Bei dem Wiedereintritt eines Flugkörpers in die dichteren Luftschichten entstehen durch die Reibung der Luftteilchen an der Außenhaut der Kapsel hohe Hitzegrade, die eine große Wärmefestigkeit des Materials voraussetzen. Gleichzeitig wird das Gefährt erheblich abgebremst. Die Folge ist die Einwirkung starker Fliehkräfte auf die

Raumkapsel und ihren Piloten. Wichtigste Voraussetzung ist, daß der Flugkörper in dieser Phase stabil gehalten wird und sich nicht überschlägt, da die Amerikaner – anders als die Russen mit ihrer kugelförmigen *Wostok*-Kapsel – nur die stumpfe Breitseite des glokkenförmigen *Mercury*-Raumschiffs gegen die auftretenden hohen Temperaturen durch eine sogenannte Ablationsschicht geschützt hatten. Dieses im Prinzip bei jedem Raumschiff angewendete Verfahren besteht in der Anwendung der Schmelzkühlung. Dabei wird eine auf einer Isolierplatte angebrachte Kunstharzschicht durch die hohen Temperaturen zum Schmelzen gebracht und die Hitze somit weitgehend nach außen abgeleitet. Dieser Hitzeschild hat sich in den ersten Jahren der Weltraumfahrt hervorragend bewährt.

Schließlich konnten die Amerikaner bei ihrem ballistischen Flug, völlig gleichgültig, ob er in den Weltraum geführt hatte oder nicht, die biologischen Auswirkungen der Raumfahrt auf einen Menschen studieren, denn auch Shepard war für wenige Minuten der Schwerelosigkeit ausgesetzt und hatte während der Start- und Wiedereintrittsphase Belastungen zu überstehen, die dem neun- bis zehnfachen Wert der Erdanziehungskraft entsprachen.

Shepard gehörte der ersten Gruppe von sieben Astronauten an, die von den Amerikanern für die bemannte Weltraumfahrt ausgebildet wurden. Er und seine sechs Kollegen, von denen niemand bis wenige Stunden vor dem Start wußte, wer von ihnen für den ersten Raumflug ausgewählt werden würde, waren auf die bevorstehende Aufgabe gründlich und gewissenhaft vorbereitet worden. Shepard und seine Kollegen wußten, daß der kritischste Augenblick ihrer Reise bei der Rückkehr zur Erde beginnen würde. Bis zu diesem Zeitpunkt war die Kapsel mit·der stumpfen Seite vorangeflogen, wobei ihre Längsachse im Vergleich zur Erdoberfläche in einen Winkel von 14 Grad geneigt war, um dem Astronauten eine bessere „Aussicht" auf den unter ihm vorbeiziehenden Globus zu verschaffen.

Das siebenköpfige Astronautenteam war nicht nur auf den ballistischen Versuchsflug, sondern auch auf die folgenden Orbitalflüge mit der *Mercury*-Kapsel vorbereitet worden. Dafür mußten, was bei der parabelförmigen Flugbahn des Shepard-Fluges nicht nötig war, die Bremsraketen gezündet werden, um die in einer Satellitenbahn kreisende Kapsel aus ihrem antriebslosen Flug herauszureißen. Sobald die drei Rückkehr-Raketen erst einmal gezündet hatten, war die Kapsel unweigerlich auf ihren Weg zur Erdoberfläche gezwungen. Entscheidend kam es jedoch darauf an, welchen Winkel die zum Erdboden geneigte Bahn erreichte. War dieser Winkel zu flach, dann bestand die Gefahr, daß die Kapsel auf den oberen Luftschichten abgeprallt wäre wie ein Stein, der flach über eine Wasseroberfläche geworfen wird und erst eine Zeitlang über sie hinwegtanzt, ehe er untergeht. Im Weltraum aber würde eine Kapsel, die von der Atmosphäre zurückgefedert würde, eine neue Bahn einschlagen, die sie von der Erde wegführen und unter Umständen nicht mehr zu ihr zurückkehren lassen würde. War der Winkel jedoch zu steil, dann wäre die Kapsel mitsamt ihrem Insassen in der Atmosphäre verglüht.

Alan B. Shepard, Korvettenkapitän der amerikanischen Marine, brauchte sich mit solchen Befürchtungen nicht zu belasten, als er in der Frühe des 5. Mai 1961 die *Mercury*-Kapsel an der Spitze einer 20 Meter hohen Redstone-Rakete betrat und von der Bedienungsmannschaft festgeschnallt wurde. Drei Tage zuvor hatte er bereits denselben Ablauf der Startvorbereitungen über sich ergehen lassen müssen, war bereits eine Stunde nach Mitternacht geweckt worden und hatte eine Tradition begründet, die fortan alle amerikanischen Astronauten eingehalten haben: Er ließ sich ein Frühstück servieren, das aus Orangensaft, Kaffee, Brot, Eiern mit Speck und einem Filetsteak bestand. Mit ihm am Tisch saßen seine Kameraden John Glenn und Gus Grissom, die als Ersatzleute eingeteilt worden waren.

In der Nacht war ein heftiges Gewitter über Kap Canaveral niedergegangen, das nach den Erwartungen der Meteorologen jedoch am Morgen vorübergezogen sein sollte. Aber die Wetterfrösche irrten sich gründlich. Das Tiefdruckgebiet, das mit Blitz und Donner über den Golf von Mexiko herangezogen kam, war weit ausgedehnter als vorauszusehen war. Die Wolkendecke hing tief über dem Startplatz, und auch die Sichtweite betrug nur einen Kilometer. Da man den Start bis zum Ausbrennen der ersten Raketenstufe jedoch mit optischen Mitteln genau verfolgen und auf Filmen festhalten wollte, um daraus Aufschlüsse über mögliche Fehlerquellen zu gewinnen, mußte der Start wenige Stunden vor dem festgesetzten Termin abgesetzt werden. Amerikas Beinahe-Astronaut mußte sich wieder aus seinem Weltraumanzug schälen und viele Aufmunterungsworte der NASA-Verantwortlichen anhören.

In diesem Augenblick zeigte es sich, daß der richtige Mann für die nervlich belastende Aufgabe, als erster Amerikaner den Schritt in den Weltraum zu wagen, ausgewählt worden war. Shepard ließ

Bild rechts: Landung einer Mercury-Kapsel in ihren wichtigsten Phasen: Zündung zur Lagekorrektur, Bremszündung, Absprengen des Fallschirmschutzschildes, Öffnen des Hilfsfallschirms, Herausreißen des Hauptfallschirms, Wasserung

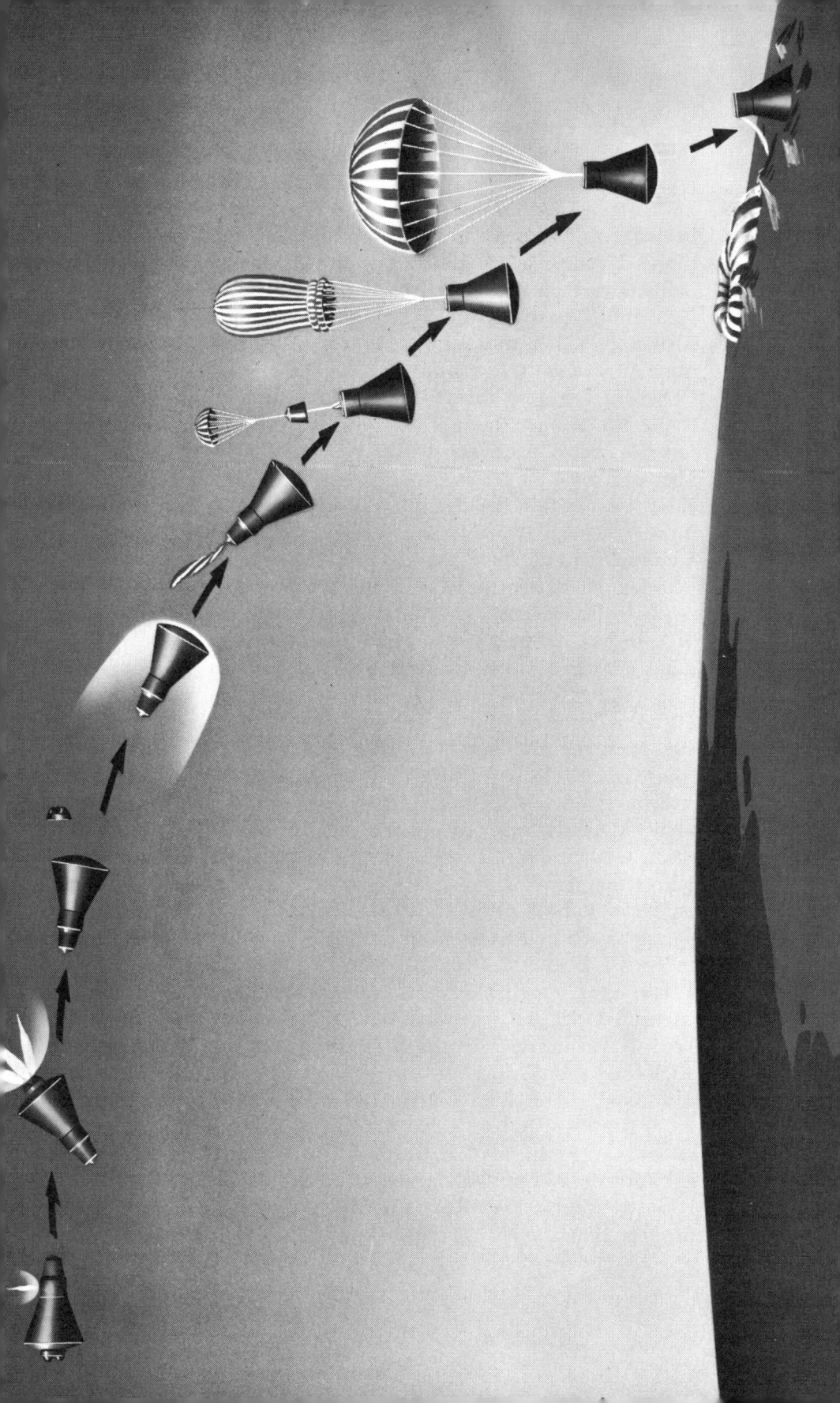

sich nichts von seiner Enttäuschung anmerken, die ihn in dieser Minute beschlich und die er später, nachdem der Flug gelungen war, auch eingestand. Er fühlte, wie viele seiner Landsleute, eine tiefe Erniedrigung darin, mitansehen zu müssen, wie die Sowjets in der bemannten Raumfahrt in Führung gingen, während die Amerikaner nach Gagarins Erdumkreisung vom 12. April 1961 erst einen ballistischen Flug vorexerzierten, um ihre Anwartschaft auf das bemannte Wettrennen im Weltraum anzumelden. Und auch diese Bemühung schien an diesem 2. Mai vergeblich zu sein, wenn es auch nur ein Unwetter war, das der Technik einen Streich spielte.

Shepard vertraute auf das erste bescheidene Raumschiff, das die NASA im Rahmen des *Mercury*-Programms hatte entwerfen lassen, um den ersten Amerikanern im Weltraum ein schützendes Dach über dem Kopf zu geben. Das Hauptproblem für die Techniker und Konstrukteure war der Zwang zur Gewichtsersparnis, der durch die unzureichenden Schubleistungen der amerikanischen Trägerraketen verursacht wurde. Jetzt, wo sich das Fehlen einer schubstarken Rakete als ein verhängnisvoller Entwicklungsfehler herausstellte, waren von den zuständigen Politikern und Militärs im Pentagon zu Washington viele entschuldigende Worte zu hören. Die Entscheidung, auf den Bau von Großraketen zu verzichten, sei erst gefallen, hieß es jetzt, nachdem die Atomwissenschaftler erklärt hätten, sie könnten Kernwaffen mit einem minimalen Gewicht entwickeln, die sich auch von kleineren Raketen an jeden beliebigen Ort der Erde transportieren ließen. Zugleich wurde hinzugefügt, daß die offensichtlich größeren Schubleistungen der sowjetischen Trägerraketen nicht Ausdruck einer grundsätzlichen technischen Überlegenheit seien, sondern das folgerichtige Ergebnis des in der Sowjetunion beschrittenen Entwicklungsweges, gröbere, aber zuverlässige Aggregate zu bauen, auf die mehr Verlaß sein müsse als auf ein Raketenbauprinzip, nach dem jedes benötigte Teil so klein und so leicht wie möglich sein mußte. Dabei sahen sich die Techniker genötigt, neue Konstruktionsmöglichkeiten zu planen und anzuwenden und sich zugleich auch nach neuen leichteren und doch widerstandsfähigeren Werkstoffen umzusehen, deren Eigenschaften und Verhalten unter allen denkbaren Umweltbedingungen erst erforscht und geklärt werden mußten. Auf einen solchen, mit Risiken behafteten Weg hatten die Sowjets von Anfang an verzichtet und sich statt dessen an Ziolkowskis Idee von der Raketenbündelung erinnert, die bei der Konstruktion der *Wostok*-Rakete angewandt wurde.

Als die schubstärkste Rakete für das *Mercury*-Programm stand den für bemannte Raumflüge zuständigen Männern der Gruppe Man in

Space die von der Luftwaffe zur Einsatzreife gebrachte Interkontinentalrakete Atlas zur Verfügung. Bis diese Rakete jedoch auf das dazugehörige Raumschiff eingestellt worden war, mußte wieder das Heer mit der bewährten Redstone aus dem Raketenentwicklungszentrum in Huntsville/Alabama einspringen.

Das *Mercury*-Programm trat im Januar 1959, rund 15 Monate nach dem ersten Start eines sowjetischen Satelliten, in seine entscheidende Phase. Der Auftrag zur Konstruktion und zum Bau der Kapsel erging an den Flugzeug- und Raumfahrtkonzern McDonnell Aircraft Corporation in St. Louis.

Ein Vierteljahr später wurden die ersten sieben Astronauten ausgesucht und der Öffentlichkeit vorgestellt. Es waren:

M. Scott Carpenter, Luftfahrtingenieur und Marineoffizier, der 1925 in Boulder im Bundesstaat Colorado geboren wurde und nach einem *Mercury*-Weltraumflug wieder aus der Astronautenmannschaft ausschied,

L. Gordon Cooper, 1927 in Shawnee im US-Bundesstaat Oklahoma geboren, der Pilot beim Marinekorps und bei der Luftwaffe war, ehe er später Testflieger wurde,

John H. Glenn, aus Cambridge in Ohio stammend, wo er im Jahre 1921 geboren wurde. Er umkreiste als erster mit einer *Mercury*-Kapsel die Erde, wurde später Berater der Weltraumbehörde und 1969 in den amerikanischen Kongreß gewählt,

Virgil I. Grissom, 1926 in Mitchell (Indiana) geboren und zu dem Zeitpunkt der Berufung in die Astronautenmannschaft Oberstleutnant der Luftwaffe. Grissom gehörte zu den chancenreichsten Männern des amerikanischen Weltraumteams, flog eine *Mercury*- und eine *Gemini*-Mission und starb bei den Vorbereitungen zu den Apollo-Flügen bei dem tragischen Brandunglück auf Kap Kennedy am 27. Januar 1967,

Walter M. Schirra, 1923 in Hackensack (New Jersey) geboren und Luftwaffenpilot mit Kampferfahrung in Korea. Schirra gehört mit je einem *Mercury*-, *Gemini*- und *Apollo-Flug* zu den erfolgreichsten amerikanischen Astronauten,

Alan B. Shepard aus East Derry in New Hampshire, wo er 1923 geboren wurde. Er war Versuchspilot der amerikanischen Marine und machte mit *Mercury 3* erste Weltraumerfahrungen für die Vereinigten Staaten,

Donald K. Slayton, 1924 in Sparta (Wisconsin) geboren, war als Pilot für *Mercury 7* im Gespräch, konnte diesen Flug wegen aufgetretener Herzstörungen jedoch nicht ausführen. Er kam erst im Juli 1975 mit dem Apollo-Sojus-Flug zu Weltraumehren.

Ein Schimpanse als Astronaut

Im Jahre 1959 machte die Entwicklung der *Mercury*-Kapsel gewaltige Fortschritte. Noch während die Konstruktionsarbeiten in vollem Gange waren und die Techniker laufend Änderungen anbrachten, um den neuesten Stand des Wissens anzuwenden, wurden erste Startversuche mit vollflugtauglichen, aber noch nicht fertig eingerichteten Modellraumschiffen unternommen. Dabei bedienten sich die Amerikaner einer Kombination von Feststoffraketen, die sie Little Joe nannten. Dabei ging es ihnen vor allem darum, die Wirksamkeit des Rettungsturms zu erproben, der auf der *Mercury*-Kapsel aufgesetzt und durch eine Pulverrakete in der Lage war, im Falle eines Fehlstarts der Trägerrakete das Raumschiff mit dem Astronauten von der Rakete zu trennen, es einige hundert Meter in die Luft zu katapultieren und es an Fallschirmen sicher auf die Erde abzusetzen. Dieses von den Amerikanern bevorzugte System, das später auch die Sowjets anwandten, bewies von Anfang an seine Zuverlässigkeit.

Um den lebenswichtigen Hitzeschild der Kapsel zu erproben, wurde ein *Mercury*-Raumschiff mit einer Redstone-Rakete versuchsweise abgeschossen. Diese Kombination wurde nach den Anfangsbuchstaben der beiden Systeme *MR*, bei der Verwendung einer Atlas-Rakete *MA* genannt. Die erste, noch unbemannte *MA-1*-Mission am 29. Juli 1960 endete mit einem totalen Mißerfolg, da die Rakete kurz nach dem Start explodierte. Auch *MR 1* erhob sich am 21. November desselben Jahres nicht von ihrem Startplatz. Die Ursache war eine technische Störung, die von den Fachleuten erst nach kriminalistischer Detektivarbeit herausgefunden wurde und deshalb für den weiteren Fortgang der Arbeiten von größtem Wert war. Bei der Wiederholung dieses Startversuchs am 19. Dezember gelang der geplante ballistische Probeversuch, und die Kapsel konnte zur eingehenden Untersuchung 375 Kilometer südöstlich von Kap Canaveral aus dem Atlantik geborgen werden.

Bei dem folgenden Versuch *(MR 2)* am 31. Januar 1961 war erstmals ein Lebewesen an Bord eines amerikanischen Raumschiffes, das Schimpansenmännchen Ham. Die Amerikaner sahen in diesem dressierten Tier ein intelligenteres Lebewesen als einen Hund, der von den Russen bei ihren Vorversuchen für den bemannten Raumflug als unfreiwilliger Passagier an Bord genommen wurde. Ham reagierte beim Aufleuchten verschiedenfarbiger Zeichen mit entsprechenden Handgriffen. Auf diese Weise konnten die am Boden zurückgebliebenen Beobachter des Versuchs herausfinden, wie sich das 16,8 Kilogramm schwere Tier unter dem Einfluß der Schwerelosigkeit verhielt und zu welchen Reaktionen es noch fähig war. Ham wurde 676 Kilometer weit auf den Atlantischen Ozean hinausgetragen und erreichte eine Maximalhöhe von 249 Kilometern. Der Affe überstand das Experiment, genau zwei Jahre nach dem ersten erfolgreichen Start eines amerikanischen Satelliten, ohne Schaden und sorgte für Schlagzeilen in der Weltpresse.

Für den ersten ballistischen Flug eines Amerikaners war die Kombination *MR 3* vorgesehen. Die sieben Astronauten hatten für ihre Raumschiffe jedoch wohlklingendere Namen ausgesucht und wählten für Shepards Raumkapsel den Namen *Freedom 7*, wobei die Zahl 7 daran erinnern sollte, daß dieselben Aufgaben ebensogut von den anderen sechs Astronauten erfüllt werden konnten.

Drei Tage nach dem abgebrochenen Versuch – es war der 5. Mai 1961 – war es endlich soweit. Die Vorbereitungen liefen genau nach Plan, Rakete und Raumschiff mußten nach den von den Anzeigegeräten wiedergegebenen Werten in Ordnung sein, Astronaut Shepard zeigte sich gelassen und von der ihn umgebenden Hast der

Der Schimpanse Ham wird für seinen Weltraumflug vorbereitet.

Bedienungsmannschaft unberührt. Bereits um 5.18 Uhr Ostamerikanischer Zeit begab er sich durch die enge Luke in sein ebenso enges Quartier. Mehr als vier Stunden mußte er in diesem gefängnisähnlichen Verließ aushalten, bis sich die Rakete unter ihm bewegte und ihn in eine ballistische Bahn weit ins Atlantische Meer trug.

Um 9.34 Uhr war es soweit, daß der Startbefehl gegeben werden konnte und die Redstone sich mit scharf gebündeltem Abgasstrahl in die Höhe hob. Shepard berichtete später darüber: „Der Flug war schon mehr als zur Hälfte vorbei, und ich war noch nicht dazu gekommen, aus der Fensteröffnung nach der rasch vorüberziehenden Erde und zu Sternen Ausschau zu halten. Aber es war schon zu spät am Morgen. Durch das kleine Guckloch in meiner Kapsel konnte ich keinen bekannten Stern am Himmel anpeilen. Ich hatte auch keine Zeit mehr, die Kapsel abermals um 260 Grad zu drehen, um die Sicht zu verbessern. Immerhin war der Anblick durch die Fensteröffnung phantastisch genug. Der Himmel war ganz dunkelblau, und

Eine Mercury-Kapsel
nach der Bergung von einem
unbemannten Probeschuß

die Wolken leuchteten strahlend weiß herauf zu mir. Zwischen mir und den Wolken lag eine unklare Schicht von diffusem Licht, das die verschiedenen Schichten der Atmosphäre zurückstrahlten. Plötzlich merkte ich wieder die Schwerkraft wirksam werden. Das kam früher, als ich angenommen hatte, und deshalb auch unerwartet. Ich wollte noch einmal die Handkontrolle meines Raumschiffs ausprobieren, bevor ich allzutief in die Atmosphäre eingedrungen war. So war ich einen Augenblick damit beschäftigt, vom Selbststeuergerät wieder auf Handsteuerung umzuschalten. Ich konnte noch einige Korrekturen bewirken, bevor die Kräfte des Luftwiderstands die Wirkung der Lenkraketen verminderten. Bei dem folgenden jähen Sturz zur Erde wurde ich mit einer Kraft, die zehnmal stärker als die Erdanziehungskraft war, gegen die Liegesitze gepreßt.

Wir hatten zuvor in der Zentrifuge von Johnsville in Pennsylvania viel größere Kräfte ausgehalten, deshalb hatte ich während der ganzen Phase des Wiedereintritts einen klaren Kopf. Diesmal kam es nicht soweit, daß ich nur mit einem äußersten Aufwand an Energie sprechen konnte. Auch das Atmen fiel mir leichter, als ich es gewohnt war und wie ich erwartet hatte. Auf dem ganzen Sturzflug zur Erde brüllte ich die ganze Zeit über in mein Mikrophon: ‚Alles okay, alles okay!' Damit wollte ich den Leuten in den Bodenstationen sagen, daß an Bord alles in Ordnung war und daß sie sich keine unnötigen Gedanken über mich zu machen brauchten. Ich hatte in diesen Augenblicken nichts anderes zu tun, als mich über die Meßgeräte zu beugen und die dort angezeigten Werte abzulesen. Das ist natürlich eine unangenehme Situation, wenn man an seinem Schicksal nichts ändern kann und nur dazu verdammt ist, das Ende des Flugs abzuwarten und die Frage zu beantworten, ob sie wohl rechtzeitig an derselben Stelle sein werden, wo man ins Wasser plumpst.

Während die Minuten nur langsam dahinschlichen, drehte sich die Kapsel um die eigene Achse, um ganze 10 Grad in der Sekunde. Sie drehte sich entgegen dem Uhrzeiger, was aber keine unangenehme Wirkung für mich hatte. Auch die in der Kapsel auftretende Hitze belästigte mich nicht. Das ganze System zur Lebenserhaltung, wie wir es nennen, funktionierte störungsfrei. Dazu gehörten sowohl die Sauerstoffzufuhr, die Wasserkühlung und die Ventilation. Auch in den unangenehmsten Momenten hatte ich nicht mehr auszuhalten als der Fahrer einer Limousine, der seine Fenster an einem warmen Sommertag geschlossen hält, weil er eine Erkältung befürchtet."

Immerhin waren die Temperaturen an der Außenhaut der Kapsel bis auf 665 Grad Celsius gestiegen, während es im Innern nur

38 Grad, innerhalb des gekühlten Raumanzugs sogar nur 27 Grad Celsius warm war. Insgesamt hatte der Flug nur etwas mehr als 14 Minuten gedauert. Als sich *Freedom* 7 bis auf 2100 Meter der Wasseroberfläche genähert hatte, wurde der große Hauptfallschirm ausgestoßen, der sofort von dem Bergungsschiff, dem Flugzeugträger Lake Champlain, ausgemacht wurde. Dahingegen wurde, wie zuvor erwartet, für einige Minuten der Funksprechverkehr zwischen der Kapsel und dem Schiff unterbrochen.

Dieser Vorgang wird, wie man inzwischen genau weiß, beim Eintritt in die dichteren Luftschichten der Atmosphäre ausgelöst, wobei sich als Folge der zunehmenden Erwärmung des Fluggeräts ein Luftplasma aufbaut, das aus einer Schicht ionisierter Gase besteht. Diese elektrisch aufgeladenen Luftteilchen legen sich wie eine undurchdringliche Schutzhülle um das Raumschiff und unterbrechen den gesamten Funkverkehr. Dieser von den Amerikanern Blackout genannte Zustand ereignet sich ausgerechnet zu einem Zeitpunkt, wenn der Astronaut eine der gefährlichsten Phasen seines ganzen Raumflugs zu überstehen hat. Er kann sich während der nur wenige Minuten dauernden Funkstille nicht mit den Bodenstellen unterhalten. Um dafür Sorge zu tragen, daß seine Äußerungen und Beobachtungen dennoch festgehalten werden, ist ein Tonbandgerät an Bord eingebaut, das während dieses Zeitraums eingeschaltet ist.

Bereits wenige Minuten nach dem Niedergehen des Raumschiffs *Freedom* 7 mit Korvettenkapitän Shepard an Bord kreisten Hubschrauber über der Landestelle. Der Astronaut und seine Kapsel wurden geborgen und auf das Deck des Flugzeugträgers gebracht, wo ihn 2600 Marinekameraden begeistert begrüßten. Einer der ersten Politiker, die Shepard telefonisch beglückwünschten, war der im Januar 1961 ins Weiße Haus eingezogene Präsident John F. Kennedy.

In einer Erklärung an das amerikanische Volk bezeichnete der Präsident Shepards Tat als einen Meilenstein in der Geschichte der eigenen Raumforschung. Er fuhr fort: „Aber Amerika muß immer noch mit der größtmöglichen Geschwindigkeit und Tatkraft an der Weiterentwicklung seines Raumfahrtprogramms arbeiten. Der heutige Flug sollte für jeden, der an diesem Programm beteiligt ist, ein Ansporn sein, die Anstrengungen auf diesem lebenswichtigen Gebiet zu verdoppeln. Die wichtigen wissenschaftlichen Ergebnisse, die dieser Flug gebracht hat, werden den Wissenschaftlern in aller Welt zugänglich gemacht werden. Wir entbieten unsere besonderen Glückwünsche dem Astronauten Shepard, und unsere besten Wünsche gelten auch seiner Familie, die diese schwierige Zeit zu-

Mercury-Astronaut Alan B. Shepard wird kurz nach seiner Bergung aus dem Atlantik von seinen Kollegen Donald Slayton (links) und Virgil Grissom beglückwünscht.

sammen mit ihm durchgestanden hat. Unser Dank gilt aber auch den anderen Astronauten, die als Team in diesem Programm hart gearbeitet haben und noch arbeiten werden."

Grissom nimmt ein Bad im Atlantik

Zweieinhalb Monate später stand eine neue *Mercury*-Redstone-Kombination auf dem Startplatz von Kap Canaveral, in der sachlichen Sprache der Raumfahrttechniker *MR 4* genannt, von dem siebenköpfigen Astronautenteam jedoch *Liberty Bell 7* getauft. Die Reihe war jetzt an dem 35jährigen Luftwaffen-Hauptmann Virgil I. Grissom, einen ballistischen Probeflug nach dem Vorbild Shepards zu unternehmen.

Auch Grissom blieb wie seinem Vorgänger eine Nervenprobe nicht erspart. Er wurde gleich an zwei aufeinanderfolgenden Tagen, am 18. und 19. Juli 1961, zu dem Raketenstart geweckt und mußte beide Male unverrichteter Dinge wieder seine Mannschaftsunterkunft aufsuchen. Wie beim vergeblichen Start der *MR 3* war das Wetter über der Halbinsel zu schlecht, um die Bahnverfolgung der ersten Stufe auf optischem Wege durchführen zu können. So mußte „Gus", wie Grissom von seinen Kameraden gerufen wurde, bis zum 21. Juli warten, ehe er am frühen Morgen in die Kapsel auf der Raketenspitze geführt wurde, um hier dann im angeschnallten Zustand drei Stunden und 22 Minuten den Startbefehl abzuwarten.

Um 7.20 Uhr Ostamerikanischer Zeit hob sich die *Liberty Bell 7* von der Abschußrampe. 15 Minuten später landete sie 490 Kilometer weiter südöstlich von Florida im Atlantik, nachdem sie eine Geschwindigkeit von 8545 Kilometern in der Stunde und eine Scheitelhöhe von rund 190 Kilometern erreicht hatte. Damit war die Geschwindigkeit um 645 Kilometer pro Stunde höher als erwartet. Auch die Flugbahn wurde um einige Kilometer übertroffen. Daß Grissoms Kapsel auch einige Kilometer von der vorausberechneten Landestelle entfernt aufschlug, sollte ihm beinahe zum Verhängnis werden. Nachdem die Froschmänner, die zur Rettung des Astronauten bereits von einem Hubschrauber an der Landestelle abgesetzt worden waren und sich einer von ihnen an der Außenwand der Kapsel zu schaffen machte, explodierten plötzlich die kleinen Sprengladungen, die für den Astronauten im Notfall eine Öffnung nach draußen schaffen sollen. Dadurch drang Wasser in das Raumschiff. Es war im Nu bis zum Rand gefüllt und versank in den Fluten des Atlantischen Ozeans. Grissom und die Froschmänner mußten sich schwimmend in Sicherheit bringen. Als er endlich, triefendnaß und ständig wasserspuckend, das Deck des Flugzeugträgers Randolph betrat, der diesmal als Bergungsschiff eingesetzt worden war, berichtete er über das Mißgeschick, dessen Ursache er sich nicht erklären konnte:

„Der Flug war ausgezeichnet verlaufen, ich sah schon die Froschmänner auf mich zukommen und öffnete daher das Visier meines Helmes. Auch den Brustriemen, den Leibgürtel, den Schultergurt und den Knieriemen, mit denen die Drähte der medizinischen Sensoren festgehalten wurden, hatte ich gelockert. Daraufhin brachte ich den Nackenschutz meines Anzugs an, der das Austreten von Luft bei Abnehmen des Helms verhindern soll und auch kein Wasser hineinläßt, wenn man während der Bergung einmal unter Wasser geraten sollte. Dies sollte sich als mein bester Handgriff an diesem Tag erweisen, der mir wahrscheinlich auch das Leben rettete. Ich war dann nur noch an zwei Stellen mit der Kapsel verbunden, nämlich mit dem Sauerstoffschlauch, durch den ich noch Luft für die Kühlung bekam, und mit den Nachrichtenverbindungsdrähten zu meinem Helm, die mir den Funksprechverkehr mit dem Bergungsschiff erlaubten. Als sich ein Froschmann der *Liberty Bell* 7 näherte, wandte ich meine Aufmerksamkeit der Luke zu, durch die ich mich jetzt ins Freie begeben wollte.

Ich löste die Drahtplomben an beiden Enden und warf sie zu meinen Füßen hinunter. Ich war der Meinung, daß ich das Überlebensmesser, das an der Tür befestigt war, gebrauchen konnte. Deshalb nahm ich es und steckte es in mein Überlebenspäckchen links von meinem Liegesitz. Dann entfernte ich die Klappe von dem Auslöser, der die Luke heraussprengen würde, und zog die Sicherungsstifte heraus. Der Auslöser war nun frei. Doch ich berührte ihn noch nicht. Ich wollte damit so lange warten, bis der Hubschrauberpilot mir mitteilte, er habe die Kapsel angehakt. Ich stand in ständiger Funkverbindung mit dem Hubschrauber, der unter dem Codenamen Jagdclub zu erreichen war. Die Piloten schienen bereit, mit der Arbeit zu beginnen. Ich bat sie, noch drei oder vier Minuten zu warten, während ich alle Schalterstellungen auf der Kommandotafel überprüfen wollte. Dies war mir aufgetragen worden, da man nach Shepards Flug entdeckt hatte, daß sich ein paar Telemetriekontakte gelockert hatten, als die Kapsel zum Flugzeugträger gebracht worden war. Ich wollte daher alles genau aufzeichnen, bevor wir die Kapsel abtransportierten.

Sobald ich damit fertig war, meldete ich dem Jagdclub meine Bereitschaft. Entsprechend den Anweisungen sollte der Pilot die Kapsel ein wenig anheben, um einen Wassereinbruch zu verhindern, und mir dann das Abwerfen der Luke freigeben. Ich wollte dann meinen Helm abnehmen, die Lukendeckel feuern und aussteigen. Ich hatte inzwischen den Sauerstoffzufuhrschlauch gelockert, lag flach auf dem Rücken und kümmerte mich nur um meine Angelegenheiten, als plötzlich die Luke mit einem dumpfen Knall herausgesprengt wurde. Ich sah den blauen Himmel und blaues Wasser, das sofort über die Schwelle der Lukenöffnung rauschte und in das Innere der Kapsel drang. Instinktiv machte ich drei Bewegungen: Ich warf meinen Helm ab, griff nach dem rechten Rand der Instrumententafel und zog mich durch die Luke. Nie in meinem Leben habe ich mich schneller bewegt. Dann merkte ich, daß ich bis zu den Achselhöhlen meines Anzugs im Wasser des Atlantischen Ozeans trieb.

Während der paar Minuten, die ich im Wasser war, wurde die Situation etwas verwirrend. Zunächst verwickelte ich mich in die Leine, die den Farbstoffmarkierungsbeutel mit der Kapsel verband. Ein paar Minuten befürchtete ich, durch die Leine hindurchgezogen zu werden, wenn die Kapsel sank. Doch ich konnte mich befreien und stellte fest, daß mir in Wirklichkeit keine Gefahr drohte. Ich

Nach seinem
ausgedehnten
Bad im Atlantik
wird Virgil
Grissom von
einem Hub-
schrauber
an Bord
genommen.

sah nach oben und erblickte zum erstenmal den Hubschrauber, der
über meiner Kapsel schwebte. Das Raumschiff schien schnell zu sinken. Der Pilot hatte alle drei Räder des Hubschraubers fast bis zum
oberen Rand im Wasser, während der Copilot in der offenen Tür
stand und verzweifelt versuchte, die Kapsel anzuhaken. Ich
schwamm die paar Meter hinüber, um zu helfen, aber ehe ich irgend
etwas tun konnte, erwischte er sie bereits. Die Spitze der Kapsel war
jetzt bereits unter Wasser. Der Hubschrauber zog an, die Kapsel hob
sich wieder etwas.

Ich dachte mir, diese Burschen haben uns trotz allem gerettet. Ich
wartete jetzt darauf, daß dieselbe Besatzung eine Fangleine abwerfen
würde, um mich hochzuziehen. So sah es jedenfalls unser Plan vor.
Statt dessen drehte der Hubschrauber ab und ließ mich allein in dem
weiten Ozean zurück. Später erfuhr ich den Grund: Auf dem
Armaturenbrett des Hubschraubers war ein rotes Warnlicht aufge-
flammt, was dem Piloten mitteilte, daß der Motor überbeansprucht
wurde, während er die mit Wasser vollgelaufene Kapsel anheben
wollte. Unter normalen Umständen hätte er keine derartigen
Schwierigkeiten gehabt, da die Kapsel dann wesentlich leichter gewesen wäre. Deshalb hatte er keine andere Wahl, als sie auszuklin-
ken und sinken zu lassen.

Ich beobachtete dies und versuchte dann, mich durch Winken mit
den Armen bemerkbar zu machen. Dann wollte ich in die Richtung
schwimmen, wohin der Hubschrauber geflogen war. Doch inzwi-

schen waren drei weitere Hubschrauber aufgetaucht, die alle in meine Nähe wollten. Sie wirbelten mit ihren Rotoren das Wasser so auf, daß es mir schwerfiel, weiterzuschwimmen. Der zweite Hubschrauber hing direkt vor mir. Ich konnte zwei Burschen in der Tür ausmachen, die so aussahen, als hätten sie Rettungsgürtel umgeschnallt. Ein dritter fotografierte mich durch das Fenster. Zu diesem Zeitpunkt schlugen mir schon die Wellen über den Kopf, ich sank immer tiefer. Ich mußte tüchtig Wasser treten, um meinen Kopf oben zu behalten.

Dann dämmerte es mir, daß ich in der Eile vergessen hatte, den Lufteinlaßschlitz in Bauchhöhe meines Anzugs, durch den der Sauerstoffschlauch führt, zu schließen. Obwohl dieser Schlitz wahrscheinlich nicht viel Wasser hereinließ, entwich aus ihm doch Luft, die ich benötigte, um auf dem Wasser schwimmen zu können. Ich dachte: Nun hast du den ganzen Flug glücklich überstanden, und jetzt ersäufst du vor den Augen all dieser Leute. Es war mir klar, daß, wenn ich untergehen würde, niemand mehr Zeit hätte, mich zu retten. Ich fragte mich, ob es wohl Haifische in der Nähe gebe, erinnerte mich aber, daß Hubschrauberpiloten erzählt hatten, sie könnten die Haie mit ihren Rotoren vertreiben. Ich dachte auch an das Andenken, das ich im linken Hosenbein meines Anzugs untergebracht hatte, um es nach dem Flug vorweisen zu können. Jetzt wäre ich es gern wieder losgeworden, denn es bestand aus zwei Rollen von 50-Cent-Stücken, um sie den Kindern von Freunden zu schenken, wenn ich wieder zurückgekehrt wäre. Dazu kamen noch drei Dollarscheine, ein paar kleine Modelle der Kapsel und zwei Pilotenabzeichen. Das zählte jetzt als zusätzliches Gewicht, ohne das es mir wohler gewesen wäre."

Grissoms Schilderung wurde jetzt geradezu dramatisch: „Ich wunderte mich, warum die Männer in der Tür des Hubschraubers nicht den Versuch unternahmen, mich hereinzubekommen. Ich keuchte sehr, rang nach Luft, und jedesmal, wenn eine Welle über meinem Kopf zusammenschlug, schluckte ich ziemlich viel salziges Seewasser. Ich versuchte, die Hubschrauberleute durch Winken auf mich aufmerksam zu machen, doch sie winkten nur zurück. Ich hatte nicht gerade Angst, aber eine beachtliche Wut. Dachten die etwa, ich gebe eine Galavorstellung und bemühe mich, aus Scherz einen Ertrinkenden nachzumachen, der sich mit Winken und Schreien bemerkbar machen will? Dann sah ich nach rechts und bemerkte einen dritten Hubschrauber, der mir entgegenkam und eine Fangleine hinter sich herzog. In der Türöffnung entdeckte ich jetzt auch Leutnant George Cox, den Marinepiloten, der das Bergungsunternehmen auf

See leitete. Er hatte schon Al Shepard und den Schimpansen Ham aus dem Wasser des Atlantiks herausgefischt.

Sobald ich Cox sah, dachte ich mir: Jetzt hast du es endlich geschafft. Die Luftwirbel der anderen Hubschrauber machten es jedoch der Maschine von Cox schwer, nahe genug an mich heranzukommen. Einen Augenblick wurde ich wieder ängstlich, aber dann schaffte es Cox doch trotz der allgemeinen Verwirrung, die Leine in meine Nähe zu bringen. Ich konnte die Schlinge packen. Sehr rasch merkte ich jedoch, daß ich sie mir in der Hast und der gebotenen Eile nicht ganz ordnungsgemäß übergeworfen hatte. Doch das war mir jetzt völlig gleich. Ich wußte, sie würde mich halten. Ich hing jedoch ganz schief, und die Leinenschlinge zwickte mich mächtig. Doch sie zogen mich bis an die Heckrampe des Hubschraubers hoch, und ich kroch mit dem letzten Rest meiner Kraft in die Maschine.

Cox erzählte mir später, daß sie mich gut fünf Meter durch das Wasser gezogen hatten, ehe sie mich hochhieven konnten. Ich war so erschöpft, daß ich mich später an diese Einzelheit nicht mehr erinnern konnte. Sobald ich im Hubschrauber war, ergriff ich eine Schwimmweste und legte sie an. Ich wollte sicher sein, daß ich nicht noch einmal unter Wasser geriet, wenn auch dem Hubschrauber etwas zustoßen sollte. Während des ganzen Flugs zum Flugzeugträger war ich damit beschäftigt, die Schwimmweste zuzuschnallen. Meine Finger gehorchten kaum noch dem Befehl, die Schnallen zu schließen.

An Bord des Flugzeugträgers kam als erster ein Marineoffizier auf mich zu und überreichte mir meinen Helm. Ich hatte ihn in der sinkenden Kapsel zurückgelassen, aber er war irgendwie wieder herausgeworfen worden und später von der Mannschaft eines Zerstörers aufgefischt worden, die ihn im Wasser treibend gesehen hatte. ,Damit Sie es wissen', wagte der Offizier einen Scherz, für den ich im Augenblick jedoch kein Verständnis hatte, ,wir fanden den Helm genau neben einem drei Meter langen Hai!'"

Glenn entdeckt die Feuerfliegen

Während die Amerikaner sich auf den dritten bemannten Weltraumflug vorbereiteten, der zum erstenmal in einer erdumkreisenden Bahn vonstatten gehen sollte, hatten die Sowjets die Öffentlichkeit der Welt daran gewöhnt, daß sie in der Raumfahrt in Front lagen. Inzwischen hatte nicht nur Gagarin seinen umjubelten und bestaunten Flug um die Erde zurückgelegt, sondern auch German

Titow gleich 17 Sonnenaufgänge in der Zeit von 25 Stunden und 18 Minuten erlebt. Die amerikanischen Konkurrenten schienen in den Augen der interessierten Beobachter hoffnungslos abgeschlagen zu sein. Selbst die wohlmeinendsten Anhänger der Vereinigten Staaten konnten nicht verkennen, daß die Russen es offenbar besser verstanden, sich in dem neueroberten Element zurechtzufinden.

John Herschel Glenn sollte die Scharte mit den zur Verfügung stehenden Mitteln wieder auswetzen. Sie bestanden aus der inzwischen guteingespielten Kombination einer Atlas-Rakete und der bereits bewährten *Mercury*-Kapsel *(MA 6)*. Die Atlas-D-Version sollte eine Schubkraft von 152 Tonnen erbringen, und dies mit Hilfe einer Brennstoffmischung von Kerosin und flüssigem Sauerstoff. Sein glockenförmiges Raumschiff, dem Glenn den Namen *Friendship 7* gegeben hatte, wog nach dem Abwerfen der Rettungsrakete noch 1353 Kilogramm. Es war 2,90 Meter hoch, während der Durchmesser am Boden 1,83 Meter betrug. Wichtigster Flugauftrag war die Stabilisierung der Kapsel während einer längeren Flugzeit. Zu diesem Zweck war *Friendship 7* mit zwei unabhängig voneinander arbeitenden Systemen ausgerüstet, die durch insgesamt 18 Düsen Wasserdampf ausstießen, der durch Wasserstoffsuperoxyd gewonnen wurde. Die Anordnung der Rückstoßdüsen ermöglichte die Bewegung der Kapsel um alle drei Ebenen. Während des Flugs stellte sich übrigens heraus, daß die Düsen, die eine Drehung des Flugkörpers um seine Hochachse bewirken sollten, unvollkommen arbeiteten und zuviel Treibstoff verbrauchten. In diesem Fall konnte der Pilot auf Handsteuerung übergehen, wobei mit einem Steuerknüppel der Durchfluß des Wasserstoffsuperoxyds in die Brennkammer genau geregelt werden konnte. Im Laufe seines Flugs lernte Glenn seine Kapsel nach Wunsch zu drehen und in jeder Lage zu stabilisieren, eine wichtige Voraussetzung für alle kommenden Weltraumflüge. Dabei zeigte sich, daß der Astronaut trotz seines weitgehend automatisiert arbeitenden Fahrzeugs kein blinder Passagier war, sondern der wichtigste Faktor des ganzen Unternehmens.

Diese Behauptung ließ sich von dem letzten Probeflug nicht aufstellen, der Glenns drei Erdumkreisungen vorausging. Die Amerikaner entsandten am 29. November 1961 den fünfeinhalb Jahre alten Schimpansen Enos in eine Erdumlaufbahn. Dieser letzte Versuch vor einem bemannten Orbitalflug lief unter der Bezeichnung *MA 5* (für Mercury-Atlas fünfter Flug). Auch diesem Tier waren, wie seinem Vorgänger Ham, Testaufgaben gestellt, die es zur Zufriedenheit der Bahnverfolgungsleute erfüllte. Als jedoch während des zweiten Umlaufs ein unerwartet hoher Temperaturanstieg aus der Kapsel zu

Boden gefunkt wurde, wurde das Unternehmen abgebrochen. Das Raumschiff und sein Insasse, der den Fehler allein nicht beheben konnte, landeten neunzig Minuten früher als vorgesehen im Atlantik und wurden geborgen. Damit schien der Flug des ersten amerikanischen Astronauten um die Erde nur noch eine Frage von Wochen zu sein.

Aber der Starttermin, der noch vor Ende des Jahres 1961 liegen sollte, wurde mehrfach verschoben. Mal gab es Schwierigkeiten in den Startvorbereitungen für Raumschiff und Rakete zu überwinden, mal spielte das Wetter über Kap Canaveral den NASA-Leuten einen Streich. Endlich, am Dienstag, dem 20. Februar 1962, war es soweit. Der Start erfolgte um 9.47 Uhr Ostamerikanischer Zeit.

Glenn berichtete darüber: „Als sich an jenem Morgen das Wetter aufzuklären begann, da wußte ich, daß diesmal der Flug stattfinden konnte. Alles war in Ordnung, das Startfieber hatte mich gepackt. Der Einschuß in die Satellitenbahn ging glatt vonstatten. Die Geschwindigkeit beim Brennschluß der Rakete lag ganz nahe an dem Wert, den sie haben sollte."

Das war neun Minuten nach dem Start der *Friendship*-7-Kapsel, *und die Geschwindigkeit betrug jetzt 7797 Meter in der Sekunde*, genug, um in eine Erdumlaufbahn eintreten zu können. Zugleich erfuhr das Raumschiff und mit ihm sein Astronaut eine Beschleunigung, die fast dem achtfachen Wert der Erdanziehung entsprach. Dann trat für ihn der Zustand der Schwerelosigkeit ein, den er nach seinem Flug ausführlich beschrieb: „Wir hatten in dieser Hinsicht nur wenig Erfahrung während des Trainings in steil abstürzenden Flugzeugen sammeln können. Ich verspürte nicht die geringste nachteilige Wirkung. Im Gegenteil, es war ein höchst angenehmes Gefühl. Es gab keinerlei Anzeichen dafür, daß ich infolge der Schwerelosigkeit etwa an Schaltern vorbeigreifen oder Schwierigkeiten mit der Handsteuerung haben würde. Als ich nach meiner Landung von diesem wunderbaren Gefühl erzählte, meinte ein Astronautenkollege, das klinge ja ganz so, als ob ich süchtig sei. Vielleicht bin ich das jetzt tatsächlich.

Ich versuchte auch herauszubekommen, ob man durch verschiedene Kopfbewegungen Übelkeit oder zumindest Unbehagen verursachen könnte, konnte aber nichts dergleichen feststellen. Einige Erlebnisse während dieses Zustands zeigten auf, wie schnell sich der Mensch an neue Situationen gewöhnen kann. Es war etwa 45 Minuten nach Eintritt der Schwerelosigkeit. Ich hatte gerade mit der Handkamera eine Aufnahme gemacht und wollte darauf irgendeinen Hebel stellen. Ich fand überhaupt nichts dabei, daß ich zu

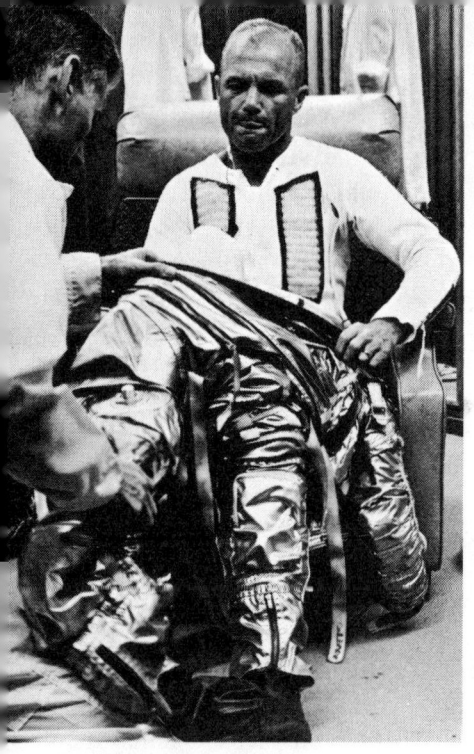

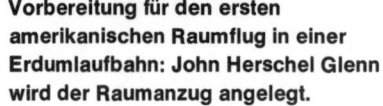

**Vorbereitung für den ersten
amerikanischen Raumflug in einer
Erdumlaufbahn: John Herschel Glenn
wird der Raumanzug angelegt.**

**Glenn zwängt sich in seine enge
Kapsel Friendship 7, mit der er dreimal
die Erde umkreiste.**

diesem Zweck die Kamera einfach im schwerelosen Zustand abstellte, die Schaltung vornahm und mir sofort die Kamera wieder heranangelte.

Aber es kann auch andersherum passieren, wie es mir mit einer kleinen Filmkassette erging, die ich in die Kamera einsetzen wollte. Sie rutschte mir zwischen den Fingern durch, und als ich sie ergreifen wollte, gab ich ihr statt dessen einen Stoß, so daß sie um das Armaturenbrett herum schwebte, wo sie nur schwer zu fassen war, weil die Gefahr bestand, daß ich dabei einen Schalter oder Hebel verstellte.

Auch ging es uns darum, die Nahrungsaufnahme im Zustand der Schwerelosigkeit zu probieren. Wir hatten das zwar schon bei Trainingsflügen in Flugzeugen getan, bei denen die Schwerelosigkeit aber nur höchstens eine Minute anhielt. Ich preßte mir also aus einer Tube Nahrung in den Mund. Das Zurückpressen der weichen Kaumasse in den Schlund war überhaupt kein Problem. Auch bereitete das Schlucken keinerlei Schwierigkeiten. Bei fester Nahrung schien es ganz einfach zu sein, sie wird auch leicht verdaut. Das einzige, wovor gewarnt werden muß, sind Nahrungsmittel, die leicht krü-

101

meln, wie beispielsweise Kekse. Solche Krümel schweben dann in der Kabine herum und lassen sich nur mit einem feinmaschigen Netz wieder einfangen."

Was die Fachleute an den Berichten Glenns am meisten überraschte, war die Beschreibung leuchtender Teilchen, die sich an der Außenhaut seiner Kapsel fanden, und für die es zunächst keine Erklärung gab. Glenn sah seine „Feuerfliegen", wie er sie nannte, so: „Als ich kurz nach einem wundervollen Sonnenaufgang aus der Scheibe des Raumschiffs herausschaute, dachte ich mir: Was für ein wundervolles Sternenfeld ist jetzt hinter meiner Kapsel aufgegangen.

Aber es war beim näheren Hinblicken überhaupt kein Sternenfeld, sondern eine Vielzahl winziger Dinger, die gelbgrün strahlten und etwa die Größe und die Leuchtkraft von Glühwürmchen hatten. Sie schwebten draußen etwa in einem Abstand von zwei bis drei Metern voneinander entfernt – und zwar zu Tausenden auf beiden Seiten der Kapsel. Ich konnte den Weg verfolgen, den sie mit meinem Gefährt machten. Später blickte ich in die Richtung, aus der sie gekommen zu sein schienen; das war nun aber in Richtung der aufgehenden Sonne. Dort waren nur vereinzelte dieser ungewöhnlichen Erscheinungen zu sehen. Die Teilchen schienen nicht von der Kapsel zu stammen, auf beiden Seiten aber in ziemlich gleichmäßiger Verteilung vorhanden zu sein.

Zunächst dachte ich an zweierlei Dinge, um die es sich hier handeln könne, nämlich um eine Wolke von Kupfernadeln, die vor einigen Monaten durch einen Satelliten der amerikanischen Luftwaffe ausgestoßen worden war, um den Van-Allen-Gürtel orten und bestimmen zu können. Aber diese Feuerfliegen sahen nicht nach Kupferspänen aus. Dann überlegte ich mir, ob sie vielleicht von unseren Wasserstoffsuperoxyd-Düsen stammen könnten. Diese Verbindung zersetzt sich zu Wasser und Sauerstoff und wird unter hohem Druck ausgestoßen. Möglicherweise kondensierte sich der Wasserdampf zu kleinen Schneeflocken, die durch das Sonnenlicht aus einem mir unbekannten Grund zum Leuchten gebracht wurden. Aber immer, wenn ich die Düse betätigte, hatte ich nicht den Eindruck, als ob Schneeflocken oder ähnliches entstehen würden. Diese Teilchen waren bei jedem Sonnenaufgang für drei bis vier Minuten zu beobachten und waren stecknadelkopf- bis haselnußgroß. Als ich erstmals den verantwortlichen NASA-Mitarbeitern davon erzählte, war auch der Psychiater George Graff dabei. Graff fragte mich seelenruhig: ‚Und was haben die Dinger gesagt, John?'"

Neben diesen rätselhaften Beobachtungen gab es für den Oberstleutnant und Pilot der amerikanischen Marineinfanterie auch bange Minuten zu überstehen, nachdem die Bodenempfangsstationen ein Signal auffingen, wonach sich der Hitzeschild der Raumkapsel, ohne den eine Rückkehr zur Erde nicht möglich ist, gelöst zu haben schien. Glenn wurde mehrfach gefragt, ob ein Schlagen zu hören oder ein Schlingern zu bemerken sei. Obschon er dies verneinte, wurde ihm geraten, die ausgebrannten Bremsraketen, die an dem Hitzeschild angebracht waren, nicht abzusprengen, wie es eigentlich vorgesehen war, um zu verhindern, daß sich der Schild von der Kapsel löste.

Die kurzen Augenblicke beim Eindringen in die dichteren Luftschichten wurden dann die dramatischsten, als Glenn ständig Teile abbrechen hörte und in Flammen gehüllt an seinem Ausguck vorbeifliegen sah. Er mußte fürchten, daß es sich um Teile des Hitzeschildes handeln könnte. Aber obschon die Temperatur in der Kapsel beträchtlich angestiegen war, klappte die Landung im Atlantik dennoch. Der Zerstörer Noa war in der Nähe und hievte den Astronauten mitsamt seiner schwarzverkohlten Kapsel an Bord. Amerika hatte einen neuen Helden, der Konfettiparaden in vielen großen Städten über sich ergehen lassen mußte.

Carpenter sorgt für Aufregung

Nach den Plänen mit dem *Mercury*-Programm sollten in einem Abstand von drei bis vier Monaten noch drei weitere Astronauten in den Erdorbit geschickt werden, wobei sich die Aufenthaltsdauer jeweils ausdehnen sollte. Nach Glenns *MA-6*-Flug mit der *Friendship* 7 war der Flug *MA* 7 mit dem Luftwaffenmajor Donald Slayton an der Reihe. Bei ihm stellten die Ärzte jedoch einen Monat vor dem Start eine leichte Unregelmäßigkeit der Herztätigkeit fest, so daß sein Ersatzmann, der Korvettenkapitän Malcolm Scott Carpenter, an die Reihe kam. Mit seinem Raumschiff *Aurora 7* sollte er wie Glenn drei Erdumläufe absolvieren und dabei besonders das neuentwickelte Lagekontrollsystem ausprobieren. Das allzu eifrige Experimentieren mit dieser Drei-Achsen-Steuerung sollte dem Empfindsamsten unter dem siebenköpfigen Astronautenteam der Amerikaner jedoch beinahe zum Verhängnis werden.

Carpenters Flugtermin war – wie bereits gewohnt – mehrfach verschoben worden, als er am 24. Mai 1962 endlich startete. Zehn Minuten vor dem Abschuß um 7.00 Uhr Ortszeit wurde der Countdown jedoch noch einmal angehalten, weil sich inzwischen eine Nebelwand über dem Kap gebildet hatte, die eine Beobachtung der startenden Rakete erschwerte. Um 7.45 Uhr aber war es soweit: Unter ohrenbetäubendem Donner erhob sich die Atlas vom Startgestell, durchbrach die immer noch am Boden hängenden Nebelfetzen und stieg in den darüberliegenden tiefblauen Himmel. Neunzehn Minuten später hatte Carpenter über den Bermudas die Erdumlaufbahn erreicht und meldete, daß er sich in bester körperlicher Verfassung fühlte. Bei dem ersten Sonnenaufgang sah er auch wie Glenn die „Feuerfliegen" und identifizierte sie als Reifteile, die von der Außenhaut des Raumschiffs stammten und in der aufgehenden Sonne farbig aufglühten. An einem in verschiedenen Farben bemalten Plastikballon, den er aus der Kapselhülle loslöste und der dann hinter dem Raumschiff herflog, ermittelte er die Farben, die am besten im Weltraum zu erkennen sind: Orange und Silber.

Aber dann begann das große Unbehagen. Carpenter meldete der Flugleitung, was auch die Telemetriedaten aussagten: daß die Temperatur in seinem Raumanzug ansteige und er sich unwohl fühlte. Er öffnete das Visier seines Raumfahrerhelms und empfand die in der Kapsel herrschende trockene, aber viel heißere Luft als angenehm kühl. Obschon der Treibstoffvorrat durch die ständigen Steuermanöver Carpenters bei Beginn des dritten Erdumlaufs nur noch die notwendigste Menge aufwies, entschloß sich die Flugleitung, auch noch den dritten Umlauf zu wagen, wobei dem Astronauten jedoch strengste Sparmaßnahmen auferlegt wurden.

Die größte Aufregung aber gab es bei der Landung des Astronauten, als er durch eine Folge von Bedienungsfehlern den Wiedereintritt in das vorgesehene „Landefenster" verpaßte und statt dessen über das Zielgebiet hinausschoß. Obwohl die Zeitdifferenz nur 3 Sekunden betrug, landete er mehr als 400 Kilometer von der Bergungsflotte entfernt, vier Stunden und 56 Minuten nach dem Start in Kap Canaveral. Anstatt in der Höhe der Grand-Turk-Insel war er jetzt in der Nähe von Porto Rico auf das Wasser geschlagen, hatte seine Kapsel geöffnet und sich in das mitgeführte Rettungsschlauchboot begeben, wo er den Peilsender in Bedienung setzte, in der Hoffnung, daß die Suchflugzeuge der Marine ihn schon finden würden. Diese Hoffnung trog nicht, Carpenter mußte jedoch volle drei Stunden auf seine Rettung warten, nachdem ihn ein Flugzeug bereits vierzig Minuten nach dem Aufschlag auf das Wasser gesichtet und die heranpreschende Bergungsflotte mit den vorausfliegenden Hubschraubern in die richtige Richtung gelenkt hatte. Bei dem bereits traditionellen Telefongespräch mit Präsident Kennedy vom Flugzeugträger Intrepid aus entschuldigte er sich über sein Mißgeschick, so weit vom Landegebiet abgekommen zu sein.

Nach der glücklichen Rettung
aus dem Atlantik telefoniert
Astronaut M. Scott Carpenter mit
Präsident Kennedy.

Carpenters Pech wurde durch die beiden folgenden Flüge mehr als ausgeglichen, die genau nach Plan verliefen und zum glücklichen Abschluß des *Mercury*-Programms beitrugen. Als nächster Astronaut war der Fregattenkapitän der Marine-Luftwaffe, Walter Marty Schirra, ausersehen, den *MA*-8-Flug mit dem auf den Namen *Sigma* 7 getauften Raumschiff zu unternehmen. Schirra hatte das Glück, daß sein auf den 3. Oktober 1962 festgesetzter Start lediglich um 15 Minuten verschoben werden mußte. Nach sechs Erdumkreisungen und einem Flug von neun Stunden und 13 Minuten Dauer landete Schirra ohne jegliche Komplikation in dem vorgesehenen Landegebiet.

Die größte Aufgabe wurde dem letzten der *Mercury*-Astronauten gestellt, der 22mal die Erde umkreisen sollte. Zu diesem Zweck mußte das letzte Gramm Nutzlast aus der kleinen Kapsel herausgeholt werden, um die benötigten Treibstoff-, Sauerstoff- und Wasservorräte unterzubringen. Der Luftwaffen-Major Leroy Gordon Cooper hatte das unter der Startnummer *MA 9* am 15. Mai 1963 gestartete Raumschiff *Faith* 7 getauft. Auch sein Start und sein Flug verliefen ohne Komplikationen. Cooper war der erste amerikanische Astronaut, der eine Schlafpause an Bord seines Raumschiffs verordnet bekam: Er mußte zweimal jeweils für vier Stunden versuchen einzuschlafen, was dem Mann mit den eisernen Nerven auch gelang.

Einmal mußte er während dieser Ruhestunde jedoch von der Flugleitung geweckt werden, weil die zur Erde gefunkten Daten anzeigten, daß sich die Temperatur in seinem Raumanzug stärker als normal erhöht hatte. Cooper wachte auf, stellte die Klimaanlage neu ein und schlief beruhigt weiter, was ihm im Kreise seiner Astronautenkameraden den Spitznamen „Schlafmütze" einbrachte.

Die Sowjets weiter in Front

17 Sonnenaufgänge in 25 Stunden

Radio Moskau hatte am 6. August 1961, einem Sonntag, gemeldet, daß seit den frühen Morgenstunden um 6.00 Uhr Moskauer Zeit das Raumschiff *Wostok 2* mit dem Kosmonauten Major German Stepanowitsch Titow an Bord die Erde umkreist. Die ellipsenförmige Bahn liege zwischen 178 und 257 Kilometer von der Erde entfernt, seine Umlaufzeit betrage 88,6 Minuten. Mit ihrem Gewicht von 4731 Kilogramm sei die Kapsel um 6 Kilogramm schwerer als *Wostok 1*. Zu den Aufgaben des Fluges gehörten die Erforschung des Einflusses von langdauernden Flügen auf den menschlichen Organismus, die Beurteilung der Arbeitsfähigkeit eines Menschen während eines ausgedehnten Zustands der Schwerelosigkeit und der erneute Versuch einer automatischen Landung, die jedoch anders vonstatten gehen sollte als bei dem Flug Gagarins vier Monate zuvor.

Das hochsommerliche Badewetter, das an diesem Sonntag in der Sowjetunion herrschte, trug dazu bei, daß der Jubel in den Straßen Moskaus und in den anderen großen Städten diesmal gemäßigter ausfiel als bei dem ersten bemannten Weltraumunternehmen. Die ersten Fernsehbilder, die aus der *Wostok-2*-Kapsel zur Erde gesendet wurden, zeigten einen Kosmonauten in ausgezeichneter Verfassung, der sich daranmachte, seine Mittagsmahlzeit aus drei Tuben zu verspeisen, was auf der Erde wohl als ein Menü mit drei Gängen hätte bezeichnet werden müssen.

Einen Monat später verriet erst ein sowjetischer Arzt auf einem internationalen Kongreß für Weltraummedizin in Paris, daß Titow mit heftiger Übelkeit zu kämpfen gehabt habe, die mit Gleichgewichtsstörungen verbunden gewesen sei. Dieses Unwohlsein habe sich jedoch dann gelegt und sei bis zur Landung nicht mehr aufgetreten.

Der aus dem Dorf Polkownikowo im Altai-Gebirge stammende Titow, Jahrgang 1935, erlebte als erster Mensch 17 Sonnenaufgänge in einem Zeitraum von 25 Stunden, ehe er mit seinem Raumschiff zur Landung ansetzte. Innerhalb dieses kosmischen

German Titow, zweiter
Kosmonaut der Sowjetunion.
Er umkreiste die Erde 17mal.

Tages hatte er 700 000 Kilometer zurückgelegt. Titow hätte die Möglichkeit gehabt, wie Gagarin an Bord der *Wostok*-Kapsel zu landen, er beschloß jedoch, die zweite Möglichkeit auszuprobieren, und katapultierte sich einige hundert Meter über dem Erdboden aus dem Raumschiff heraus. Er kam in der Nähe des Raumschiffs nieder. Nach den Angaben der Ärzte überstand er den Flug in bester Verfassung. Es hätten keinerlei organische Veränderungen wahrgenommen werden können.

Diesen Eindruck bestätigte Titow vier Tage später auf einer Pressekonferenz in Moskau. Mit Interesse wurde vermerkt, daß Titow im Gegensatz zu Gagarin eine Handsteuerung bedienen konnte, mit der er das Raumschiff in jede beliebige Lage zu bringen vermochte. Diese Veränderung stellte die wichtigste Verbesserung des Raumschifftyps dar. Titow versicherte seinen Zuhörern: „Ich fühlte mich jederzeit als Herr des Schiffes."

Titow hob besonders vier Faktoren hervor, die den Flug mit *Wostok* 2 seiner Ansicht nach zu einem Erfolg gemacht hatten. Dazu führte er aus:

„1. Ich habe das Schiff zuvor gründlich studiert. Dadurch war mir klar, daß es von unseren Wissenschaftlern, Ingenieuren, Technikern und Arbeitern mit äußerster Sorgfalt hergestellt worden war. Seine Konstruktion und seine Apparate waren zuvor mehrfach im Flug erprobt worden, und zwar dreimal mit Tieren und das vierte Mal bemannt mit meinem Kameraden Gagarin an Bord.

2. Ich wußte, daß alles, was die Lebenstätigkeit des Menschen in der Raumkapsel gewährleistet, bei zahlreichen Experimenten auf der Erde und in der Luft überprüft worden war.

3. Das vielleicht wichtigste Element des Erfolgs war die Möglichkeit, das Schiff während des Flugs zu steuern. Es ist Ihnen wahrscheinlich bekannt, daß ich von Beruf Jagdflieger bin. In der Flugpraxis mit modernen Maschinen kommen Situationen, die die unverzügliche Klärung der Ursachen und ein blitzschnelles Reagieren darauf erfordern, immer wieder vor. Beim Jagdflieger bildet sich auf diese Weise ein Automatismus heraus, in dem das Denken eins wird mit dem Handeln. Dabei läßt sich schwer feststellen, was zuerst erfolgt, die Handlung oder die Erwägung. Die Erfahrung mit der Fliegerei hat mir also bei diesem Raumflug sehr geholfen. Außerdem hatte ich mich lange genug auf dieses Unternehmen vorbereitet, so daß ich so schnell nicht überrascht werden konnte.

4. Am allerwichtigsten war jedoch der seelische Faktor. Mich beseelte in jedem Augenblick des Flugs der Stolz auf meine Heimat und das in mich gesetzte Vertrauen. Das alles hat mich besonders inspiriert."

Daraufhin schilderte Titow in aller Ausführlichkeit seine 25stündige Reise durch den Weltraum. Er betonte, daß er die vielfach auf ihn einwirkende Belastung, das Vibrieren des Raketenkörpers und die sich ständig vergrößernde Geschwindigkeit nach dem Start gut überstanden habe. Dabei habe er keine unangenehmen Gefühle verspürt. Schon bevor er die Umlaufbahn erreicht habe, sei es ihm möglich gewesen, die Erdoberfläche durch die Luken des Raumschiffs zu beobachten. Während des Fluges habe er ständig Funkkontakt mit den Bodenstationen gehalten.

Nachdem die Triebwerke der letzten Stufe der Trägerrakete abgeschaltet gewesen seien, habe er die Schwerelosigkeit verspürt. Dabei habe er plötzlich den Eindruck gehabt, er fliege mit den Beinen nach oben und trage den Kopf unten. Dieser Eindruck sei aber nach einem Blick auf die Erdoberfläche wieder verschwunden. Die Sonne habe dann so grell durch die Bullaugen in die Kabine gestrahlt, daß er geblendet gewesen sei und die Innenbeleuchtung habe ausschalten können. Nachdem die Instrumente ihm gezeigt hätten, daß er die vorausberechnete Umlaufbahn erreicht habe, sei er darangegangen, sein Flugprogramm zu erfüllen.

„Bald darauf", fuhr Titow fort, „trat mein Schiff schon in den Erdschatten ein. Nach wenigen Minuten war dieser Tag für mich zu Ende. Es ist interessant, anzumerken, wie sich die Nacht- und Tagseite der Erde voneinander unterscheiden. Der von der Sonne nicht beleuchtete Teil zeichnet sich durch einen hellgrauen Ton aus. Man kann genau beobachten, wie sich diese graue Hülle mit der Drehung der Erde vorwärts bewegt, so daß man die Bewegungsrichtung und damit auch genau die auf der Erde geltenden Himmelsrichtungen erkennen kann.

Die Morgendämmerungen, die alle 88 Minuten zu erleben waren, waren ein explosives Auftreten blendender Helligkeit, während der Sonnenuntergang ein gemächlicher, Augen und Seele von Dichtern entzückender Vorgang war. Im schönen orangeroten Bogen über den Planeten ziehend, wich der leuchtende Sonnenuntergang widerstrebend den dunklen Schleiern, die vordrangen, um das Tageslicht zu verhüllen. Feurige Farben flammten an der Flutlinie der Grenzlinie entlang, am Horizont leuchteten Farben auf, wo die blaue Lichtaureole ihren bunten Reichtum zu den Farbtönen einer Taubenbrust steigerte, bis durch eine zauberische Verwandlung die Nacht die Herrschaft übernahm."

Titow legte Wert auf die Feststellung, daß die ganze Zeit über in seiner Kabine normale Klimaverhältnisse, normaler Druck, angenehme Temperaturen um 20 Grad Celsius und die der Atmung entsprechendste Zusammensetzung der Luft geherrscht hätten. Weder ein Blick auf die Kontrollinstrumente noch ein Aufleuchten irgendeines Warnlichtes hätten ihn alarmiert. Dreieinhalb Stunden nach dem Start habe er entsprechend den Anweisungen das erste Essen zu sich genommen, von dem er jedoch ehrlich eingestand, daß es ihm nicht geschmeckt habe. Das ungewöhnlich lang anhaltende Gefühl

Ein Modell des Schaltpults, das Kosmonaut German Titow in seinem Raumschiff Wostok 2 bediente.

Titow
im Gespräch
mit Raumschiff-
Konstrukteur
Koroljow

der Schwerelosigkeit und eine verständliche Erregung hätten sich ausgewirkt.

Den gefährlichsten Abschnitt des ganzen Flugs, die Landung von *Wostok 2*, schilderte Titow, ohne daß sich seine Stimme besonders gehoben hätte: „Zu Beginn der letzten Erdumkreisung hatte ich mein Programm erfüllt. Ich schaltete den Plänen entsprechend die Automatik ein, die den Abstieg und die Landung des Raumschiffs in dem vorgesehenen Bezirk gewährleisten sollte. Wie im vorangegangenen Flug sollte auch diesmal von dem automatisierten Orientierungssystem, der davon veranlaßten Einschaltung des Bremstriebwerks, der Steuerung und schließlich auch der Entfaltung des Fallschirms Gebrauch gemacht werden. Notfalls aber hätte ich auch landen können, indem ich selbst die entsprechenden Geräte bedient hätte. Vielmehr wollte ich mir einen Eindruck von dem Aufleuchten der Luft machen, das dann entsteht, wenn die Kapsel in die dichteren Schichten der Atmosphäre eintritt. Die Veränderung der dabei auftretenden Farben sagt nämlich etwas über die geringer werdende Geschwindigkeit und Höhe aus. Nachdem ich diese Zone wieder verlassen hatte, in der die höchsten Temperaturen an der Außenhaut der Kapsel auftraten, wurde die Erdanziehungskraft wieder spürbar. Der Zustand der Schwerelosigkeit verschwand wieder so plötzlich, wie er gekommen war. Das Landesystem funktionierte. Ich landete um 10.18 Uhr Moskauer Zeit am Montag, dem 7. August 1961. Damit war der Flug erfolgreich abgeschlossen."

Reihenstart und Gruppenflug

Ein ganzes Jahr ließen die Sowjets nach dem Flug von Major German Stepanowitsch Titow verstreichen, ehe sie wieder für Schlagzeilen sorgten: Diesmal schickten sie gleich zwei Raumschiffe hintereinander in eine Umlaufbahn, und die Menschen in aller Welt fragten sich, ob sich den beiden Kosmonauten nicht noch gar ein dritter oder sogar eine Kosmonautin hinzugesellen würden.

Die amtliche Meldung, über die Nachrichtenagentur TASS verbreitet, war wie immer kurz und nichtssagend: „Am Samstag, dem 11. August 1962, ist in der Sowjetunion um 11.30 Uhr Moskauer Zeit das Weltraumschiff *Wostok 3* in eine Umlaufbahn um die Erde gebracht worden. Es wird von dem sowjetischen Major der Fliegertruppen, Andrijan Grigorjewitsch Nikolajew, gesteuert. Die Umlaufbahn wich nur unwesentlich von der vorausberechneten ab, die größte Entfernung zur Erdoberfläche liegt bei 251 Kilometern, die geringste bei 183 Kilometern. Das ergibt eine Umlaufzeit von 88,5 Minuten. Der Neigungswinkel der Bahn zur Äquatorebene beträgt etwa 65 Grad."

Und am nächsten Tag verbreitete TASS: „Am Sonntag, dem 12. August 1962, wurde um 11.02 Uhr Moskauer Zeit das Raumschiff *Wostok 4* gestartet. An Bord befindet sich der Kosmonaut Pawel Popowitsch. Gemäß den gestellten Aufgaben erfolgte der Start des Raumschiffs zu einer Zeit, da sich das in der Sowjetunion aufgelassene Raumschiff *Wostok 3* dem Abschußort näherte. Nunmehr fliegen die beiden Raumschiffe in einer Bahn, die sich in ihren Werten kaum voneinander unterscheidet. Das Ziel, das mit dem Start zweier Weltraumschiffe in voneinander nicht weit entfernt liegenden Bahnen verfolgt wird, besteht darin, experimentelle Angaben über die Möglichkeit zur Herstellung einer Direktverbindung zwischen zwei Raumschiffen und zur Koordinierung der Tätigkeit der Weltraumflieger zu erhalten und den Einfluß gleichartiger Raumflugbedingungen auf den einen und den anderen menschlichen Organismus zu prüfen."

Was die Fachleute dabei am meisten aufhorchen ließ, war die Feststellung in der amtlichen sowjetischen Bekanntmachung über die beabsichtigte „Herstellung einer Direktverbindung zwischen zwei

Raumschiffen". Das bedeutete also, daß man in der Lage war, zwei nacheinander gestartete Raumschiffe auf eine gleiche Bahn zu bringen, sie vom Boden aus so zu dirigieren, daß die Insassen einander sehen und diesen Rendezvous genannten Annäherungsvorgang so lange fortsetzen konnten, bis beide Raumfahrzeuge durch eine vorbereitete Vorrichtung fest miteinander verbunden waren, was in der Sprache der amerikanischen Raumfahrttechniker Docking genannt wird. Diese Technik mußte im Weltraum beherrscht werden, wenn man eines Tages zum Bau von größeren Weltraumstationen übergehen wollte, die einfach zu groß waren, um von einer Rakete allein in eine Umlaufbahn geschossen zu werden. Daß die Sowjets aber bereits jetzt, gut eineinhalb Jahre nach der Entsendung des ersten Menschen in den Weltraum, an die Lösung so schwieriger Probleme dachten, das war die eigentliche Überraschung dieses dritten bemannten Raumflugs.

Der einen Tag später als Nikolajew gestartete Popowitsch nahm sofort Funkverbindung mit seinem Kosmonautenkollegen auf. Bereits während der zweiten gemeinsamen Erdumkreisung bekam er ihn auch zu Gesicht. Fortan war Popowitsch bemüht, sein Raumschiff so vorsichtig wie möglich an das seines vor ihm fliegenden Kameraden heranzumanövrieren.

Aber es gab noch mehr Neuigkeiten bei diesem ersten Gruppenflug in der Raumfahrtgeschichte. Zum erstenmal übertrug das sowjetische Fernsehen Originalaufnahmen aus beiden Raumschiffen. Der Empfang war zur Überraschung der Zuschauer so klar, daß die Buchstaben auf den Schriftstücken zu erkennen waren, die beide Piloten in ihren Händen hielten. Wie in einem weit zurückgeklappten Liegestuhl lagen beide Kosmonauten in ihren unförmigen Druckanzügen zeitweise völlig bewegungslos. Nur an den Bewegungen der Pupillen und der Augenlider war zu erkennen, daß sie der Übertragung folgten. Beide hatten die Visiere ihrer Raumfahrthelme zurückgestülpt, beide hatten auch ihre Handschuhe ausgezogen und winkten den Zuschauern mit bloßen Händen zu.

Die Kosmonauten zogen sich später zur Ruhe zurück. Während dieser Zeit arbeiteten die Bordgeräte automatisch und wurden vom Boden aus überwacht. Dabei wurden auch ständig die Werte von Puls- und Herzschlag der Kosmonauten registriert.

Die Lauscher in den Bodenkontrollstationen vernahmen in dieser Nacht nicht nur das eintönige Piepsen der Funkzeichen, die verschlüsselt über das Geschehen an Bord berichteten; plötzlich erklang in ihren Lautsprechern rauher Männergesang, mit dem sich die beiden neuen Raumfahrthelden der Sowjetunion gegenseitig aus dem

Schlaf weckten. Es war inzwischen Mittwoch, 15. August, geworden. Wie in den Tagen zuvor begannen Nikolajew und Popowitsch mit ihren gymnastischen Übungen, griffen zu den vorverpackten Frühstücksrationen und begannen ihr einfaches Mahl einzunehmen. An diesem Morgen, im Vorgefühl der kommenden Landung und im Hinblick auf die Genüsse, die die Erde zu bieten hat, wollte es den beiden überhaupt nicht schmecken.

Auf dem Programm standen noch letzte wissenschaftliche Tests, mit deren Hilfe herausgefunden werden sollte, inwieweit sich auch schwierige Aufgaben unter Weltraumbedingungen erfüllen lassen. Eine dieser Übungen bestand darin, mit einem Bleistift auf einer kleinen Zielscheibe genau den Mittelpunkt zu treffen, und zwar sowohl mit offenen als auch mit geschlossenen Augen. Dieselben Aufgaben mußten auch während der Landung im Zustand der höchsten Belastung des menschlichen Organismus und später noch einmal unter normalen Bedingungen auf der Erdoberfläche gelöst werden.

Aber das Leben an Bord der beiden im Formationsflug hintereinander durch den Weltraum sausenden Raumschiffe bestand nicht nur aus lauter Pflichterfüllung. Der „Stundenplan" sah nach dem Mittagessen jeweils eine freie Stunde vor.

Nikolajew und Popowitsch bewiesen in den Gesprächen, die während der Rundfunk- und Fernsehaufnahmen sowohl untereinander als auch mit den Bodenstationen geführt wurden, daß sie ihren Humor noch nicht verloren hatten. „In meiner Freizeit lerne ich hier

Kosmonaut Pawel
Popowitsch wird
zu seinem Raumflug mit
Wostok 4 angekleidet.

oben Englisch", scherzte Popowitsch, „man weiß nie, ob man es nicht einmal brauchen kann, wenn man plötzlich einem amerikanischen Raumschiff begegnet."

Nikolajew dagegen reimte das erste Gedicht im Weltraum, das in der Übersetzung etwa lautete: „Die fernen Planeten haben uns lange erwartet, die Planeten und die stillen Felder. Aber nicht ein Planet wartet so sehnsüchtig auf uns wie der Planet, der Erde heißt. Ich weiß, wir werden von den anderen Planeten zurückkehren, wir werden wieder die Morgendämmerung auf der Erde erleben."

Nicht immer jedoch ging es im Weltraum so harmonisch zu. Es gab auch Verstimmungen und harte Flüche, wie die von westlichen Bodenstationen aufgenommenen Funkgespräche bewiesen. Interessant ist, daß sich diese Unstimmigkeiten zwischen den Kosmonauten und den Leuten, mit denen sie ständig im Kontakt standen, an einem unbedeutenden Anlaß entzündeten, was sich wohl mit der übergroßen nervlichen Belastung der Raumpiloten erklären läßt. In einem ärgerlichen Dialog zwischen Nikolajew und einer der Erdkontrollstellen ging es laut einer im Westen aufgenommenen Tonbandaufnahme folgendermaßen zu: „Ich bin Falke, ich bin Falke", meldete sich der Kosmonaut offensichtlich ungeduldig. Und dann polterte es los aus dem Weltraum: „Ihr habt euch um mehr als fünf Minuten geirrt, als ihr mir den letzten Zeitvergleich durchgesagt habt. Ich habe ihn überprüft, es war nicht 15.12 Uhr Moskauer Zeit, wie ihr gesagt habt, es war genau 15.07 Uhr. Gebt mir die neue Zeit. Hört ihr mich nicht?

Ich höre euch recht gut. Um Himmels willen, gebt mir doch den Zeitvergleich, jetzt macht ihr es schon wieder falsch. Hört doch zu. Hört zu, habe ich gesagt. Ich werde euch beibringen, wie man die Zeit korrekt angibt. Die richtige Zeit ist jetzt 15.09 ... 15.09 ... 15.09 ... Achtung, habt ihr gehört?"

Auf eine unverständliche Antwort vom Boden beruhigte sich der Fliegermajor wieder: „Das war jetzt richtig. So macht man es nicht, wie ihr es gemacht habt. Vesna 6 (eine andere Bodenstelle) hat mir die richtige Zeit um 15.09 Uhr gegeben. Sie wußten, wie man das macht. Richtet Vesna 6 bitte meinen besten Dank aus. Ihre Zeitangabe war sehr gut. Ja, alles in Ordnung jetzt, eure Zeit war auch korrekt. Danke."

Die Sowjets hatten auch bei diesem Doppelflug vorher nicht gesagt, welche Aufgaben die beiden Kosmonauten im einzelnen zu erfüllen hatten und wann mit ihrer Rückkehr zur Erde zu rechnen war. An diesem Mittwoch aber gab es einige Anzeichen dafür, · daß die Kosmonauten etwas Besonderes erwarte. Sie waren eine halbe

Stunde früher als an den Tagen zuvor geweckt worden. In Japan wurden kurz darauf einige Gesprächsfetzen mitgehört, die gleichfalls auf die baldige Beendigung des dritten bemannten Weltraumabenteuers der Sowjets hindeuteten. In dem mitgehörten Gespräch wurde Popowitsch angewiesen, das Schloß seines Sicherheitsgurtes und die Ablösevorrichtung des Katapultsitzes zu überprüfen. Auch auf den ordnungsgemäßen Sitz des Raumanzugs sollte geachtet werden. Dann wurden die meteorologischen Verhältnisse am Landeort mitgeteilt: Das Wetter sei schön, die Sonne scheine, der Himmel sei wolkenlos, der Erdboden trocken. Allerdings wehe ein heftiger Wind, der bis zu sieben und neun Metern in der Sekunde betrage. Darauf mußte bei einer Fallschirmlandung natürlich geachtet werden.

Wenig später, um 9.55 Uhr und 10.01 Uhr Moskauer Zeit, war es dann soweit: Nikolajew und Popowitsch landeten in einem Abstand von sechs Minuten in der Nähe der Stadt Karaganda in der Sowjetrepublik Kasachstan, nur 400 Kilometer von ihrem Startort Baikonur entfernt. Nikolajew hatte die Erde in 94 Stunden und 25 Minuten 64mal umrundet und dabei 2,6 Millionen Kilometer zurückgelegt. Popowitsch brachte es in 71 Stunden auf 48 Umrundungen und rund 2 Millionen Kilometer.

Die Bewohner der umliegenden Kolchosen und Dörfer erfuhren in Windeseile von dem Himmelsgeschenk, das ihnen gemacht worden war. Beide Kosmonauten wurden von ihnen herzlich begrüßt und zu einem nahe liegenden Flugplatz gebracht, von wo aus sie nach Moskau flogen. Dabei hatten sie ein dichtes Menschenspalier zu durchschreiten, Jubel und Händeklatschen begleiteten ihren Weg. Man bewunderte ihr gutes Aussehen. Die erste Untersuchung bestätigte den Augenschein: Herztätigkeit, Blutdruck und Atmung waren in Ordnung. Offensichtlich ließ sich von Menschen auch eine längere Auswirkung der Schwerelosigkeit ertragen. Diese Ergebnisse wurden durch die Auswertung aller medizinischen Daten bestätigt. Diesmal waren nämlich über die Empfangsstationen auf der Erde nicht nur ständig die Herztöne und die Atembewegungen des Brustkorbs, sondern auch die Gehirnströme und die Veränderung der Hautströme, wie sie bei plötzlichen Schweißausbrüchen festzustellen sind, gemessen worden. Das ärztliche Urteil lautete: „Keine Veränderung der pathologischen Zustände bei den beiden Kosmonauten."

Trotz dieser günstigen Befunde haben sich die Sowjets, gestützt auf ihre frühen und umfangreichen Weltraumerfahrungen, auf die Suche nach dem idealen Raumfahrer begeben. Nach der Ansicht ihrer Raumfahrtmediziner eignen sich nämlich für diese Aufgaben besonders gut Menschen, die im Gebirge aufgewachsen sind oder eine längere Zeit dort verbracht haben. Das Mitglied der sowjetischen Akademie der Wissenschaften, Wassilij Passin, hat zu diesem Zweck ausgedehnte Beobachtungen in Höhen über 3000 Metern angestellt und dabei herausgefunden, daß die Bewohner dieser Gegenden mit ihren Energien besser hauszuhalten verstehen als Menschen in der Ebene. Das bezieht sich vor allem auf den Verbrauch von Sauerstoff, der für eine bestimmte Arbeit notwendig ist. Auch Sauerstoffmangel wird von ihnen weitaus besser ertragen als von Flachlandbewohnern.

Gebirgsbewohner oder geübte Alpinisten besitzen nach den Erkenntnissen der Mediziner aber nicht nur ein Herz, das einer größeren Belastung ausgesetzt werden kann, sondern auch größere Widerstandskraft gegenüber krassen Temperatur- und Feuchtigkeitsschwankungen. Auch gegen die Einwirkung von Weltraumstrahlungen sind sie unempfindlicher als andere.

Was die Fachleute jedoch am meisten bewegte, das war die Präzision in der Beherrschung der Raketentechnik, wie sie durch den minutiösen Start und der durch das Zünden der Bremsraketen erfolgten Ziellandung offen zutage trat. Es gab keinen Zweifel, daß diese Geräte im Prinzip so gebaut waren wie die der Amerikaner. Aber es gab dennoch offenbar wichtige Unterschiede in der Funktionsweise. Von den Bremsraketen in der amerikanischen *Mercury*-Kapsel wußte man, daß sie in dem Augenblick gezündet wurden, wenn sich das Raumschiff in einem Winkel von 34 Grad der amerikanischen Westküste näherte. Der Hauptfallschirm mit einem Durchmesser von annähernd 19 Metern öffnete sich 30 Minuten später; dann hatte das Raumschiff die dichteren Atmosphärenschichten durchstoßen und den ganzen amerikanischen Kontinent überflogen.

Die *Wostok*-Bremsraketen wurden über Afrika – etwa in Höhe des Kilimandscharo – gezündet, wenn der Landepunkt ein paar hundert Kilometer östlich des Urals liegen sollte. Dies erfolgte in der Regel automatisch. Die Düsen konnten jedoch auch mit einem Handgriff in Aktion gesetzt werden. Gleichzeitig wurde die Kugel als die Kommandokapsel von dem tonnenförmigen Geräteteil losgesprengt, das bis zu diesem Augenblick den Kosmonauten mit der notwendigen Energie, dem Treibstoff und der Atemluft versorgt hatte. In dieser Phase rotierte die Kugel mit einer großen Umlaufgeschwindigkeit, konnte aber gewöhnlich schnell mit Hilfe von kleineren Steuerdüsen stabilisiert werden. Bei der *Wostok*-Raumkapsel war es völlig gleichgültig, mit welcher Seite sie durch die Hitzemauer der dichteren Luftschichten brach, da die ganze Kugeloberfläche gleichmäßig isoliert war, während die glockenförmige *Mercury*-Kapsel ihren Hitzeschild an der stumpfen Breitseite hatte. Es war also notwendig, daß der Flugkörper auf seiner Bahn gehalten wurde, damit Kapsel und Astronaut nicht in einer Feuerlohe aufgingen.

Der zeitliche Ablauf der Landung war bei beiden Raumschiffunternehmen genau festgelegt. Sie ergaben sich hauptsächlich aus dem Gewicht der beiden Kapseln und dem Eintrittswinkel. Bei den *Wostok*-Raumflugkörpern öffnete sich – im Gegensatz zu der *Mercury*-Kapsel – auch die Einstiegluke automatisch, wenn die Kugel bis auf eine bestimmte Geschwindigkeit abgebremst worden war und eine bestimmte Höhe über dem Erdboden erreicht hatte. Zwei Sekunden später wurde dann der Raumfahrersitz explosionsartig aus dem Raumschiff herausgeschleudert und das Fallschirmsystem geöffnet. Der Pilot trug dabei noch immer seinen Druckanzug, die Atemluft aber war inzwischen auf Außenatmung umgestellt worden. Erst wenige hundert Meter über dem Boden trennten sich Kosmonaut und der schwere Schleudersitz.

Landung oder Wasserung?

Interessanterweise gehört zu der Ausrüstung der sowjetischen Kosmonauten auch eine seefeste Überlebenspackung, die für den Fall einer Notwasserung gedacht ist. Sie enthält ein orangerotes Schlauchboot, das beim Auftreffen auf einer Wasserfläche automatisch aufgeblasen wird. Auch eine Leuchtpistole, ein Kappmesser und Essensrationen gehören zum Inhalt des Seesacks, der jedoch bisher noch von keinem Kosmonauten verwendet wurde, weil die Sowjets eine Landung auf festem Erdboden bevorzugen, während die Amerikaner von Anfang an ihre Astronauten im Ozean niedergehen ließen. Diese unterschiedliche Landetechnik beruht jedoch nicht – wie es verschiedentlich dargestellt wurde – auf einer abweichenden Betrachtungsweise der Wissenschaftler in Ost und West. Ganz im Gegenteil.

Maßgebend für die verschiedenen Landepraktiken sind die unterschiedlichen geographischen und topographischen Verhältnisse in beiden Ländern. Das beginnt damit, daß man bereits die Startplätze für Großraketen so auswählen muß, daß die Flugbahnen der Geschosse nicht über dichtbesiedelte oder verkehrsintensive Gebiete hinwegführen. Raketenteile oder die bereits ausgebrannten Stufen einer Rakete könnten die Menschen gefährden. Mit der beim Start festgelegten Bahn eines Raumflugkörpers wird auch gleichzeitig der Rückkehrkorridor festgelegt, in dem eine Landung erfolgen kann.

Die Vereinigten Staaten haben aus diesen Gründen ihren Startplatz an die atlantische Küste von Florida verlegt, wo die Inselkette der Bahamas und der Antillen die Beobachtung der gestarteten Flugkörper noch eine Zeitlang ermöglicht. Häufig befahrene Schiffahrtslinien und Luftstraßen verlaufen hier nicht. Mit der gewählten Schußrichtung, die bei den bemannten Raumschiffen der Amerikaner zumeist eine Neigung bis zu 34 Grad zum Erdäquator hin hat, sind auch die Gebiete abgesteckt, die von dem Raumschiff überflogen werden können. Das bedeutet, daß auch bei mehreren Erdumläufen die Kapsel nie einen Punkt überfliegt, der nördlicher als der 34. nördliche Breitengrad liegt. Die Amerikaner wollen damit gleichzeitig vermeiden, daß sie während ihrer Flüge sowjetisches Gebiet bestreichen. Gleichzeitig überfliegen sie damit nur einen schmalen Streifen ihres eigenen Landes, der im tiefen Süden gelegen ist. Eine Landung auf festem Boden empfiehlt sich hier nicht, weil einige Gebiete äußerst dicht besiedelt sind. Hingegen bietet sich in ausreichendem Maße Platz für eine Wasserlandung an, zumal die in Frage kommenden Meere – der Atlantische und der Pazifische Ozean – im subtropischen Bereich liegen und deshalb über ausreichend warmes Wasser verfügen, was den Aufenthalt der Raumfahrer in der See, falls er nicht zu umgehen sein sollte, angenehmer macht.

Die Sowjetunion steht in dieser Hinsicht vor völlig anderen Gegebenheiten. Sie verfügt über keine Küsten mit warmem Wasser, wenn man die relativ kleinen Meeresflächen des Schwarzen und Kaspischen Meeres einmal außer acht läßt. Hingegen erlauben ihr die großen asiatischen Landmassen einen Start in östliche Richtung, ohne daß sie Rücksicht auf größere Siedlungsgebiete zu nehmen hätte. Entsprechend groß sind die auf derselben geographischen Breite liegenden Landegebiete, in denen zudem ein gemäßigtes Klima herrscht. In den südlichen sowjetischen Staaten von Kasachstan und Turkestan ist der Winter wesentlich kürzer als in fast allen anderen Gebieten.

Die von Baikonur gestarteten bemannten Raumflüge erfolgen zumeist mit einer Bahnneigung von 65 Grad, die auch zugleich das Landungsgebiet bestimmt. Über mehrere aufeinanderfolgende Umläufe hinweg steht damit stets ein geeignetes Gelände für das Niedergehen der Raumschiffe zur Verfügung. Dennoch ist auch eine

Wasserlandung im Konzept der Sowjets enthalten – und das nicht nur für den Fall einer Notlandung. Die Kosmonauten werden jedenfalls auch auf diese Form vorbereitet. Überdies haben einige Raumfahrtverantwortliche der Sowjetunion eingestanden, daß auch sie eine Wasserlandung bevorzugen würden, wenn es ihnen aus geographischen Gründen nur möglich wäre. Da sich diese Voraussetzungen jedoch nicht ändern lassen, wird es wohl bei den bisherigen Praktiken bleiben.

Eine Frau im Weltraum

Ein neuer Weltraumstart der Sowjets bedeutete zumeist eine Sensation. Um so erstaunter war man in den Redaktionen und Rundfunkanstalten, als eine TASS-Meldung aus Moskau am Freitag, dem 14. Juni 1963, nichts als den bereits zur Routine gewordenen Start eines Raumschiffs mit einem Kosmonauten an Bord bekanntgab. In der Kapsel *Wostok 5* befand sich der Luftwaffen-Oberstleutnant Walerij Fjodorowitsch Bykowski.

Die Mitteilung aus der sowjetischen Hauptstadt war mit den üblichen Angaben über Flughöhe, Umlaufzeit und der Versicherung versehen, daß alle Systeme an Bord normal arbeiteten und der Kosmonaut wohlauf sei. Über die Aufgaben des 29jährigen Piloten an Bord, der aus dem Dorf Palow-Pasad bei Moskau stammte, mit 17 Jahren bereits Flugzeugführer war und 72 Fallschirmabsprünge hinter sich hatte, schwiegen sich die Verantwortlichen gründlich aus.

Die Fachleute in der westlichen Welt tippten auf einen neuen Gruppenflug und sollten in ihren Erwartungen nicht enttäuscht werden. Nicht ganz 24 Stunden später starteten die Sowjets ein weiteres Raumschiff unter der Bezeichnung *Wostok 6*. Überraschung löste der einzige Insasse der Kapsel aus. Mit der Textilarbeiterin Valentina Wladimorowna Tereschkowa, zum Zeitpunkt des Starts 26 Jahre alt, befand sich die erste Frau im Weltraum. Die Welt war Zeuge einer neuen Raumfahrtsensation, und die Vermutungen über den Grund, warum die Sowjets auch Kosmonautinnen ausbildeten, überschlugen sich, weil aus Moskau auf diese Frage keine klare Antwort kam.

Die Meinung der Amerikaner zu diesem Problem ist bekannt. Da sie einen grundsätzlich anderen Standpunkt in der Auswahl ihrer Astronauten einnehmen als die Sowjets, halten sie Frauen einfach für ungeeignet, diesen „Beruf" auszuüben. Amerikas Astronauten müssen neben den unverzichtbaren körperlichen und geistigen Vor-

Kosmonaut Walerij Bykowski, der mit dem Raumschiff Wostok 5 einen Tag vor seiner Kollegin Valentina Tereschkowa zu einem Weltraumflug gestartet war.

aussetzungen vor allem gute Flieger, Techniker oder Wissenschaftler sein.

Astronauten-Direktor Donald K. Slayton hat diese unverständliche Auffassung der Weltraumbehörde einmal so formuliert: „Frauen besitzen die Erfordernisse nicht, die wir an sie stellen. Sie haben weder die 2500 Flugstunden als Testpilotinnen noch die technischen Kenntnisse, die man braucht, um ein Flugzeug oder eine Raumkapsel auf Herz und Nieren zu prüfen.

Es gibt in Amerika mindestens 2000 Piloten, die qualifizierter sind als die qualifizierteste Pilotin. Sollen wir nun die Frau wählen, bloß weil sie eine Frau ist?"

Die Frage, warum die Russen eine Frau in den Weltraum geschickt haben, wurde in jenen Tagen oft diskutiert. Die meisten wiesen auf den Propagandaeffekt hin, den dieses Zeugnis für die absolute Gleichberechtigung der Frau erzielen müsse. Sachliche Gründe für diese Wahl gab es hingegen nur wenige. Viele vertraten – ähnlich

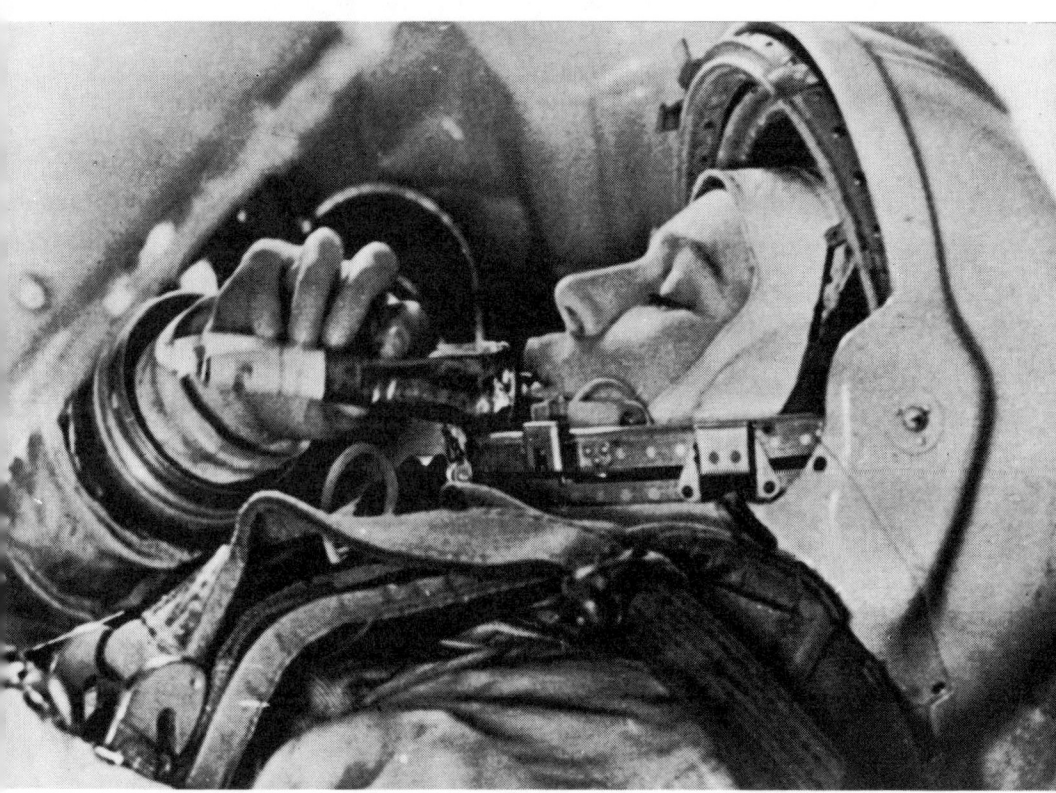

Valentina Tereschkowa war die erste Frau, die zu einem Weltraumflug startete.

wie die amerikanische Weltraumbehörde – die Meinung, daß die Aufgaben eines Weltraumflugs in vielen Bereichen des Körperlichen und Seelischen die äußersten Reserven abverlangten, so daß hier die Gleichheit der Geschlechter enden müsse. Den Sowjets sei es sicher darum gegangen, genau zu erfahren, ob Frauen eine kleinere oder größere Dosis der Weltraumstrahlung ertrügen als Männer, über deren Ausdauer und Verhalten im Weltraum man ja inzwischen Bescheid wußte. Dabei spiele auch eine Rolle, ob die Frau in ihrer Rolle als Gebärerin beeinträchtigt werde, wenn sie sich über einen längeren Zeitraum der Strahlengefahr aussetze. Möglicherweise könnten Schädigungen bei den später geborenen Kindern, unter Umständen auch Erbänderungen eintreten. Obschon auch die Erbmasse der Männer gefährdet sei, könnten Frauen besonders gefährdet sein.

Daß solche Gedanken bei der Auswahl der noch unverheirateten und kinderlosen Valentina eine Rolle gespielt haben könnten, lag

121

auf der Hand. Damit bot sich den sowjetischen Vererbungsforschern ein weites Experimentierfeld.

Die Halbwaise aus Krasnoperokop im Bezirk von Jaroslawl, deren Vater im Zweiten Weltkrieg gefallen war, hatte sich durch ihre Begeisterung für den Fallschirmsport als erste Astronautin der Welt empfohlen. Bereits neben ihrer Schulausbildung trat sie eine Arbeitsstelle in einem Textilkombinat und später in einer Fabrik für Cordreifen an, begann mit dem Fernstudium an einem Technikum für Leichtindustrie und entdeckte ihr Interesse am Fallschirmspringen. Nachdem sie zweieinhalb Jahre diesen Sport getrieben hatte, stellte sie sich einer Auswahlkommission, die Ausschau nach Kandidatinnen für den Beruf eines Kosmonauten hielten. Zu ihren Ausbildern zählten Jurij Gagarin und Pawel Popowitsch, erfahrene Raumflieger, die neben Valentina Tereschkowa eine ganze Gruppe von jungen Mädchen auf ihre große Aufgabe vorbereiteten. Auf sie warteten die Hitzekammer ebenso wie ein Flug mit kurzer Schwerelosigkeit und das gefürchtetste Marterinstrument: die Zentrifuge. Einen Tag vor ihrem Start mußte Valentina Tereschkowa noch einmal beweisen, ob sie den auf sie zukommenden Belastungen auch gewachsen sei. Sie bestand die harten Tests.

Am 19. Juni 1963 landete das im Verbandsflug um die Erde gekreiste sowjetische Kosmonautenpaar. Valentina Tereschkowa hatte

Nach der geglückten Landung nimmt die Kosmonautin Tereschkowa die zur Erde zurückgekehrten Teile ihres Wostok-6-Raumschiffs noch einmal in Augenschein.

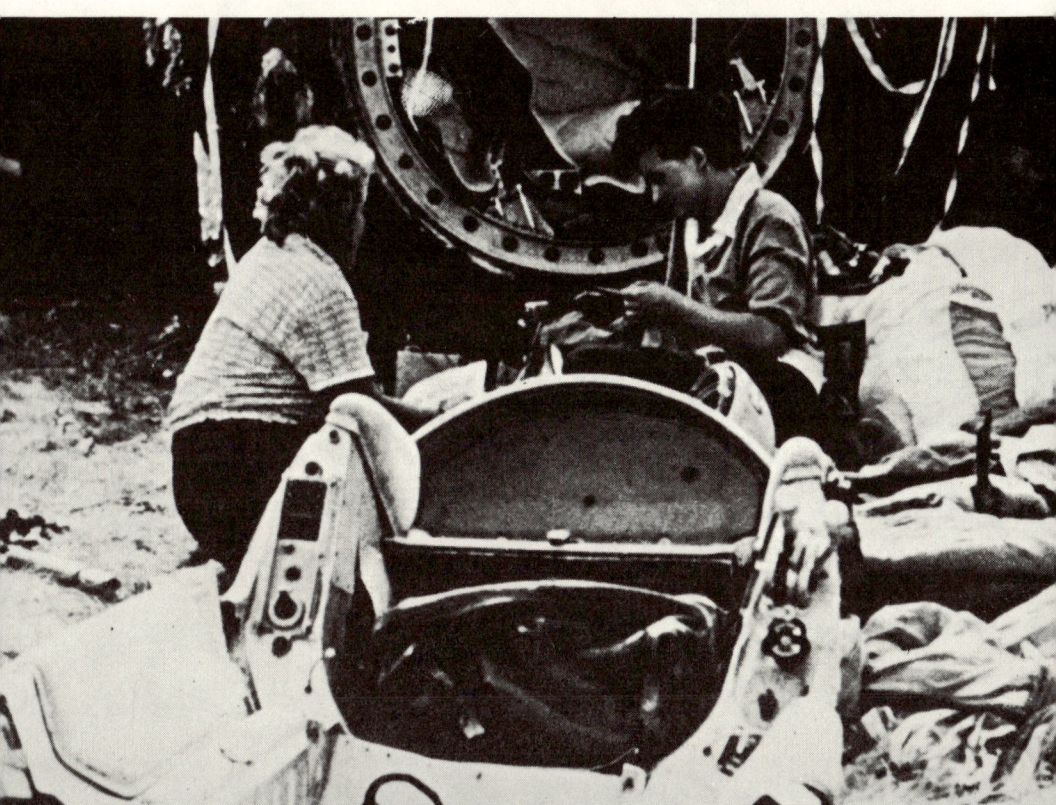

bei einer Flugzeit von 71 Stunden etwas mehr als 48 Erdumkreisungen zurückgelegt, während Walerij Bykowski länger als 119 Stunden unterwegs war und dabei 81mal die Erde umrundet hatte. Während ihrer langen gemeinsamen Flugzeit standen die beiden Raumfahrer sowohl untereinander wie mit den Bodenstationen in Verbindung. Was die Funkstationen im Westen, die auf den bekanntgegebenen Wellenlängen diese Unterhaltung mithören konnten, am meisten begeisterte, war die schöne Stimme, die erstmals aus dem Weltraum zu vernehmen war. Ein Mithörer begeisterte sich: „Wenn sie spricht, klingt es, als ob eine Schauspielerin auf der Bühne des Moskauer Bolschoi-Theaters Puschkin-Verse deklamiert."

Im Verkehr miteinander hatten die Kosmonauten die Decknamen Möwe (für Valentina Tereschkowa), Habicht (für Walerij Bykowski) und Morgenröte (für die Flugleitung) erhalten. Nachdem dies bekannt war, wunderte sich niemand mehr, wenn Habicht bei Morgenröte den ersten Satz eines Klavierkonzertes von Tschaikowski per Funk bestellte oder Morgenröte die Möwe aufforderte, doch einmal einen Wassertropfen schwerelos durch die Kabine schweben zu lassen, damit die Zuschauer der gerade laufenden Fernsehsendung sich ein Bild über dieses physikalische, auf der Erde nicht zu beobachtende Phänomen machen konnten.

Sechs Tage nach der gelungenen Landung im Gebiet nördlich von Karaganda schlug für das Astronautenpaar eine neue Stunde der Bewährung: Im Hochhaus der Moskauer Lomonossow-Universität stellten sich beide 2000 Pressevertretern aus aller Welt, die ihre Fragen zuvor schriftlich einreichen mußten, ehe sie von den Kosmonauten beantwortet wurden.

Valentina Tereschkowa, die im Jahre 1963 mit ihrem Kosmonautenkollegen Andrijan Nikolajew eine Ehe einging, bestätigte die Erfahrungen ihrer Kollegen, die vor ihr im Weltraum waren: „Etwas ungewohnt für mich war das Schlafen im Zustand der Schwerelosigkeit mit hochgehobenen Händen. Darum machte ich mir die Erfahrungen German Titows zunutze, der die Arme unter einem Aufhängesystem für ein Instrumentenbrett verschränkte. Ich habe während des dreitägigen Fluges nie geträumt. Die abwechslungsreichen Menüs habe ich stets mit Appetit gegessen. Gegen Ende des Unternehmens bekam ich Lust auf Schwarzbrot, Pellkartoffeln und Zwiebeln, von denen ich nichts an Bord hatte. Um so größer war die Freude für mich, als ich sogleich nach der Landung damit bewirtet wurde."

Auf die Frage, ob sie im Kosmos einen Lippenstift benutzt habe, antwortete sie ohne Verlegenheit: „Ich bin auch auf der Erde bisher ganz gut ohne einen solchen ausgekommen." Sehr in den persönlichen Bereich zielte die Frage, ob sie sich bereits einen Sputnik fürs Leben gewählt habe (Sputnik = Begleiter, Gefährte). Zunächst zögerte die junge Kosmonautin, dann aber antwortete sie überzeugend: „Auf jeden Fall fürchte ich nicht, eine alte Jungfer zu werden."

Die Fachleute, die sich nunmehr daranmachten, einen Vergleich zwischen den Ergebnissen der ersten Raumschiffgeneration, den russischen *Wostok*- und den amerikanischen *Mercury*-Kapseln, zu ziehen, mußten anhand der statistischen Zahlen feststellen, daß sich die Sowjets weiterhin in Front befanden: Moskau hatte sechs Kosmonauten in eine Erdumlaufbahn geschossen, davon jeweils zwei zu einem Gruppenflug; überdies gehörte dazu noch eine Frau. Die USA hatten, zudem noch mit einiger Verspätung, nur vier Astronauten entsandt, zwei weitere hatten in ballistischen Flügen ihre ersten Erfahrungen im Weltraum gemacht. Noch negativer für die Amerikaner war die Bilanz, wenn man die im Weltraum gewonnene Erfahrung miteinander verglich: Insgesamt hatten sich sowjetische Kosmonauten 328 Flugstunden lang im Zustand der Schwerelosigkeit aufgehalten gegen annähernd 54 Stunden amerikanischer Astronauten.

Wie würde das Wettrennen weitergehen? Von den Sowjets war über die zukünftige Entwicklung nichts zu erfahren. Nach wie vor verwehrten sie es westlichen Korrespondenten, über den Abschuß einer Rakete in Baikonur zu berichten, da die Sowjetunion, wie der Präsident der Akademie der Wissenschaften, Keldysch, es ausdrückte, keine Geheimnisse preisgeben könne, die Verteidigungszwecken dienten. „Jeder muß verstehen", so sagte Keldysch auf der Pressekonferenz zum Abschluß des letzten *Wostok*-Doppelfluges, „daß eine Rakete, die ein fünf Tonnen schweres Raumschiff in den Weltraum führt, auch eine andere Last tragen kann. Solange noch keine Vereinbarung über eine allgemeine und totale Abrüstung zwischen dem Westen und dem Osten getroffen worden ist, können wir solchen Bitten nicht entsprechen."

Die Amerikaner hielten hingegen an ihrer Übung fest, die Weltöffentlichkeit über ihre zukünftigen Pläne zu orientieren. Die Weltraumbehörde hatte, auf den Erfahrungen des *Mercury*-Programms basierend, inzwischen ein Ziel anvisiert, das in seinem Ehrgeiz größer nicht gedacht werden konnte. Noch bis zum Ende der sechziger Jahre, so hatte Amerikas junger Präsident John Fitzgerald Kennedy proklamiert, sollten zwei Amerikaner auf dem Mond abgesetzt und wieder zur Erde zurückgebracht werden.

Mit Gemini auf der Überholspur

Präsident Kennedy setzt das Ziel

Als der demokratische Senator John Fitzgerald Kennedy, Sohn einer angesehenen Diplomatenfamilie aus dem Neuengland-Staat Massachusetts, mit der knappsten Mehrheit in der Geschichte der amerikanischen Wahlen im November 1960 zum neuen Präsidenten der Vereinigten Staaten gewählt wurde, hatten die beiden Weltraummächte rund 70 Satelliten und Sonden außerhalb des Anziehungsbereichs der Erde geschossen. Die meisten davon wurden von dem Raketenstartplatz der NASA in Kap Canaveral auf der Halbinsel Florida oder von dem kalifornischen Luftwaffenstützpunkt Vandenberg – nicht weit von Los Angeles entfernt – in eine Umlaufbahn geschickt.

Die schwereren Objekte stammten jedoch von den Russen. Da sie einige ihrer Raumflugkörper bereits mit Tieren besetzt hatten, war damit zu rechnen, daß der Tag eines ersten bemannten Weltraumflugs unter dem Zeichen von Hammer und Sichel nicht mehr allzufern sein konnte.

Der 43jährige Präsident ließ sich in den zweieinhalb Monaten, die zwischen seiner Wahl und der Amtseinführung lagen, eine gründliche Analyse der Raumfahrtanstrengungen in beiden Ländern anfertigen. Das Resultat schien deprimierend genug zu sein. Die Fachleute sagten dem jungen Politiker voraus, daß der erste Flug eines Menschen bereits vor der Tür stehe und daß dieser Mensch ein Sowjetbürger sein werde. Aber auch auf dem Gebiet der unbemannten Raumfahrt sah die Lage nicht besser aus. Den Sowjets war es bereits am 13. September 1959 gelungen, mit *Lunik 2* einen ersten Raumkörper auf dem Mond zu landen. Nicht ganz einen Monat später brachten sie *Lunik 3* auf eine Mondumlaufbahn, wobei sie erstmals Fotos von der Mondrückseite empfingen, die zwar angesichts der noch in den Kinderschuhen steckenden Technik recht grob ausgefallen waren, aber immerhin Einzelheiten der dortigen Gebirgsformationen erkennen ließen.

Kennedy hatte sein Regierungsprogramm unter das Motto der „neuen Grenze" gestellt, die es zu erreichen gelte, um die Aufgaben der Zukunft zu meistern. Er erinnerte damit an die Pionierzeit seines Volkes, das sich im 18. Jahrhundert mit dem Zustrom der Einwanderer, die aus vielen europäischen Ländern den Weg ins „gelobte Land" Amerika gefunden hatten, immer neue Grenzen setzte und dabei weit nach Westen vordrang, bis der Pazifische Ozean dem Ausdehnungsdrang der Landeroberer ein Ende setzte. Eine solche „neue Grenze" wollte der neue Präsident auch den Männern aufzeigen, die sich darum bemühten, daß Amerika den ihm gebührenden Platz in der Raumfahrttechnik einnahm.

Kennedy war sich von Anfang an klar darüber, daß es nicht allein darum ging, den großen Konkurrenten im Osten einzuholen oder ihn sogar zu überholen. Allzu undurchsichtig waren dessen Ziele im Weltraum. Wenn überhaupt erkennbar, dann nur insofern, daß sie stark vom militärischen Denken geprägt waren. Von einem Wettlauf mit den Russen, der den Amerikanern in den ersten Jahren ohnehin nur den bereits zur Gewohnheit gewordenen zweiten Platz einbringen würde, war also nicht viel zu halten. Es mußte der Nation ein eigenes Maß gesetzt werden, ein Ziel, das so kühn und ehrgeizig war, daß es vielen Bürgern des Landes den Atem verschlagen würde.

Kennedy hielt seiner Nation schonungslos einen Spiegel vor, als er vor dem Kongreß (in dem die beiden Parlamente der amerikanischen Demokratie, das Abgeordnetenhaus und der Senat, zusammengeschlossen sind) ausrief: „Auch wenn wir den Vorteil anerkennen, den die Sowjets mit ihren großen Raketentriebwerken erlangt haben und der ihnen einen Vorsprung von vielen Monaten gibt, und wenn wir die Wahrscheinlichkeit hinzunehmen, daß sie diese Führung für einige Zeit noch zu eindrucksvolleren Erfolgen ausnutzen werden, so sind wir dennoch gehalten, neue Anstrengungen zu unternehmen. Denn wenn wir auch nicht garantieren können, daß wir eines Tages die ersten sein werden, so wissen wir doch, daß jedes Versäumnis, sich an diesen Anstrengungen zu beteiligen, uns in die Rolle des letzten drängen wird. Wir übernehmen ein weiteres Risiko dadurch, daß wir unsere Versuche offen vor aller Welt durchführen. Aber wie die großen Leistungen des Astronauten Shepard gezeigt haben, stärkt gerade dieses Risiko, wenn wir Erfolg haben, unser Ansehen. Der Weltraum steht uns jetzt offen. Wir wollen in ihm vordringen, weil bei allen Aufgaben, die sich die Menschheit stellen muß, freie Menschen ihren vollen Anteil zu tragen haben."

Dann sprach Kennedy die später oft zitierten Worte, die so mutig und wegen des Verzichts auf hochtrabende Floskeln so überzeugend klangen, daß die Abgeordneten und Senatoren im Capitol erstaunt aufhorchten. „Ich glaube", sagte der Präsident, „daß sich die Vereinigten Staaten das Ziel stellen sollten, *noch vor Ende dieses Jahr-zehnts einen Menschen auf dem Mond zu landen und ihn wieder sicher zur Erde zurückzubringen.* Kein anderes Projekt wird inner-halb dieser Periode eindrucksvoller und für die Erforschung des Weltraums wichtiger sein. Kein anderes wird aber auch so schwierig zu erreichen und so kostspielig sein. Wir schlagen vor, die Entwick-lung eines geeigneten Mondschiffs zu beschleunigen. Wir schlagen vor, weitaus größere Raketentriebwerke als bisher zu entwickeln, bis wir sicher sind, auf welcher Seite die Überlegenen stehen."

Kennedy hatte das Datum des 31. Dezember 1969 – bis zu diesem Zeitpunkt sollte das Mondlandeprogramm der Amerikaner abge-schlossen sein – nicht einer plötzlichen Eingebung folgend genannt. Diese höchst offizielle Erklärung, an die sich auch seine Nachfolger Lyndon B. Johnson und Richard M. Nixon gebunden fühlten, war das Ergebnis der sorgfältigen Analysen, mit denen seine wissen-schaftlichen Ratgeber und die verantwortlichen Direktoren der NASA aufwarteten. Zwar gab es zu diesem Zeitpunkt noch kein genaues Programm, mit dem das große Ziel erreicht werden sollte, aber die Fachleute waren zuversichtlich, innerhalb der noch verblei-benden Frist die gewaltigen Aufgaben lösen zu können. Als grobe Schätzung sagten sie voraus, daß dieses Projekt „Mann auf den Mond" ungefähr 80 Milliarden Mark verschlingen werde, wobei in einem Zeitraum der lebhaftesten Forschungs- und Fertigungstätig-keit an die 300 000 Amerikaner dazu beitragen würden, Kennedys Voraussage zu erfüllen.

Von diesem historischen 25. Mai 1961 bis zum 31. Dezember 1969 waren es noch acht Jahre und sieben Monate; anders ausgedrückt: 103 Monate oder 446 Wochen oder genau 3140 Tage. Solche 3140 Tage mögen einem Menschen wie eine Ewigkeit vorkommen. Für die Männer an der Spitze der Weltraumbehörde, die sich zu einer der größten denkbaren Aufgaben verpflichtet hatten, schien die Frist äußerst knapp zu sein. Für sie begann die Zeit zu rennen.

Wendepunkt Gemini

Den Wendepunkt in den amerikanischen Raumfahrtbemühungen brachte das Programm eines zweisitzigen Raumschiffs, das nach dem englischen Wort für das Tierkreiszeichen der Zwillinge *Gemini* ge-nannt wurde und das, zumindest in der westlichen Welt, zu dem Kennwort für bemannte Raumfahrt überhaupt wurde. Die mit einer Verspätung von 16 Monaten begonnenen Raumflüge der Zwillings-

Ein Größenvergleich zwischen einer Mercury- und Gemini-Raumkapsel

Kapsel – insgesamt wurden zwei unbemannte und zehn bemannte Kapseln gestartet – wurden innerhalb eines Zeitraums von 20 Monaten abgewickelt. Alle 20 Astronauten kehrten gesund von ihren Flügen zurück und erfüllten trotz einer Vielzahl von Fehlberechnungen, verschobenen Starts, Pannen und Gefahrenmomenten den größten Teil der ihnen gestellten Aufgaben. Die Lehren des *Gemini*-Programms — Voraussetzung dafür, zwei Menschen auf dem Mond landen und sie unversehrt wieder zur Erde zurückkommen zu lassen – lauteten:

Der Mensch ist imstande, länger als 14 Tage in schwerelosem Zustand und in einer künstlichen Sauerstoffatmosphäre zu existieren, sich zu ernähren, zu arbeiten und zu schlafen.

Ein trainierter Astronaut ist zudem fähig, sich außerhalb der schützenden Hülle eines Raumschiffs zu bewegen und Außenbordarbeiten durchzuführen.

Ein Raumschiff läßt sich so genau steuern, daß es sich mit einem zweiten bemannten oder unbemannten Fahrzeug in einer Umlaufbahn zu einem sogenannten Rendezvous treffen und durch ein Ankopplungsmanöver mit ihm fest verbunden und wieder gelöst werden kann.

128

Zwei Raumschiffe lassen sich, nur durch ein Seil miteinander verbunden, auf ihrer gemeinsamen Bahn in eine Kreiselbewegung
versetzen, wodurch künstliche Schwerkraft erzeugt wird, die
gleichzeitig zur Stabilisierung der Kapsel beiträgt.

Der Flug außerhalb der dichteren Luftschichten gestattet es, Aufnahmen von Himmelskörpern von zuvor nicht gekannter Qualität
anzufertigen. Bilder von der Erdoberfläche geben in der Vergröße-
rung Auskunft über kleinste Objekte sowie durch den Aussage-
wert verschiedener Färbungen auch über zuvor nicht gekannte
Bodenschätze und Fischzüge sowie über die Entwicklung des
Wetters.

Das System der Bremsraketen für den Wiedereintritt in die dichtere
Lufthülle ist so weit entwickelt, daß Landungen wie auch Notlan-
dungen an jeder beliebigen Stelle der Umlaufbahn möglich sind.
Notgelandete Astronauten lassen sich innerhalb weniger Stunden
auffinden und retten, so daß die Überlebenschance groß ist.

Nachdenklich stimmen mußten hingegen in der Bilanz die immer
wieder in gleicher Höhe anfallenden Kosten für den Transport eines
Satelliten oder eines Raumschiffs in eine Erdumlaufbahn. Die ballistische Rakete, deren chemischer Antrieb bislang die einzige Möglichkeit darstellt, Nutzlasten aus dem Anziehungsbereich der Erde
hinauszutragen, ist ein zu aufwendiges Mittel, als daß mit ihr auch
der ständig zunehmende Weltraumverkehr der Zukunft bewältigt
werden könnte. Als einziger Ausweg aus diesem Dilemma bietet sich
die Entwicklung wiederverwendbarer Raumfahrzeuge an, deren
wichtigste Teile nach der Erfüllung ihrer Aufgaben im Weltraum
im Gleitflug zur Erde zurückkehren können. Ein solcher Weltraum-
bus, für den es eine Reihe von technischen Vorschlägen gibt, müßte
von herkömmlichen Flugplätzen aus horizontal oder vertikal starten
und landen können, im Unter- wie im Überschallflug gut manö-
vrierbar sein und wie ein Flugzeug gewartet und überprüft werden
können.

Nachdem die Entwicklung luftatmender Triebwerke, die nur
innerhalb der Atmosphäre arbeiten können, Fortschritte macht und
die Leistung eines solchen Verbrennungsmotors sich der Schubkraft
eines Raketentriebwerks nähert, besteht die Hoffnung, daß ein solches Weltraumfahrzeug mit einem Startgewicht von 500 Tonnen
eine Nutzlast mit sich führen könnte, die etwa ein Zehntel so groß
ist. Damit würde die Tragfähigkeit von Raketen um das Dreifache
übertroffen. Als Ziel peilen die wirtschaftlich denkenden Amerika-

ner einen Kostenfaktor von 80 Mark pro Kilogramm in eine Umlaufbahn gebrachter Nutzlast an. Damit wäre eine vernünftige Lösung erreicht, denn auch die Kosten für ein ebenso schweres Frachtstück, das von einer Luftverkehrsgesellschaft rund um die Erde transportiert werden soll, weichen von dieser Summe nicht wesentlich ab: sie sind nur etwa um ein Drittel geringer.

Solche finanziellen Wunschbilder sind freilich noch weit von der Verwirklichung entfernt. Nicht nur der Mondflug selbst, sondern auch alle noch nicht bis ins letzte festgelegten Anschlußprogramme werden vorerst noch immer teurer. Dieser ständige Anstieg der Kosten für eine immer komplizierter und unüberschaubarer werdende Technik war von Beginn an zu beobachten. Mußten die amerikanischen Steuerzahler für das *Mercury*-Programm rund 1,4 Milliarden Mark zahlen, so erforderte *Gemini* bereits die stolze Summe von 5,2 Milliarden Mark, was fast einer Vervierfachung gleichkommt. Die Ausbeute allerdings machte die enormen Kosten wieder wett.

Eine Pause von 22 Monaten

Mehr als 22 Monate waren seit dem letzten Flug mit einer einsitzigen *Mercury*-Kapsel vergangen, ehe sich die zweite amerikanische Raumschiffgeneration von ihrer Startrampe erhob. Diese Zeit wurde benötigt, um eine Raketen-Raumschiffkombination startbereit zu machen, die sich nach Maßen und Gewichten zum Teil erheblich von ihren Vorgängern unterschied.

Als Trägerrakete hatte die NASA wiederum eine Interkontinentalrakete der amerikanischen Luftwaffe gewählt, die zu Beginn des Jahres 1962 einsatzbereit geworden war: die von Martin-Marietta gebaute Titan. Ihre Schubleistung von 195 Tonnen reichte aus, um die im Augenblick des Starts 154 Tonnen schwere Rakete vom Boden abzuheben und ihren Flug durch die Atmosphäre ausreichend zu beschleunigen. Ihre gesteigerte Schubleistung verdankte das Projektil neuen lagerfähigen Treibstoffen. Diese beiden Hydrazinarten – Monomethylhydrazin und das unsymmetrische Dimethylhydrazin – wurden durch Stickstofftetroxyd mit dem notwendigen Sauerstoff versorgt. Der Fortschritt gegenüber dem bei der Atlas verwendeten Kerosin bestand vor allem darin, daß die Rakete frühzeitig vor dem Start in aller Ruhe betankt werden und auch einige Tage stehen bleiben konnte, ohne daß man den Treibstoff wieder ablassen und neu hineinfüllen mußte, wenn ein Starttermin einmal nicht zu halten war. Diese Forderung hatte die Luftwaffe bei der Konstruktion erhoben, um die auch als Träger von Atomwaffen verwendete Rakete stets einsatzbereit in Betonbunkern lagern zu können.

Die für die NASA gebaute Titan erhielt jedoch eine veränderte Steueranlage. Während die Kampfrakete mit einem Trägheitsnavigationssystem ausgerüstet war, das den Flugkörper entsprechend den eingespeisten Werten automatisch ins Ziel lenkte, wurde das *Gemini-Titan*-Gespann (abgekürzt *GT* genannt) mit einer Funkbefehlen folgenden Steuerungsanlage bestückt, die aus Sicherheitsgründen zweimal vorhanden war. Sie gab ihre Flugdaten direkt in die *Gemini*-Kapsel weiter, wo sie von den Astronauten beobachtet werden konnten.

Das Raumschiff hatte nur in seiner äußeren Form Ähnlichkeit mit seinem Vorgänger. Die Firma McDonnell Aircraft Corporation in St. Louis, die schon für die *Mercury*-Kapsel den Bauauftrag erhalten hatte, war bei der erprobten glockenförmigen Silhouette geblieben. Das aus zwei Teilen – der Command section genannten, für die Rückkehr zur Erde bestimmten Kommandokapsel, und dem als Verbindungsteil zur letzten Raketenstufe dienenden Adapter section genannten Versorgungskapsel – bestehende Raumschiff war 5,65 Meter hoch (gegenüber der 2,92 Meter hohen *Mercury*-Kapsel), der Durchmesser an der breitesten Stelle des Hitzeschildes betrug jetzt 2,89 Meter (*Mercury*: 1,89 Meter) und der Rauminhalt war eineinhalbmal so groß wie bei dem Vorgänger. Das Startgewicht von *GT* war mit 3,49 Tonnen im Vergleich zu der 1,8 Tonnen schweren *Mercury*-Kapsel sogar um fast das Doppelte hinaufgeschnellt. Nunmehr ließen sich weitaus mehr Geräte und Ausrüstungsgegenstände unterbringen als zuvor, so daß auch die Sicherheitsanforderungen für die Astronauten höher gestellt werden konnten.

Während *Mercury* eine Rettungsrakete besaß, die im Gefahrenfall die Kapsel und den darin sitzenden Astronauten von der Trägerrakete abgesprengt und aus dem Gefahrenbereich herausgebracht hätte, wurde bei *Gemini* auf dieses Verfahren verzichtet. Die Kapsel selbst war mit Schleudersitzen und daran befestigten Fallschirmen ausgerüstet, die beide Piloten durch die breiten Lukenöffnungen hinauskatapultieren konnten.

Die breiteren Ein- und Ausstiegsluken gehörten zu den wesentlichen Verbesserungen, die von den Astronauten gelobt wurden. Nunmehr brauchten sie nicht mehr wie zuvor schlangengleich durch ein enges Loch zu kriechen, das nicht viel größer als ihr Kopf war. Sie gewannen vor allem zusätzliche Bewegungsfreiheit, die ihre Arbeit, aber auch die Stunden der Ruhe an Bord erleichterte. Vor allem entfiel das Gefühl, sich in einer schmalen Raketenspitze zu befinden

und mit dem deren Zufällen folgenden Flug unrettbar verbunden zu sein.

In dem größeren Raum waren jedoch noch weitere Kontroll- und Bedienungsgeräte angebracht, die von den Astronauten mehr Aufmerksamkeit als zuvor forderten. Wie bei einem Flugzeug lagen die wichtigsten Instrumente im Blickfeld des Piloten in der Mitte der Kapsel. Hier fand er die Flugüberwachungsinstrumente, die zu jeder Zeit Auskunft gaben, wo sich das Raumschiff gerade befand, ob es seinen Kurs beibehielt, ob es über eine seiner drei Achsen in eine unkontrollierte Lage gekommen war und ob noch genügend Treibstoff, elektrische Energie, Sauerstoff, Druckluft und Wasser an Bord waren – lebensrettende Elemente, ohne die die Astronauten nicht hätten existieren können und deren Ausfall eine sofortige Notlandung zur Folge gehabt hätte.

Der wichtigste Unterschied zwischen der ersten und zweiten amerikanischen Raumschiffgeneration war der: die Kapseln konnten gesteuert werden. Das Lagekontroll- und Steuersystem (Reaction Control System, kurz RCS genannt) der *Mercury*-Kapsel hatte aus einer Anordnung von 18 Düsen bestanden, die in drei Ebenen montiert waren, um eine Bewegung der Kapsel um eine ihrer drei Achsen hervorzurufen oder einer solchen entgegenzuwirken. Durch die Betätigung einer dieser Düsen, die durch Wasserstoffsuperoxyd betrieben wurden, konnte also entweder das Raumfahrzeug stabilisiert oder seine Bewegung in eine bestimmte Richtung verändert werden. Die Schubleistung dieser schwachen chemischen Antriebe war äußerst gering, sie betrug lediglich 0,45 bis 10,8 Kilopond. Da jedoch aus Gründen der Gewichtsersparnis nur 25 Kilogramm dieser sich schnell zersetzenden chemischen Verbindung mitgeführt werden konnten, genügten diese Triebwerke, die an frühe Versuchsraketen aus den zwanziger und dreißiger Jahren erinnerten.

Das RCS-Kontrollsystem der *Mercury*-Kapsel stellte im eigentlichen Sinne auch kein Triebwerk dar, da es nicht zu einem Verbrennungsvorgang kam, sondern das Wasserstoffsuperoxyd mit Hilfe eines Katalysators in seine Bestandteile Sauerstoff und Wasserdampf zerlegt wurde. Die dabei entstehende Energie genügte jedoch

Bild links: Start einer Titan-2-Rakete, mit der Amerikas Gemini-Zwillingskapseln in eine Erdumlaufbahn getragen wurden. Während sich die Trägerrakete von der Startplattform erhebt, sinkt das Haltegerüst gleichzeitig zur Erde nieder. Die ungewöhnliche Aufnahme entstand, indem der Fotograf das Bild zehnmal nacheinander belichtete.

nicht für die größeren *Gemini*-Raumschiffe. Deren Lagekontroll-system bestand aus 16 Düsen von je 10,4 Kilopond Schub, die mit Monomethylhydrazin als Treibstoff und Stickstofftetroxyd als Oxydator angetrieben wurden. Beide gasförmigen Stoffe wurden durch Helium aus ihren Behältern gedrückt, so daß man auf Pumpen verzichten konnte. Mit Hilfe dieses Düsensystems konnte die *Gemini*-Kapsel in der Wiedereintrittsphase in jede gewünschte Richtung gesteuert werden.

Außer diesem RCS-System verfügte *Gemini* über ein davon völlig unabhängiges Steuersystem für die Umlaufbahn, das entsprechend seiner Aufgabe Orbit Attitude and Maneuver System (OAMS) genannt wurde und gleichfalls aus 16 Düsen bestand, von denen acht einen Schub von 10,4 Kilopond leisteten, während zwei weitere es auf 35,8 Kilopond und die restlichen sechs es sogar auf 43 Kilopond brachten. Mit Hilfe dieses OAMS konnte *Gemini* während seiner Umlaufbahn in jede Richtung bewegt und zudem noch beschleunigt oder verlangsamt werden, so daß auf diese Weise auch die Umlaufbahn verändert werden konnte, was mit *Mercury* noch nicht möglich war.

Außer diesen 32 Steuerdüsen enthielt der Versorgungsteil noch eine Kombination von vier Feststoffraketen, mit deren Hilfe das Landemanöver eingeleitet wurde. Diese Bremsraketen entwickelten für fünf Sekunden einen Schub von fast 1130 Kilopond und rissen das Fahrzeug damit aus der zuvor eingehaltenen Bahn. Der Versorgungsteil konnte, nachdem die vier Raketen vorschriftsmäßig gezündet hatten, abgesprengt werden, so daß die leichter gewordene Rückkehrkapsel ohne Schwierigkeiten in die für den Wiedereintritt in die Atmosphäre richtige Lage gebracht werden konnte.

Doch die ersten Probeschüsse der Luftwaffenrakete mit der Zwillingskapsel waren von Pech verfolgt. *GT 1*, wie das zunächst noch unbemannte Unternehmen genannt wurde, erlebte zwar am 8. April 1964 einen glatten Start. Im August stand dann *GT 2* abschußbereit auf dem Startgestell, als ein Blitz einschlug und wichtige Verbindungskabel verschmorten. Eine gründliche Überprüfung aller Systeme war unumgänglich geworden. Der Start wurde dadurch bis zum 9. Dezember 1964 verzögert. Als der Countdown beendet war, erwachten die mächtigen Raketenmotoren zwar donnernd zum Leben, doch schalteten sie sich bereits 1,7 Sekunden später wieder ab. Der hydraulische Druck in einem Triebwerk hatte nicht ausgereicht, um die nötige Schubleistung für das Abheben der Rakete zu erbringen. Die Abschaltung erfolgte noch zeitig genug, um einen Fehlstart zu verhindern. Das fehlgelaufene Experiment konnte jedoch erst wiederholt werden, nachdem alle Teile der Rakete auf Herz und Nieren geprüft waren.

Der Starttermin wurde auf den 19. Januar 1965 verschoben. Und diesmal verlief er erfolgreich. Ziel des Versuchs war ein ballistischer Flug, bei dem der Wiedereintritt der unbemannten Kapsel unter höchsten aerodynamischen Belastungen geprobt werden sollte. Die tatsächlich erreichten Werte wichen nur unwesentlich von den errechneten ab, was sich bereits bei dem *GT-1*-Flug gezeigt hatte, als die *Gemini*-Kapsel mitsamt der zweiten Stufe der Titan-Rakete in eine Umlaufbahn geschossen wurde und 64 Runden um die Erde drehte, ehe sie in dichtere Luftschichten eintrat und über dem Südatlantik verglühte.

Glatter Start der Zwillinge

Damit schien für die Weltraumbehörde der Zeitpunkt gekommen, ihr bemanntes *Gemini*-Raumflugprogramm zu beginnen. Noch im Jahre 1965 waren drei Flüge angesetzt, die über eine Distanz von drei Erdumkreisungen, vier und sieben Tagen führen sollten. Im Jahre 1966 sollte ein Flug folgen, bei dem das Rendezvous eines bemannten Raumschiffs mit einem sogenannten Zielsatelliten geprobt werden sollte. Während dieses Fluges sollte auch ein Astronaut erstmals sein Raumschiff verlassen und, frei im Raum schwebend, einen Weltraumspaziergang machen. Erst wenn alle Zwillings-Raumflüge zur vollsten Zufriedenheit abgewickelt waren, wollte man mit der Serie von Flügen in einer dreisitzigen *Apollo*-Kapsel beginnen, an deren Ende dann die Landung eines Amerikaners auf dem Mond stehen sollte. Bei dem Übergang von *Gemini* zu *Apollo* sollte auf jeden Fall eine so lange Pause vermieden werden, wie sie zwischen dem *Mercury*- und *Gemini*-Programm gelegen hatte, nämlich 22 lange Monate. Ob die Amerikaner dieses selbstgesteckte Ziel erreichen würden?

Die Amerikaner waren von der Zuverlässigkeit ihres neuen Weltraumprogramms so überzeugt, daß sie den Starttermin bereits wochenlang vorher festgelegt hatten. Mit einer geringfügigen Verspätung von 24 Minuten erhob sich mit *GT 3* das erste bemannte Zwillings-Raumschiff von der Startrampe 19 in Kap Kennedy, wie der Raketenstartplatz der NASA nach der Ermordung Präsident Kennedys durch seinen Nachfolger Lyndon B. Johnson umbenannt worden war.

Es war Dienstag, der 23. März 1965, 9.24 Uhr Ostamerikanischer

Zeit. An Bord befand sich Luftwaffen-Major Virgil I. Grissom, ein Astronaut, der mit dem ballistischen Flug der *Mercury-Redstone*-Kombination bereits für wenige Minuten in den Zustand der Schwerelosigkeit versetzt worden war. Als Kommandant des Raumschiffs *Gemini 3* war er für bereits vorher festgelegte Kurskorrekturen und die rechtzeitige Zündung der Bremsraketen verantwortlich. Sein Kopilot John W. Young aus der Verstärkungsmannschaft der Astronauten, die im September 1962 zu den sieben Pfadfindern gestoßen war, hatte den Auftrag, wissenschaftliche Experimente zu überwachen und mit einer Spiegelreflexkamera und einer Handfilmkamera Aufnahmen von der Erdoberfläche zu machen.

Ein von den Astronauten dankbar anerkannter Vorzug der neuen *Gemini*-Kapsel war es auch, daß sie wegen ihrer größeren Geräumigkeit und den größeren Luken, durch die sogar die Liegesitze herausgezogen werden konnten, erst 75 Minuten vor dem Abschuß in ihr Platz zu nehmen brauchten, während es bei den *Mercury*-Kapseln noch mehrere Stunden gedauert hatte, wobei sich durch Startverzögerungen die Zeit noch weiter hinausschieben konnte.

Für das erste Zwillingsteam der Amerikaner schien alles glattzugehen. Die Titan-2-Rakete zündete auf die Sekunde genau, vier Sekunden später hob die Trägerrakete ab, weitere zwei Minuten und 30 Sekunden später war die erste Stufe ausgebrannt und flog sechs Sekunden lang antriebslos, bis die zweite Stufe gezündet und die erste Stufe abgetrennt wurde. Nach weiteren drei Minuten und zwei Sekunden war auch die zweite Titan-Stufe ausgebrannt. Jetzt dauerte es nur noch weitere 20 Sekunden, bis die Umlaufbahn erreicht war und auch diese Stufe abgesprengt werden konnte.

Grissom hatte die *Gemini*-Kapsel in Erinnerung an sein Bad, das er gegen seinen Willen mit der *Mercury*-Kapsel im Atlantik nehmen mußte, die „Unsinkbare Molly Brown" in Anspielung auf den Titel eines zur gleichen Zeit vielgespielten Musicals getauft. Die Zwillingskapsel sollte ihn auch nicht enttäuschen. Sie erwies ihre gute Manövrierbarkeit im Weltraum und wurde von dem Kommandanten mit der Handsteuerung genau ins Zielgebiet dirigiert, das die Form eines Rechtecks von 80 Kilometern Breite und 480 Kilometern Länge hatte.

Vorher war den beiden Astronauten ein weiteres Experiment gelungen, das sich jedoch nur auf Kosten einer erheblichen Zuladung von Wasser erreichen ließ. Beim Wiedereintritt in die Erdatmosphäre, bei der durch die Reibungshitze eine Ionisierung der Luftschichten stattfindet, die den direkten Funkkontakt zwischen Besatzung und Bodenstationen unmöglich macht, wurde diesmal durch

Öffnungen in der Kapsel Wasser versprüht. Dadurch gelang es, diesen störenden Vorgang bis zu einem gewissen Grad aufzuheben. Die damit notwendige Gewichtserhöhung des Raumschiffs durch Wassertanks hat es den NASA-Verantwortlichen jedoch ratsam erscheinen lassen, von dieser Praxis wieder abzugehen und lieber eine minutenlange Funkstille in Kauf zu nehmen, während der die Astronauten ihre Beobachtungen auf Tonband sprechen, das später abgehört werden kann.

Auch die Landung der ersten Raumfahrt-Zwillinge verlief nach den geplanten drei Erdumkreisungen reibungslos. Vier Stunden und 54 Minuten nach dem Start zündeten sie über der Westküste der Vereinigten Staaten die Bremsraketen und tauchten immer tiefer in die Atmosphäre ein. Ein kleiner Bremsfallschirm riß dann, wie es im

Amerikas Gemini-Astronauten brachten die ersten eindrucksvollen Aufnahmen von der Erdoberfläche – wie dieses Bild vom (dunkel gefärbten) Nil-Delta und dem Suez-Kanal mit dem Roten Meer (rechts oben) – mit nach Hause.

Logbuch der Astronauten stand, in 3000 Meter Höhe den Hauptfallschirm der *Gemini*-Kapsel heraus, die darauf sicher bei den Bahama-Inseln landete, wo der Flugzeugträger Intrepid auf die Rückkehr wartete.

Spaziergang an der „Nabelschnur"

Bei einem wolkenlosen Himmel wehte nur eine leichte Brise vom Atlantischen Ozean über die Lagune von Merrit Island hin zur Startrampe, wo am Donnerstag, dem 3. Juni 1965, *Gemini-Titan-4* auf den Startbefehl wartete. Drei Stunden und sechs Minuten saßen die beiden Astronauten, Chefpilot Major James McDivitt und Kopilot Major Edward White, in der Kapsel, die sie bis zum Nachmittag des folgenden Pfingstmontags nicht mehr verlassen sollten. Beide trugen die teuersten Maßanzüge, die je für Menschen zugeschnitten wurden. Als Schneider hatten sich Kunststoff- und Druckluftspezialisten betätigt, die aus rund 20 übereinandergeklebten Schichten einen an keiner Körperstelle drückenden Overall fertigten, der White in der tödlichen Leere des Weltraums vor Meteoriten schützen und mit dem lebensnotwendigen Sauerstoff versorgen sollte.

Entgegen ihren ursprünglichen Absichten hatten sich die Amerikaner inzwischen entschlossen, bereits bei dem zweiten bemannten *Gemini*-Unternehmen einen Ausstieg aus der Kapsel zu wagen. Die Ursache war bei den Sowjets zu suchen, die ihre Gegenspieler wieder übertrumpft hatten und bereits am 18. März 1965 – fünf Tage vor dem ersten Flug einer bemannten *Gemini*-Kapsel – ein solches Experiment vorgeführt hatten. Oberstleutnant Alexej Leonow hatte dabei das Raumschiff *Woschod 2* eineinhalb Stunden nach dem Start verlassen und – nur mit einer Sicherungsleine mit der Kapsel verbunden – als erster Mensch der Welt frei im Raum geschwebt. Daraufhin hatte Präsident Johnson in die Planungen der NASA eingegriffen und eine Forcierung der Arbeiten am *Gemini*-Programm gefordert. Die Amerikaner schienen entschlossen, eine neue Überrundung auf keinen Fall zu dulden und den Rückstand mit Energie aufzuholen.

So entstand die Idee, mit dem Ausstieg des Astronauten White gleichzeitig ein erstes Rendezvous zu versuchen, was zuvor noch keiner der beiden Weltraummächte gelungen war. White erhielt daraufhin den Auftrag, sich bei seinem Ausflug in den Weltraum an der siebeneinhalb Meter langen Sicherungsleine der auf gleichem Kurs befindlichen zweiten Stufe der Titan-Rakete zu nähern und damit den Beweis zu erbringen, daß Montage- und Reparaturarbeiten zwischen zwei Raumfahrzeugen möglich sind.

Doch schon 90 Minuten nach dem um 76 Minuten verzögerten Start stand fest, daß die Überrundung von Leonow nicht mehr gelingen konnte. Die ausgebrannte zweite Stufe verlangsamte ihre Geschwindigkeit ständig und begann, sich langsam, aber regelmäßig zu überschlagen, wodurch ihre Umlaufbahn stark von der des Raumschiffs abwich. Chefpilot McDivitt mußte die Korrekturdüsen seines lenkbaren Raumschiffs zu häufig einschalten, ohne daß er den geforderten Abstand einhalten konnte.

Betrübt mußte er an die Flugleitung in Houston funken: „Wir haben schon die Hälfte des Stickstoffs für die Betätigung der Steuerungsdüsen verbraucht. Im Perigäum (erdnächster Punkt einer Umlaufbahn um die Erde) waren wir noch rund 100 Meter von der Stufe entfernt. Ich glaube, jetzt müssen wir einfach zusehen, wie sie verschwindet."

Flugleiter Christopher Kraft, mit dem breiten Bügel des Mundmikrofons in den Haaren, die unvermeidliche kubanische Zigarre im Mund, antwortete: „Meiner Ansicht nach sollten wir vor allem Treibstoff sparen. Ich glaube nicht, daß ein erneuter Versuch zum Rendezvous sich lohnt. Uns liegt mehr an der Dauer des Fluges als an einer Annäherung an die Rakete. Geben wir die Sache also auf."

Die Flugdauer war zuvor auf 97 Stunden und 56 Minuten festgelegt worden, in diesem Zeitraum sollte die Erde 62mal umkreist werden. Erstmals wollten die Amerikaner damit auch Auswirkungen einer länger andauernden Schwerelosigkeit auf Astronauten feststellen und wissenschaftliche Experimente durchführen, für die ein andauernder Zustand der Schwerelosigkeit ebenfalls erforderlich war.

Zuvor war während des zweiten Erdumlaufs nach dem Start der Ausstieg des Luftwaffen-Majors White vorgesehen. Während in der Kontrollstelle Houston alle Mitarbeiter gespannt auf den Beginn des Manövers warteten, wandte sich McDivitt wieder an Kraft: „Die Bedingungen für einen Ausstieg Whites sind exzellent. Aber wir wollen die Sache auf den nächsten Umlauf verschieben, da White nicht rechtzeitig fertig geworden ist."

Das bedeutete, sich noch einmal eineinhalb Stunden in Geduld zu fassen. Dann ließ sich wieder die Stimme des Chefpiloten vernehmen: „Wir sind jetzt über Hawaii und haben die Luke geöffnet. White hält seinen Oberkörper aus der Kapsel."

Drei Minuten später meldete sich White: „Es ist jetzt 19 Uhr, 45

Minuten und 45 Sekunden Weltzeit. Ich steige jetzt aus." Vorher hatte McDivitt die künstliche Sauerstoffatmosphäre aus der Kapsel entweichen lassen und damit auch den Druck herabgesetzt, der sich damit von den Druckverhältnissen im Weltraum jetzt nicht mehr unterschied. Beide Astronauten wurden vom selben Zeitpunkt an durch ihren unter einem Druck von nicht ganz einer Atmosphäre stehenden Raumanzug mit Sauerstoff versorgt.

White trug dazu eine mit Gold beschichtete „Nabelschnur", die ihm den unter Druck stehenden Sauerstoff zuleitete und ohne die er verloren gewesen wäre. Durch diese etwa zwei Daumen dicke Schnur aber lief auch noch der Draht, der Whites Worte zu Chefpilot McDivitt und gleichzeitig zur Kontrollstelle Houston übertrug, sowie die Drähte, die mit den an seinem Körper befestigten Sensoren verbunden waren, um den Ärzten auf der Erde ständig Blutdruck, Atmung sowie die Zahl der Herzschläge in der Minute anzuzeigen.

Um sich im Weltraum, in dem er nunmehr mit der gleichen Geschwindigkeit seines Raumschiffs schwebte, auch in jede beliebige Richtung bewegen zu können, trug der Astronaut in der rechten Hand eine Raumpistole, die mit Preßluft gefüllt war und die bei der Betätigung des Handhebels so viel von diesem Antriebsmittel entweichen ließ, daß der Astronaut, der dieses Mini-Triebwerk fest in seiner Hand hielt, in der entgegengesetzten Richtung einen Stoß erhielt. So bewegte sich White, vorsichtig mit seiner Raumpistole jonglierend, ein wenig ungelenk im Weltraum und versuchte mühsam, sein genau festgelegtes Programm zu erfüllen.

Die von Hand zu bedienende, knapp vier Kilogramm wiegende Rückstoßpistole

Amerikas erster Weltraumspaziergänger war Astronaut Edward H. White, der sein Gemini-4-Raumschiff für 22 Minuten verließ.

Zunächst aber erlebte er einmal den überwältigenden Eindruck, mit einer Geschwindigkeit von 28 000 Kilometern in der Stunde über der Erde zu rasen, ohne auch nur (wegen der fehlenden Atmosphäre) einen Hauch von Geschwindigkeit zu verspüren.

Whites erste Worte: „Mein Gott, ist das ein Anblick. Wenn ich nach rechts schaue, kommt die Küste von Kalifornien auf mich zu. Jetzt drehe ich mich langsam um mich selbst. Dabei habe ich jedoch nicht das Gefühl, kopflos zu sein. Ich weiß in jedem Augenblick, wo ich bin."

Dann meldete sich Chefpilot McDivitt bei der Bodenkontrolle: „Eines steht jetzt schon fest, wenn White da draußen ist und sich ständig bewegt, ist das Schiff nur schwer zu kontrollieren und stabil zu halten."

Die Gegenfrage von Houston an *Gemini 4* lautete: „Wo steckt der Bursche denn jetzt? Macht er Aufnahmen?" Für White war dies das Zeichen, seine mitgeführte Kamera ans Auge zu führen und den Auslöser zu drücken.

McDivitt forderte ihn auf: „Komm mal nach vorn, damit ich dich durch die vordere Scheibe besser sehen kann. Wo bist du jetzt?"

White: „Ich bin vorn."

McDivitt: „Schwimm nur einfach herum. Bleib bitte in dieser Position. Ich möchte eine Aufnahme von dir machen. Bleibst du wohl von der Scheibe. Du machst sie mir ganz schmierig, du Schmutzfink!"

Beide mußten über diesen etwas ärgerlich klingenden Ton des Chefpiloten, der aber nicht so gemeint war, lachen. McDivitt zu White: „Siehst du den Dreck da oben?" White bejahte die Frage. Aber McDivitt gab noch keine Ruhe: „Anscheinend ist das die äußere chemische Schicht auf der Scheibe, die du verschmiert hast."

Obwohl die medizinischen Werte, die von den Sensoren am Körper des im Weltraum schwebenden Astronauten aufgenommen worden waren, über die „Nabelschnur" in die Kapsel geleitet und von dort zu den Bodenstationen gefunkt wurden, im Bereich des Normalen lagen, war man in der Flugleitung der Ansicht, daß der Weltraumspaziergang lange genug gedauert habe, zumal auch die Raumpistole leergefeuert war und auf einen Druck am Abzugshahn nicht mehr reagierte.

Astronaut Grissom, der von Houston aus den Sprechfunkverkehr mit McDivitt führte, gab den saloppen Befehl: „Der Flugleiter sagt, der Bursche soll sich wieder hereinbegeben."

White aber schien es Spaß zu machen, sich schwerelos im Weltraum zu bewegen und die Aussicht über ganze Kontinente zu genießen. Er wurde störrisch und erwiderte: „Ich fühle mich aber prächtig. Es gibt keine Beschwerden."

McDivitt mußte wieder einen dienstlichen Ton in seine Unterhaltung mit dem über Bord gegangenen *Gemini*-Kollegen bringen: „Los, jetzt zurück in die Kapsel. Komm herein, steig ein, los, komm schon!"

Inzwischen waren 22 Minuten seit dem Aussteigen des Astronauten vergangen. White steckte jetzt seinen Kopf wieder durch die Luke und seufzte: „Das ist der traurigste Augenblick meines Lebens."

In der Flugkontrolle war man ungeduldig geworden, weil das

142

Raumschiff sich der Nachtseite der Erde näherte und die Dunkelheit das Außenbordmanöver hätte erschweren können. Grissom fragte in etwas gereiztem Ton: „Ist der Bursche jetzt endlich drin?"

McDivitt antwortete: „Er steht jetzt in seinem Sitz und schiebt die Beine gerade unter das Armaturenbrett. Wir sind jetzt sehr beschäftigt und möchten die Unterhaltung für eine Weile abbrechen. Wir hatten nämlich schon beim Öffnen der Luke Schwierigkeiten. Und jetzt scheint es auch beim Schließen nicht zu klappen."

Später erläuterte McDivitt noch einmal die kritische Situation: „Wir konnten die Luke nur mit Mühe dicht genug heranziehen, um sie verriegeln zu können. Ich hing mich so an das Ding, daß ich bereits fürchtete, ich würde es aus den Angeln reißen. Schließlich klappte es dann doch."

Ein paar Stunden später hatten die beiden Astronauten immer noch damit zu tun, die Ordnung an Bord wiederherzustellen. McDivitt funkte zur Bodenstation: „Wir sitzen jetzt recht beengt, da sich der ganze Krempel hier befindet. Wir müssen die Teile erst gründlich verstauen, damit sie uns nicht behindern."

White hatte nämlich entgegen den Anweisungen der Flugleitung seine Rückstoßpistole und die Versorgungsleine mit an Bord genommen, anstatt sie zurückzulassen. Auf diese Weise blieb sie der Nachwelt als wertvolles Erinnerungsstück erhalten.

Gemini 4 hatte einen neuen amerikanischen Dauerflugrekord aufgestellt, ohne jedoch damit die sowjetische Bestleistung zu überbieten, die seit dem Juni 1963 auf 119 Stunden stand. Diese Zeit, von dem Kosmonauten Bykowski mit *Wostok 5* aufgestellt, sollte aber schon mit dem nächsten *Gemini*-Flug gebrochen werden, der für den 19. August festgelegt war.

Zum zweitenmal im Weltraum

Die Raumfahrtbehörde wollte das Kapital, das die erste Generation von Astronauten durch ihre praktischen Flugerfahrungen eingebracht hatte, nicht brachliegen lassen. Sie entschloß sich daher, für den dritten bemannten *Gemini*-Flug einen „erfahrenen Hasen" zu nehmen, der seine Feuertaufe bereits hinter sich hatte. Zwar hatte auch Grissom zwei Raketenstarts hinter sich, der erste jedoch führte ihn nur in einem ballistischen Flug bis an die Grenze des Weltraums. Der erste Astronaut jedoch, der die Schwerelosigkeit bereits über einen längeren Zeitraum hinweg erlebt hatte, war Gordon Cooper, der mit *Faith 7* die Erde bereits 22mal umkreist hatte. Mit dem Raumschiff *Gemini* 5 sollte er, unterstützt von dem Astronauten-Neuling Charles Conrad, die Erde zu dem bisher längsten Raumfahrtunternehmen verlassen.

Den Amerikanern ging es jedoch nicht allein um fragwürdige Bestleistungen, die innerhalb von wenigen Tagen bereits wieder überholt sein konnten. Die Flugzeit von acht Tagen gewährte den Astronauten ausreichend Zeit, um nicht weniger als 17 Weltraumexperimente auszuführen, von denen jedes ein wichtiges Zwischenglied in der langen Entwicklungskette bis zum Mondflug darstellte. Als wichtigste Übung galt ein Versuch zur Verfeinerung der Rendezvous-Technik, ohne die der Weg zum Mond nicht zurückzulegen war. Cooper und Conrad sollten nicht wie ihre Vorgänger McDivitt und White die ausgebrannte letzte Raketenstufe als Zielflugkörper ansteuern, sondern einen eigens mitgeführten 34 Kilogramm schweren Rendezvous-Satelliten, den sie während der zweiten Erdumkreisung ausstoßen und auf die gleiche Umlaufbahn bringen sollten. Der REP-Flugkörper (Rendezvous Evaluation Pod) war mit einem Radargerät, Batterien, Antennen und Blinklichtern ausgestattet, um von den Astronauten auf elektronischem und optischem Wege angepeilt werden zu können. Drei Stunden nach dem Start sollte die Besatzung, während sie gerade im Erdschatten flog, ein erstes Rendezvous-Manöver durchführen und sich dem mit gleicher Geschwindigkeit bewegenden Blinkfeuer bis auf sieben Meter nähern. Doch während Cooper und Conrad ein Rendezvous lediglich simulieren sollten, hatten ihre Nachfolger bereits den Auftrag erhalten, beim nächsten Flug ein Ankopplungsmanöver mit einem zuvor in Kap Kennedy gestarteten Zielsatelliten zu versuchen.

Vor dem Ruhm aber ist bekanntlich mancher Schweißtropfen zu vergießen und im Fall der Weltraumflieger auch manche bange Minute zu überstehen. Cooper und Conrad blieben nicht davon verschont, nachdem schon ihr Starttermin um zwei Tage auf Samstag, den 21. August 1965, verschoben werden mußte. Der Start verlief dann so perfekt, daß selbst der „Weltraumexperte" Cooper meldete: „Es macht großartigen Spaß, wieder im Weltraum zu sein."

Dieser Spaß aber sollte den Astronauten bereits nach 125 Minuten vergangen sein, nachdem sie einen Druckabfall in den Sauerstofftanks festgestellt hatten. Damit war nicht nur das Lage- und Steuerungskontrollsystem, sondern auch die Stromversorgung der Kapsel in Gefahr, ohne die viele Instrumente auf der Konsole nicht richtig anzeigten. *Gemini* 5 war nämlich als erstes Raumschiff nicht mit den üblichen Trockenbatterien oder Akkumulatoren ausgestattet, sondern mit sogenannten Brennstoffzellen. Mit diesen noch in der

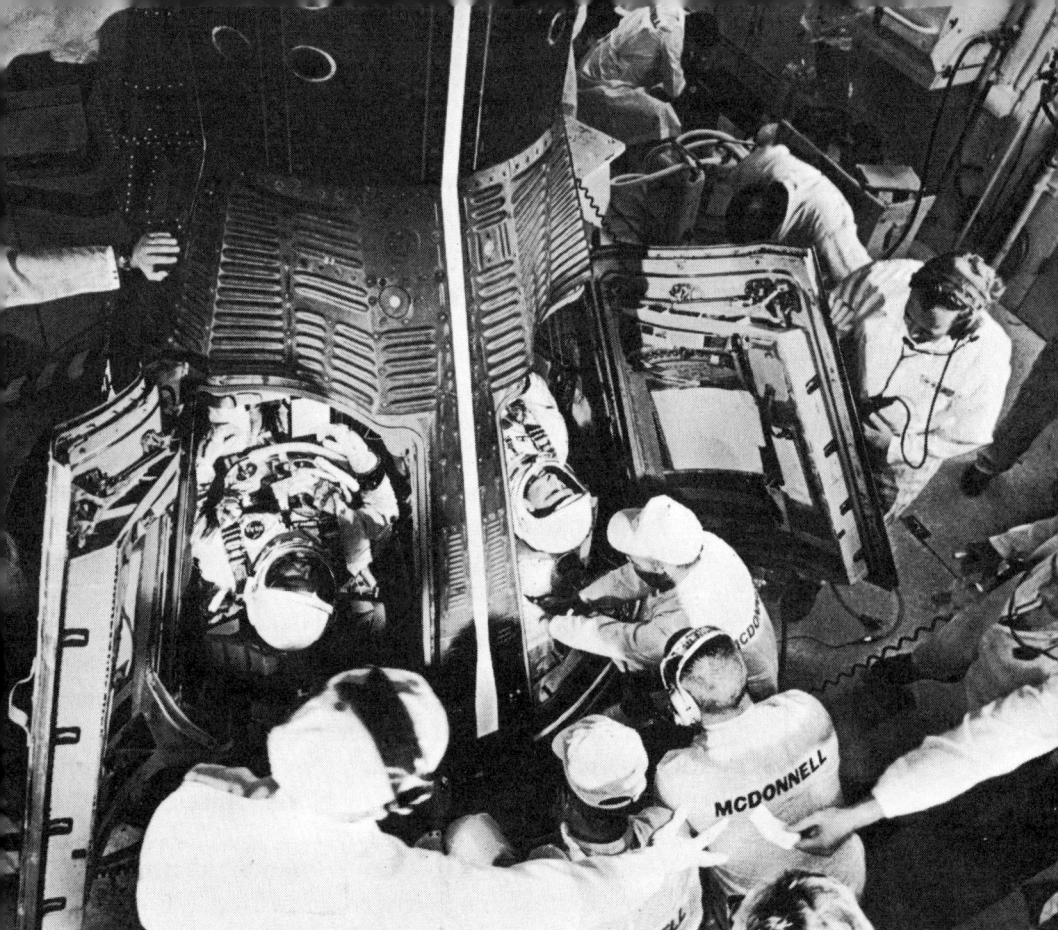

Gordon Cooper und Charles Conrad beim Einsteigen in das Gemini-5-Raumschiff

Entwicklung befindlichen Elementen, die einmal die ganze Automobilbranche auf den Kopf stellen könnten, weil sie auch in der Lage sind, Kraftwagen anzutreiben, wird chemische Energie in Form von Wasserstoff und Sauerstoff über einen aus Platin bestehenden Katalysator direkt in elektrische Energie umgewandelt, wobei als Endprodukt Wasser entsteht. Von den je 30 Kilogramm schweren Brennstoffelementen versagten jedoch einige ihren Dienst; sie konnten daher den in flüssigem Zustand befindlichen Wasserstoff nicht mehr aufheizen und zu der gewünschten Reaktion zwingen. Die Folge war ein Druckabfall und ein daraus resultierendes Nachlassen der Stromspannung.

An Bord und Boden wurde Alarm geschlagen. Zwischen *Gemini 5* und Houston kam es zu einem erregten Wortwechsel, bei dem die Astronauten sich schwertaten, die Ruhe zu bewahren. Die Raumfahrtbehörde, die den Dialog zwischen Himmel und Erde gewöhnlich für die Journalisten zum Mitschreiben freigibt, ließ den Wortwechsel am ersten Tag des *Gemini-5*-Fluges, in dem verständlicherweise die menschliche Angst mitschwang, sofort sperren und hat ihn auch später nie veröffentlicht. Aber aus den Berichten, die nach der Landung bekannt wurden, klangen jene erregenden Minuten nach, in denen die Astronauten die Möglichkeit nicht ausschlossen, ihre letzte Stunde könne bald schlagen.

An die Verfolgung des REP-Geräts war jetzt nicht mehr zu denken. Vorgesehen war, daß sich die Raumkapsel nach dem Ausstoßen des Bordsatelliten bis auf etwa 84 Kilometer von ihm entfernen und anschließend wieder bis auf wenige Meter heranmanövrieren sollte, um sich damit auf eine im späteren Programm geplante Anlege-übung vorzubereiten. Die Besatzung hatte inzwischen andere Sorgen und konnte auf das Blinken des freischwebenden Satelliten nicht mehr achten. Sie machte sich statt dessen mit dem Gedanken einer Notwasserung vertraut, die wenige Stunden nach dem Start im Pazifik stattfinden mußte, da über der Ostküste Amerikas mittlerweile die Nacht hereingebrochen war und der Atlantik in tiefer Dunkelheit lag – keine ideale Voraussetzung für die Suche nach den Raumschiffbrüchigen. Auf einen Befehl der Flugleitung hin wurde eine Rettungsflotte im Gebiet nördlich von Hawaii zusammengezogen, einem der drei vorgesehenen Notlandungsplätze, die im Bereich des Erdumlaufs von *Gemini 5* lagen.

Die einsamen Männer in ihrer Kapsel aber konnten aufatmen, als die Spannung in den Brennstoffzellen wieder anstieg. Sie gönnten sich nach den ersten aufregenden acht Stunden erst einmal ein Abendessen und Schlaf. Sie stülpten sich dabei Augenmasken über, die für die Astronauten neu konstruiert waren, weil sich Weltraumspaziergänger White beschwert hatte, man komme an Bord nicht zum Schlafen, wenn einem nach einer Nacht von 45 Minuten immer wieder die grelle Morgensonne ins Gesicht scheine.

Am folgenden Montag, dem dritten Tag ihres Unternehmens, hatte sich die Lage an Bord soweit wieder normalisiert, daß sie sich in einem simulierten Rendezvous einem nicht vorhandenen Satelliten einer bestimmten Stelle im Weltraum näherten, dessen Flugwerte in ihrem Bordcomputer eingespeist waren und mit dem sie dann auch zu einem Schein-Rendezvous bis auf 27 Kilometer Entfernung kamen. Dabei mußten sie ihre Umlaufbahn mehrfach ändern.

Wegen eines Wirbelsturms im vorausberechneten Landegebiet wurde das Unternehmen schließlich noch um eine Erdumkreisung gekürzt: Nach 120 Umrundungen und nach einer Flugzeit von 7 Tagen, 22 Stunden und 56 Minuten gingen sie nördlich der Grand-Turk-Insel im Westatlantik nieder.

Moskau ändert den Kurs

Drei Mann in Hemdsärmeln

Während Amerika noch auf den ersten bemannten Start seiner zweisitzigen, drei Tonnen wiegenden *Gemini*-Kapsel wartete, brachten die Sowjets am 12. Oktober 1964 das fünf Tonnen schwere Raumschiff *Woschod 1* (Sonnenaufgang) in eine Umlaufbahn. An Bord befanden sich der 37jährige Oberst der sowjetischen Fliegertruppen, Wladimir Michailowitsch Komarow, und zwei wissenschaftliche Begleiter, der 38jährige Ingenieur Konstantin Petrowitsch Feoktistow und der 27jährige Arzt Boris Borisowitsch Jegorow. Da die Sowjets mit Angaben über Größe und Gewicht des Raumschiffs äußerst zurückhaltend waren und lediglich die nicht viel Aufschluß gebenden Werte von Flughöhe und Umlaufzeit veröffentlichten, rätselte die Welt zunächst einmal, was hinter der neuen östlichen Raumfahrtüberraschung an Sensationen verborgen sein könnte.

Was die amerikanischen Konkurrenten an den Nachrichten aus Moskau geradezu elektrisierte, das war der Hinweis auf die normale Atmosphäre an Bord des Raumschiffs, die der gewohnten Umgebung auf der Erde entsprach. Das bedeutete, daß den Sowjets die Konstruktion einer hermetisch dicht schließenden Kabine gelungen war, die auch bei einem Meteoriteneinschlag keinen Druckverlust zu befürchten hatte. Die Folge war, daß sich die drei Insassen im Innern des Raumschiffs ohne Druckanzug und somit, wenn sie es wollten, in Hemdsärmeln oder in einem bequemen Hausanzug bewegen konnten, der sie bei ihrer Arbeit nicht störte. Auch die Zusammensetzung der Atemluft entsprach den irdischen Verhältnissen. Statt einer künstlich reinen Sauerstoffatmosphäre oder eines von den Amerikanern vorgesehenen Sauerstoff-Helium-Gemisches atmeten die sowjetischen Raumfahrer ihre von der Erde her gewohnte, aus knapp einem Fünftel Sauerstoff und gut vier Fünfteln Stickstoff bestehende Luft. Sie hätten sogar, wenn es ihnen wegen der großen Brandgefahr nicht verboten gewesen wäre, Zigaretten rauchen können, da die eingebaute Klimaanlage nicht nur die Temperatur konstant auf 18 bis 21 Grad Celsius hielt, sondern auch ständig für Frischluft sorgte. Der Feuchtigkeitsgehalt lag zwischen 45 und 60

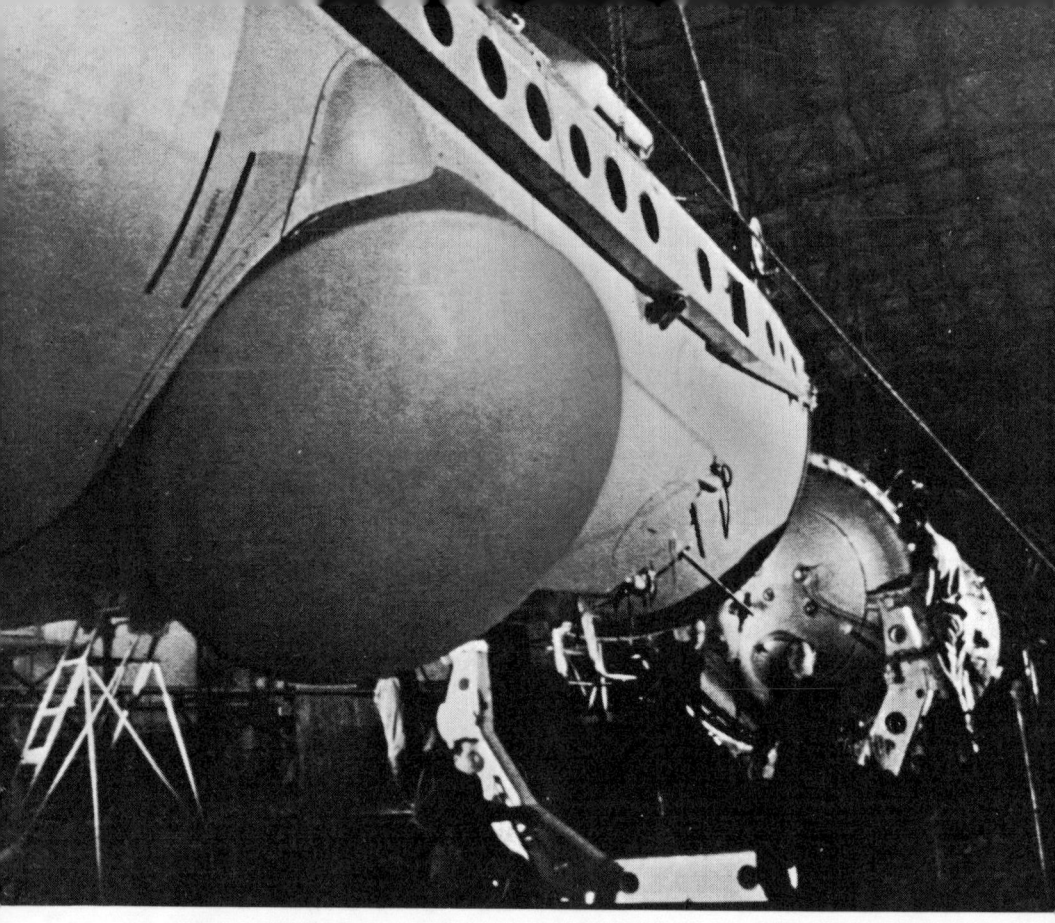

Das sowjetische Raumschiff Woschod auf der Spitze der Trägerrakete vor dem Start in Baikonur.

Prozent und entsprach damit ebenfalls einem durchschnittlichen Wert, wie er auf der Erde als angenehm empfunden wird. Mit *Woschod 1* zog erstmals eine künstliche, auf natürlichen Verhältnissen beruhende „natürliche Welt" durch den Raum. Der Raumflug in Hemdsärmeln, seit langem auch ein angestrebtes Ziel der Amerikaner, war Wirklichkeit geworden.

Raumschiffe der *Woschod*-Serie, die noch von dem sowjetischen Konstrukteur Koroljow entworfen worden waren, sind nie in einer präzisen Schnittzeichnung veröffentlicht worden. Ein Kenner der östlichen Raumfahrtszene, der Einblick in den Kosmodrom von Baikonur nehmen konnte, hatte sie jedoch ausführlich beschrieben: „*Woschod* ist ein gegenüber den *Wostok*-Kapseln verbessertes, einsatzflexibles, geräumiges und bequemes Raumschiff. Wie *Wostok* ist es mit einem spitz zulaufenden Schild für den Aufstieg durch die Atmosphäre verkleidet. Wenn der stromlinienförmige Mantel abgeworfen ist, bleibt ein abgerundeter Raumschiffkörper zurück, aus

148

dem oben die Antennenstäbe und unten die Bremsraketen sowie die Behälter für die Fallschirme hervorragen. Anders als *Gemini* oder *Wostok* hat *Woschod* keine Vorrichtung zum Herauskatapultieren seiner Insassen. Seine Konstruktion erlaubt es, daß sie mit der Kombination der Fallschirme und dem Zünden von einer oder zwei Bremsraketen kurz vor dem Aufsetzen landen kann."

Der Schilderer der neuen sowjetischen Raumschiffgeneration berichtete auch über ein Zusammentreffen mit dem Kommandanten von *Woschod 1*, dem bei der Erprobung eines neuen Raumschifftyps zwei Jahre später ums Leben gekommenen Oberst Komarow: „Der Kosmonaut demonstrierte mir, wie die Bremse eines Raketentriebwerks sanfter wirkt als der Haltemechanismus eines modernen Aufzugs. An Bord des Raumschiffs befand sich auch ein neuartiges Orientierungssystem für die Erdumkreisung, über das Komarow jedoch keine klaren Angaben machte. Viele Instrumente entsprachen zwar der Ausstattung in dem Vorgängermuster, aber es waren auch neue hinzugekommen. Dennoch konnte die Anzahl der Anzeigegeräte mit der auf den ersten Blick unübersichtlichen Fülle in den *Mercury*- und *Gemini*-Kapseln nicht Schritt halten. Auf dem mittleren Armaturenbrett, das genau im Blickfeld der Kosmonauten liegt, waren auch die wichtigsten Instrumente angebracht: ein Globus, ein Chronometer und die wichtigsten optischen Anzeigegeräte, die über die Lage und den Flugzustand des Raumschiffs Auskunft gaben. Links neben dem eingebauten Sitz des Kosmonauten befand sich ein schwarzer Kontrollhebel, über dessen Bedeutung mir keine Mitteilung gemacht wurde. Ein längliches, bequem zu erreichendes Brett enthielt eine Menge von Schaltern, Hebeln und Druckknöpfen, Bedienungsknöpfe für Radiosender und eine Telegrafentaste, über die verschlüsselte Signale gegeben werden konnten. In einem verschließbaren Fach waren die Wasser- und Nahrungsbehälter. An dem Bullauge neben dem Sitz war ein besonderes Fernrohr angebracht, mit dem Sterne als Orientierungshilfen im Weltraum angepeilt werden konnten. Die drei Sitze lagen horizontal nebeneinander, und jeder Kosmonaut hatte seinen eigenen Ausguck."

Woschod 1 landete zum Erstaunen der Welt bereits nach 24 Stunden und 17 Minuten; wie es in den TASS-Meldungen üblicherweise hieß: „an einer vorherbestimmten Stelle" in der Sowjetunion. Es hatte nur 16 Erdumkreisungen absolviert, weitaus weniger, als Fachleute im Westen von dem geheimnisumwitterten Riesen-Raumschiff erwartet hatten. Erst zwei Jahre später rückten die Sowjets mit einer Erklärung für die verhältnismäßig kurze Flugzeit von *Woschod 1* heraus. In einer amtlichen Erklärung wurde mitgeteilt, daß die beiden Wissenschaftler an Bord des historischen Unternehmens, bei dem zum ersten Male ein Raumschiff mit einer dreiköpfigen Besatzung in eine Umlaufbahn gebracht worden war, an einer Raumkrankheit gelitten hatten. Die Wirkung sei die gleiche wie bei einer Seekrankheit gewesen: Beide fühlten sich schwindelig und verspürten Brechreiz. Hinzu kam Appetitlosigkeit, so daß sie sich nicht in der Lage fühlten, Nahrung zu sich zu nehmen. Diese Krankheitserscheinungen seien bereits während des zweiten Erdumlaufs eingetreten und hätten sich bis zum fünften Orbit ständig verstärkt. Nachdem die Ärzte über Funk entsprechende Anweisungen gegeben hatten, wie sich die kranken Kosmonauten verhalten sollten, sei eine Besserung eingetreten, die bis zur Landung nach elf weiteren Erdumkreisungen angehalten habe.

Kosmonaut über Bord

Im Vertrauen auf die Zuverlässigkeit ihrer Raumfahrttechnik setzten die Sowjets nach einer Pause von nur fünf Monaten den zweiten *Woschod*-Flug auf einen Termin, der sehr früh im Jahr lag, während sie zuvor bemüht waren, Raumfahrtunternehmen in die wärmere Jahreszeit zu verlegen. Am Donnerstag, dem 18. März 1965, verließ *Woschod 2* die Startrampe in Baikonur. An Bord befanden sich der vierzigjährige Oberst Pawel Iwanowitsch Beljajew und der um zehn Jahre jüngere Oberstleutnant Alexej Archipowitsch Leonow. Die Besatzungsliste ließ darauf schließen, daß die Sowjets aus dem nicht restlos gelungenen Flug im Oktober ihre Folgerungen gezogen hatten. Diesmal hatten sie wieder zwei erfahrene Flieger der Luftwaffe ausgewählt. Der Kommandant war in der Gegend von Wologda, nördlich von Moskau, geboren worden und hatte während seiner Ausbildung zum Militärflieger eine Bruchlandung, bei der sich seine Maschine auf der Landebahn überschlagen hatte, mit Glück und Können heil überstanden. Dieser Unfall blieb nicht der einzige unliebsame Zwischenfall während seiner Dienstjahre als Fliegeroffizier, die er zumeist im asiatischen Teil der Sowjetunion verbrachte. Als während eines Fluges einmal die Benzinpumpe ausfiel, mußte er den Treibstoff mit der Hand in die Motoren pumpen und gleichzeitig die Maschine in der Luft halten und nach Erreichen des Fliegerhorsts sicher auf der Landebahn aufsetzen. Bei einer Fallschirmlandung brach er sich auf felsigem Boden einen Knöchel. Die Heilung zog sich über Monate hin und stellte die weitere Teilnahme an der Kosmonautenausbildung in Frage. Mit Krücken mußte er an dem theoretischen Unterricht teilnehmen, bis der ehrgeizige Flieger mit einem erneuten Fallschirmabsprung die Ärzte überzeugte, daß er seine Aufgabe noch erfüllen konnte.

Von Beljajew wird auch umsichtiges Verhalten während eines gefährlichen Vorfalls berichtet, der an das spätere Unglück im amerikanischen Raketenversuchszentrum Kap Kennedy erinnert und der wiederum zeigt, daß beide Seiten die gleichen Probleme zu bewältigen hatten: „Während sich Beljajew in der ‚Schreckenskammer' genannten Klimastation einem der zahlreichen Tests unterzog, brach durch einen elektrischen Kurzschluß ein Brand aus. Beljajew löschte das Feuer, anstatt nach Hilfe zu läuten oder sich durch den Notausgang zu retten, beseitigte die Brandschäden, flickte die beschädigten Drähte zusammen und setzte seine Tests fort. Die Sauerstoff-Stickstoff-Atmosphäre in der Kammer verhinderte einen größeren Brand, so daß es nicht zu einer Katastrophe kam."

Bereits in der ersten Meldung über den erfolgreichen Start des *Woschod-2*-Raumschiffes berichtete Radio Moskau Niegehörtes: Eineinhalb Stunden nach dem Erreichen der Erdumlaufbahn verließ Oberstleutnant Alexej Leonow durch eine Schleuse die schützende Hülle seines Raumschiffs und schwebte – nur mit einer fünf Meter langen Sicherheitsleine mit der Kapsel verbunden – 20 Minuten lang im Weltraum, wobei er sich mit derselben Geschwindigkeit wie das Raumschiff – nämlich 29 000 Kilometer in der Stunde – bewegte.

Was die Mitmenschen am meisten in Erstaunen versetzte, war die Möglichkeit, daß sie durch das Fernsehen Augenzeuge dieses historischen Ereignisses werden konnten: Eine außerhalb der Kapsel montierte Kamera hielt den Ausstieg und die staksigen und unbeholfenen Bewegungen des sowjetischen Kosmonauten fest, der es offensichtlich schwer hatte, sich in diesem für den Menschen neuen Element zu bewegen – neben sich ein rettendes Dach und unter sich einen auch für den Fernsehzuschauer deutlich zu erkennenden Teil der Erde, der sich nur langsam bewegte.

Die in der ganzen Welt verbreiteten Bilder über den Ausstieg Leonows aus der *Woschod*-Kapsel machten klar, warum die Sowjets das dreisitzige Raumschiff diesmal nur mit zwei Kosmonauten in eine Umlaufbahn geschickt hatten. Den Raum für den dritten Sitz nahm die Schleuse ein, durch die der Kosmonaut mußte, um sich im Weltraum bewegen zu können. Diese komplizierte Konstruktion, die von den Sowjets gewählt wurde, um einen relativ einfachen Schritt zu unternehmen, erklärt sich aus der technischen

Der erste Mensch, der die schützende Hülle seines Raumschiffes verließ, um sich frei im Weltraum zu bewegen, war der sowjetische Kosmonaut Alexej Leonow.

Konzeption des Kabineninneren. Um die „Hemdsärmel-Atmosphäre" zu schaffen, die den Kosmonauten das Leben an Bord ohne Zweifel erleichterte, füllten sie das Raumschiff mit einem Stickstoff-Sauerstoff-Gemisch, das den irdischen Bedingungen weitestgehend entgegenkam. Auch der herrschende Druck entsprach dem Aufenthalt in mittleren Höhenlagen auf der Erde.

Um diese Luft-, Druck- und Temperaturverhältnisse möglichst gleichbleibend zu halten, vermieden die Sowjets den Weg, den die Amerikaner beschritten: Sie steckten alle Raumfahrer in Raumanzüge und öffneten einfach die Luken der Kapsel, so daß Weltraumbedingungen auch im Raumschiffinnern herrschten. Jeder Astronaut mußte durch seinen Raumanzug mit der notwendigen Atemluft, dem richtigen Druck und der angemessenen Temperatur versorgt werden. Jeder von ihnen konnte dafür auch das Raumschiff verlassen. Nach seiner Rückkehr wurde einfach die Luke dicht gemacht und die Normalatmosphäre wiederhergestellt. Erst danach konnten die Insassen des Raumschiffs wieder ihre Raumanzüge ausziehen und sich in leichterer Montur freier und wohler fühlen. Der Nachteil dieses Verfahrens war, daß sich alle Raumschiffer „weltraumfest" machen mußten, selbst wenn nur einer von ihnen die Kapsel verlassen wollte.

Die Sowjets entschieden sich für die Schleuse, die nicht nur in technischer Hinsicht Schwierigkeiten mit sich brachte. Der Kosmonaut, der diesen Weg in den freien Raum einschlug, mußte sich zudem eine Zeitlang in diesem engen Käfig aufhalten, um sich langsam an die neuen Druckverhältnisse innerhalb und außerhalb der Kapselkammer zu gewöhnen. Auch war ein langes Training erforderlich, um die Kosmonauten vorzubereiten.

Leonow, der einzige von ihnen, der auf diese Weise in den Weltraum vordrang, erhielt deshalb auch die intensivste und speziellste Ausbildung aller russischen Raumfahrer. Diese Behandlung bezog sich nicht nur auf die Beherrschung der technischen Systeme und der Rettungsmöglichkeiten, die ihm im Falle eines Mißlingens des Unternehmens offenstanden. Später erst wurde bekannt, daß die Sowjets vor allem Bedenken psychologischer Art hatten. Sie befürchteten, daß sich ein Mensch außerhalb der Geborgenheit spendenden Hülle eines Raumschiffs und angesichts der unendlichen Weite des Weltraums grenzenlos einsam vorkommen müsse, weshalb man ihn vorher gründlich auf diese Ausnahmesituation vorbereiten müsse. Leonow wurde deshalb ungezählten Tests unterworfen, er wurde stundenlang in leeren Kammern isoliert gehalten, die nichts anderes enthielten als Tisch und Stuhl und eine matte Beleuchtung. Ärzte und Psychologen beobachteten ihn, wie er ruhig dasaß und Figuren und Bilder auf einen weißen Bogen Papier zeichnete.

Um einen möglichst der Wirklichkeit entsprechenden Ausstieg aus der Luftschleuse zu erproben, richteten die Sowjets sogar einen naturgetreuen Nachbau der Druckkammer in einem Transportflugzeug ein, das in einer weiten Kurve nach unten stürzte, um so für einige Sekunden die Schwerelosigkeit des Weltraums zu erzeugen. Leonow mußte mit seinem neuen Raumanzug mehrere Male an diesen Flügen teilnehmen. Die Gründlichkeit, mit der die Sowjets das *Woschod-2*-Unternehmen vorbereiteten, läßt darauf schließen, daß dieses Experiment die wichtigste Aufgabe war, während die Amerikaner den Ausstieg eines ihrer Astronauten später gewissermaßen nebenher abwickelten.

Leonow hat das Erlebnis seines ersten Weltraum-Spaziergangs selbst in allen Einzelheiten geschildert: „In der Kabine des Raumschiffs legte ich mit Hilfe des Piloten eine Art Rucksackausrüstung mit der selbständig funktionierenden Lebensrettungsvorrichtung an, bevor ich in die Druckkammer ging. Wir glichen den Druck in der Kabine damit aus. Dann öffneten wir die Luke zwischen Kabine und

Schleusenkammer. Durch diese Luke schwamm ich dann in die Kammer.

Ich brachte den Druck in dem Raumanzug auf eine vorbestimmte Höhe, prüfte, ob er luftdicht war, überzeugte mich, daß der Helm fest geschlossen und der Lichtfilter, der mich gegen die intensiven Sonnenstrahlen schützen sollte, in der richtigen Stellung war. Nachdem ich mich von dem Sauerstoffvorrat in dem Raumanzug überzeugt und mir alle zum Ausstieg aus dem Raumschiff nötigen Schritte innerlich vor Augen gehalten hatte, machte ich mich zu dem Abenteuer im Weltraum bereit. Endlich war ich mir mit dem Kommandanten einig darüber, daß alles in Ordnung war.

Ich konnte also hinaustreten. Ich steckte den Kopf aus der Austrittsluke hinaus. Die grenzenlosen Weiten des Weltraums entfalteten sich vor mir in ihrer unbeschreiblichen Schönheit. Ich warf einen ersten Blick auf die Erde. Sie segelte majestätisch vor meinen Augen und glich einem riesigen flachen Teller. Nur die krummlinige Form der Außenseiten erinnerte mich daran, daß sie eine Kugel war. Trotz meines ziemlich dichten Luftfilters sah ich leuchtende Wolken, das Azurblau des Schwarzen Meeres, die Küstenlinie des Mittelmeers, die kaukasische Bergkette und sogar den Hafen von Odessa.

Der Augenblick kam, das Schiff zu verlassen, der Augenblick, den wir so lange vorbereitet und an den wir so oft gedacht hatten. Ohne Eile kletterte ich aus der Luke hinaus, stieß mich sanft ab und bewegte mich immer weiter von dem Schiff fort. Als ich mich abstieß, hatte ich das Gefühl, als weiche das Schiff in die entgegengesetzte Richtung zurück. Nach den Gesetzen der Himmelsmechanik war das so, wie ich es gelernt hatte. Aber das Gefühl war ungewohnt, da man nach den Erfahrungen das Gegenteil erwartet hatte. Das Halteseil, das mich mit dem Raumschiff verband, straffte sich in seiner ganzen Länge, und meine Fortbewegung endete plötzlich.

Die kleine Anstrengung, die ich gemacht hatte, um mich abzustoßen, hatte es in eine leichte Drehbewegung versetzt, und langsam bot sich mir eine volle Ansicht unseres wundervollen Raumfahrzeugs. Ich erwartete, scharfe Kontraste von Licht und Schatten zu sehen, aber es gab nichts dergleichen zu beobachten. Die im Schatten liegenden Teile des Schiffes waren deutlich genug von den Sonnenstrahlen beleuchtet, die von der Erde reflektiert wurden.

Im Raum schwimmen gleicht dem Schwimmen im Wasser nur wenig. Während man im Wasser den Stoff spürt, der einen umfließt, und den Widerstand spürt, so daß man seinen Körper in einer bestimmten, zweckmäßigen Lage halten muß, um ihn vorwärts zu bringen, ist dies im Raum nicht der Fall. Hier kann man nicht um-

154

herschwimmen, wie man möchte. Ich zum Beispiel streckte Arme und Beine aus und fühlte, wie ich schwebte. Das empfand ich als sehr bequem. Man hat viel Raum um sich, um sich darin zu bewegen. Man atmet mühelos, sogar leichter als auf der Erde. Es ist richtig, daß mein Druckanzug Veränderungen meiner Körperform, dem Beugen von Armen und Beinen, Widerstand leistete. Deshalb erforderte jede Bewegung und jede Tätigkeit eine Anstrengung, die größer war, als ich vorher erwartet hatte.

Ich zog ein wenig an der Nabelschnur und begann, mich langsam wieder dem Raumschiff zu nähern. Als ich es erreicht hatte, stieß ich mich wieder ab, wobei ich mich um meine Querachse drehte. Ich erblickte das Weltall in seiner ganzen Großartigkeit. Der Anblick von Sternen, die wegen der fehlenden Atmosphäre nicht flimmerten, war erregend. Sie standen auf einem violetten Hintergrund, der sich samtschwarz zum Firmament hin verfärbte. Es folgten Ausblicke auf die Erde. Vor mir sah ich große, grüne Landstriche schweben. Ich erkannte die Wolga, die Bergkette des altersgrauen Ural und die Flüsse Ob und Jenissei. Das sah so aus, als schwebte ich über einer großen farbigen Landkarte. Wie gewöhnlich standen Wolken über weiten Gebieten Sibiriens, aber über der Küste herrschte klares, sonniges Wetter. Die große Entfernung zur Erdoberfläche machte es mir unmöglich, Städte oder die Einzelheiten des Erdreliefs zu identifizieren. Doch wäre es mir schwergefallen, mir ein großartigeres Panorama vorzustellen.

Ich verhielt mich, als ob ich mich in vertrauter Umgebung befände. Eine meiner ersten Aufgaben war, die Hülle von der Kamera zu entfernen, die mich filmen sollte. Ich hielt die Hülle in der Hand und dachte bei mir: Soll ich sie loslassen und sie in eine Erdumlaufbahn bringen? Aber ich beschloß, den Kosmos nicht zu verunreinigen. Ich schleuderte sie mit aller Kraft erdwärts und konnte sie noch einige Zeit beobachten, bis sie meinen Augen entschwand. Einige Zeit später zog ich ziemlich kräftig an der Halteleine. Daraufhin mußte ich mich von dem Raumschiff mit den Händen abstützen, um mich fernzuhalten.

Mein erster Gedanke war, nicht mit dem Helm an das Raumschiff zu stoßen. Daher milderte ich, als ich der Luke entgegenschwebte, den Zusammenprall mit den Händen. Das erwies sich leichter als angenommen. Ich sah jetzt, daß man mit ausreichendem Training sich ziemlich leicht unter diesen ungewöhnlichen Bedingungen bewegen konnte. Ich fühlte mich in einer ausgezeichneten Verfassung, war in vorzüglicher Stimmung und wollte mich nicht von dem Weltraum trennen.

Als ich den Befehl erhalten hatte, zum Raumschiff zurückzukehren, stieß ich mich sogar noch einmal von der Luke ab, um zu erproben, wo die Drehgeschwindigkeit im ersten Augenblick nach dem Abstoßen herrührte. Was die sogenannte psychologische Schranke betrifft, vor der die Ärzte mich immer gewarnt hatten und von der es eine Zeitlang geheißen hatte, sie sei für einen Menschen unüberwindlich, so muß ich sagen, daß mir gar keine Schranke bewußt wurde. Ich vergaß sogar, daß so etwas überhaupt existieren könnte. Es war einfach keine Zeit, daran zu denken.

Die 20 Minuten, die ich im Weltraum verbrachte – einschließlich der zehn Minuten in der Schleuse –, waren für mich der Glanzpunkt des *Woschod-2*-Fluges. Ich verstand das sehr wohl und tat daher alles, um keine Sekunde dieses Aufenthaltes im Kosmos zu vergeuden. Die Zeit verflog jedoch sehr rasch: Ich nahm die Filmkamera, die meinen Ausstieg in den Raum auf einem Film aufgezeichnet hatte, und versuchte, sofort in die Schleusenkammer hineinzukommen. Aber das erwies sich als schwer. Ich mußte mich mehr anstrengen als gedacht. Ich war deshalb ein wenig müde.

Trotz aller Schwerelosigkeit sind die Bewegungen in einem aufgeblasenen Raumanzug nicht leicht durchzuführen. Ich mußte daher beträchtliche körperliche Anstrengungen unternehmen, um wieder in das Raumschiff zu gelangen. Mein Abschied vom Weltraum zog sich deshalb in die Länge. So mußte ich noch das Seil um meine Hand wickeln und mit in die Kammer nehmen. Ich sah, daß dies eine komplizierte Angelegenheit sein würde, und überlegte deshalb ein wenig, riß mich zusammen und fand auch einen Weg, es schneller zu machen. Als ich wieder in der Schleusenkammer war, schloß der Pilot schnell die Kabinentür hinter mir und stellte die normalen Druckverhältnisse wieder her.

Als ich wieder auf meinem Platz saß, fühlte ich Bäche von Schweiß an meiner Stirn und an meinen Wangen herunterrinnen. Ich glaube, es stimmt nicht ganz, den Weltraum mit einem Ort zu vergleichen, der für einen Vergnügungsbummel geeignet ist, wie es manche Zeitungsschreiber nach unserem Flug getan haben. Ich bin sicher, daß es ohne das viele Monate dauernde Training nicht möglich ist, die Aufgaben im Weltraum zu erfüllen.

Nachdem das Experiment beendet war, stellten wir eine Reihe von wissenschaftlichen Beobachtungen und Untersuchungen an. Dabei machten wir viele Film- und Fotoaufnahmen. Während des ganzen Fluges funktionierten alle Einbauten und Einrichtungen normal. Die Temperatur in der Kabine betrug durchweg 18 Grad Celsius. Der Feuchtigkeitsgehalt lag um 35 Prozent und der Druck um eine

Atmosphäre. Um gewisse wissenschaftliche Experimente bequemer ausführen zu können, legten wir Teile des Raumanzuges ab, insbesondere den Helm, Schuhe und Handschuhe und fühlten uns prächtig.

Wir verstießen gegen das festgelegte Programm nur in einem Punkt: Wir schliefen weniger, als es vorgesehen war. Die Arbeit, die wir zu verrichten hatten, war so interessant, daß wir auf Kosten des Schlafs lieber unsere Aufträge ausführten. Nach dem Flugplan sollten wir während des 17. Erdumlaufs automatisch landen. Wir sprachen jedoch den Wunsch aus, die Handsteuerung zu benutzen. Die Erlaubnis erhielten wir während der 18. Erdumkreisung. Das Raumschiff landete schließlich im hohen Schnee, der bis zu drei Meter tief den Erdboden bedeckte. Über Funk meldeten wir: Wir sind gut gelandet."

Die Verwendung der Handsteuerung hatte das Raumschiff *Woschod 2* weit über den festgelegten Landepunkt hinausschießen lassen. Ähnlich wie Beljajew und Leonow war es auch Scott Carpenter mit seiner *Mercury*-Kapsel ergangen. Bei den beiden Kosmonauten kam erschwerend hinzu, daß sie durch das Verfehlen des idealen Zieles in den Ebenen von Kasachstan in eine unübersichtliche und schwer erreichbare Gegend gekommen waren, die im westlichen Uralgebirge lag. Dieses Gebiet sollten sie eigentlich meiden, um die Bergung nicht unnötigerweise zu verzögern.

Auch im Westen wartete man gespannt auf den Abschluß dieses *Woschod*-Abenteuers, nachdem man den letzten Funkverkehr zwischen Raumschiff und Bodenstation abgehört hatte. Einige Stunden waren bereits vergangen, ohne daß Radio Moskau – wie üblich – das gelungene Ende des Unternehmens mitgeteilt hatte. Hatten sich die Fallschirme nicht geöffnet, um das fünf Tonnen schwere Fahrzeug abzufangen? Hatten die Bremsraketen versagt, oder ließ sich die Kapsel nicht orten? Auch die winterliche Witterung konnte den zurückgekehrten Raumfahrern zum Verhängnis werden. Leicht konnten sie in einen Schneesturm geraten oder nach dem Ausfall der Bordelektrik in ihrer Kapsel erfrieren, wenn die Suchtrupps sie nicht sofort fanden.

Endlich, nach fünf langen Stunden, meldete Moskau die gesunde Rückkehr des Kosmonautenpaares. Beide seien nach einer Flugzeit von 26 Stunden und zwei Minuten „im Gebiet von Perm" niedergegangen. Wie lange es jedoch dauerte, ehe Beljajew und Leonow geborgen werden konnten, ist von sowjetischer Seite nie mitgeteilt worden.

Das Gemini-Programm trägt Zinsen

Zwei Zwillingskapseln treffen sich

Vier Jahre nach seiner Verkündigung durch Präsident Kennedy lief das Mondfahrtprogramm der Amerikaner auf vollen Touren. Um die Mitte des Jahres 1965 hatte man die Halbzeit erreicht, wenn man die am 31. Dezember 1969 ablaufende Frist einhalten wollte. Inzwischen waren in vielen hundert Forschungs-, Herstellungs- und Trainingsstätten in den Vereinigten Staaten die Vorbereitungen angelaufen und die technischen Details des Mondflugs in den wesentlichen Punkten geklärt.

Was noch fehlte, war die Bewährung im Weltraum, waren die notwendigen Experimente, um in den Besitz des Mondlandepatents zu gelangen, das eine Nation besitzen mußte, ehe sie darangehen konnte, das hochgesteckte Ziel anzuvisieren. Dazu gehörte vor allem der Nachweis, ein Rendezvous- und Ankoppelungsmanöver sowie eine „weiche", das heißt abgebremste Landung eines Raumfahrzeugs auf dem Mondboden zu beherrschen, damit es durch einen harten Aufprall nicht zu Bruch ging und damit für den Rückflug nicht mehr betriebsbereit war.

Eine erste Antwort auf die Frage nach dem technologischen Stand ihrer Mondfahrtanstrengungen wollten die Amerikaner am 25. Oktober 1965 geben. Im Rahmen ihres *Gemini*-Programms sollten die Astronauten Walter Schirra und Thomas Stafford mit der Flugnummer *GT 6* erstmals einen eigens für diesen Zweck vorbereiteten Zielsatelliten ansteuern, der zuvor mit einer Atlas-Agena-Rakete gestartet worden war. Das Rendezvous- und Docking-Übungsgerät bestand aus der von Lockheed gebauten bewährten Agena-Oberstufe, die sowohl auf eine Thor- wie auf eine Atlas-Rakete aufgesetzt werden konnte und durch ihre lagerfähigen flüssigen Treibstoffe, bestehend aus unsymmetrischem Dimethylhydrazin und rotrauchender Salpetersäure, in der Lage war, mehrmals hintereinander gestartet zu werden, sofern man die Zündung unterbrach und aufs neue in Betrieb setzte. Damit war es möglich, diese mit Radargerät und Blinklichtern ausgestattete letzte Stufe in eine Umlaufbahn zu bringen und mit entsprechenden Funkbefehlen diese Bahn auch zu ändern. An der Spitze des Agena-Satelliten war ein Kopplungsgerät angebracht, das im Prinzip einer Eisenbahnkupplung entsprach.

Aufgabe des *Gemini-6*-Fluges war es, ein erstes Rangiermanöver im Weltraum auszuführen, indem der Zielsatellit geortet, anvisiert und schließlich auch angesteuert wurde. Die spitz zulaufende Nase des Raumschiffs sollte dann in das ausgebuchtete Verbindungsstück des Zielsatelliten eingeführt werden, wobei ein elektrisches Schließgerät das Einrasten der beiden Kopplungsteile ermöglichte, so daß eine feste Verbindung zwischen beiden Raumfahrzeugen entstand. Einem elektrisch arbeitenden Gerät war gegenüber einem mechanischen der Vorzug gegeben worden, damit auch die Loslösung der beiden Körper im Weltraum ohne Schwierigkeiten vonstatten ging.

Der Starttermin der beiden Raketen, der 25. Oktober 1965, schien eingehalten werden zu können, obschon die Amerikaner damit zum erstenmal einen Doppelstart mit seinen Risiken wagten: Zwischen dem Abheben der beiden Raketen durften nur 101 Minuten liegen. Verschob sich der Start der Titan mit der *Gemini*-Kapsel an ihrer Spitze nur um mehr als 100 Sekunden, dann mußte, um ein perfektes Rendezvous zu gewährleisten, der Start um 90 Minuten hinausgezögert werden, jener Zeit, die der bereits im Weltraum befindliche Zielsatellit benötigte, um eine Erdumkreisung zu vollziehen.

Die Präzisionsprobe schien schon bestanden zu sein, als eine Panne dennoch für das Mißlingen dieses Raumflugunternehmens sorgte. Die Atlas-Rakete hob zwar pünktlich von dem Startplatz 14 in Kap Kennedy ab, die Agena-Stufe jedoch zündete nicht und stürzte in den Atlantischen Ozean. Schirra und Stafford, die zu dieser Zeit bereits in ihren Konturliegen von *Gemini 6* lagen, um 101 Minuten später vom benachbarten Startkomplex 19 aus ihre Reise anzutreten, mußten wieder aussteigen, da ihr Start nun sinnlos geworden war.

Bei der NASA besann man sich eines Vorschlags, den der Hersteller der Titan-Rakete unterbreitet hatte. Darin war zu dem Zweck, die Rettungsmöglichkeit gestrandeter Astronauten durch ein zweites, in die gleiche Umlaufbahn entsandtes Raumschiff zu erproben, die Anregung gegeben worden, zwei Titan-Booster mit *Gemini*-Kapseln an der Spitze innerhalb eines Zeitraums von acht Tagen zu starten und die entsprechenden Manöver durchzuführen. Diese acht Tage benötigte man nach der Meinung der Fachleute, um die Startanlage nach einem Abschuß wieder herzurichten, die durchgeschmorten Kabel und die beschädigten Meßeinrichtungen durch neue zu ersetzen und schließlich die neue Rakete aufzubauen und die letzten Tests durchzuführen. Allein für diese Überprüfungen mußten vier Tage eingeplant werden.

Pechvogel Walter
Schirra, der mit seinem
Raumschiffpiloten
Thomas Stafford viele
aufregende Minuten
verbringen mußte, ehe
der Start von Gemini 6
zum ersten Rendezvous
zweier Raumschiffe
im Weltraum klappte.

Um das Beste aus dem mißglückten *Gemini-6*-Unternehmen zu machen, entschlossen sich die Amerikaner, einen solchen bemannten Doppelstart neu in das Programm aufzunehmen. Der Schock über das Versagen der Agena-Rakete und den damit nutzlos gewordenen Start von Schirra und Stafford war so groß, daß sogar Präsident Johnson eine sonst streng eingehaltene Übung brach und in die Planung der Raumfahrtbehörde eingriff. Auch er sprach sich für einen rasch zu verwirklichenden Doppelstart und Doppelflug zweier *Gemini*-Raumschiffe aus, die sich im Weltraum treffen und damit zu einem echten Rendezvous zusammenkommen sollten.

In aller Eile wurde ein Flugplan aufgestellt, der diesen vierten bemannten *Gemini*-Versuch der Amerikaner zu einem Erfolg machen sollte: In Sichtweite sollten gleich vier Amerikaner in zwei Raumschiffen die Erde umkreisen. Blinklichter würden den beiden Astronautenteams – Walter Schirra und Thomas Stafford in *Gemini* 6 und James Lovell und Frank Borman in *Gemini* 7 – ihre Aufgaben erleichtern. *Gemini* 6 wurde zu diesem Zweck mit einem roten und grünen rotierenden Blinklicht ausgestattet, wie sie an Schiffen und Flugzeugen angebracht sind, um die Steuer- und Backbordseite zu kennzeichnen, während an *Gemini 7* weiße, in Bruchteilen von Sekunden aufblitzende Warnlichter montiert wurden, die bis zu Entfernungen von 100 Kilometern sichtbar waren. Gleichzeitig wurden in den Nasen der Raumschiffe Radargeräte eingebaut, die ein Erfassen des Schwesterschiffs sogar bis zu einer Entfernung von 290 Kilometern ermöglichten.

Den Astronauten sollte ihr gegenüber früheren Flügen ausgedehnteres und anstrengenderes Arbeitsprogramm durch einen neugeschneiderten Raumanzug erleichtert werden, der aus Nylon bestand und damit wesentlich leichter als die früheren taucherähnlichen Anzüge war, die ohne fremde Hilfe nicht an- und ausgezogen werden konnten.

Als „Marscherleichterung" war den Astronauten außerdem zugestanden worden, Anzug, Helm, Stiefel und Handschuhe abzulegen, sobald sich herausgestellt hatte, daß Druck und Temperatur in der Kapsel den Normalwerten entsprachen. Die Kleidung konnte unter dem Sitz verstaut werden und brauchte erst kurz vor der Landung wieder angelegt zu werden. In der Zwischenzeit bewegten sie sich in leichter und bequemer Unterwäsche.

Aber auch das Verstauen von Geräten und Abfällen in einer Weltraumkapsel wollte gelernt sein. Nachdem die Astronauten Cooper und Conrad an Bord von *Gemini 5* Schwierigkeiten gehabt und bei ihrer Landung fast bis zu den Ohren in Müll gesessen hatten, der sich aus den Winkeln und Ecken der Kapsel nicht entfernen ließ und zum Teil frei umherschwebte, mußten die Besatzungen von *Gemini* 6 und 7 vor dem Start das Verpacken der tausend Kleinigkeiten üben, die auf die Reise in den Weltraum benötigt und mitgenommen werden. Den beiden Raumfahrern, die in ihrem Raumfahrzeug ungefähr soviel Platz wie auf den Vordersitzen eines Volkswagens hatten, blieb für diese Bemühungen zwangsläufig nicht viel Bewegungsraum. Trotzdem fanden sie noch neue Möglichkeiten zur Unterbringung von leeren Verpackungen, die dreimal täglich nach der Einnahme der Mahlzeiten anfielen.

Für ihren Doppelstart stand den Amerikanern die *GT-6*-Kombination zur Verfügung, die nahezu startbereit war. Zunächst wurde jedoch die Flugnummer *GT 7* auf der einzigen für Titan-Abschüsse geeigneten Plattform aufgebaut, um den nachfolgenden Flug mit der bereits weitgehend überprüften *GT 6* um so schneller folgen lassen zu können. *Gemini 7* sollte am Samstag, dem 4. Dezember 1965, starten. *Gemini 6* sollte neun Tage später folgen.

Das erste Niesen im Weltraum

Der Start von *Gemini* 7 mit den Astronauten Frank Borman und James Lovell an Bord gelang – was inzwischen zum guten Ton auf Kap Kennedy zählte – fehlerfrei. Borman meldete nach dem Erreichen der Umlaufbahn an die Flugleitung in Houston, daß alle Systeme an Bord des Raumschiffs wie vorgesehen funktionierten. Mit Hilfe der Steuerraketen wurde drei Stunden nach dem Start eine stark elliptische Bahn eingeschlagen, deren erdnächster Punkt bei 221 Kilometern, der erdfernste Punkt jedoch bei 326 Kilometern lag. Dieser Kurs sollte ermöglichen, daß das Raumschiff ungehindert zwei Wochen lang um die Erde kreisen konnte, ohne in Gefahr zu geraten, in die oberen Luftschichten einzutreten und damit bei jedem Umlauf immer stärker abgebremst zu werden.

Unmittelbar nach dem Start begannen auf Kap Kennedy die Vorbereitungen für den Start des Schwesterschiffs *Gemini* 6. Diese Arbeiten gingen so gut voran, daß man am Montag, zwei Tage nach der glatten Entsendung von *Gemini* 7 in die Umlaufbahn, die Möglichkeit sah, den folgenden Start um einen Tag vorzuverlegen. Zuvor nahmen jedoch noch die Meldungen aus dem im Weltraum befindlichen Raumschiff die Aufmerksamkeit der Flugleitung in Anspruch. Da hatte Astronaut Lovell bei dem Versuch, nach dem hinter seinem Rücken gelagerten Rationspäckchen für das Abendessen zu greifen, seinen Kopf in dem übergestülpten Helm so unglücklich bewegt, daß ein paar darunter befindliche Drähte abbrachen. Diese Verbindungsleitungen hatten den Zweck, die elektrischen Ströme im Gehirn des Astronauten zu messen und sie auf funktelemetrischem Weg an die Bodenstationen zu übertragen, wo Ärzte Rückschlüsse auf die geistige Anstrengung des Raumfahrers zu ziehen hofften. Die Bemühungen, die Drähte wieder zu befestigen, war jedoch vergebens, da Lovell nicht den richtigen Klebstoff an Bord hatte.

Eine zweite Unregelmäßigkeit, die ebenfalls die Mediziner am Boden anging, war schon etwas bedenklicher: Die Besatzung von *Gemini* 7 meldete das erste Niesen aus dem Weltraum. Borman prustete am fünften Tage seines Weltraumflugs während der 64. Erdumkreisung so heftig in sein kleines Mundmikrofon, daß es in der Flugleitung schallend zu hören war. Das war ein Alarmsignal für Raumfahrtarzt Berry. Er gab sofort Anweisung an die Besatzung, genauestens darauf zu achten, ob sich weitere Anzeichen einer Erkältung bemerkbar machten.

Die Ursache dieses „Weltraumschnupfens" war auch der Grund zu der einzigen Klage, die von den Astronauten während des bisherigen Fluges geäußert wurde. Sie galt den empfindlichen Temperaturunterschieden in der Kapsel. „Wenn wir einschlafen, ist es warm. Wachen wir auf, dann frieren wir jedoch", beschwerte sich Borman bei den Ingenieuren auf dem Boden, die für die Regeltechnik an Bord des Raumschiffs verantwortlich waren. Diese konnten lediglich mit guten Ratschlägen einspringen.

Wirkungsvollere Hilfe leisteten hingegen die Tontechniker in Houston, die den beiden Raumfahrern regelmäßig vor dem Einschlafen ein Wunschkonzert in den Weltraum funkten. Die Wünsche der anspruchsvollen Hörer in der *Gemini*-Kapsel reichten von den Arien aus Puccinis Oper La Bohème bis zu Schumanns dritter Symphonie, von einem Klavierkonzert des Russen Rachmaninow bis zur Wassermusik des Barockmusikers Friedrich Händel.

Während *Gemini* 7 bereits weit mehr als 2 Millionen Kilometer zurückgelegt hatte, sanken auf dem Raketenstartplatz in Kap Kennedy die Aussichten auf einen vorverlegten Start der Schwesterkapsel *Gemini* 6 auf den Nullpunkt. Nachdem bei den Startvorbereitungen bereits ein Vorsprung von 16 Stunden herausgeholt worden war, wurde in einem Computer des Raumschiffs ein Fehler festgestellt, der sich nicht beheben ließ, so daß die ganze Anlage ausgewechselt werden mußte. Damit stand fest, daß der Start erst zu dem ursprünglich vorgesehenen Datum stattfinden konnte.

An diesem Sonntag, dem 12. Dezember, schienen keine Schwierigkeiten den Countdown hinauszuschieben. Die Astronauten Walter Schirra und Thomas Stafford lagen, wie schon einmal am 25. Oktober, an Bord desselben Raumschiffs in ihren Liegesitzen und warteten die letzten Minuten ab, bis der erlösende Startbefehl in ihren Hörmuscheln zu vernehmen war.

Pünktlich um 9.54 Uhr Ortszeit erklang das „drei – zwei – eins – Zündung" – aber die Rakete bewegte sich nicht und stand unverrückt auf ihrem Abschußplatz. Zwar hatte die Zündung eingesetzt, und weiße Wolken verbrannten Treibstoffs zeigten an, daß die Triebwerke fehlerfrei arbeiteten, aber nach einer Brenndauer von nur 1,4 Sekunden wurde das Triebwerk wie von einer unsichtbaren Hand wieder abgeschaltet. Das gewaltige Röhren verstummte. Die Verbrennungswolke war wie weggeblasen.

Der Startleiter und seine Techniker starrten verdutzt auf das unter der strahlenden Sonne Floridas weißleuchtende Projektil. Was war geschehen? Würde die Rakete explodieren und in einem Feuerball aufgehen, das Raumschiff und die Astronauten mit sich reißend? Was sagten die Instrumente, was unternahmen die Astronauten?

Hatten sie die drohende Gefahr erkannt und den Abort-Hebel gedrückt, der sie innerhalb von Sekundenbruchteilen aus der Kapsel herausschleudern und an einem Fallschirm sicher wieder zur Erde zurückbringen würde?

Seltsamerweise geschah nichts. Auch die Astronauten hatten an ihren Anzeigegeräten erkannt, daß sich im Ablauf der Zündung kein Fehler eingeschlichen hatte, der einen Notausstieg erforderlich gemacht hätte. Anstelle des Startpersonals hatte ein elektronisches Prüfsystem einen falschen Kontakt im Startmechanismus der Rakete festgestellt und den Befehl gegeben, die Zündung wieder abzubrechen. So kam der frühe Brennschluß zustande, der sogar von den auf ihrer Umlaufbahn gerade über Kap Kennedy fliegenden *Gemini*-7-Astronauten beobachtet werden konnte. Borman teilte später über Funk mit: „Wir sahen die Zündung, bemerkten aber auch sofort, daß sie wieder abgeschaltet wurde. Wir konnten uns das nicht erklären und warteten gespannt auf die Erklärung der Ursachen."

Die eigentliche Ursache konnte erst am folgenden Tag klargestellt werden. Danach war ein kleiner Steckkontakt wahrscheinlich von dem verantwortlichen Techniker nicht sorgfältig oder fest genug in die Anschlußstelle eingesteckt worden. Dieser Kontakt sollte sich erst kurz nach dem Abheben der Rakete – etwa vier Sekunden nach der Zündung – lösen und damit dem Bodencomputer anzeigen, daß der Start vollzogen war. Durch die unsachgemäße Befestigung fiel der Stecker bei dem Startversuch von *Gemini* 6 jedoch bereits 1,4 Sekunden nach dem Beginn der Zündung heraus, als sich die Titan in Wirklichkeit noch nicht vom Boden erhoben hatte. Dadurch erhielt der Computer ein falsches Signal eingespeist, das mit den übrigen Signalen nicht harmonierte. Damit stand fest, daß irgend etwas im Ablauf des Starts nicht in Ordnung war, worauf in unmittelbarer Folge die Abschaltung der Rakete verursacht wurde. Der Computer hatte seine Schuldigkeit getan und größeren Schaden vermieden, wenngleich er das menschliche Versagen, das die eigentliche Schuldursache darstellte, nicht erkennen und folglich auch nicht überspielen konnte.

Bei der genauen Untersuchung nach möglichen Fehlerquellen aber wurde noch eine weitere Ungenauigkeit entdeckt, die möglicherweise weit ernsthaftere Folgen für den Start hätte haben können. In der Eintrittsöffnung eines Gasgenerators war versehentlich eine Staubschutzkappe übergestülpt geblieben, die während der Montier- und Prüfarbeiten das Innere des Aggregats vor dem Eintritt von Staub und Schmutz schützen sollte, vor der Startfreigabe der Rakete jedoch unbedingt hätte entfernt werden müssen.

Wegen dieser Panne hätte sich die Rakete vermutlich 2,2 Sekunden später automatisch abgeschaltet, obwohl es zu diesem Zeitpunkt vielleicht schon zu einem folgenlosen Abschalten der Zündung zu spät gewesen wäre. Die Raketenmotoren hätten dann schon drei Viertel ihrer Schubleistung erreicht, und es schien zweifelhaft, ob das Fehlerkontrollsystem in den verbliebenen Bruchteilen einer Sekunde das Abheben der Rakete dann noch hätte verhindern können. Die Titan hätte in einem solchen Falle einige Zentimeter oder Meter von der Rampe abgehoben, wäre wieder zurückgefallen, sehr wahrscheinlich umgestürzt und explodiert. Die Abschußrampe wäre dabei völlig vernichtet worden. Auch die Astronauten hätten sich dann vermutlich nicht mehr rechtzeitig aus ihrer Kapsel herauskatapultieren können.

Die Ermittlungen wegen der vergessenen Plastikkappe im Motor der Titan-Rakete ergaben, daß dieser Schutzüberzug bereits bei dem ersten verschobenen Start am 25. Oktober im Pumpensystem hing und mit Sicherheit auch damals einen fehlerlosen Start verhindert hätte, selbst wenn die Atlas-Agena vorschriftsmäßig auf Kurs hätte gebracht werden können. Trotz der verbliebenen Zeit, in der die Rakete von ihrem Startplatz abgebaut, auf Lager gelegt, wieder aufgebaut und gründlich überprüft worden war, konnte diese Panne nicht ermittelt werden. In den verantwortlichen NASA-Stellen war man entsetzt und ordnete neue Testverfahren an, die eine solche Nachlässigkeit künftig unmöglich machen sollten.

„Viel Verkehr hier oben"

Drei Tage später aber brachte die zum Sorgenkind gewordene Titan-Rakete mit der *Gemini-6*-Kapsel an ihrer Spitze die bereits zweimal um ihren Start gebrachte Astronautenmannschaft Schirra und Stafford in ihre Umlaufbahn. Vier Minuten nach dem Start konnten sie feststellen, daß sie ihren vorausberechneten Kurs genau eingehalten hatten. Zur selben Zeit näherte sich auch *Gemini 7* wieder der Startstelle über Kap Kennedy und begann damit seine 162. Erdumkreisung.

Die Aufgaben waren jetzt klar verteilt: Die beiden frisch in den Weltraum gestoßenen Astronauten mußten durch eine Beschleunigung ihres Raumschiffes – und damit einer Verkürzung ihrer Umlaufzeit – das 1935 Kilometer vor ihnen seine Bahn ziehende Schwesterschiff zu erreichen versuchen. *Gemini 7* hatte eine fast kreisrunde Bahn eingeschlagen, während *Gemini 6* eine weite Ellipse ansteuerte, deren erdnächster Punkt bei 161 Kilometern, der erdfernste jedoch bei 260 Kilometern lag. Auf diese Weise näherte sich *Gemini 6* bei jeder Erdumkreisung langsam, aber ständig der vorausfliegenden Kapsel *Gemini 7*. Bereits während des dritten Umlaufs nahmen die beiden Raumschiffe über eine Entfernung von 370 Kilometern Radarkontakt miteinander auf.

50 Minuten nach dem Beginn der vierten Erdumkreisung war es dann soweit: Walter Schirra und Thomas Stafford hatten sich über den Philippinen bis auf 36 Meter an das elf Tage zuvor gestartete Schwesterschiff heranmanövriert. Schirra verringerte den Abstand durch sorgsame Steuermanöver immer mehr, bis die beiden Spitzen der Raumschiffe nur noch 1,8 Meter voneinander entfernt waren. Die Aktivität war absichtlich dem kurz zuvor gestarteten Raumschiff überlassen worden, damit die Treibstoffvorräte für das bereits länger im Weltraum befindliche Fahrzeug für die Landung reserviert blieben.

Fünf Stunden lang umkreisten die zum ersten Rendezvous der Raumfahrtgeschichte zusammengetroffenen Zwillinge in wechselndem Abstand die Erde und machten voneinander Aufnahmen, die in der Welt Bewunderung fanden. Die vier Astronauten konnten sich durch die Bullaugen wechselseitig sehen, winkten einander zu und unterhielten sich über Sprechfunk miteinander, als ob es sich bei diesem Unternehmen nur um eine Probe im Simulator von Houston gehandelt hätte, wo die Astronauten seit Monaten das Docking-Manöver geübt hatten.

Als der Abstand nur knapp drei Meter betrug, entfuhr es Schirra: „Mann, seid ihr nahe." James Lovell antwortete: „Ich kann sehen, wie du deine Lippen bewegst." Schirra flachste: „Kein Wunder – ich kaue Kaugummi."

Im Kontrollzentrum Houston sprangen während dieses Dialogs die vierzig Mitglieder des Flugkontrollteams von ihren Sitzen und schrien Glückwünsche, die an die Astronauten, aber auch an die Adresse der Wissenschaftler und Techniker gerichtet waren. Mit breitem Grinsen verfolgten sie das Gespräch weiter, das die beiden Raumschiffbesatzungen, die sich ziemlich nahe auf die Haut gerückt waren, mehr als 200 Kilometer über der Erde miteinander führten.

„Viel Verkehr hier oben", trieb Schirra seine Späße weiter, und Borman machte darauf den Vorschlag, von Houston doch einfach einen Verkehrspolizisten anzufordern, der den Verkehr regeln könnte.

Beide Mannschaften trugen aber auch Klagelieder vor. Beide waren mit dem Schmutz auf den Scheiben ihrer Ausguckfenster unzufrieden und wünschten sich einen Fensterputzer im Weltraum. „Wir merken

Die historische Begegnung der beiden amerikanischen Raumschiffe Gemini 6 und Gemini 7

es besonders bei Sonnenuntergang", mäkelte Lovell, „dann können wir kaum etwas erkennen."

Das Ende des Zwillingstreffens im Weltraum war dann nur noch Routine: 26 Stunden nach dem erfolgreichen Manöver landete als erste die *Gemini-6*-Kapsel mit Schirra und Stafford an Bord südlich der Bermuda-Inseln sicher im Atlantik, nur 20 Kilometer von dem Hauptbergungsschiff, dem Flugzeugträger Wasp, entfernt. Bis zu der Zündung der Bremsraketen waren sie in einem Abstand von 20 Kilometern ständig in Sichtweite von *Gemini 7* geflogen, das noch zwei weitere Tage im Weltraum vor sich hatte. Nach einem Zeitraum von fast 14 Tagen und 222 Erdumkreisungen landete auch

Gemini 7 mit den Astronauten Borman und Lovell an Bord in der Nähe der Bermudas. Das bisher größte Experiment der bemannten Raumfahrt hatte seinen erfolgreichen Abschluß gefunden.

Fast sieben Stunden dauerten die ersten gründlichen Untersuchungen der beiden Rekord-Raumfahrer, die sich mit einer Flugzeit von 330 Stunden und 35 Minuten nur um 140 Stunden weniger im Weltraum aufgehalten hatten als alle sowjetischen Astronauten zusammengenommen. Außer einem Gewichtsverlust von neun und fünf Pfund, die Borman und Lovell meldeten, waren keine Anzeichen für eine schädliche Nachwirkung der vierzehntägigen Schwerelosigkeit festzustellen. Erst bei den nachfolgenden Untersuchungen, die sich über einen Zeitraum von elf Tagen hinzogen, kam man einem unerwartet schnellen Abbau von Kalzium im Körper auf die Spur. Dieser Verlust ließ sich jedoch ebenso schnell durch die Zugabe von Kalziumpräparaten im Essen wieder ausgleichen, so daß von einer Gefährdung der Astronauten keine Rede sein konnte.

Notlandung im Pazifik

Noch bevor der Rekordflug von *Gemini* 6 und 7 beendet war, begannen in Kap Kennedy bereits die Vorbereitungen für den *GT*-8-Flug, der nun endgültig das im Oktober verfehlte Kopplungsmanöver zwischen Raumschiff und Zielsatellit bringen sollte. Bereits zwei Wochen später, zu Beginn des Jahres 1966, wurde die Titan-Rakete aufgebaut und die *Gemini*-Kapsel bei der Herstellerfirma McDonnell in St. Louis auf Herz und Nieren geprüft. Als Raumfahrer hatte die NASA den früheren Marineflieger und späteren NASA-Testpiloten auf dem kalifornischen Edwards-Luftstützpunkt, Neil A. Armstrong, sowie den Luftwaffen-Testpiloten David R. Scott ausgesucht, die zum Zeitpunkt ihrer Berufung 36 und 34 Jahre alt waren.

Der 15. März als frühzeitig festgelegter Starttermin mußte zwar um einen Tag verschoben werden, da die Atlas-Agena-Rakete, die zuvor auf ihre Umlaufbahn geschickt werden sollte, wieder einmal bockte. 24 Stunden später wurde der Zielsatellit jedoch glatt auf die Reise geschickt. Es war Mittwoch, der 16. März 1966, Punkt 10 Uhr Ostamerikanischer Zeit.

Genau eine Stunde und 41 Minuten später ging *Gemini* 8 auf die Reise. Wiederum sechs Stunden und 29 Minuten später war auch das lange vorbereitete Meisterstück im Weltraum geschafft: Fast genau zur berechneten Zeit, um 18.15 Uhr, nachdem Armstrong

Die beiden Gemini-8-Astronauten David Scott (links) und Neil Armstrong

mehrfach den Kurs berichtigt und sein Fahrzeug beschleunigt hatte, rastete der Kopplungsmechanismus zwischen Raumschiff und Zielsatellit ein. „Wir haben gedockt", meldete Armstrong militärisch knapp zu den Bodenstationen. „Es war eine wirklich einfache Sache, und die Agena verhält sich äußerst stabil." Das war 293 Kilometer über dem Westpazifik, und die Besatzung bereitete sich darauf vor, das Manöver noch drei weitere Male zu wiederholen.

Doch dazu sollte es nicht mehr kommen. Noch während *Gemini 8* und die mit ihr fest verbundene Agena-Raketenstufe gemeinsam ihren Flug fortsetzten, änderte sich die Situation schlagartig. Die Kombination geriet in wild schlingernde Bewegung um zwei ihrer drei Achsen, weil eine Steuerkorrekturdüse des Raumschiffs alle drei Sekunden damit begann, für drei Sekunden zu feuern, ohne daß ihr ein Astronaut oder der Bordcomputer dazu den Befehl erteilt hätte.

Begegnung im Weltraum: Die Gemini-8-Astronauten nähern sich dem Agena-Ziel-satelliten.

Die Besatzung war zu Tode erschrocken, weil sich an Bord selbst die Ursache für dieses unstabile Verhalten der Raumschiff-Satelliten-Kombination nicht herausfinden ließ. Alles schien nach den Anzeigegeräten in bester Ordnung zu sein. Auch auf dem Boden, in der Flugkontrolle von Houston, wußte man, was sich da oben für Schrecksekunden abspielten, denn die Oszillographen, die die medizinischen Werte übertrugen, sprachen eine deutliche Sprache: Armstrongs Puls sprang auf 150 Schläge in der Minute, und auch Scott lag mit 135 Schlägen nicht viel darunter.

Im Weltraum schien ein Kampf um Leben und Tod angebrochen zu sein; auf den Kontrollgeräten der Flugkontrolleure zeigten sich auch kleine Unregelmäßigkeiten.

Das erste Kommando konnte in diesem Augenblick nur lauten: „Sofort von der Agena trennen." Die Verbindung wurde ohne Schwierigkeiten gelöst. Armstrong hatte angenommen, daß der Fehler in der Agena-Stufe lag, wo das eingebaute Lagekontrollsystem beispielsweise hätte durcheinandergeraten sein können. Er sah deshalb dem Ausdockungsmanöver mit Zuversicht entgegen. Um so enttäuschter war er, als er feststellen mußte, daß die Roll- und Gierbewegungen seiner Kapsel nur noch wilder und unkontrollierter wurden. Das Fahrzeug drehte sich sechsmal in der Minute um die eigene Achse und sprach auf das Hauptsteuersystem mit seinen 16 Düsen überhaupt nicht mehr an.

Armstrong zur Bodenkontrolle: „Wir haben wirklich ernste Schwierigkeiten. Wir taumeln und drehen uns dauernd, obwohl wir von der Agena frei sind."

Bodenkontrolle: „Worin bestehen denn die Schwierigkeiten?"

Armstrong: „Wir rollen und rollen und können das nicht abstellen. Wir rollen dauernd nach links. Wir haben unsere Lagekontrollstation eingeschaltet, aber das zeigt keine Wirkung. Offenbar klemmt irgend etwas. Wenn man nur wüßte, was es ist."

Die Astronauten hatten gelernt, daß es in dieser für sie gefährlichen Lage nur eine Möglichkeit gab, nämlich die Betätigung der für die Rückkehr zur Erde vorgesehenen Brems- und Steuerraketen. Wenn sie diese jedoch benutzten, dann mußten sie, um den Treibstoffvorrat nicht zu erschöpfen, auch bald darauf die Landung einleiten. Für sie blieb also nur eine Notlandung zu einer unvorhergesehenen Zeit in einem unvorbereiteten Gebiet übrig.

Auch in Houston hatte man sich entschlossen: „Zündung der Bremsraketen und anschließend sofort Notlandung." Atemlos lauschte man im Flugkontrollturm auf die Antwort aus dem Weltraum. „Wie steht's bei euch?" fragte Flugleiter Chris Kraft.

„Wir arbeiten", antwortete Armstrong.

Und wenige Sekunden später: „Okay, langsam bekommen wir das Schiff mit dem Rückkehrsystem wieder in die Gewalt."

Von der Erde wurde Ermunterung zuteil: „Okay, behaltet nur die Nerven, dann wird schon alles klappen."

Die Computer im Kontrollzentrum wurden mit den notwendigen Daten und Informationen gefüttert, um den besten Notlandeplatz zu ermitteln. Das war während des fünften Erdumlaufs. Das Ergebnis, das binnen weniger Minuten vorlag, lautete: Nach der siebten Umkreisung bietet sich der Westpazifik als einzige Landemöglichkeit an. Hier herrscht noch länger als sechs Stunden Tageslicht nach dem Aufschlag auf dem Wasser.

In der Nähe der Notlandestelle lag jedoch nur der Zerstörer Mason. Ein Rettungsflugzeug konnte wenige Minuten nach der Landung, das Schiff selbst jedoch nicht vor drei Stunden bei den Astronauten sein. Entsprechende Befehle gingen an die Besatzung von *Gemini 8*.

Dann bewiesen Neil Armstrong, der drei Jahre später zum Kommandanten des Mondlandeunternehmens ausgesucht werden sollte, und sein Kopilot David Scott ihre Kaltblütigkeit und Nervenstärke. Um 21.45 Uhr, genau zehn Stunden und vier Minuten nach dem so erfolgreich begonnenen Flug, löste Armstrong über Afrika die vier Hauptbremsraketen aus. Alle Raketen zündeten planmäßig, der Treibstoff reichte auch aus, um die Kapsel um 180 Grad zu drehen, damit sie mit dem Hitzeschild zuerst in die dichteren Luftschichten eindrang.

Wiederum 32 Minuten danach setzte die Kapsel im vorausberechneten Zielgebiet des westlichen Pazifiks, etwa 800 Kilometer östlich der Insel Okinawa, im Wasser auf. Schon wenige Minuten später sprangen drei Froschmänner aus einem Flugzeug mit dem Fallschirm ab, legten einen Rettungskragen um die leicht dümpelnde Kapsel und beglückwünschten die darin sitzenden Astronauten. Drei Stunden später nahm die Mason die Männer an Bord.

Ein gefährlicher Zwischenfall eines zunächst glücklichen Unternehmens war gemeistert worden. Als Ursache des Versagens der Steuerdüse wurde später ein Kurzschluß im Kontrollsystem für die Stabilisierungsdüsen entdeckt. Als das wichtigste Ergebnis des Flugs konnte jedoch festgehalten werden, daß es den Amerikanern gelungen war, das Raumschiff in einem Ausnahmezustand, während dem beide Astronauten in höchster Gefahr schwebten, sicher zur Erde zurückzubringen.

Ein Sündenbock für Gemini-Pannen

Trotz des zu einem guten Ende gebrachten *Gemini-8*-Flugs geriet die Flugleitung für die bemannten amerikanischen Raumfahrtunternehmen in das Kreuzfeuer der Kritik. Die NASA handelte stillschweigend: Flugleiter Christopher Kraft mußte seinen Posten aufgeben und erhielt statt dessen den Auftrag, die Verantwortung für die bevorstehenden Flüge mit der dreisitzigen *Apollo*-Kapsel zu übernehmen. Offiziell war aus dem NASA-Hauptquartier zu vernehmen, Kraft habe das *Gemini*-Programm zu einem vollen Erfolg geführt; seine Fähigkeiten sollten nunmehr dem nächsten Projekt auf der Stufenleiter zum Mond zugute kommen.

In Houston war es jedoch ein offenes Geheimnis, daß Kraft als Sündenbock für das kritische *Gemini-8*-Abenteuer abgestempelt wer-

172

den sollte, und das, obschon der bedächtige Techniker, den man nur mit einer großen Zigarre im Mund kannte, entgegen der Haltung der immer mehr zur Eile drängenden NASA-Verantwortlichen für ein verlangsamtes Arbeitstempo bei der Durchführung der Raumfahrtprogramme eingetreten war. Dem großen, kräftigen Mann, der immer den Eindruck der Besonnenheit und des nie versiegenden Optimismus erweckt hatte, sollte auf einmal die Schuld für die bei den vorangegangenen *Gemini*-Flügen aufgetretenen Unregelmäßigkeiten und notwendig gewordenen Verzögerungen zugeschoben werden. Als Kraft der Besatzung von *Gemini 8*, die mit einem ganzen Bündel von Aufgaben in ihr Raumschiff gestiegen war, zum erstenmal in der Raumfahrtgeschichte den Befehl zur Notlandung schicken mußte, schien das Maß der Ungeduld bei der NASA voll zu sein. Kraft wurde fortgelobt und sein Tätigkeitsfeld dem 32jährigen aus England stammenden Eugene Kranz übertragen.

Dessen Amtsführung schien von Anfang an unter keinem günstigen Stern zu stehen. Der ursprünglich für den 17. Mai geplante Start von *Gemini 9*, für den Kranz schon verantwortlich zeichnete, mußte mehrfach verschoben werden. Die seit langem für diesen Flug ausgewählte Besatzung, Luftwaffenmajor Charles A. Bassett und Testpilot Elliot M. See, war am 28. Februar mit einem Düsenflugzeug über dem Werksgelände der McDonnell Company in St. Louis abgestürzt, wo die *Gemini*-Kapseln hergestellt wurden. Als Ersatzpiloten wurden Oberstleutnant Thomas P. Stafford und Korvettenkapitän Eugene A. Cernan ausgewählt, von denen Stafford als Kopilot in *Gemini 6* bereits Weltraumerfahrung besaß. Die beiden Astronauten mußten dann einen anstrengenden, weil stark verkürzten Vorbereitungskurs über sich ergehen lassen, da die Weltraumbehörde das für 1967 vorgesehene Ende des *Gemini*-Programms insgeheim um ein paar Monate vorverlegen wollte.

Das überhastete Arbeitstempo hatte Folgen. Zunächst einmal mußte der für den 17. Mai vorgesehene Start von *Gemini 9* auf den 31. Mai verlegt werden, weil der zuvor gestartete Agena-Zielsatellit durch ein Versagen der Atlas-Rakete nicht in eine Umlaufbahn gelangte. Das aufwendige und nicht gerade billige Übungsgerät für Kopplungsversuche stürzte 260 Kilometer von Kap Kennedy entfernt in den Atlantik. Die NASA mußte wieder einmal kurzentschlossen handeln. Sie hatte inzwischen als Blitzauftrag einen vereinfachten Docking-Übungskörper konstruieren lassen, der nach seiner englischen Abkürzung für Augmented Target Docking Adapter ATDA genannt wurde, und der dieselben Aufgaben erfüllen sollte wie die kostspielige Atlas-Agena-Kombination.

Doch auch der nächste Fehlschlag ließ nicht lange auf sich warten. Bei dem inzwischen auf den 1. Juni 1966 verschobenen Start erreichte der neue Zielsatellit zwar plangemäß seine Erdumlaufbahn, dafür versagte diesmal die Titan-Rakete. Stafford mußte damit, wie bei den vorausgegangenen Gemini-8-Startversuchen, zweimal die bereits bestiegene Gemini-Kapsel wieder verlassen. Diesmal war ein Relais in einem Computer ausgefallen, in den der vorausberechnete Kurs der Rakete eingespeist worden war.

Dieser Fehlschlag machte stutzig, denn das unentschuldbare Versagen fiel unzweifelhaft in den Verantwortungsbereich der neuen Flugleitung. Krafts Nachfolger Kranz reagierte schnell, fast zu schnell, wie es schien. Er wählte den nächstmöglichen Starttermin und nahm das Risiko eines neuen Mißlingens auf sich.

Ein dritter verpatzter Start drohte auch prompt, als am Freitag, dem 3. Juni 1966, 15 Minuten vor dem Abheben der Titan-Rakete erneut ein Relais versagte und der Start im letzten Augenblick über das Flugleitsystem des Kontrollzentrums in Houston anstatt über das örtliche Netz in Kap Kennedy abgewickelt werden mußte.

In Houston befürchteten langjährige Beobachter der amerikanischen Raumfahrtszene nach dem nicht gerade glanzvollen Start des Engländers Kranz, daß die Ablösung des bewährten Vorgängers Kraft für das beschleunigt vorangetriebene Gemini-Programm böse Folgen haben könnte. Im Gegensatz zu den von Christopher Kraft nacheinander vorbereiteten Missionen der Flüge von Gemini 3 bis 8 sollten die vier noch ausstehenden Experimente jeweils einem anderen Techniker anvertraut werden. Als Chef von Gemini 10 war der 29jährige Flugingenieur Glynn Lunney ausgewählt worden, der zusammen mit dem gleichaltrigen Physiker Charlesworth bereits an der Arbeit war. Die nächsten Monate mußten zeigen, ob der neue Wind in Houston genügend Auftrieb erzeugte, um die noch verbliebenen Flüge rechtzeitig in den Erdorbit zu bringen.

Astronauten üben die Rettung

„Junge, ist das herrlich hier draußen", lautete der erste überraschte Ausruf des Astronauten Eugene A. Cernan, als er am Sonntag, dem 5. Juni 1966, dem dritten Tag des Gemini-9-Unternehmens über der amerikanischen Pazifikküste aus seiner Kapsel stieg. Die Überraschung für ihn bedeutete, daß er die Neun-Millionen-Stadt Los Angeles, aber auch den Militärflughafen Edwards in der Mojave Wüste, klar unter sich ausmachen konnte. Cernan war damit der dritte Mensch nach dem sowjetischen Kosmonauten Leonow und seinem Kollegen White, der als lebender Satellit die Erde umkreiste.

Cernans Ausstieg aus dem schützenden Raumschiff war als simulierte Rettung eines Astronauten gedacht. Immerhin waren bis zu diesem Zeitpunkt bereits 29 Menschen aus Amerika und Rußland in den Weltraum vorgestoßen, ohne daß die Länder, die sie zu dieser Mission entsandt hatten, für ihre Rückkehr hätten garantieren können. Das lag nicht zuletzt an der noch nicht ausgereiften Technik, auf die man sich nicht immer verlassen konnte. Der Verbesserung dieser Technik sollte deshalb bei den noch verbleibenden vier *Gemini*-Raumflügen das Hauptaugenmerk geschenkt werden, hatte die NASA verlauten lassen.

Bevor Cernan jedoch seine Luke öffnete, hatte die Mannschaft, zu der noch der Astronaut Thomas P. Stafford gehörte, ein weiteres Experiment weniger zufriedenstellend ausgeführt. Sie holten zwar einen zwei Tage zuvor gestarteten Zielsatelliten programmgemäß ein, konnten das geplante Kopplungsmanöver jedoch nicht ausführen, da sich eine Schutzhülle um den Kopplungsmechanismus zwar gelockert, aber nicht gelöst hatte. Alle Versuche, die nur aufgeklappte Schutzkappe des Zielsatelliten durch Funkbefehle vom Boden her abzuwerfen, scheiterten. Auch ein ursprünglich ins Auge gefaßter Versuch, Cernan solle bei seinem Ausstieg die Klappen endgültig entfernen, wurde nicht verwirklicht, um das Leben des Astronauten nicht zu gefährden.

An Bord von *Gemini 9* steigerte sich der Verdruß über den „ärgerlichen Alligator", wie man den Zielsatelliten getauft hatte, weil er einem Reptil mit aufgesperrtem Rachen so ähnlich sah. Cernan blieb jedoch noch das Ausstiegmanöver. Der Astronaut verwickelte sich dabei in der knapp 30 Meter langen Sicherungs- und Versorgungsleitung, die ihn mit dem Raumschiff verband. Cernan hatte, wie er sagte, „die ganze Schlange" über sich und konnte sich zunächst nicht so frei bewegen, wie er angenommen hatte. Erstmals trug der Astronaut bei seinem Weltraum-Ausflug ein 19 Kilogramm schweres Tornistergerät, in dem Rückstoßraketen und ein Treibstoffvorrat enthalten waren, um ihm ein längeres selbständiges Manövrieren zu ermöglichen. Auch ein Funkgerät war darin enthalten, damit er ständig mit seinem Astronautenkollegen verbunden war.

Cernans Aufgabe bestand darin, einige Arbeiten am Äußeren der Kapsel auszuführen. Der „Weltraum-Monteur" brachte zunächst einen Meteoritenzähler an der Außenwand an, den er vor seinem Einstieg wieder in das Innere des Raumschiffes bringen mußte, damit der Apparat die Rückkehr zur Erde unbeschädigt überstand.

„Ärgerlicher Alligator" nannten die Raumfahrer Thomas Stafford und Eugene Cernan den Zielsatelliten, den sie mit ihrem Raumschiff Gemini 9 eigentlich ansteuern sollten.

An der Nase montierte er einen Spiegel, damit Stafford den Weltraum-Spaziergänger auch sehen konnte, wenn er sich am hinteren Teil des Fahrzeugs zu schaffen machte.

45 Minuten nach dem Verlassen der Kapsel begann für Cernan das größte Erlebnis seiner Außenbord-Tätigkeit. Über dem Indischen Ozean flog *Gemini 9* in den Sonnenuntergang hinein. Zugleich verschloß Stafford die Luke, so daß Cernan allein draußen blieb. Er begab sich zu dem am Heck angebrachten Versorgungsteil der Kapsel, wo er die ebenfalls 45 Minuten dauernde Nacht verbrachte.

Als die Sonne wieder aufging, rüstete sich Cernan für ein weiteres Experiment: Er wollte die immer noch mit dem Raumschiff bestehende Versorgungsleitung abwerfen und – nur noch mit einem 40 Meter langen Nylonseil mit *Gemini 9* verbunden und durch einen Sauerstoffbehälter in seinem Rucksack versorgt – sich so weit wie möglich von der Kapsel trennen. Daraufhin hätte Stafford durch entsprechende Steuermanöver und Ziehen an der Leine den „gestrandeten Astronauten" an Bord holen sollen, um auf diese Weise die Bergung eines Astronauten zu trainieren.

Aber kurz vor Beginn dieses Manövers tauchten Schwierigkeiten auf. Cernan meldete, daß das Innere seines Helms beschlagen sei und daß er kaum noch sehen könne. Stafford klagte über eine schlechte Funkverbindung zu Cernan. Nachdem beide Astronauten einige Minuten gewartet hatten, zeichnete sich keine Besserung der Situation ab, so daß Cernan nach einem Aufenthalt von 2 Stunden und 5 Minuten außerhalb der Kapsel wieder in die Geborgenheit des Raumschiffes zurückkehrte.

Wie vorgesehen wurde der Raumflug bereits am dritten Tag mit einer „Bilderbuchlandung" südlich der Bermuda-Inseln abgeschlossen. *Gemini 9* landete in Sichtweite des Flugzeugträgers Wasp, und beide Astronauten konnten bereits eine Stunde nach dem Aufschlag wieder festen Boden unter den Füßen fühlen.

Das *Gemini*-Programm lief inzwischen auf Hochtouren: Die noch ausstehenden drei Flüge sollten bis zum Jahresende abgewickelt sein. Um dieses Ziel zu erreichen, wurde jeder dieser Flüge einer speziellen Arbeitsgruppe übertragen, die für die Vorbereitung von Start und Flug verantwortlich war.

Drei Flüge in fünf Monaten

Die drei letzten Flüge machten das *Gemini*-Projekt, das eigentlich nur als technische Übergangslösung zwischen den Pionierleistungen von *Mercury* und dem die amerikanischen Raumfahrtanstrengungen krönenden Meisterstück der *Apollo*-Unternehmen bezeichnet werden muß, zu einem Programm der Erfolge. Sie konnten in dem denkbar knappen Zeitraum von fünf Monaten abgewickelt werden und zeigten, daß die Amerikaner genügend Sicherheit gewonnen hatten, um auch größere und ehrgeizigere Aufgaben im Weltraum zu meistern.

Bereits sechs Wochen nach dem *Gemini*-9-Flug von Stafford und Cernan stiegen Fregattenkapitän John W. Young, der bereits bei dem ersten bemannten *Gemini*-Flug als Pilot gedient hatte, und der Luftwaffen-Major Michael Collins an Bord von *Gemini 10*.

Der Start am Montag, dem 18. Juli 1966, klappte auf Anhieb. Auch ein erstes Kopplungsmanöver bereitete keine Schwierigkeiten, das Andocken wurde sogar mehrfach wiederholt. Dabei wurde jedoch so viel Treibstoff verbraucht, daß ein weiteres geplantes Manöver unterbleiben mußte. Statt dessen katapultierten sie sich mit Hilfe des angekoppelten Zielsatelliten, dessen Triebwerke für neun Sekunden gezündet wurden, in eine von Menschen zuvor nie erreichte Höhe von 766 Kilometern. Das war ein neuer Höhenrekord, nachdem das sowjetische Raumschiff *Woschod 2* anderthalb Jahre zuvor bis in eine Höhe von 493 Kilometern über der Erdoberfläche vorgestoßen war.

Aber noch stand der Besatzung von *Gemini 10* eine besondere Aufgabe bevor: Kopilot Collins sollte nach dem Ausstieg aus der schützenden Kapsel Monteurarbeiten an einem anderen Weltraumkörper, nämlich dem vorausfliegenden Zielsatelliten ausführen. Einen ersten Anlauf dazu unternahm Collins bereits 24 Stunden nach dem Start, als er eine halbe Stunde die Kabinenluke öffnete und, mit dem Oberkörper aus dem Raumschiff herauslehnend, Fotoaufnahmen von den Sternen machte.

Daraufhin erhielt er von der Flugleitung in Houston die Erlaubnis, das Ausstiegmanöver zu beginnen. An einer 15 Meter langen Leine mit dem Raumschiff verbunden und mit Hilfe einer Antriebspistole verließ der Astronaut für 25 Minuten *Gemini 10*, ließ sich zu dem dicht vorausfliegenden Agena-Zielsatelliten treiben und entfernte dort eine vor dem Start angebrachte Folie, die den Aufschlag kleiner Meteoritenteilchen festgehalten hatte.

Eigentlich sollte die Außenbordtätigkeit des sorgfältig auf diese Arbeit vorbereiteten Kopiloten 50 Minuten dauern, aber der Treibstoffmangel zwang zu einer früheren Rückkehr in die Kapsel. Collins war nach White und Cernan der dritte Amerikaner, der sich frei im Weltraum bewegte. Später berichtete er über seinen Ausflug, daß er große Mühe gehabt habe, den Körper in die richtige Lage zu bringen und ihn auch zu halten, da er ohne sein Dazutun dazu geneigt habe, sich ständig zu überschlagen, so daß er sich wie in einer Schiffschaukel vorgekommen sei.

Doch langsam gelang es ihm, die Pistole so genau anzuwenden, daß er seine Bewegungen besser unter Kontrolle halten konnte. Seine Aufregung verflog, wie in der Flugleitung aufatmend registriert wurde, nachdem sich zeigte, daß die Zahl seiner Herzschläge von anfänglich 110 Schlägen in der Minute auf 100 Schläge abnahm. Damit hatte sich Collins zugleich als einer der kaltblütigsten Astronauten erwiesen, denn bei seinen Vorgängern war eine Herztätigkeit von 160 bis 180 Schlägen in der Minute beobachtet worden.

Nach weiteren zwölf Stunden war das Raumflugabenteuer von Young und Collins beendet. Nach 43 Erdumkreisungen, was einer Flugzeit von 70 Stunden und 47 Minuten entsprach, ging *Gemini 10* auf dem Atlantik 900 Kilometer südöstlich von Kap Kennedy nieder, zwölf Kilometer von dem Flaggschiff der Bergungsflotte, dem Flugzeugträger Guadalcanal, entfernt.

Die Schwierigkeiten, von denen Collins nach seinem 25minütigen Weltraumspaziergang berichtet hatte, wiederholten sich bei dem zweimal verschobenen, am Montag, dem 12. September 1966, in Kap Kennedy begonnenen *Gemini-11*-Flug, für den die Astronauten Charles Conrad und Richard Gordon ausgesucht worden waren. Zwar gelang es den beiden Raumfahrern bereits nach der ersten Runde um den Erdball, den zuvor gestarteten Zielsatelliten einzuholen und sich ihm bis auf wenige Meter zu nähern, so daß bereits nach einer Stunde und 34 Minuten das erste Blitz-Kopplungsmanöver der Raumfahrtgeschichte notiert werden konnte.

Beim 24 Stunden später eingeplanten Außenbordmanöver, das die Amerikaner Extra Vehicular Activity (EVA) nennen, aber war der Erfolgsfaden schon wieder gerissen. Aufgabe von Kopilot Richard Gordon sollte sein, sich für die Dauer von 115 Minuten außerhalb der Kapsel aufzuhalten, um sich mit eigens für diese Zwecke hergestellten Werkzeugen im Weltraum als Monteur zu betätigen.

Voller Energie und begeistert von dem überwältigenden Blick, der sich ihm nach Öffnen der Kapselluke beim Überfliegen des südlichen Kalifornien bot, war Gordon an seine Arbeit gegangen. Aber wäh-

Nur zwölf Kilometer von dem wartenden Bergungsschiff Guadalcanal entfernt landete die Gemini-10-Kapsel mit den Astronauten John Young und Michael Collins an Bord. Ein Froschmann legt unter Wasser einen Schwimmgürtel um das gewasserte Raumschiff.

rend er noch auf seinem Sitz stand, um den letzten Schritt aus dem Raumschiff zu wagen, mußte ihn Raumschiff-Kommandant Conrad an den Beinen festhalten, damit er nicht wie ein Geschoß aus der Luke wegtrieb. Die neun Meter lange Nabelschnur, die ihm den notwendigen Sauerstoff zuführte und die Temperatur in seinem Raumanzug regeln sollte, erwies sich zudem als eine teuflische Schlange, die sich immer wieder um seinen Körper oder seine Arme und Beine zu wickeln drohte. Aus der Besorgnis heraus, das lebensrettende Kabel durch eine plötzliche Bewegung abzureißen, mußte er sich immer wieder vorsichtig aus der Umgarnung befreien, was ihn viel Zeit und Anstrengung kostete.

Schließlich aber hatte er es geschafft und saß rittlings auf dem angesteuerten Zielsatelliten, in Schweiß gebadet und am Ende seiner Kräfte. „Ich kann nicht mehr", berichtete er seinem Raumkameraden, und die für das Manöver verantwortliche Flugleitung am Boden hörte es besorgt mit. Deutlich war das schwere Atmen des Weltraum-Ausflüglers in den Lautsprechern zu hören, die jedes Geräusch der *Gemini-11*-Astronauten übertrugen.

Eine halbe Stunde später meldete Raumschiff-Chef Conrad an die Bodenstation Tananarive auf Madagaskar, die er gerade überflog: „Ich habe Richard gerade wieder heimgeholt. Er schwitzte so sehr, daß die Sichtscheibe seines Raumfahrerhelms beschlug und er nichts mehr sehen konnte." Bevor Gordon nach einer Abwesenheit von 44 Minuten die Kapsel wieder betreten und die Luke hinter sich geschlossen hatte, war es ihm jedoch noch gelungen, ein 30 Meter langes Seil zwischen Raumschiff und Satelliten anzubringen, um auf diese Weise einen Formationsflug auszuprobieren, bei dem Treibstoff eingespart werden sollte.

Der Film, den Conrad von dem Weltraumspaziergang Gordons gedreht hatte, zeigte deutlich die Schwierigkeiten, die beim Verlassen eines Raumschiffes zu überwinden sind. Die Schwerelosigkeit machte es dem Astronauten, entgegen den ursprünglichen Annahmen, nicht leichter, sich frei im Weltraum zu bewegen. Gordons Bewegungen waren schwerfällig und unsicher. Bereits die einfach erscheinende Aufgabe, das Verbindungsseil von dem Zielsatelliten an die Dockvorrichtung der *Gemini*-Kapsel anzubringen, erforderte ungewöhnliche Anstrengungen. Schon die unter irdischen Bedingungen leicht zu bewältigende Handhabung der mitgeführten Geräte kostete ihn riesengroße Mühen, als habe er eine riesige Last zu bewegen. Jede Bewegung führte zu Schweißausbrüchen. Die Raumfahrtmediziner kamen später zu der Überzeugung, daß die Ursache dieser Belastung psychologischer Natur sein müsse, das heißt, daß

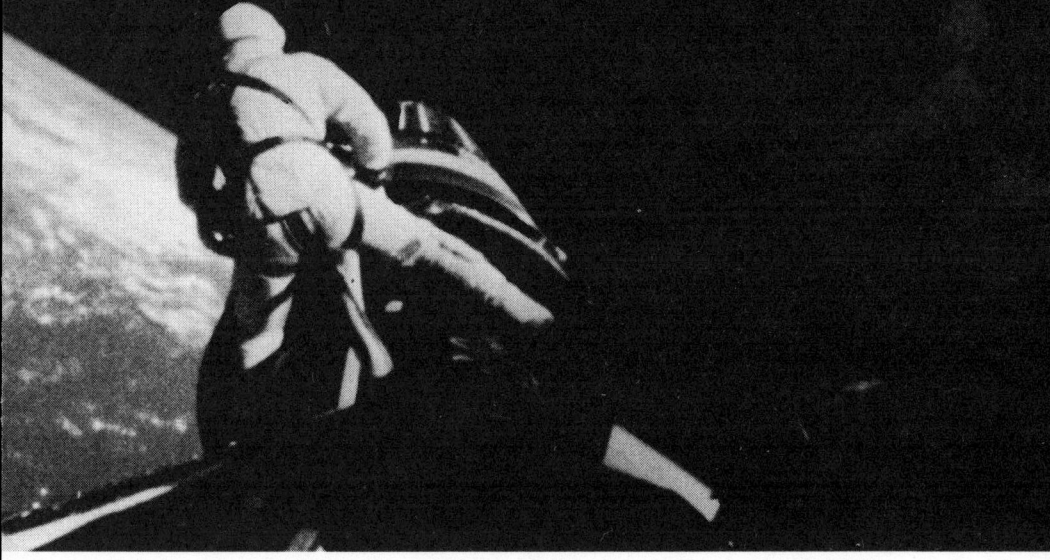

Einen Ritt auf dem Zielsatelliten unternahm Astronaut Richard Gordon während des Gemini-11-Flugs. Über Gordons rechter Schulter ragt die Radarantenne auf, mit deren Hilfe das Anlegemanöver bewerkstelligt wurde. Links ist ein Ausschnitt der Erdkugel zu erkennen.

die (gut verständliche) Angst vor dem grenzen- und bodenlosen Weltraum und die Besorgnis, den schützenden Raum der Kapsel nach einer ungeschickten Bewegung oder einer eintretenden Panne nicht mehr erreichen zu können, zu einer Verkrampfung führe, die den Aufenthalt im Weltraum zu einer Qual und damit zu einem Problem mache, das noch gründlich untersucht werden müsse. Als eine Folge dieser Erfahrungen, die Gordon mit nach Hause brachte, wurde das Arbeitsprogramm für den folgenden und letzten Flug des *Gemini*-Programms drastisch gekürzt.

Der negative Eindruck, den das nicht planmäßig zu Ende geführte Ausstiegmanöver hinterließ, wurde durch einen anderen Erfolg jedoch wieder wettgemacht. Conrad und Gordon beendeten ihren Weltraumflug am vorletzten Tag mit dem weitesten Vorstoß in den Weltraum, den ein Mensch je unternommen hatte. Nach dem Zünden ihrer Triebwerke brachten sie ihr Fahrzeug bis auf eine

181

Höhe von 1367 Kilometern über dem Erdboden. Dabei beschleunigten sie ihre Kapsel bis auf eine Geschwindigkeit von 27747 Kilometern in der Stunde. Schneller hatte sich vor ihnen nie ein Mensch bewegt. Die Rekordliste der amerikanischen Raumfahrtbehörde wies jetzt zwei neue Eintragungen auf.

Als die Astronauten über Australien den Scheitelpunkt ihres Höhenflugs erreicht hatten, stieß Conrad, überwältigt von dem Blick aus dem Kapselfenster, aus: „Das ist einfach nicht zu glauben: Unter mir links sehe ich einen Riesenausschnitt der Erdkugel. Ganz Australien ist mit einem Blick zu erfassen. Darüber hinaus ist die Hälfte der gesamten Südhalbkugel zu sehen. Das ist genauso, als wenn man auf einen Globus sehen würde. Ich habe jetzt Borneo genau unter der Nase und kann bis Indien sehen."

Mit einem vollautomatischen Landemanöver landeten beide Astronauten nach der 44. Erdumkreisung, 71 Stunden und 17 Minuten nach dem Start, im Atlantik, ganze 3,2 Kilometer vom Flugzeugträger Guam entfernt, der die erfolgreichen Raumfahrer erwartet hatte.

80 Tage Raumerfahrung

Krönender Abschluß des *Gemini*-Programms, mit dem die Amerikaner in dem Zeitraum von knapp 20 Monaten zehn bemannte und unfallfreie Raumflüge aufweisen konnten und mit dem zwanzig Astronauten mehr als 1940 Stunden oder 80 Tage Raumerfahrungen heimbrachten, wurde der viertägige Flug von *Gemini 12*. Der frisch zum Fregattenkapitän beförderte James Lovell, der damit als erster Mensch insgesamt 17 Tage seines Lebens im schwerelosen Zustand verbracht hatte, und der Luftwaffenmajor Edwin E. Aldrin sorgten dafür, daß, von der offensichtlich nicht zu umgehenden „Panne vom Dienst" einmal abgesehen, kein Schatten auf dieses bewundernswert vorbereitete Projekt fiel, das zugleich den großen Durchbruch für die amerikanische Raumfahrt brachte und die Tür zum eigentlichen Mondflugprogramm weit aufstieß.

Nach der schon zur Tradition gehörenden Verzögerung von zwei Tagen hoben Lovell und Aldrin glatt in Kap Kennedy ab und vollzogen fehlerfrei ihren Katalog von Aufgaben, der sich nicht wesentlich von den vorausgegangenen unterschied: ein Rendezvous-, ein Docking- und ein Außenbordmanöver, für das man nach den Erfahrungen, die Gordon während des *Gemini-11*-Fluges gesammelt hatte, jedoch nicht mehr den verharmlosenden Namen „Weltraumspaziergang" verwandte, da man jetzt sehr genau wußte, daß ein

Astronaut Schwerarbeit verrichten mußte, sobald er seine Kapsel verlassen hatte.

Aber an Überraschungen war man in der Raumfahrt inzwischen gewöhnt. Diesmal war es sogar eine erfreuliche Überraschung, die man im Kontrollzentrum von Houston erlebte: Denn als sich Aldrin aufmachte, um mit seinem für den Aufenthalt im Weltraum verbesserten Raumanzug das *Gemini*-Fahrzeug zu verlassen, kamen keine Klagen wegen unerträglicher Erschwernisse über seine Lippen. Im Gegenteil: Er fühlte sich frisch wie ein Fisch im Wasser, Herzschlag und Puls blieben weit unter den erwarteten Werten, und der Atem war ruhig. Auch der Helm beschlug nicht, so daß Aldrin als erster Amerikaner alle ihm aufgetragenen Arbeiten ohne sonderliche Schwierigkeiten erledigen konnte.

Er betätigte sich an einer am Heck des Raumschiffs angebrachten Arbeitsbank, löste dort Muttern von ihren Schrauben und steckte Kabel zusammen, wie es notwendig wird, wenn eines Tages ein ganzer „Raumschiff-Zug" im Weltraum zusammengestellt und für den Weiterstart zu ferneren Planeten abfahrbereit gemacht werden muß. Auch Aldrin stellte eine Leinenverbindung zwischen Zielsatellit und Raumschiff her. Sein Ehrgeiz war so groß, daß er sich zwei Stunden und neun Minuten außerhalb der Kapsel aufhielt und erst auf einen energischen Befehl der Flugleitung wieder auf seinen Sitz zurückzubringen war.

Der glatte, unkomplizierte Verlauf seiner Außenbordtätigkeit veranlaßte Houston jedoch, Aldrin erneut grünes Licht für ein ursprünglich nicht vorgesehenes zweites EVA-Manöver zu geben. Aldrins stolze Bilanz: Er hielt sich insgesamt fünf Stunden und 36 Minuten im Weltraum auf und bewies damit – entgegen den Befürchtungen der Raumfahrttechniker –, daß der Ausstieg aus der Kapsel nicht unbedingt nur mit körperlichen Anstrengungen und seelischen Ängsten zu erkaufen war.

Der Flug von *Gemini 12* vom 11. bis 15. November 1966 dauerte 94 Stunden und 34 Minuten und führte 59mal um die Erde. Die Landung südlich der Bahamas, wo sich als Flaggschiff der Bergungsflotte die bereits mehrfach bei der Rückkehr von Weltraumfahrern bewährte Wasp aufhielt, war fast nur eine Formsache. Amerika feierte den Abschluß eines Programms, das bereits nach 20 Monaten anstelle der zwei ins Auge gefaßten Jahre abgeschlossen werden konnte. Dafür waren die Kosten von den veranschlagten 16,8 Milliarden auf über 20 Milliarden Mark geklettert, sicherlich kein zu hoher Preis, wenn man bedenkt, daß die *Gemini*-Anstrengungen reiche Zinsen eingetragen hatten.

Die Raumfahrt fordert Opfer

Ein Blitz aus heiterem Himmel

Die Frage, warum die beiden großen Weltraummächte so viele geistige Mühen, körperliche Anstrengungen und nicht zuletzt Milliardenbeträge an Dollar und Rubel aufwenden, um in den Weltraum, auf den Mond oder zu den Planeten vorzustoßen, ist seit dem Start des ersten *Sputniks* vielfach gestellt worden.

Ein amerikanischer Astronaut der Stunde 1, Amerikas erster Erdumkreiser, der aus den aktiven Diensten des Marinekorps und der Raumfahrtbehörde ausgeschiedene John Herschel Glenn, hat darauf eine überzeugende Antwort gegeben: „So viele Männer auch gestartet sind, sie sind alle zurückgekehrt. Das wird nicht immer so sein, das weiß ich, das wissen wir alle. Einige von uns werden sterben. Vielleicht wird es eine ganze Mannschaft sein, die sterben muß. Trotzdem ist es unseren Einsatz wert. Und da dies so ist, werden wir die Verluste akzeptieren, werden wir mit denen weitermachen, die übrigbleiben. Viele Piloten sind in der Geschichte der Fliegerei umgekommen, und doch hat ihr Opfer das Flugwesen nicht aufgehalten. Viele Alpinisten sind beim Erklettern der Berge ums Leben gekommen, und doch hat das den Bergsteigern nicht den Mut genommen. Viele Schiffe sind untergegangen, seitdem die Meere durchpflügt werden, und doch hat das nicht verhindert, daß Schiffe auch weiterhin die Meere durcheilen. Auch wir müssen unser Ziel erreichen, wir müssen zum Mond hinauf, wir müssen einfach. Und eines Tages werden diejenigen, die jetzt noch dagegen sind und das Schlimmste befürchten, zurückblickend froh darüber sein, was sie gewagt und getan haben."

Diese Worte Glenns, im Jahre 1964 zu der italienischen Journalistin Oriana Fallaci gesprochen, hatten einen prophetischen Klang. Er fand sie, als er seiner Interviewerin den Sinn des Astronautengrußes erklären wollte, mit dem sich Amerikas Himmelsstürmer vor dem Start zu verabschieden pflegen: „Go and explode!" – „Geh und explodier!" Diese formelhafte Redewendung, die das Unglück abwenden soll, sollte schneller, als Glenn es erwartet haben mag, grausame Wirklichkeit werden.

Die Schreckensnachricht aus Kap Kennedy, am Abend des 27. Januar 1967 von den Nachrichtenagenturen in alle Erdteile verbreitet, traf die Amerikaner ahnungslos. Nach den erfolgreichen *Gemini*-Flügen hatten andere Ereignisse die Meldungen aus dem Raumfahrtzentrum in den Hintergrund treten lassen. Das erste bemannte Raumflugunternehmen mit der dreisitzigen *Apollo*-Kapsel schien noch fern. Auch die Russen hatten seit Monaten „Ermüdungserscheinungen" gezeigt und sich mit Überraschungen aus Baikonur zurückgehalten.

Jetzt war es früher Freitagabend, das Wochenende stand vor der Tür, es gab keinen anderen Gesprächsstoff als das Wetter, dessen ungebärdiges Wüten einen Teil des Kontinents aufgewühlt und seine Bewohner in Angst und Schrecken versetzt hatte.

Die Meldung aus Kap Kennedy schlug wie ein Blitz in die Hirne der Amerikaner ein.

Dies war geschehen: Die Astronauten Virgil Grissom, Edward White und Roger Chaffee, von der Raumfahrtbehörde für den ersten Flug einer bemannten *Apollo*-Kapsel ausgewählt, starben um 17.31 Uhr Ostamerikanischer Zeit in ihrer für das Unternehmen vorbereiteten Kapsel auf der Spitze einer Saturn-1-Rakete, 66 Meter oberhalb der Abschußrampe 34 von Kap Kennedy, in einer Stichflamme. Das sekundenschnell ausbrechende Feuer ließ ihnen keine Zeit mehr, die Einstiegluke des Raumschiffs zu öffnen und sich in Sicherheit zu bringen. Ihr Tod trat augenblicklich ein. Als man Minuten später die rauchende Kommandokapsel öffnete, fand man ihre verkohlten Leichen. Es gab kein Zeichen für einen verzweifelten Versuch, der verheerenden Gewalt der Flammen zu entkommen oder sich in den Sekunden der Todesangst auf Kosten eines Kameraden aus dem verderbenbringenden Gefängnis zu befreien. Die ungeheure Hitze des Feuers hatte ihre Raumanzüge zum Schmelzen gebracht und die Körper der Astronauten in Asche verwandelt.

Auf den Fernsehschirmen im Kontrollbunker war lediglich ein greller Blitz zu verfolgen gewesen, ehe das Bild ausfiel und die Alarmglocken das Unglück signalisierten. Aus den Lautsprechern war der gellende Schrei eines Astronauten zu vernehmen: „Feuer im Raumschiff." Dann trat tödliche Stille ein. Amerikas Raumfahrtehrgeiz hatte die ersten menschlichen Opfer gekostet.

Viele Kommentatoren sahen es als eine Tragik an, daß sich dieses Unglück nicht im Weltraum, sondern bei einer Startübung auf der Erde ereignete, ohne daß die Rakete mit dem gefährlichen Treibstoff gefüllt gewesen war. Der Tod der drei Astronauten als Folge eines technischen Versagens wurde als vermeidbar den Verantwortlichen der NASA angekreidet und eine strenge Untersuchung gefordert.

Der Chef der Raumfahrtbehörde, James Webb, resignierte: „Jeder von uns war sich klar darüber, daß eines Tages Raumpiloten sterben müssen. Aber wir alle hatten einen Unglücksfall im Weltraum für möglich gehalten. Wer hätte gedacht, daß sich die erste Tragödie auf der Erde ereignen würde?"

Feuer in Block 1

In Amerika herrschte in jenen strengen Wintertagen Trauer über den Tod dreier bewährter Astronauten. Es war aber auch eine fast grimmig zu nennende Entschlossenheit zu verspüren, den Ursachen des Feuers auf die Spur zu kommen, das nach der ersten Annahme durch einen Kurzschluß verursacht sein mußte. Den Technikern stellten sich Fragen über Fragen, auf die möglichst schnell eine Antwort gefunden werden mußte: War es ein technischer Fehler, der als Folge des energisch vorangetriebenen *Apollo*-Programms nicht rechtzeitig erkannt worden war? Hatte sich das ganze Projekt, das auf der Verwendung einer reinen Sauerstoffatmosphäre im Innern des Raumschiffs basierte, als unbrauchbar erwiesen? Oder lag wieder, wie die Raumfahrtbehörde es bereits mit dem Raumschiff *Gemini 6* erlebt hatte, eine Unachtsamkeit bei der Überprüfung der Systeme vor, die in diesem Fall zu katastrophalen Ergebnissen geführt hatte?

Der bis zum 27. Januar 1967 korrekt eingehaltene Zeitplan sprach eigentlich dagegen, daß eine vermeidbare Panne als Ursache in Frage kam. Bereits im Jahre 1964 hatte die Herstellerfirma North American Aviation in Downey bei Los Angeles mit dem Bau des ersten, aus der Kommando- und Antriebskapsel bestehenden Raumschiffs begonnen. Beide Bauteile, in der NASA-Sprache CM (für Command Module) und SM (für Service Module) genannt, erhielten in ihrer Kombination die Fabrikationsnummer SC 102 und waren ein Jahr später fertiggestellt. Es folgten weitere zwölf Monate intensiver Funktionsprüfungen und Abnahmetests, ehe das im Jargon der Techniker Block 1 bezeichnete Raumschiff in Kap Kennedy auf die Spitze einer *Saturn-1b*-Rakete montiert wurde.

Das geplante Weltraumunternehmen vom 21. Februar sollte unter der Flugnummer *Apollo*-Saturn 204 (AS 204) starten. Der Ablauf der Vorbereitungsarbeiten versprach einen reibungslosen Flug, der bis zu drei Wochen ausgedehnt werden konnte. Aufgetretene Mängel und Unregelmäßigkeiten in der Arbeitsweise der Bordsysteme, wie sie bei einem neuartigen Raumfahrtgerät nicht zu vermeiden waren, wurden erkannt und abgestellt. Ein erster Test mit der Besatzung fand am 10. Oktober 1966 statt. Weitere Versuche folgten ständig. Für die Astronauten zählten sie zum täglichen Brot.

Für sie war es nichts anderes als eine Routineübung, als sie am Nachmittag des 27. Januar 1967 in die drei nebeneinanderliegenden Sitze des *Apollo*-Raumschiffs kletterten und sich wie bei einem Start festschnallten. Auf dem Programm stand, wie bereits viele Male vorher, ein simulierter Countdown, bei dem entsprechend den Vorgängen bei einem echten Start nacheinander alle Energie- und Sprechverbindungen von dem Startturm gelöst und auf die Bordversorgung umgeschaltet werden mußten.

In dem minutiösen Protokoll, das alle Zeitangaben, wie in der Luft- und Raumfahrt üblich, nach der Zeit des Nullmeridians von Greenwich bei London aufführt (GMT = Greenwich Mean Time), las sich das so:

18:00:00 GMT: Die *Apollo*-Astronauten Virgil Grissom, Edward White und Roger Chaffee besteigen durch die Einstiegluke die Kapsel; Grissom nimmt in der linken Liege Platz, White liegt in der Mitte und Chaffee rechts.

18:20:00 GMT: Grissom bemerkt einen fremdartigen Geruch in der Sauerstoffatmosphäre, die die Mannschaft einatmet. Der Countdown wird unterbrochen, eine Probe des Sauerstoffs wird analysiert.

19:42:00 GMT: Die Analyse führt zu keinem Ergebnis. Die Luken des Raumschiffs werden geschlossen, der Countdown fortgesetzt.

22:40:00 GMT: Der Countdown wird erneut unterbrochen, da sich Schwierigkeiten in der Sprechfunkverbindung herausgestellt haben, die die Verständigung zwischen Besatzung und Startmannschaft erschweren.

22:45:00 GMT: Der Countdown wird fortgesetzt, obschon sich die Fehlerquelle nicht finden läßt. (Erst später stellte sich heraus, daß ein nicht abschaltbares Mikrofon die Störungen hervorgerufen hatte.)

23:30:00 GMT: Der simulierte Start der AS 204 erfolgt.

23:30:21 GMT: Die Puls- und Atemfrequenzen des Astronauten White steigen an. In der Kommandozentrale sieht man darin kein Zeichen für eine Beunruhigung.

23:30:24 GMT: Empfindliche Meßgeräte zeigen Erschütterungen in der Kapsel an. Sie werden als heftige Bewegungen der Besatzung gedeutet. Nichts deutet auf eine Gefahrensituation hin.

22:30:30 GMT: Der Sauerstoffverbrauch der drei Astronauten

steigt plötzlich an. Whites Herztätigkeit geht steil in die Höhe. Die Bodenkontrolle wird aufmerksam.

23:30:44 GMT: Die Erschütterungen der Kapsel lassen nach, kurz danach sinken auch die Herzschläge Whites wieder.

23:30:59 GMT: Spannungsschwankungen im elektrischen Bordnetz. Zugleich steigt der Anzeiger für den Sauerstoffverbrauch der Besatzung auf den höchsten Wert, den er übermitteln kann.

22:31:00 GMT: Erneut heftige Bewegungen in der Kommandokapsel.

23:31:05 GMT: Eine Stimme aus dem Raumschiff (Grissom oder Chaffee) schreit: „Feuer, Feuer." Die Temperatur in der Kapsel steigt in Sekundenbruchteilen an.

23:31:06 GMT: Chaffee schreit: „Feuer im Raumschiff."

23:31:08 GMT: Auf den Fernsehmonitoren, die Bilder von einer in der Kapsel angebrachten Kamera übertragen, ist schattenhaft zu erkennen, wie Astronaut White versucht, die Einstiegluke zu öffnen.

23:31:09 GMT: Heftige Bewegungen im Raumschiff.

23:31:12 GMT: Der Druck im Raumschiff steigt an. Er erreicht wenig später den höchsten Wert, den das Anzeigegerät noch übermitteln kann.

23:31:19 GMT: Schrille Stimme (wahrscheinlich Chaffee): „Wir wollen raus, wir brennen." Weitere, nicht mehr klar zu verstehende Worte wie: „Nichts wie raus, mach auf."

23:31:21 GMT: Die Kabine birst unter einem Innendruck von 2 Atmosphären. Feuer und Rauch dringen nach außen.

23:31:22 GMT: Die Übertragung von Meßwerten und Geräuschen aus dem Raumschiff bricht ab. Auf den Fernsehmonitoren ist nur noch Rauch zu erkennen.

In Kap Kennedy war es, entsprechend dem Zeitunterschied zu Greenwich, erst 17.31 Uhr. Die Dunkelheit brach herein. Die Flammen, die aus der 66 Meter über dem Erdboden angebrachten Kapsel schlugen, waren im gleißenden Scheinwerferlicht von den 300 Meter entfernten Kontrollräumen nur als matt blinkende Lichter zu erkennen. Bis sich die Aufregung unter den Männern der Startmannschaft gelegt und die ersten von ihnen die oberste Plattform des Montageturms erreicht hatten, von denen der Zugang zu dem brennenden Raumschiff möglich war, waren fast fünf Minuten vergangen. Die Leute im weißen Overall, die mit den reichlich zur Verfügung stehenden Feuerlöschgeräten anstürmten, sahen mit einem Blick, daß hier nichts mehr zu retten war.

In den dichten Rauchschwaden, die jetzt den ganzen Turm einhüllten, bereitete es große Schwierigkeiten, die dreifach gesicherte

Luke zum Innern der Kapsel zu öffnen. Als dies endlich gelungen war, quoll dichter, schwarzer Qualm nach draußen. Die Flammen waren infolge des aufgezehrten Sauerstoffs bereits erstickt. Im undurchdringlichen Dunkel der Kommandokapsel tasteten die Retter nach den Körpern der drei Astronauten. Sie lagen leblos da, von der Hitze des Feuers verkohlt. Ihre Raumanzüge waren geschmolzen und hatten sich mit den Kunststoffbezügen der Sitze zu einer festen Masse verbacken, die auch die Leichname nicht freigab.

Es blieb keine andere Wahl: Das Raumschiff mitsamt den in ihm gefangengehaltenen drei toten Astronauten mußte erst wieder von Rauch frei und erkaltet sein, ehe man an die Spurensicherung gehen konnte. Nach vier Stunden konnten die Leichen herausgeholt und in Zinksärge gelegt werden. Zwei Tage später wurden sie auf dem Ehrenfriedhof von Arlington bei Washington in einem Staatsakt beigesetzt. Präsident Johnson war unter den Abschiednehmenden.

Amerikas Astronautenopfer hatten den Flammentod in einer reinen Sauerstoffatmosphäre gefunden. Damit hatte sich der für das Leben auf der Erde unentbehrliche Sauerstoff als ein heimtückisches Gas entpuppt, das ohne die Beimischung anderer Gase voller Gefahren steckt. Für die verantwortlichen Wissenschaftler der Raumfahrtbehörde war dies freilich keine neue Erkenntnis. Auch ihnen war bekannt, daß Atemluft, die aus einem Gemisch von rund 21 Sauerstoffmolekülen und 79 Stickstoffmolekülen besteht, weit weniger einen Brennvorgang fördert, als es reiner Sauerstoff tut. Allein der Sauerstoff wird jedoch zur Aufrechterhaltung des menschlichen Stoffwechsels benötigt, während der Stickstoff in der Atemluft als Ballast bezeichnet werden kann. Dieser Ballast macht sich dann auch im Weltraum bemerkbar, wohin er transportiert werden muß, will man den Astronauten die von der Erde her gewohnte Atemluft mit auf den Weg geben. Eine reine Sauerstoffatmosphäre erlaubt es hingegen, mit der Hälfte des normalen Luftdrucks auf der Erdoberfläche auszukommen. Das bedeutet, daß auch die mechanische Festigkeit eines Raumschiffs nur halb so groß zu sein braucht. Verzichtet man also auf das Ballastgas des Stickstoffs in der Atemluft für die Raumfahrer, dann kann der Innendruck des Raumschiffs sogar auf ein Drittel des Normaldrucks reduziert werden.

Die amerikanischen Weltraumwissenschaftler hatten sich jedoch nicht allein zwischen einer Stickstoff-Sauerstoff-Atmosphäre und einer reinen Sauerstoffumgebung zu entscheiden. Als dritte Möglichkeit bot sich ein Sauerstoff-Helium-Gemisch an. Bei einem Verhältnis von 1 zu 1 hätte man auch mit dieser Atmosphäre einen verminderten Druck von etwa der Hälfte des Normaldrucks erzielen können. Zudem hätte sich mit Hilfe dieses Ballastgases auch die Feuergefährlichkeit wesentlich herabsetzen lassen. Die verantwortlichen Männer der Raumfahrtbehörde hätten angesichts dieser Vorteile die Gewichtserhöhung des *Apollo*-Raumschiffs sicherlich in Kauf genommen, wenn damit nicht gleichzeitig ein schwerwiegender Nachteil verbunden gewesen wäre. Er bestand darin, daß ein Mensch nur langsam und stufenweise von einer Helium-Sauerstoff-Atmosphäre auf die gewohnte Stickstoff-Sauerstoff-Atemluft umgestellt werden kann. Geschähe diese Umstellung unvermittelt, wie es in einem Notfall bei dem plötzlichen Öffnen einer Raumkapsel der Fall wäre, dann hätte dies für die Raumfahrer tödliche Folgen. Der Übergang von einer reinen Sauerstoffatmosphäre zu der gewohnten Atemluft kann hingegen unmittelbar und ohne längere Anpassungsphasen erfolgen.

Die Vorwürfe an die Adresse der NASA häuften sich. Ein Unterausschuß des amerikanischen Repräsentantenhauses beschuldigte die Herstellerfirma North American Aviation, die Ausrüstung der Kapsel nicht sorgfältig genug überprüft zu haben. Die elektrische Verkabelung im Innern sei unzulänglich und schlampig ausgeführt worden. Die Drähte seien zu unentwirrbaren Knäueln zusammengefaßt worden und hätten an „Rattennester" erinnert. Angesichts dieser Tatsache könne man nur von „Pfuscharbeit" sprechen.

Der schockierende Apollo-Report

Der Urteilsspruch, den die von Präsident Johnson eingesetzte Untersuchungskommission nach zehnwöchiger Arbeit über das Brandunglück von Kap Kennedy fällte, ließ an Deutlichkeit nichts zu wünschen übrig. Er bezichtigte die verantwortlichen Männer der Raumfahrtbehörde, bereits beim Entwurf der Drillingskapsel unzulänglich, ja fahrlässig gehandelt zu haben. Der Bericht, an dessen Ausarbeitung 1500 Fachleute beteiligt waren, enthielt die unausgesprochene, aber deutlich zu verstehende Anklage, bei der Aufstellung der Mondlandepläne unter dem Druck des mit den Sowjets ausgetragenen Wettbewerbs um die Vorrangstellung im Weltraum auf elementare Vorsichts- und Sicherheitsmaßnahmen verzichtet zu haben. Über 3000 Seiten wurde vernichtende Kritik an den Qualitätsmaßstäben bei der Konstruktion und dem Bau des *Apollo*-Raumschiffs geübt. Im einzelnen wurde gerügt:

Die ausgebrannte Kapsel enthielt mehrere Bauteile, die von der NASA-Kontrollabteilung nicht abgenommen worden waren.

Die Herstellerfirma hatte die Kapsel abgeliefert, ohne 113 wichtige und vorgeschriebene Arbeitsgänge auszuführen.

Das Gerät, das Klima und Atemluft in der Kapsel regelte, war zuvor mehrfach zwecks Reparaturarbeiten entfernt und wieder eingebaut worden, weil das leicht entflammbare Kühlmittel immer wieder durch Leckstellen ausfloß.

Im Entwurf, der Herstellung und der Installation, bei Reparaturen und den folgenden Qualitätskontrollen der elektrischen Leitungen wurden Fehler gefunden.

Das Raumschiff war bis zum Ausbruch des Brandes nie einem Schütteltest unterzogen worden.

Die Telefon- und Funksprechverbindungen mit dem Raumschiff waren mangelhaft, sie setzten während des Tests mehrfach aus.

Durch den erhöhten Innendruck ließ sich das Raumschiff erst öffnen, nachdem die äußere Hülle gerissen war.

Die reine Sauerstoffatmosphäre sowie der hohe Druck gefährdeten „die Versuchsbedingungen in gefährlicher Weise".

Im elektrischen Leitungssystem wurden mehrere Kurzschlüsse festgestellt, jedoch konnte keine einzige Fehlerquelle aufgedeckt werden.

Weder Rettungsmannschaften noch Rettungsgeräte standen in ausreichendem Umfang bereit, und schließlich war ein derartiger Notfall in den technischen Handbüchern überhaupt nicht vorgesehen.

Angesichts dieses unbegreiflichen Ergebnisses war es fast unerheblich, daß die eigentliche Ursache des Kurzschlusses nicht mehr eindeutig zu benennen war. Festgestellt wurde nur, daß die Stromversorgung der Kapsel bereits 90 Sekunden vor dem Ausbruch des Brandes unterbrochen war. Ungewiß blieb auch, ob die bordeigenen Batterien als Folge eines Bedienungsfehlers von außen durch plötzlich auftretenden zusätzlichen Bedarf überlastet wurden und dadurch ein Kurzschluß entstand.

Ermöglicht wurde der Kurzschluß jedenfalls durch die fehlerhaft verarbeiteten und nicht geprüften elektrischen Leitungen. Die Katastrophe von Kap Kennedy war erst mit diesem Bericht in allen ihren Auswirkungen auf die Raumfahrtpläne deutlich geworden. Hast und Kurzsichtigkeit mußten sich diejenigen vorwerfen lassen, die zuvor immer wieder erklärt hatten, „mit überflüssiger Sorgfalt" den Weg der Astronauten in den Weltraum vorbereitet zu haben, „weil wir nichts höher schätzen als ein Menschenleben" (NASA-Chef James Webb).

Die Namen der für das Unglück Verantwortlichen verschwieg der

Untersuchungsbericht rücksichtsvoll, obschon zwischen den Zeilen deutlich zu lesen stand, daß nicht das System versagt hatte, mit dem das aus vielen Millionen Einzelteilen bestehende Raketen- und Raumschiffgerät geplant und entwickelt worden war, sondern die Menschen, die sich dieses Systems bedienten und zu seiner sicheren Verwendung ein dichtes Netz von Vorschriften und Kontrollen aufgebaut hatten.

Als eine anfällige, leicht verwundbare Nahtstelle in diesem üppig wuchernden Geflecht hatte sich die Verbindung zwischen Raumfahrtbehörde und Industrie erwiesen. Da die planende und ordnende Hand des Staates nicht alle Detailkonstruktionen und erst recht nicht ihre Verwirklichung in „Hardware" – wie die Amerikaner das fertige, funktionstüchtige Endprodukt einer Planung nennen – übernehmen konnte, mußte die Arbeit Vertragsfirmen überantwortet werden, die ihrerseits wiederum Unteraufträge vergaben. Um in diesem verwirrenden Geschäftsbetrieb die Übersicht zu bewahren und klare Verantwortungsbereiche zu schaffen, bedurfte es ebenso guter Manager wie Techniker. In diesem Heer von Ingenieuren und Arbeitern – als das *Apollo*-Programm auf vollen Touren lief, waren es 300 000 Beschäftigte an 80 000 verschiedenen Stellen – nach der Ursache einer Fehlentscheidung, einer Unachtsamkeit oder eines nachlässig unternommenen Handgriffs zu fahnden, erforderte detektivisches Gespür. Die Untersuchungskommission, die sich mehr um die politische Verantwortlichkeit der staatlichen Stellen zu kümmern hatte, war damit von Anfang an überfordert.

Der Tod des Wladimir Komarow

Mehr als zwei Jahre waren seit dem nicht ohne Pannen verlaufenen Flug des dreisitzigen Raumschiffs *Woschod 2* vergangen, ehe die sowjetische Raumfahrt ein neues bemanntes Unternehmen wagte. Diese ungewöhnlich lange Pause war um so verwunderlicher, als der sowjetische Arzt Boris Jegorow, der zur Mannschaft von *Woschod 1* gehört hatte, auf mehreren wissenschaftlichen Kongressen erklärt hatte, daß nach den Erkenntnissen der sowjetischen Raumfahrtmedizin noch viele Erfahrungen im Weltraum gewonnen werden müßten, ehe man mit ausreichender Sicherheit darüber befinden könne, ob sich der Mensch auch einer längeren Schwerelosigkeit anzupassen vermöge. In der Ostberliner Humboldt-Universität hatte er sechs Monate nach seinem Raumflug gesagt, ungeklärt sei vor allem die Frage, ob ein Kosmonaut seelische, aber auch körper-

Das Sojus-Raumschiff auf der Spitze der verstärkten Wostok-Rakete während des Transports zum Abschußplatz

liche Belastungen im Weltraum über mehrere Wochen hinweg ertragen könne. Darüber müßten noch viele weitere Raumflüge erschöpfende Auskunft geben.

Neue Kunde von einem Raumschiffstart kam am 23. April 1967 aus Moskau. Der Starttermin war auf einen Sonntag gelegt worden. Ungewohnt war die frühe Startzeit: 3.35 Uhr Moskauer Zeit. Was die Aufmerksamkeit der Fachleute in erster Linie in Anspruch nahm, war die Ankündigung der Sowjets, einen neuen Raumschifftyp in eine Erdumlaufbahn geschossen zu haben. Einziger Kosmonaut an Bord war der Luftwaffenoberst Wladimir Michailowitsch Komarow, der bereits den gemeinsam mit Jegorow und Feoktistow unternommenen *Woschod-1*-Flug befehligt hatte. Hauptaufgabe des Flugs sollte die Erprobung des neuen Raumschiffs sowie technische Experimente und Studien unter Weltraumbedingungen sein. Auch ein Hinweis auf biologische und medizinische Untersuchungen, seit jeher ein Hauptanliegen der sowjetischen Raumfahrtwissenschaftler, fehlte nicht.

Das Interesse der Welt wurde durch die zurückhaltenden Äußerungen Moskaus zu dem neuen Weltraumunternehmen eher noch geweckt. Man vermißte vor allem Angaben über die Größe und das Gewicht des Raumschiffs sowie der Trägerrakete, von der man annahm, daß es sich um eine neuartige Konstruktion handelte. Um so mehr wurden die spärlichen Informationen über den Kurs der Kapsel unter die Lupe genommen, die den Namen *Sojus 1* erhalten hatte, was soviel wie Union, Vereinigung bedeutet.

Die nahezu kreisrunde Umlaufbahn, deren erdfernster und erdnächster Punkt nur um 23 Kilometer differierten, ließen in Verbindung mit dem beziehungsreichen, auf ein Kopplungsmanöver hindeutenden Namen die Vermutung zu, daß *Sojus 1* als Bestandteil einer Weltraumstation ins Auge gefaßt worden war. Damit würden die Sowjets ein Projekt verfolgen, dessen sich auch die Amerikaner bedienten, um ihre Mondlandepläne voranzutreiben.

Die Hellhörigkeit der journalistischen Beobachter der russischen Weltraumszene wurde seit jeher durch Randereignisse geschärft, denen ein argloser Betrachter kaum Bedeutung beimißt. Über solche Zeichen, aus denen erfahrene Rußlandkenner ihre Schlüsse zu ziehen wissen, berichtete der amerikanische Wissenschaftsjournalist William Roy Shelton in seinem Buch „Die Russen im Weltraum": „Die ersten Hinweise, daß etwas in der Luft lag, wurden Mitte April 1967 in Moskau gegeben. Es gibt annähernd zwei Dutzend amerikanische Korrespondenten, die ständig in der sowjetischen Hauptstadt stationiert sind. Als zuverlässiges Neuigkeitsbarometer wird von den meisten – besonders den neu in Moskau Eingetroffenen, die noch über wenig Kontakte zu amtlichen oder halbamtlichen Stellen verfügen – die Reaktion von drei Starjournalisten auf umlaufende Gerüchte betrachtet. Die am hartnäckigsten wiederholte Behauptung besagte, daß ein neues Raumschiff gestartet würde. Von einem weiteren Raumschiff des gleichen Typs sollten nach einem vorausgegangenen Rendezvous- und Dockingmanöver mehrere Besatzungsmitglieder umsteigen. In einzelnen Fällen wurden sogar fünf Kosmonauten genannt, die in einem solchen ‚Raumomnibus‘ Platz haben sollten. Das Interessanteste an diesen Gerüchten war sicherlich die Zahl von fünf Raumfahrern. Warum aber gerade fünf Mann? Das Überwechseln von mehr als zwei Männern erschien überflüssig für eine solche Mission zu sein. Ein ‚Raumomnibus‘ für fünf Mann schien einfach über das Ziel hinauszuschießen. Inzwischen war bereits augenscheinlich geworden, daß die Russen erdnähere Ziele im Sinn hatten, indem sie auf eine Weltraumstation hinsteuerten. Das bedeutete zugleich, daß sie eine mögliche Hoffnung, die Amerikaner auf dem Mond zu überflügeln, bereits aufgegeben hatten."

24 Stunden nach dem Start der *Sojus-1*-Kapsel verdichteten sich Mutmaßungen, daß mit dem Start eines weiteren Raumschiffes in Baikonur zu rechnen sei. Ohne daß Moskau später je eine solche Absicht bestätigt oder dementiert hätte, ist seither immer wieder behauptet worden, ein weiterer Start in der Frühe des 24. April sei in der Tat mißlungen. Daraufhin habe Komarow die Weisung erhalten, mit seiner *Sojus*-Kapsel die Landung einzuleiten.

Eine solche Behauptung muß nicht unbedingt zutreffen. Kenner der Materie haben sofort darauf verwiesen, daß die Russen nüchtern und ohne auf billige Weltraumerfolge ausgehende Eile auf die Vervollkommnung ihrer Raumfahrttechnik bedacht sind. Sie erinnerten daran, daß Gagarin lediglich auf eine Erdumkreisung geschickt worden sei, um die *Wostok*-Kapsel zu erproben. Auch das erste Weltraumunternehmen Komarows, bei dem das neue Raumschiff vom Typ *Woschod* getestet worden war, sei auf einen Tag begrenzt gewesen. Bei einem Raumfahrzeug der dritten Generation sei keine Ausnahme zu erwarten gewesen. Nichts habe dafür gesprochen, daß eine solche Mission über mehrere Tage geplant gewesen sei und zudem noch durch ein kompliziertes Rendezvous-, Anlege- und Umsteigemanöver erschwert werden sollte. Hingegen waren inoffizielle Berichte über Schwierigkeiten, die Komarow mit dem Lagekontrollsystem des Raumschiffs gehabt haben sollte, durchaus ernst zu nehmen, da man von einem neuen Raumschifftyp schwerlich erwarten konnte, daß er von Anfang an fehlerlos funktioniere.

Berichte über einen planmäßigen Verlauf des *Sojus-1*-Unternehmens strahlte der sowjetische Rundfunk innerhalb der ersten 24 Stunden regelmäßig aus. Nach den ersten fünf Erdumkreisungen hieß es, Komarow werde von 13.30 Uhr bis 21.30 Uhr eine längere Ruhepause einlegen, zugleich werde auch der Funkverkehr mit den Bodenstationen eingestellt. Um Mitternacht hatte Komarow die Erde dreizehnmal umrundet. Ein letzter Flugbericht wurde am 24. April um 6.12 Uhr verbreitet. Er lautete: „Aufgrund der Mitteilungen des Kosmonauten-Piloten Komarow und telemetrischer Informationen ist er bei bester Gesundheit und fühlt sich wohl. Die Raumschiffsysteme arbeiten normal." Derselbe Wortlaut wurde von den sowjetischen Radiostationen um 9 Uhr wiederholt. Dann folgte ein langes Schweigen.

Um 17.24 Uhr Moskauer Zeit berichtete die amtliche Nachrichtenagentur TASS das Unerwartete: „Der 40jährige Oberst Wladimir

Wladimir M. Komarow war der erste sowjetische Kosmonaut, der zweimal in den Weltraum entsandt wurde. Bei der Landung mit Sojus 1 fand er am 23. April 1967 den Tod.

Komarow ist während des Landemanövers mit seinem Raumschiff *Sojus 1* tödlich verunglückt." Erstmals hatte ein bemannter Weltraum*flug* mit dem Tod eines Raumfahrers geendet.

Die amtliche Mitteilung aus Moskau, von der Partei und der Regierung herausgegeben, las sich recht dürftig: „Nach Beendigung des Versuchsprogramms war Oberst Komarow angewiesen worden, den Flug zu beenden und zu landen. Nach Ausführung aller Operationen für das Landungsmanöver legte das Raumschiff den schwierigsten und gefährlichsten Abschnitt der Bremsbahn in den dichten Schichten der Atmosphäre zurück und verringerte wie vorgesehen seine Geschwindigkeit. Beim Öffnen des Hauptfallschirms in sieben Kilometer Höhe verwickelten sich die Leinen des Fallschirms, so daß die Bremswirkung beeinträchtigt wurde und das Raumschiff mit großer Geschwindigkeit auf dem Boden aufschlug, was den Tod des Kosmonauten herbeiführte."

Damit hatte auch die sowjetische Raumfahrt, knapp drei Monate nach dem Brandunglück auf Kap Kennedy, einen Rückschlag erlit-

196

ten, über dessen Auswirkungen freilich nur Vermutungen möglich waren. Die wichtigste Frage, auf die Moskau eine Antwort schuldig blieb, lautete: Lag ein Manövrierfehler des Kosmonauten oder ein (schwerer wiegender) Konstruktionsfehler vor? Immerhin war *Sojus* der erste Raumschifftyp, der nicht mehr unter der Oberleitung des verstorbenen Raumschiffkonstrukteurs Koroljow entwickelt worden war.

Die amtlichen sowjetischen Mitteilungen versuchten, solchen Spekulationen das Wasser abzugraben. Sie verwiesen darauf, daß es keine Anzeichen für einen technischen Fehler gegeben habe, da alle Raumschiffsysteme bis zum Schluß einwandfrei gearbeitet hätten. Sowohl die Meßwerte als auch der Sprechfunkverkehr mit dem Kosmonauten, die von den Bodenstationen registriert worden seien, hätten keinen Anlaß zu Besorgnissen gegeben: „Komarows letzte Mitteilungen waren ein Muster vernünftiger und knapper Informationen, der Selbstbeherrschung und Ruhe. Auch die bei der Landung auftretenden Schwierigkeiten änderten daran nichts, sie vermehrten nur seine Kräfte. Aber selbst er konnte bei aller Erfahrung, Findigkeit und raschem Reaktionsvermögen nicht verhüten, was sich dann abspielte."

Aus anderer amtlicher Quelle hieß es: „Wir glauben, ja wir wissen genau, daß die Wissenschaftler, Konstrukteure, Ingenieure und Arbeiter, alle, welche Raumschiffe zum Flug vorbereiten, jede Mitteilung Komarows aus dem Kosmos und alle Angaben der Geräte genau studieren, daß sie alles durchdenken und alles berechnen."

Ein Fehler am Fallschirm

Wie immer, wenn unzureichende Informationsquellen die klare Darstellung eines Vorgangs erschweren, erging sich die westliche Presse in phantasiereichen Kombinationen über die Unglücksursache. Es gab Hinweise, daß Komarow schon während des Raumflugs verstorben sei, und andere, die von einem fehlerhaften Arbeiten der Raumschiffsysteme während der letzten zwei Erdumläufe sprachen. Vage gestützt wurden solche Veröffentlichungen durch die Mitteilung eines von Fachleuten nicht ernstgenommenen Privatobservatoriums in Turin, das Wortfetzen eines letzten Funkgesprächs mit Komarow aufgefangen haben will, in dem dieser gesagt haben soll: „Ihr führt mich schlecht . . . ihr führt mich schlecht . . . versteht ihr mich nicht? . . . versucht es noch einmal."

Dabei ist die Begründung der Absturzursache durch die Russen durchaus plausibel. Wie bei *Wostok* hatten die Sowjets auch bei *Sojus* an dem Prinzip des Hauptfallschirms festgehalten, mit dem die tonnenschwere Kapsel nach der Wiedereintrittsphase in ihrem Sturzflug zur Erde gebremst und mit verzögerter Geschwindigkeit auf dem Erdboden aufgesetzt werden sollte. Damit stützten sich die Sowjets auf ein bewährtes Prinzip. Auch die amerikanischen Astronauten bedienen sich bei ihrer Rückkehr zur Erde des Fallschirms, jedoch verwenden sie ein Bündel von Lastenfallschirmen, das durch kleinere Fallschirme aus seiner Verpackung herausgerissen wird. Ein solcher „Fall am seidenen Faden" ist nicht ohne Risiko, aber die Fallschirmtechnik gilt durch ihre vielseitige Anwendung sowohl im militärischen Bereich wie auch im Sport als genügend erprobt, um sich ihr ohne große Befürchtungen anvertrauen zu können. Fälle, in denen sich ein Fallschirm nicht öffnet, kommen äußerst selten vor.

Das läßt den Schluß zu, daß Kosmonaut Komarow wegen eines verhältnismäßig einfachen technischen Fehlers sterben mußte, der möglicherweise hätte vermieden werden können. Zu dem Zeitpunkt, als dieser Fehler erkennbar wurde, hatte er die gefährlichste Rückkehrphase bereits hinter sich gebracht, die Bremstriebwerke an seinem Raumschiff hatten programmgemäß gezündet und ihn in eine Bahn gelenkt, die ihn in die dichteren Luftschichten führte. Offensichtlich hatte sich auch der Hitzeschild der Kapsel bewährt, die, wie erst später bekannt wurde, nicht mehr eine kugelförmige, sondern eine zylindrische Gestalt hatte und damit in einem bestimmten Winkel in die Atmosphäre eindringen mußte, um vor der ungeheuren Reibungshitze geschützt zu sein.

In der sowjetischen Bevölkerung mischte sich die Trauer um den toten Kosmonauten mit Niedergeschlagenheit über diese erste Katastrophe in der bemannten Weltraumfahrt. Das Gefühl von der Überlegenheit und der Unfehlbarkeit der sowjetischen Technik war erschüttert worden und hatte einer Ernüchterung über die folgenden Schritte in den Weltraum Platz gemacht. Dem Sowjetbürger, soweit er noch die Berichte der eigenen Presse über das amerikanische *Apollo*-Unglück in Erinnerung hatte, wurde durch den Tod Komarows plötzlich klar, daß auch das Raumfahrtprogramm seiner Nation nicht ohne Rückschläge und Opfer an Menschenleben zu verwirklichen war.

Sojus wird fortgesetzt

Mehrfache Ankündigungen ließen keinen Zweifel daran, daß die Sowjets ihr bemanntes *Sojus*-Programm fortsetzen würden. So war es kein Wunder, als nach einer durch den Absturz des Kosmonauten Komarow verursachten Zwangspause von 18 Monaten der Start des mehrsitzigen Raumschiffs *Sojus 3* mit dem 47jährigen Luftwaffenobersten Georgi Beregowoi an Bord gemeldet wurde. Gleichzeitig mit der Startmeldung am 26. Oktober 1968 wurde mitgeteilt, daß einen Tag zuvor das unbemannte Schwesterschiff *Sojus 2* in eine Umlaufbahn um die Erde befördert worden war.

Beregowoi traf bereits während seines ersten Umlaufs zu einem Rendezvousmanöver mit *Sojus 2* zusammen. Ein automatisches Steuermanöver hatte ihn bis auf 200 Meter an den Zielflugkörper herangebracht. Daraufhin näherte er sich auftragsgemäß dem unbemannten Raumschiff bis auf wenige Meter, ohne jedoch eine im Bereich des Möglichen liegende Ankopplung vorzunehmen. Vielmehr änderte der Kosmonaut mehrfach seine Umlaufbahn, ehe er

Sowjet-Kosmonaut Wladimir Schatalow demonstriert anhand von zwei Raumschiffmodellen das Kopplungsmanöver zwischen den Raumschiffen Sojus 4 und 5.

ein zweites Rendezvousmanöver ausführte und *Sojus 2* am 28. Oktober wieder zur Erde zurückgeholt wurde.

Beregowoi hielt sich bis zum Mittwoch, dem 30. Oktober, im Weltraum auf. Dann schlug auch die Stunde seiner Rückkehr, die nach der mißglückten Landung seines Vorgängers Komarow mit Aufmerksamkeit verfolgt wurde. Um die inzwischen erlangte Zuverlässigkeit des verbesserten Raumschifftyps zu unterstreichen, berichtete Moskau über diese kritische Phase in aller Ausführlichkeit: „Die Bremstriebwerke arbeiteten 145 Sekunden lang zur vollsten Zufriedenheit. Danach wurde die Rückkehrkapsel von *Sojus 3* von dem Versorgungs- und Antriebsteil getrennt. Besondere Steuertriebwerke regulierten dann den Abstieg in die Atmosphäre. Auch dieses Lenksystem arbeitete zuverlässig und gewährleistete die präzise Landung an dem vorgesehenen Ort in der Sowjetunion." Wie gewöhnlich wurde dieser Ort jedoch nicht genannt.

Weiter hieß es in der amtlichen Meldung von der Heimkehr Beregowois: „In der letzten Phase wurden die Landefallschirme geöffnet. Außerdem wurden die Antriebe für eine weiche Landung angestellt, ehe der Kosmonaut um 10.25 Uhr Moskauer Zeit wieder auf die Erde zurückkehrte!" Diese Bemerkung ließ darauf schließen, daß die Sowjets das *Sojus*-Raumschiff um ein zusätzliches, aus Bremsraketen bestehendes Landegerät ergänzt hatten, wobei die Erfahrungen mit *Sojus 1* sicherlich eine Rolle gespielt hatten.

Nach diesem glatt verlaufenen Experiment ließ der nächste bemannte *Sojus*-Raumflug nicht lange auf sich warten. Am Dienstag, dem 14. Januar 1969, startete *Sojus 4* mit dem 42jährigen Oberstleutnant Wladimir Alexandrowitsch Schatalow, einen Tag später folgte *Sojus 5* mit gleich drei Kosmonauten an Bord, dem 35jährigen Kommandanten Boris Wolinow, dem 35jährigen Bordingenieur Alexej Jelissejew und dem 36jährigen Oberstleutnant Jewgennij Chrunow.

Die Berichterstattung über das Weltraumunternehmen war ungewohnt ausführlich. Aus Baikonur wurde gemeldet, daß frostiges und nebliges Wetter geherrscht habe. Schatalow funkte seinen Kameraden aus dem Weltraum die besten Wünsche „für ein baldiges Treffen im Kosmos" zu. Erstmals wurden gleich nach dem Start des zweiten *Sojus*-Flugkörpers Bilder veröffentlicht, die alle drei Kosmonauten auf der obersten Plattform des Startgerüsts zeigten, wo sie den Umstehenden längere Zeit zuwinkten. Wenige Minuten später wurden auch die ersten Fernsehbilder aus der Kapsel gesendet, die inzwischen ihre Umlaufbahn erreicht hatte. Die Kosmonauten bewegten sich ungehindert in dem geräumigen Innenraum; Chrunow

Start des mit drei Mann
besetzten Raumschiffs Sojus 5
in Baikonur

ließ das Bordbuch durch die Kabine schweben. Das erwartete Kopplungs- und Umsteigemanöver fand entgegen den ursprünglichen Erwartungen erst einen Tag nach dem Start der *Sojus*-Drillinge statt. Moskau meldete das Ergebnis als die „Vereinigung einer ersten kosmischen experimentellen Plattform in der Welt".

Experimente mit einer Raumstation

Die Verbindung der beiden Raumschiffe erfolgte während der 34. Erdumkreisung von *Sojus 4* und der 18. Umkreisung von *Sojus 5*. Viereinhalb Stunden später trennten sich beide Kapseln wieder. Während dieses Zeitraums verließen Chrunow und Jelissejew, durch Leinen gesichert, *Sojus 5* und hielten sich gemeinsam eine Stunde lang im Weltraum auf. Im Widerspruch zu dieser Mitteilung stand jedoch eine Darstellung, wonach Chrunow das Raumschiff über Südamerika, Jelissejew dasselbe über dem Territorium der Sowjetunion verlassen habe.

Nach ihrem Weltraumausflug kehrten beide Kosmonauten nicht mehr in die Kabine zu Wolinow zurück, sondern gesellten sich zu Schatalow an Bord von *Sojus 4*, mit dem sie am Freitag, dem 17. Januar, auch zur Erde zurückkehrten. Die Landung erfolgte nach Beendigung der 48. Erdumkreisung 40 Kilometer von der Stadt Karaganda in Mittelasien entfernt.

Einen Tag später wurde mit der Rückkehr vn *Sojus 5* und dem

201

allein an Bord zurückgebliebenen Boris Wolinow der erfolgreiche Zwillingsflug beendet. Wolinow landete südlich der Stadt Kustanaj in einem vorausberechneten Zielgebiet von Kasachstan. Für die Kosmonauten gab es Orden und Beförderungen und den traditionell herzlichen Empfang in Moskau.

Der Doppelflug von *Sojus 4* und *5* erbrachte den letzten fehlenden Beweis für die Vermutung, daß es den Sowjets in erster Linie um den Aufbau einer aus zwei oder mehreren Teilen bestehenden Raumstation geht, die für einen längeren Aufenthalt von Kosmonauten im Weltraum geeignet ist.

Inzwischen hatte Moskau auch klargestellt, daß der *Sojus*-Raumfahrtkörper auf keinen Fall für einen Mondflug konstruiert war, da sich mit ihm Weltraummanöver nur bis zu einer Höhe von 1300 Kilometern ausführen ließen. Er war hingegen geeignet, Kosmonauten bis zu 30 Tagen einen sicheren Aufenthaltsort zu bieten. Die Verhältnisse in der Kapsel waren so geregelt, daß die Zusammensetzung der Atemluft, ihr Feuchtigkeitsgehalt, ihre Temperatur sowie der Druck der irdischen Atmosphäre entsprachen.

Was an dem neuen Weltraumexperiment der Sowjets besonders ins Auge stach, war die Präzision der nur 24 Stunden auseinanderliegenden Starts der beiden Großraketen. Sie zeugte von fehlerloser Vorbereitung und einem genau eingehaltenen Countdown. Dieser Tatbestand war um so bemerkenswerter, als die Amerikaner einen solchen Reihenstart noch immer für riskant hielten.

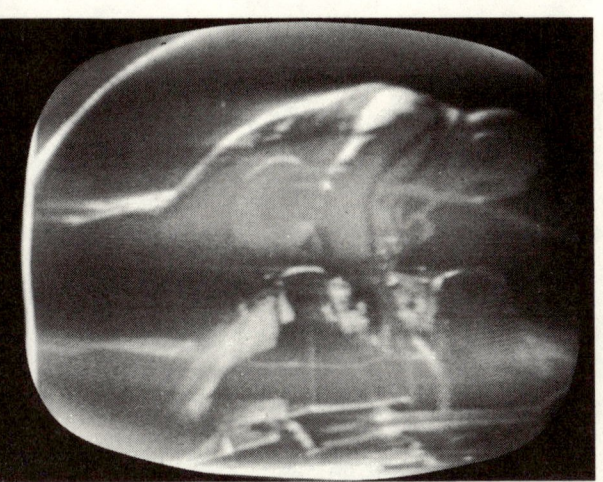

**Ein Blick in die Mannschaftskabine
von Sojus 5 während des Raumflugs**

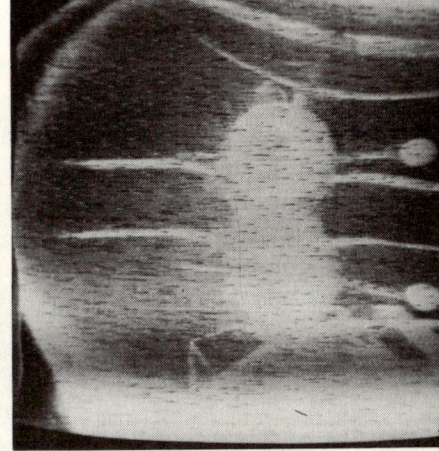

**Das Kopplungsmanöver zwischen
Sojus 4 und 5 im Fernsehen**

Das gelungene Kopplungsmanöver im Weltraum ließ jedoch auch Fragen offen, auf die Moskau die Antwort schuldig blieb. Beide Raumschiffe hatten sich mit ihrer Bugseite einander genähert, um sich zu vereinigen. Offensichtlich aber bestand nicht die Möglichkeit, durch einen direkten Verbindungsgang von einem Raumschiff in das andere zu gelangen, da sich beide Kosmonauten vielmehr von außen in das Schwesterschiff begeben hatten. Ähnlichen Problemen standen auch die Amerikaner gegenüber, die vor dem Kopplungsmanöver zwischen *Apollo*-Raumschiff und Mondlandungsboot eine Wendung um 180 Grad vornehmen mußten, ehe sie eine interne Verbindung zwischen beiden Weltraumkörpern herstellen konnten.

Nach einwöchiger Dauer endete am 18. Oktober 1969 ein Gruppen-flug mit drei *Sojus*-Raumschiffen. Wieder in einem Abstand von 24 Stunden waren *Sojus* 6 mit dem Piloten Schonin und dem Ingenieur Kubasow, *Sojus* 7 mit Oberstleutnant Filiptschenko und den Inge-nieuren Wolkow und Gorbatko sowie *Sojus* 8 mit Schatalow und dem Ingenieur Jelissejew am 11., 12. und 13. Oktober gestartet, um die Bildung einer „kosmischen Orbitalstation" zu erproben. Abgesehen von Komarow, der mit *Sojus* 1 tödlich verunglückt war, waren Schatalow und Jelissejew die ersten Kosmonauten, die zum zweiten Male einen Weltraumflug antraten.

Das Ziel der sowjetischen Raumfahrt war eine Plattform im Welt-raum, die nach übereinstimmender Auffassung in West und Ost nicht aus einer Kette von bemannten Raumfahrzeugen bestehen soll, sondern aus einem weitaus größeren Raumkörper. Er wird entweder, wie die Amerikaner es planen, fertig montiert, aber unbemannt in eine Kreisbahn um die Erde geschossen oder aus verschiedenen, einzeln gestarteten Bauteilen im Weltraum zusammengesetzt. Als das zweckmäßigste Verfahren, Bauteile außerhalb der Erde zusammen-zufügen, bietet sich das Schweißen an, das die Kosmonauten Schonin und Kubasow während des *Sojus*-Experiments erstmals im Kosmos erprobten. Es gestattet den verwindungsfreien Zusammenbau auch größerer Werkstücke und ermöglicht den Verzicht auf Schrauben, Nieten oder Bajonettverschlüsse. Ein erster Schritt auf dem noch langen Weg zu einer ständigen Raumstation war damit getan.

Den Raumflugrekord von *Gemini* 7, den James Lovell und Frank Borman im Dezember 1965 mit 13 Tagen und 18 Stunden aufgestellt hatten, überboten die Kosmonauten Andrijan Nikolajew und Vitali Sewastjanow an Bord von *Sojus* 9 vom 1. bis zum 19. Juni 1970. Nach ihrer Rückkehr klagten sie über die Auswirkung der längeren Schwerelosigkeit, die sich vor allem in Schwierigkeiten beim Gehen sowie einer Verschlechterung des Sehvermögens bemerkbar machte.

Das undichte Schott in der Luke

Als am 19. April 1971 aus Moskau die Nachricht um die Welt lief, die Sowjetunion habe eine erste Raumstation mit dem Namen *Salut* in eine Umlaufbahn um die Erde geschossen, der vier Tage später das Raumschiff *Sojus 10* mit den Kosmonauten Wladimir Schatalow, Alexej Jelissejew und dem Weltraum-Neuling Nikolai Rukawischnikow folgte, ließ sich genau vorhersagen, welches Ziel der neue sowjetische Versuch anstrebte: den Bau einer Raumstation nämlich, die diesen Namen wirklich verdiente.

Das Kopplungsmanöver der Raumschiffe *Sojus 4* und *Sojus 5* im Januar 1969 war bereits ein erster Schritt auf diesem Weg gewesen. Die aus den Orbitalstationen beider Raumschiffe gebildete Plattform mit Arbeits- und Ruheräumen für eine sechsköpfige Besatzung war jedoch ihrem Rauminhalt nach zu klein, um deren Versorgung über einen längeren Zeitraum hinweg übernehmen zu können.

Nachdem *Sojus 10* seine Umlaufbahn erreicht hatte, lobte die Bodenstation: „Eure Parameter sind hervorragend." Die Ingenieure bezeichnen damit die Werte für die Geschwindigkeit, Höhe, Richtung und den Neigungswinkel zur Erde, die das Raumschiff erreicht hatte. Schatalow antwortete knapp: „Wie wir es gelernt haben." Wenig später stellte er jedoch fest: „Ihr habt uns zu hoch geschossen." Das war auch der Grund, warum *Sojus 10* noch während der ersten Erdumkreisungen zwei Kurskorrekturen vornehmen mußte, um die Umlaufbahn von *Salut 1* zu erreichen.

Die Überraschung war groß, als die drei Kosmonauten nach einem 48stündigen Flug, in dessen Verlauf sie fünfeinhalb Stunden mit der Raumstation zusammengekoppelt waren, bereits wieder 120 Kilometer nordwestlich von Karaganda landeten. Während des ganzen Fluges kam es zu keinem Umsteigemanöver der Besatzung, wie es *Sojus 4* und *Sojus 5* vorexerziert hatten. Während die Sowjets feststellten, ihnen sei es bei dem Experiment darum gegangen, die Systeme zum Feststellen des Rendezvous-Partners, zu der Annäherung aus weiter Entfernung sowie für das Treffen, Ankoppeln und Trennen der beiden Raumschiffe zu erproben und zu verfeinern, neigten westliche Experten mehr zu der Ansicht, das technische Versagen eines Bordsystems habe zu dem schnellen Abbruch des Weltraummanövers geführt. Für wahrscheinlich wurde es gehalten, daß der Biegetest nach dem Kopplungsmanöver, bei dem die Flexibilität der beiden starren Flugkörper und die Beanspruchbarkeit der verarbeiteten Materialien erprobt werden müssen, nicht die erwarteten positiven Werte erbrachte.

Dabei werden auch die elektrischen Systeme der beiden Einheiten zusammengeschaltet, um gemeinsame Manöver durchführen zu können. Die Kombination von Raumschiff und Raumstation wird dann durch die Zündung ihrer insgesamt mehr als 20 Kurs- und Lagekorrektur-Triebwerke langsam um jede ihrer drei Achsen gedreht, um sie auf ihre Steuerbarkeit hin zu überprüfen. Wenn man bedenkt, daß die Masse von *Salut* mindestens viermal größer ist als die von *Sojus*, ist es klar, daß bei solchen Manövern gewaltige Kräfte auftreten, die von beiden Flugkörpern aufgenommen und weitergeleitet werden müssen. Bei der Überschreitung der Belastbarkeitsgrenzen droht ein Auseinanderbrechen der beiden Flugkörper.

Diese Grenze könnte – so jedenfalls nahmen es Raumfahrtkreise in den Vereinigten Staaten an – bei einem der Manöver erreicht worden sein, so daß die Kosmonauten umgehend ihre Experimente abbrachen, die Trennung von der Raumstation und die Rückkehr zur Erde einleiteten. Für eine ungeplante rasche Rückkehr spricht auch die Tatsache, daß die Landung nach nur 32 Erdumkreisungen zur Nachtzeit erfolgte, was eine Bergung erschwert. Die Landezeit lag jedoch auf den Längengrad von Karaganda bezogen 19 Minuten vor Sonnenaufgang, so daß von einer Notlandung in der Nacht keine Rede sein konnte. Amerikanische Beobachter sahen in dem Unternehmen eine Parallele zu *Apollo 13*. „Es war insofern ein Erfolg", argumentierten sie, „als die Leute heil zurückkamen, der Flug jedoch sein eigentliches Ziel nicht erreichte."

Sieben Wochen nach ihrer Entsendung in eine Erdumlaufbahn schien die sowjetische Raumstation *Salut 1* endlich ihren Zweck zu erfüllen: Am 6. Juni 1971 startete eine Kosmonautenmannschaft, bestehend aus dem 43jährigen Oberstleutnant Georgij Timofejewitsch Dobrowolski als Kommandanten, dem 35jährigen Bordingenieur Wladislaw Nikolajewitsch Wolkow, der bereits zur Besatzung von *Sojus 7* gehört hatte, und dem 34jährigen Testingenieur Viktor Iwanowitsch Pazajew mit dem Raumschiff *Sojus 11* in eine Erdumlaufbahn, die der von *Salut 1* recht nahe kam. Anzeichen dafür, daß *Sojus 11* erfolgreicher als sein Vorgänger sein könnte, zeigten sich bereits am Starttag: Das sowjetische Fernsehen übertrug den Start des Raumschiffs in einer Aufzeichnung schon wenige Minuten nach dem Ereignis, während es bei *Sojus 10* acht Stunden gewartet hatte.

Dobrowolski, Wolkow und Pazajew schienen ihre Aufgaben reibungsloser zu erfüllen als Schatalow, Jelissejew und Rukawischnikow. Das war um so erstaunlicher, als mit dem Kommandanten ein Weltraumneuling mit einer so schwierigen Mission betraut worden war. Die raumflugungewohnte Besatzung schien auch keinerlei

Schwierigkeiten mit dem Rendezvous- und Kopplungsmanöver zu haben, wobei die russischen Raumfahrer – wie die Amerikaner – erstmals durch einen Tunnel von einem Raumfahrzeug in das andere wechselten. Bei der Kopplung von *Sojus 4* und *Sojus 5* waren zwei der vier Insassen in einem Raumanzug außenbords umgestiegen, nachdem sie die Orbitalzelle ihres Raumschiffs als Druckausgleichskammer benutzt hatten. Von der *Apollo*-Kopplungstechnik jedenfalls ist bekannt, daß die dort angewendete Technik schwer zu handhaben und eine Quelle ständiger Pannen ist. Bei *Sojus 11* schienen die Russen dieses Problem in den Griff bekommen zu haben. Die Kosmonauten betrieben an Bord von *Salut 1* ein mehrwöchiges Arbeits- und Forschungsprogramm.

Am Abend des 23. Juni um 22.54 Uhr MEZ waren die Russen im Besitz des absoluten Weltraumrekords: Mit 17 Tagen, 16 Stunden und 59 Sekunden befanden sie sich länger im Weltraum als je ein Mensch vor ihnen. Sie übertrafen damit ihre Landsleute Nikolajew und Sewastjanow, die im Juni 1970 mit *Sojus 9* diese Rekordmarke aufgestellt hatten. Der amerikanische Rekord von Frank Borman und James Lovell von 13 Tagen, 18 Stunden und 35 Minuten, mit *Gemini 7* im Dezember 1965 aufgestellt, war von Dobrowolskis Mannen schon längst überboten worden.

Genau eine Woche später geschah dann das Unerwartete. Daß der Tod ihr ständiger Reisebegleiter ist, wissen sie alle, die Kosmonauten

Opfer der Raumfahrt: Flugingenieur Wladislaw Wolkow, Kommandant Georgij Dobrowolski und Testingenieur Viktor Pazajew (von links) in der Kabine ihres Raumschiffs Sojus 11

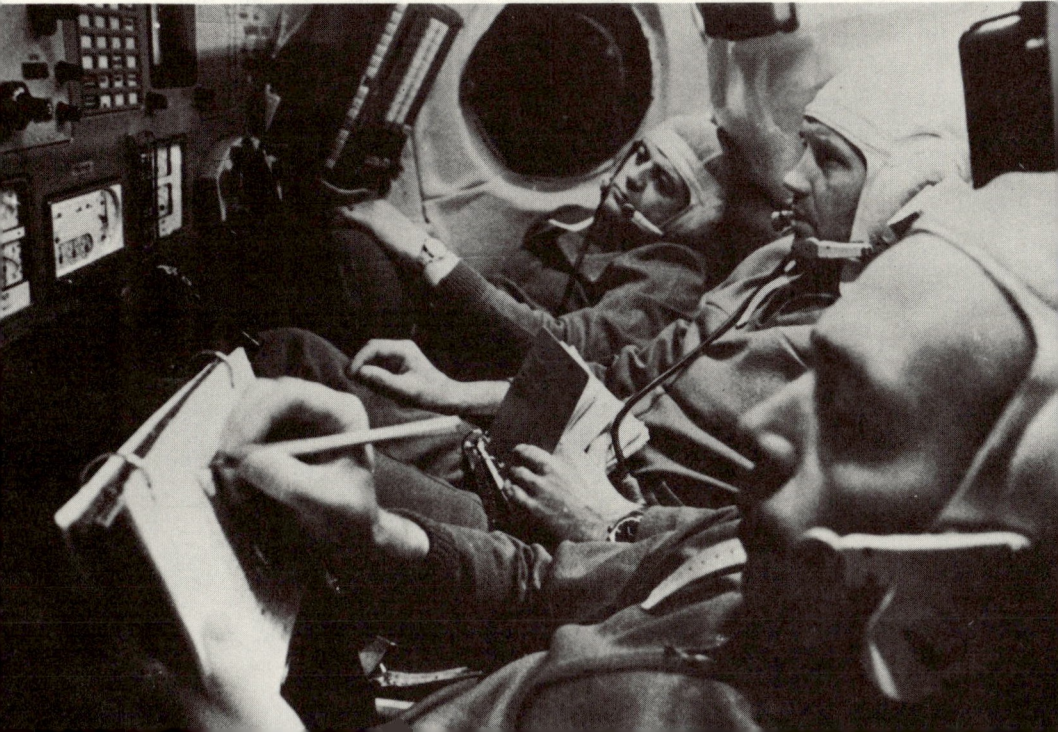

der Sternenstadt ebenso wie das Astronautenteam in den Raumfahrt-gettos von Houston. „Ich glaube, daß früher oder später eine Katastrophe auftreten muß", hatte der Kosmonaut und Ingenieur Konstantin Feoktistow dem Reporter einer tschechischen Zeitschrift anvertraut. Das war im April 1966, noch ehe die Raumfahrt ein Todesopfer zu beklagen hatte. Er sollte sich bereits ein Jahr später in der Rolle des Propheten bestätigt finden, als Wladimir Komarow am 24. April 1967 bei der Erprobung des neuen Raumschiffs *Sojus 1* nach 18 Erdumläufen bei der Landung in der Steppe von Karaganda tödlich verunglückte.

Im selben Jahr hatte auch Amerikas erster Weltumkreiser, der inzwischen aus der NASA ausgeschiedene John Glenn, gegenüber der italienischen Journalistin Oriana Fallaci eine Katastrophe im Weltraum vorhergesagt: „Bisher sind alle Männer, die sich außerhalb der Erdanziehungskraft bewegt haben, heil zurückgekehrt. Das wird nicht immer so sein. Das weiß ich, das wissen wir alle. Vielleicht wird es eine ganze Mannschaft sein, die sterben muß."

Glenn sollte recht behalten. Es war eine ganze Mannschaft, die an diesem Mittwochmorgen von der Bergungsmannschaft tot in ihrer Rückkehrkapsel gefunden wurde.

Nach amtlicher sowjetischer Darstellung hatten Dobrowolski, Wolkow und Pazajew am 29. Juni 1971 ihr Flug- und Forschungsprogramm an Bord der Raumstation *Salut 1* beendet. Das erarbeitete Forschungsmaterial sowie das Bordbuch seien zum Raumschiff *Sojus 11* zurückgebracht worden. Nach dem Umsteigemanöver hätten die Kosmonauten das Bordsystem überprüft und ihr Schiff von der Raumstation getrennt. Um 19.28 Uhr MEZ sei das Abkopplungsmanöver erfolgt, und beide Flugkörper hätten ihren Weg allein fortgesetzt. Um 23.35 Uhr – in Moskau hatte bereits der 30. Juni begonnen – seien dann die Bremsraketen gezündet worden, um das Raumschiff auf eine Rückkehrbahn zur Erde zu bringen.

„Alle Systeme funktionierten wie gewohnt. Am Ende des Bremsmanövers", hieß es in dem Bericht, „setzte die Funkverbindung für einige Minuten aus, wie es bei allen Landungen von Raumschiffen der Fall zu sein pflegt. Dann wurden die Bremsfallschirme geöffnet und die Bremsraketen gezündet, um die weiche Landung auf dem Erdboden zu ermöglichen. Der Flug des niedergehenden Apparates endete weich im vorausberechneten Gebiet. Die Bergungsmannschaft, die in einem Hubschrauber gleichzeitig mit dem Raumschiff landete, fand beim Öffnen der Luke die Mannschaft von *Sojus 11* in ihren Sitzen ohne Lebenszeichen vor. Die Ursachen des Todes werden untersucht."

Drei Tage später, als die Urnen der drei Raumfahrtopfer in der Kremlmauer in Anwesenheit der sowjetischen Führungsspitze bestattet wurden, drangen erste Ergebnisse der Untersuchungskommission in die Öffentlichkeit. Demnach hat ein plötzlicher Druckabfall während der Trennung der Rückkehrkapsel von dem Geräteteil des Raumschiffs den Tod der Kosmonauten herbeigeführt. Weil die Kosmonauten im Gegensatz zu den Amerikanern während dieser Rückkehrphase keine Raumanzüge tragen, überraschte sie das Ereignis völlig ungeschützt. In ihren Blutadern bildeten sich Luftbläschen, die tödlich wirkten. Als Todesursache vermerkte man eine Luftembolie.

Der Unglücksablauf wird verständlich, wenn man an den Aufbau des dreiteiligen *Sojus*-Raumschiffs denkt: Die Kommandokapsel in der Form eines Ellipsoids dient der Besatzung nur als Aufenthaltsraum während des Starts und der Landung. Für den Wiedereintritt in dichtere Luftschichten ist sie wie die Kommandokapsel des *Apollo*-Systems mit einem Hitzeschild ausgestattet. Während des Weltraumflugs ist dieser Hitzeschild durch den Geräteteil verdeckt, in dem die wichtigsten Steuer- und Orientierungsgeräte angebracht sind.

Der dritte Teil des *Sojus*-Raumschiffs ist zugleich der größte. Die neun Kubikmeter große Orbitalzelle bietet den Kosmonauten nicht nur genügend Raum zum Schlafen und Arbeiten, sondern sie kann auch als Laboratorium verwendet werden. Da diese Zelle vor der Rückkehr zur Erde abgetrennt wird, ist sie mit der Rückkehrkapsel durch eine hermetisch verschließbare Luke verbunden. Sie entspricht im Prinzip dem Tunnel, den die Amerikaner für die Verbindung von *Apollo*-Raumschiff und Mondfähre entwickelt haben.

Da Konstruktionsdetails der *Sojus*-Raumschiffe nicht bekannt sind, läßt sich nicht mit letzter Sicherheit beurteilen, wie es zu dem Leck in der Verbindungsluke nach der Trennung von Kommando- und Orbitalteil gekommen ist. Da die sowjetischen Ingenieure jedoch dafür bekannt sind, daß sie einfache und erprobte Bauverfahren anwenden, kann man davon ausgehen, daß sie ein aus dem Schiffsbau stammendes Schott mit einem Rad- oder Kurbelverschluß gewählt haben, um die erforderliche Dichtigkeit herzustellen. Es kann also durchaus sein, daß einige fehlende Radumdrehungen den Tod der Kosmonauten herbeigeführt haben.

In dem amtlichen Untersuchungsbericht der Regierungskommission, der zwölf Tage nach der Raumfahrtkatastrophe in Moskau veröffentlicht wurde, wird betont, daß ein Konstruktionsfehler als Unglücksursache ausscheide. Eine genaue Untersuchung des Landeapparats, der weich aufgesetzt habe und an dem keine Beschädigungen oder Zerstörungen zu erkennen seien, führe zu dem Schluß, daß eine

Obschon dieser von den Sowjets veröffentlichten Zeichnung künstlerische Freiheit zugebilligt werden muß, dürfte sich das Kopplungsmanöver zwischen dem Raumschiff Sojus 11 (im Hintergrund) und der Raumstation Salut 1 in dieser Weise abgespielt haben.

Störung in der hermetischen Abdichtung der Luke den registrierten Druckabfall und damit den Tod der Kosmonauten verursacht habe. Damit wurde den Raumfahrern indirekt die Schuld aufgebürdet.

Die verantwortlichen Männer der sowjetischen Raumfahrtführung, die für die Konstruktion der *Sojus*-Raumschiffe und damit auch der Abdichtungsmechanismen einzustehen haben, können sich allerdings nicht völlig von Schuld freisprechen. Ihr blindes Vertrauen – das zeigte sich wenigstens nach diesem Unglück – war keineswegs gerechtfertigt. Hätte es – wie bei den Amerikanern – die Anordnung gegeben, während der kritischen Rückkehrphase den Raumanzug zu tragen, wären Dobrowolski, Wolkow und Pazajew noch am Leben. Raumanzüge sind zwar unbequem, sie behindern die Aktionen an Bord und sie sind bei ihren Trägern nicht gerade beliebt. Aus dem Westen drangen angesichts dieses Tatbestands Vorwürfe nach Moskau, die Kosmonauten seien Opfer ihrer eigenen Bequemlichkeit oder zumindest Unvorsichtigkeit geworden.

Das größte Wagnis beginnt

Amerikas erste Weltraum-Drillinge

Nach einer Zwangspause von 23 Monaten stand mit *Apollo* 7 wieder einmal ein amerikanisches Raumschiff auf einer Startrampe, das mit Astronauten an Bord in den Weltraum entsandt werden sollte. Der ursprünglich für Februar 1967 vorgesehene erste Flug der *Apollo*-Kapsel verschob sich durch den Tod Virgil Grissoms, Edward Whites und Roger Chaffees um 20 Monate.

Das bedeutete eine harte Geduldsprobe für die drei Männer, die inzwischen dazu ausersehen waren, als Amerikas erste Raumfahrt-Drillinge in die Geschichte einzugehen: Kommandant Walter Schirra, Walter Cunningham und Donn Eisele.

Die drei Astronauten der dritten Generation erwartete ein umfangreiches Arbeitsprogramm: Innerhalb von 261 Stunden sollten sie die Erde 163mal umkreisen, was einer Flugstrecke von sieben Millionen Kilometern entsprach. Während dieser Gewalttour sollten sie 51 Experimente ausführen.

Der Start am 11. Oktober 1968 auf der Spitze einer zweistufigen Saturn-1b-Rakete begann verheißungsvoll. Drei Minuten später als vorgesehen erhob sich der Feuerstuhl von derselben Startrampe, auf der ihre Astronautenkollegen den Feuertod gefunden hatten. Für Schirra und seine beiden Kopiloten bestand jedoch keine Gefahr. Bereits wenige Minuten nach dem Start konnte die Bodenkontrolle melden: „Ihr seid auf dem richtigen Kurs."

Der fast elftägige Flug verlief bis auf ein vorübergehendes Unwohlsein der Besatzung erfolgreich. Lediglich ein immer stärkerer Schnupfen machte Schirra und Cunningham zu schaffen, so daß der *Apollo*-Kommandant eine geplante Fernsehübertragung aus dem Raumschiff kurzerhand mit der Begründung absagte: „Wir haben noch nichts gegessen, ich bin erkältet und weigere mich, durch diesen Zirkus meinen Zeitplan durcheinanderbringen zu lassen."

Der amtierende Raumfahrerarzt John Zieglschmied bemühte sich, nach einer eingehenden Befragung per Funk die richtige Diagnose zu stellen. Er empfahl, Aspirin-Tabletten zu schlucken, und entschied kategorisch: „Wir denken nicht daran, die drei zur Erde zurückzuholen, es sei denn, ein ernsthaftes medizinisches Problem stellte sich ein. Bisher leisten alle drei, trotz verstopfter Nase, ganze Weltraumarbeit." Zu dem Schnupfen gesellten sich zwei Tage später Magenschmerzen, über die Schirra und Cunningham klagten. Im Kontrollzentrum Houston zog man daraus den Schluß, daß die an Bord befindliche Weltraumnahrung den Erfordernissen der Astronauten möglicherweise nicht entspreche.

Mehrmals täglich riß der Funkkontakt zwischen den Bodenstationen auf der ganzen Welt und der mit den amerikanischen Farben bemalten Drillingskapsel ab. Zur gleichen Zeit verdoppelten die drei Astronauten jedoch ihre Wachsamkeit. Die zehnminütige Funkstille begann stets dann, wenn *Apollo* ein Stück Asien überflog. Von Madagaskar kommend, führte seine Flugbahn dann über die südlichen Breiten des Golfs von Bengalen, schnitt Burma und erreichte seinen nördlichsten Punkt unweit der chinesischen Stadt Lantschou, gerade dort, wo die Volksrepublik China ihre Produktionsstätten für Atom- und Wasserstoffbomben aufgebaut hat. Kurz zuvor ließ sich aus einem der fünf Raumschiffenster auch eine Auge auf die weiter nördlich gelegene Salzwüste von Lop-nor werfen, wo die chinesischen Kernwaffen auf ihre Zuverlässigkeit hin getestet werden. Den unerbetenen Astronautenblick in die chinesische Atomwerkstatt verschafften sich die Amerikaner, indem sie *Apollo 7* in

Blick in die Bodenkontrolle der Flugleitzentrale von Houston

Unter der Besatzung von Apollo 7 liegt Amerikas Mondflughafen Kap Kennedy. Nur 30 Meter vom Raumschiff entfernt fliegt die zweite und letzte Stufe der Trägerrakete, von der sich die Kommandokapsel gerade gelöst hat.

einem Winkel von 32 Grad zum Äquator auf die Umlaufbahn brachten.

Amerikas erstes *Apollo*-Team steuerte aber nicht nur einen bemannten Beobachtungssatelliten, sondern machte sich auch als Weltraum-Meteorologen verdient. Ihre Aussagen über einen ihre Bahn kreuzenden Wirbelsturm verschaffte den amerikanischen Wetterämtern zuverlässige Voraussagen. Auch ein kurzfristiger Ausfall der elektrischen Stromversorgung konnte gemeistert werden. In Houston registrierte man: Es war das zehnte Mal bei den bisher 17 amerikanischen Raumflügen, daß ein Astronaut eine Panne beheben konnte, die von der Erde aus nicht hätte beseitigt werden können.

Die Landung von *Apollo* 7 am elften Tag des Raumfahrtunternehmens verlief pünktlich. Wie alle seine ein- und zweisitzigen Vorgänger ging das Raumschiff zur vorherbestimmten Zeit nieder,

212

diesmal in der Sargassosee, rund tausend Kilometer südöstlich der Bermudas.

Während der Landung hatte es noch einen bangen Augenblick gegeben, als der stumpfe Kegel des Raumschiffs nicht mit dem unteren, hitzeschildbewehrten Boden, sondern mit der Spitze kopf-über in das aufgewühlte Wasser des Atlantiks geschlagen war. Aber auch auf eine solche Landung waren die Insassen vorbereitet. Schirra gewann schnell seine gute Laune wieder, als er über Funk der aufatmenden Suchleitung auf dem Flugzeugträger Essex mit-teilte: „Das Fahrgestell ist ausgefahren und verriegelt. Wir sind glatt gelandet. Jetzt braucht ihr uns eigentlich nur noch abzuholen und uns haarscharf vor dem roten Teppich abzusetzen, der sicherlich schon ausgelegt ist."

Zu Weihnachten eine Reise um den Mond

Mit dem *Apollo-7*-Unternehmen hatte das aus dem Kommando- und Versorgungsteil bestehende Raumschiff für den Mondflug seine Weltraum-Tauglichkeit bewiesen. Nach wie vor aber bestand Un-sicherheit, ob auch der Mondlander die in ihn gesetzten Erwartun-gen erfüllen würde. Die aufgetretenen und noch nicht ausgeräumten technischen Schwierigkeiten sollten dazu führen, daß die Raum-fahrtbehörde ihren Fahrplan auf den Kopf stellte und für das Ende des Jahres 1968 eine Mondumkreisung dreier Astronauten vorberei-tete.

Eine solche Entscheidung erschien auf den ersten Blick ungereimt: Fest stand, daß bei dem ersten bemannten Raumflug mit der Mond-rakete Saturn 5 das Lunar Module noch nicht mitgeführt werden konnte, wie es ursprünglich beabsichtigt worden war. Für diesen nicht mehr abzuschreibenden Flug mußte folglich eine neue Auf-gabe gesucht werden, die das aufwendige und kostspielige Unter-nehmen rechtfertigte. Als Ausweg bot sich ein Flug mit dem *Apollo*-Raumschiff in die Nähe des Mondes an, eine Mission, die bei der Aufstellung des Mondfahrtprogramms noch als überflüssig be-zeichnet worden war, da man dadurch keine neuen Erkenntnisse erwartete.

Die Entscheidung fiel am 12. November 1968. Der neue amtie-rende Direktor der Raumfahrtbehörde, Thomas Paine, erklärte mit der Veröffentlichung des Flugplans für die sechstägige Reise, die zehnmal um den Mond herumführen sollte: „Wir haben keinen Zweifel daran, daß es sich um ein schwieriges und riskantes Manöver handeln wird. Aber wir haben genügend Sicherungen in den Flugablauf eingebaut, so daß wir glauben, daß der Risikofaktor nicht größer ist, als es beim Übergang vom *Mercury*- zum *Gemini*-Projekt der Fall war."

Es fehlte nicht an Warnungen, die auf drohende Gefahren aufmerksam machten und die Bereitstellung von Rettungsgeräten forderten, um die möglicherweise von ihrer Bahn abkommenden Astronauten wieder zur Erde zurückbringen zu können. Da war vor allem ein Gefahrenpunkt, der das Leben der Raumfahrer ernsthaft bedrohte, der Augenblick nämlich, in dem die Triebwerke der *Apollo*-Kapsel gezündet werden mußten, um das Raumschiff in eine Rückkehrbahn zur Erde eintreten zu lassen. Zwei Bauteile dieses Triebwerks, Treibstoffpumpe und Brennkammer, mußten hundertprozentig funktionieren, weil ihre Aufgaben nicht von anderen Elementen übernommen werden konnten. Versagten sie gerade zu diesem Zeitpunkt, dann mußten die Folgen katastrophal sein: Das zum Satelliten des Mondes gewordene Raumschiff hätte keine Möglichkeit mehr, sich aus dem Anziehungsbereich des Erdtrabanten zu lösen.

Auch der Zeitpunkt der Zündung mußte genau eingehalten werden, um auf die korrekte Bahn zu kommen. Ein direkter Funkbefehl von der Erde konnte in diesem Augenblick nicht gegeben werden, da das Raumschiff sich dann gerade hinter dem Mond befand. Die genauen Daten mußten also in dem mitgeführten Kurscomputer gespeichert werden.

Vielfach wurde auch die Einsamkeit beschworen, in der die für diesen Raumflug ausgewählten Astronauten Frank Borman, James Lovell und William Anders gerade das Weihnachtsfest verleben sollten, an dem das Unternehmen wegen der günstigen Konstellation von Mond und Erde stattfinden mußte. Die Wahrheit war, daß den drei Mondfliegern auf ihrer sechstägigen Reise nur wenig Zeit verblieb, ihre Gedanken auf das Christfest zu richten. Der Fahrplan ihrer Mission war mit Aufgaben dicht gefüllt. Die meisten davon stellten auch für die Weltraum-Veteranen Borman und Lovell Neuland dar. Dem im Rang eines Luftwaffenobersten stehenden 40jährigen Kommandanten Borman war die Lageregelung des Raumschiffs anvertraut. Darüber hinaus trug er während der gesamten 147 Flugstunden die Verantwortung, ob die Mission nach Plan fortgesetzt werden sollte. Der in der Mitte der nebeneinanderliegenden Sesselgruppe sitzende, ebenfalls 40 Jahre alte Lovell befaßte sich hauptsächlich mit der Navigation, während dem „Rechtsaußen" der Mondfahrer, dem 35jährigen Luftwaffenmajor William Anders, foto-

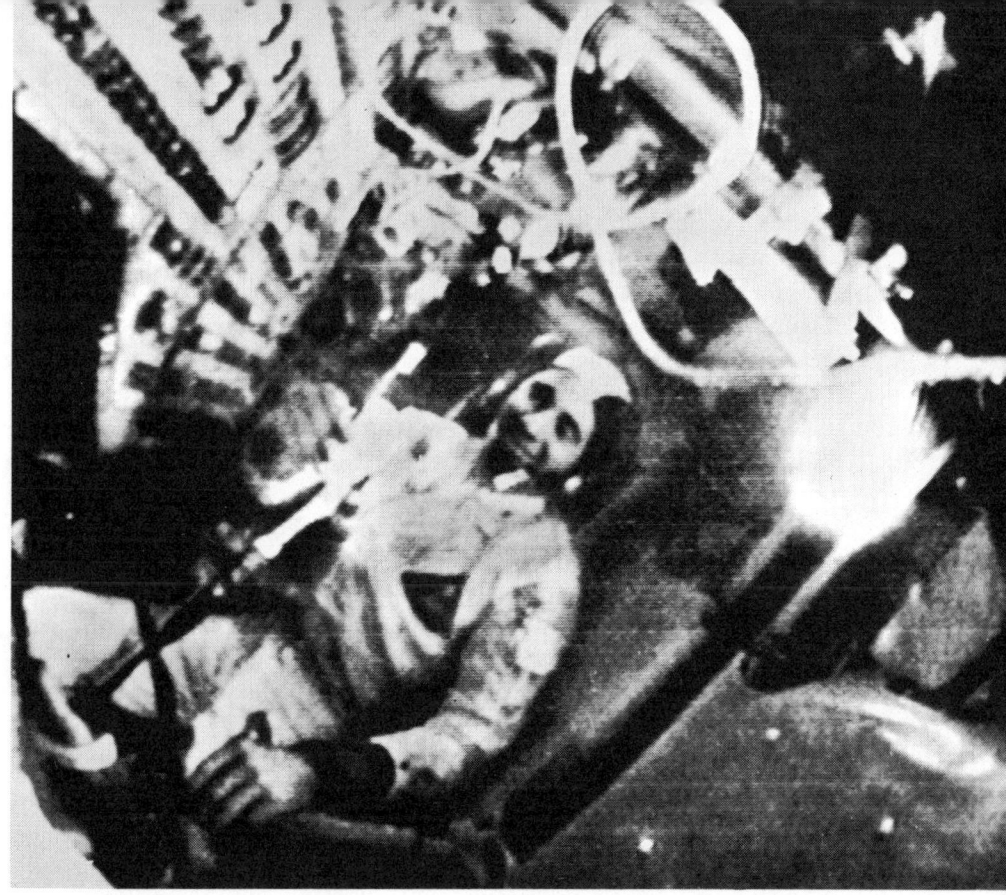

Astronaut William Anders demonstriert den Fernsehzuschauern mit Hilfe seiner Zahnbürste, die er durch die Kabine schweben läßt, die Auswirkung der Schwerelosigkeit.

grafische Aufgaben oblagen. Ihr Arbeitgeber, die amerikanische Raumfahrtbehörde, hatte für die drei einen siebzehnstündigen Arbeitstag angesetzt, gegen den jede Astronautengewerkschaft, hätte es eine solche gegeben, ihr striktestes Veto angemeldet hätte.

Die Auswahl gerade dieser Mannschaft war in Houston nach vielen psychologischen Erwägungen getroffen worden. Unter ihren Astronautenkollegen war die Entscheidung zunächst mit einem Kopfschütteln aufgenommen worden. Borman und Lovell zählten zwar zu den erfolgreichsten Raumfahrern der Vereinigten Staaten, zwischen ihnen hatte sich jedoch in den letzten Jahren ein Konkurrenzgefühl entwickelt; denn nicht der ranghöhere Borman, sondern der gemeinsam mit ihm in der *Gemini*-7-Kapsel gestartete Lovell hatte sich bisher am längsten im Weltraum aufgehalten, ganze 425 Stunden (17 Tage und 17 Stunden).

Auch die Arbeitsverteilung zwischen den Insassen der Drillings-kapsel brachte für die NASA Probleme mit sich. Die gereizte Atmosphäre an Bord von *Apollo 7*, die aus vielen Bemerkungen Schirras deutlich wurde, hatten viele Beobachter auf das körperliche Unwohlsein der Astronauten zurückgeführt. Psychologen im NASA-Hauptquartier machten sich jedoch einen anderen Vers auf die aufgetretenen Spannungen. Sie wiesen darauf hin, daß sich in einer Gruppe von drei unter den gleichen schwierigen Umständen lebenden Menschen eher Zündstoff in Form von Meinungsverschiedenheiten entwickeln kann als unter zweien, die ein größeres Zusammengehörigkeitsgefühl verbindet. Die Ärzte verfügten über genügend Erfahrungen, um die Theorie zu erhärten: Bei längeren Fahrten in Unterseebooten, bei Polarexpeditionen und bei mehrwöchigen Aufenthalten in den Simulationskammern hatte sich stets herausgestellt, daß in acht von zehn Fällen Mißstimmungen heranreiften. Die Furcht, die Raumenge, das Gefühl, über zuwenig Luft zu verfügen, und die Einsamkeit setzten sich dann in Feindschaft um.

Einer dieser Psychologen berichtete: „Wir haben es in den Simulatoren auch mit einer vierköpfigen Besatzung versucht. Aber das Ergebnis war nicht besser: Zwei stellten sich gegen die anderen zwei. Die impulsivsten und lebhaftesten Männer verbündeten sich gegen die strengen und autoritären Persönlichkeiten. Über die Monitoren der Fernsehkameras konnten wir ihre Bosheiten und versteckten Konflikte gut beobachten. Schließlich ging es nicht mehr anders, wir mußten das Experiment abbrechen, obschon alle vier tüchtige Männer waren, vier erfahrene Flieger, die zusammen im Krieg gewesen waren. Was wir brauchen, ist natürlich ein Kommandant, das heißt ein Mann, der qualifizierter ist als die anderen. Aber kein Astronaut ist qualifizierter als die anderen, keiner versteht mehr von der Sache als die anderen. Sie alle sind gleich trainiert, gleichwertig. Das ist unser größtes Problem."

„Farben gibt es nicht hier oben"

Am Samstag, dem 21. Dezember 1968, pünktlich um 7.51 Uhr Ostamerikanischer Zeit, startete *Apollo 8* zu dem größten Wagnis der bemannten Raumfahrt. Zwölf Stunden vorher war der Start freigegeben worden, nachdem letzte auftretende Schwierigkeiten überwunden und der Countdown nach zeitweiliger Unterbrechung fortgesetzt werden konnte. In einem Tank des Raumschiffs hatten Techniker eine Verunreinigung des flüssigen Sauerstoffs festgestellt, der für die Stromversorgung der Kapsel benötigt wurde. Innerhalb weniger Stunden war der Sauerstoff durch neuen ersetzt worden.

Drei Stunden und 22 Minuten nach dem reibungslosen Start wurde die dritte Stufe der Saturn-5-Rakete, mit der das Raumschiff noch immer verbunden war, wiederum gezündet. Dabei mußte die *Apollo*-Kapsel, nachdem sie bisher mit einer Geschwindigkeit von 7,9 Kilometern pro Sekunde in eine Umlaufbahn um die Erde gebracht worden war, auf eine Geschwindigkeit von 11,2 Kilometern pro Sekunde beschleunigt werden. Erst dadurch erreichte sie ihre Fluchtgeschwindigkeit, mit der sie in einer parabolischen Bahn die Erdanziehungskraft überwinden und den Weg zum Mond einschlagen konnte.

Zündung und Brennschluß der Rakete verliefen so präzise, daß *Apollo-8*-Kommandant Borman wenig später dem Kontrollzentrum Houston melden konnte: „Es läuft alles wie vorausberechnet. Die zweite vorgesehene Kurskorrektur ist nicht erforderlich. Wir sind auf dem richtigen Weg."

Nach zweitägigem Flug erreichten die Astronauten den Punkt, an dem sich die Anziehungskräfte der Erde und des Mondes die Waage halten. *Apollo 8* trat damit in das Schwerefeld des Mondes ein und vergrößerte seine Geschwindigkeit, die in den Stunden zuvor ständig gesunken war, in demselben Maße wieder. Jetzt waren es noch rund 55 000 Kilometer bis zur Mondoberfläche. Das Raumschiff drehte sich einmal pro Stunde um seine eigene Achse, damit die erheblichen Temperaturunterschiede auf der Außenhaut zwischen dem sonnenbeschienenen und dem im Schatten liegenden Teil ausgeglichen wurden.

In der Nacht zum ersten Weihnachtstag hatten die drei Astronauten Borman, Lovell und Anders den fernsten Punkt ihrer sechstägigen Reise erreicht. Ohne Funkverbindung zu ihrem Heimatplaneten hatten sie am Heiligen Abend für 246 Sekunden das Haupttriebwerk ihres Raumschiffs gezündet. Als sie 27 Minuten später wieder aus dem Mondschatten hervortraten, meldeten sie der Bodenkontrolle, daß auch dieses Manöver erfolgreich verlaufen sei. Das Raumschiff schwenkte zunächst in eine elliptische Bahn ein, deren höchster Punkt bei 313 und deren niedrigster bei 112 Kilometern über der Mondoberfläche lag. Darauf zündeten sie erneut das Triebwerk, um diese Bahn in eine kreisrunde zu verwandeln, die nunmehr für zehn Umkreisungen in einer Höhe von rund 111 Kilometern über dem Mondboden hinwegführte.

Während die Christen in der Welt sich anschickten, das Weihnachtsfest zu feiern, sandten die Mondfahrer eine Botschaft zur

Die Erde aus einer Entfernung von 35 800 Kilometern

360 000 Kilometer entfernten Erde. Die Worte entnahmen sie der 3000 Jahre zuvor niedergeschriebenen Schöpfungsgeschichte des Alten Testaments. Kommandant Borman begann angesichts der tristen Öde der zum Greifen nahen Kraterlandschaft des Mondes unter sich zu reden: „Am Anfang schuf Gott Himmel und Erde. Und die Erde war wüst und leer, und es war finster auf der Tiefe."

Zuvor hatten die Astronauten ihre Eindrücke wiedergegeben, die sie nach den ersten sieben Umkreisungen des Erdsatelliten empfangen hatten. Borman sprach von der „unheilvollen, ehrfurchtgebietenden Einsamkeit", die sich alle zwei Stunden nach jedem neuen Sonnenaufgang unter ihnen auftat. Anders schilderte die Wirkung der langen Schatten, die von dem tiefstehenden, lichtspendenden Gestirn auf die scharf zerklüftete Oberfläche des erdnächsten Himmelskörpers geworfen wurden:

„Die abgerundeten Kuppen der von vielen tausend Meteoriten-

218

einschlägen stammenden Krater stechen scharf hervor. Selbst das ‚Meer der Fruchtbarkeit' hebt sich nicht so stark von seiner Umgebung ab, wie es von der Erde aus den Anschein hat."

Lovell schilderte den Eindruck des Mondbodens so: „Er sieht aus wie festgewordener Gips oder grauer Meersand. An verschiedenen Stellen hat man den Eindruck, als ob Riesenmenschen ihre Fußspuren in dieser Einöde hinterlassen hätten. Die Krater sind alle abgerundet. Es gibt eine ganze Menge davon. Viele von ihnen gleichen sich, vor allem die runden."

Lovell erkannte auch auf Anhieb den dreieckigen, zuvor namenlosen Berg, der als Peilpunkt für das Landemanöver von *Apollo 11* dienen sollte. Er benannte ihn inoffiziell nach dem Namen seiner Frau: Mount Marilyn. Lovell schilderte diesen Fixpunkt in allen Einzelheiten: „Dieser wichtige Beobachtungspunkt ist selbst aus unserer Höhe von 111 Kilometern leicht erkennbar. Über seine Bergkette hinweg können wir auch die anderen Beobachtungspunkte erkennen."

Lovell fügte hinzu: „Die Augen werden von den Gegensätzen des gleißenden Lichts und der übergangslosen Dunkelheit geblendet. Wir sehen nur ein leuchtendes Weiß und ein pechfarbenes Schwarz. Farben gibt es nicht hier oben. Die Erde scheint die einzige Oase in der unendlichen Weite des Weltalls zu sein."

Die geschichtsträchtigen Worte, von der Hochleistungsantenne der nur 3,6 Meter hohen Kapsel über die 26 Meter im Durchmesser breite Empfangsantenne von Madrid in die Raumflugzentrale Houston gefunkt und von dort direkt in die Rundfunk- und Fernsehnetze der Welt übertragen, prägten das Weihnachtsfest einer Welt wie vielleicht nie ein Ereignis zuvor. Während die meisten Menschen noch versuchten, sich der Bedeutung dieser ersten Mondumkreisung des Menschen bewußt zu werden, hatten die drei Astronauten den gefahrvollsten Teil ihrer Mondreise bereits hinter sich gebracht. In Deutschland war es 7.18 Uhr am zweiten Weihnachtstag, in Houston jedoch erst 23.18 Uhr des vorhergehenden Tages, als *Apollo 8* von seiner letzten Umkreisung aus dem Mondschatten hervortreten mußte. Bereits drei Minuten lang war auf der Frequenz von 5200 Megahertz der Funkkontakt wiederhergestellt, aber noch waren die Stimmen der Astronauten auf dieser Trägerwelle nicht zu vernehmen. Ein paar lange, bange Minuten dauerte es, bis Flugleiter Lunney die erlösenden Worte entschlüpften: „Verstanden, verstanden, der Weihnachtsmann ist wieder da."

Bormans Stimme, über das im Pazifik kreuzende Bahnverfolgungsschiff Redstone nach Houston übermittelt, klang geschäftsmäßig

nüchtern, als er zur Bestätigung der bereits auf einer anderen Wellenlänge zur Erde gefunkten Werte des Bordcomputers über die neuen
Bahnparameter sowie die Zeiten der Zündung verlas. Die letzten
Zweifel, daß das Raumschiff nicht den korrekten Rückkehrkurs eingeschlagen haben könnte, waren damit beseitigt. „Ihr fliegt mit dem
besten Vogel, den man sich vorstellen kann", klang es in den Ohr-
muscheln der Astronauten, die sich nunmehr, erschöpft von den
Aufgaben, die ihnen während der zwanzigstündigen Umkreisung des
Mondes gestellt waren, auf einen geruhsamen Heimflug freuten und
ihr von Truthahn gekröntes Weihnachtsessen vorbereiteten.

Die wissenschaftlichen Ergebnisse der Mondumkreisung beseitig-
ten die letzten Zweifel, ob eine Landung auf dem Mond möglich sein
werde. Fotoaufnahmen und Augenbeobachtungen bestätigten der
Raumfahrtbehörde überdies, daß sie die Landeplätze für die eigentlichen Mondfahrer richtig ausgesucht hatte.

Auch der letzte, eher beschauliche Teil der mit ungewöhnlicher
Präzision verlaufenen Mondreise, die Rückkehr zur Erde, verlief
ohne Komplikationen. *Apollo 8* war das erste amerikanische Raumschiff, das zur Nachtzeit niederging. 69 Stunden hatte der Hinflug
zum Mond gedauert, die 374 000 Kilometer vom Mond zur Erde
wurden in 58 Stunden zurückgelegt. Das Eintauchen in die Erdatmosphäre erfolgte in dem vorausberechneten Winkel. *Apollo 8*
hatte dabei die noch von keinem Menschen zuvor erlebte Geschwindigkeit von 39 589 Kilometern pro Stunde erreicht, seine Insassen
waren einer Kraft ausgesetzt, die siebenmal so hoch wie die übliche
Erdanziehungskraft war. Der Hitzeschild der Kapsel mußte Temperaturen von 2775 Grad widerstehen.

Auf dem Flugzeugträger Yorktown, der am 27. Dezember 1600
Kilometer südwestlich von Hawaii die Mondfahrer erwartete, blickte
man angestrengt in die nächtliche Finsternis, als das starke Blinklicht der Kapsel plötzlich in der Dunkelheit aufleuchtete: Sie hatte
nur 5,4 Kilometer von dem Bergungsschiff entfernt auf dem Wasser
aufgesetzt.

„Gummibonbon" ruft „Spinne"

Die so perfekt erscheinende Mondumkreisung mit *Apollo 8* hatte
vielfach den Eindruck erweckt, als seien die noch fehlenden 111
Kilometer bis zu einer Landung auf der Mondoberfläche nur noch ein
letzter kleiner Sprung, der keine besonderen Anstrengungen mehr
erfordere. Eine solche Annahme war jedoch falsch. Richtig war

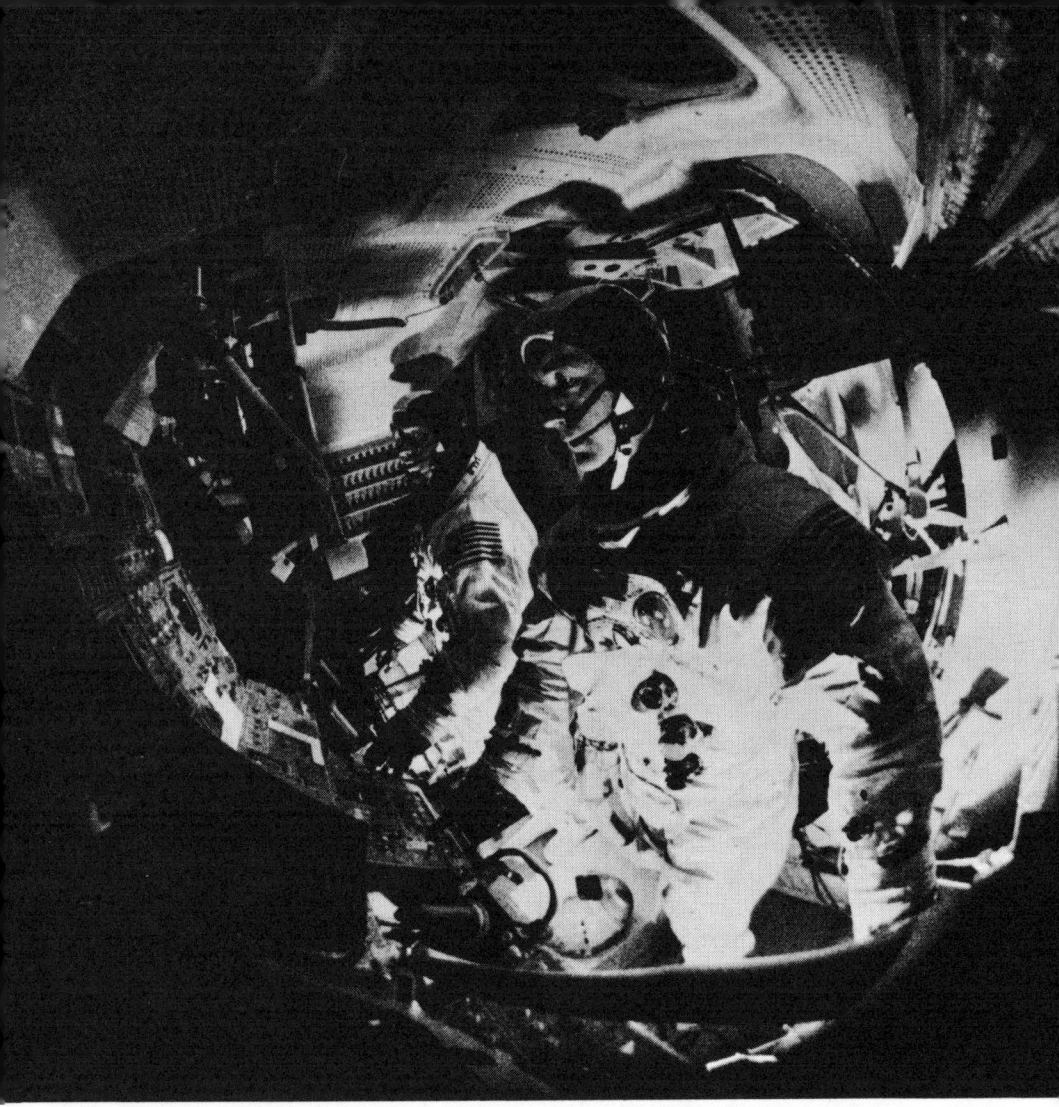

Die Astronauten James A. McDivitt (im Vordergrund) und Russell L. Schweickart an Bord eines Mondfähren-Simulators

vielmehr, daß der schwierigste Abschnitt im Mondlandeprogramm noch zu bewältigen war. Die technische Bedeutung des für den 28. Februar 1969 geplanten Weltraumunternehmens *Apollo 9* war weitaus höher einzuschätzen als die sensationelle Mondumkreisung an den Weihnachtstagen.

Mit *Apollo 9* wollten die Amerikaner die erste komplette Kombination von Saturn-5-Rakete, *Apollo*-Raumschiff und Mondlandeboot erproben. Dazu mußte die dreiköpfige Besatzung ein gewaltiges Arbeitspensum erledigen. Höhepunkt des zehntägigen Raumflugs sollte das selbständige Manöver des Lunar Modules werden,

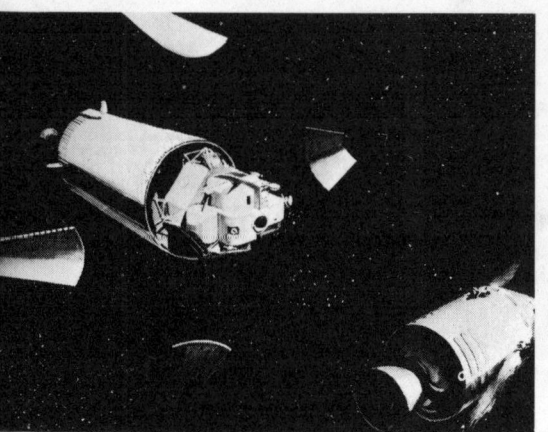

Die wichtigsten Etappen des Apollo-9-Flugs in Funktionszeichnungen:
Links: Das Raumschiff hat sich von der dritten Raketenstufe gelöst und dreht sich zum Kopplungsmanöver mit der Mondfähre um 180 Grad. Die Verkleidung des Mondlanders wird weggesprengt.

Rechts: Die kegelförmige Spitze der Kommandokapsel rastet in den Kopplungsmechanismus der Aufstiegsstufe ein. Daraufhin wird die Mondfähre vollständig aus dem Adapterteil der dritten Stufe herausgezogen.

wobei sich Kommandant James McDivitt und Russell Schweickart als Pilot der Fähre bis zu 160 Kilometer von *Apollo 9* entfernen sollten, in dem Raumschiffpilot David Scott auf ihre Rückkehr wartete.

Der für die *Apollo-9*-Mission verantwortliche Flugdirektor George Hage setzte sein Vertrauen in die Tüchtigkeit des Teams, das sich in harten Trainingsjahren auf dieses Ereignis vorbereitet hatte. Zwei von ihnen verfügten über ausreichende Weltraumerfahrungen. McDivitt hatte die *Gemini-4*-Kapsel befehligt, die im Juni 1965 die Erde 62mal umkreist hatte; Scott hatte im Raumschiff *Gemini 8* gesessen, mit dem im März 1968 erstmals ein Anlegemanöver mit einem Zielflugkörper im Weltraum gelungen war; Schweickart gehörte zu der Gruppe von Wissenschaftlern, die im Hinblick auf die Mondlandung angeworben und ausgebildet worden war.

Wie immer man auch das Risiko des Raumflugs von *Apollo 9* einzuschätzen bereit war, der Lorbeer für die drei Astronauten hing hoch. In Houston drückte man die Schwierigkeiten so aus: Verglichen mit *Apollo 7* steige das Risiko um das Zweieinhalbfache an, auch gegenüber der Mondumkreisung sei der Schwierigkeitsgrad immerhin noch doppelt so hoch zu veranschlagen. Die Mondlandung selbst müsse in diesem Katalog mit der Ziffer 6 versehen wer-

222

Links oben: Die beiden Astronauten McDivitt und Schweickart steigen durch den Tunnel, den die zusammengekoppelten Raumfahrzeuge bilden, in die Mondfähre um. Ihre Aufgabe ist es, die Systeme des Mondlanders auf ihre Funktionstüchtigkeit hin zu überprüfen.

Rechts oben: Erst dann kann das Außenbordmanöver Schweickarts beginnen, das als Folge der überstandenen Übelkeit des Mondfährenpiloten jedoch verkürzt werden mußte. Schweickart trat nur auf den balkonartigen Absatz des Lunar Modules hinaus, um ein paar Aufnahmen zu machen.

Links unten: Das risikoreichste Experiment begann mit der Trennung der Mondfähre von dem Raumschiff, um die Weltraumtüchtigkeit des Landefahrzeugs zu erproben. Kurz vor der Wiederannäherung wurde die Abstiegsstufe des Mondlanders abgestoßen . . .

Rechts unten: . . . während die Aufstiegsstufe mit McDivitt und Schweickart an Bord wieder zum Mutterschiff zurückkehrte. Mit der Rückkehr in die Kommandokapsel war das schwierigste Experiment der Apollo-9-Astronauten beendet.

den, bezogen auf die 163 Erdumkreisungen der *Apollo-7*-Astronauten.

McDivitt und seine *Apollo*-Crew benötigten viele hundert Stunden, um das komplizierte Innenleben ihrer Kapsel kennen und beherrschen zu lernen. Für die Astronauten der ersten Stunde war es sogar das dritte Raumschiff, über dessen Technik und Wirkungsweise sie Bescheid wissen mußten.

Für die *Apollo-9*-Astronauten kam hinzu, daß sie sich auch mit dem Mondlander vertraut machen mußten, dessen Systeme ganz anders funktionierten. McDivitts Kommentar zu dieser Plackerei: „Der Tag hat nur 24 Stunden, egal, wie viele Raumschiffe es gibt. Wenn wir das Kopplungsmanöver in der Simulationskammer hinter uns haben, das meist mehrere Stunden dauert, dann rennen wir hinaus, springen in die Autos und rasen zum Flugplatz. Unterwegs ziehen wir uns unsere Fliegerkombinationen an und setzen die Helme auf, um ja keine Zeit zu verlieren. Mit der Düsenmaschine fliegen wir dann ein paar Steilkurven, um uns, wenn auch nur für wenige Augenblicke, an die Schwerelosigkeit zu gewöhnen. Anschließend geht es wiederum ins Raumfahrtzentrum, um ein paar Übungen zu absolvieren, die uns außerhalb der Raumfahrzeuge im Weltraum erwarten. Bis wir unsere Berichte geschrieben und abgezeichnet haben, ist es nicht selten ein Uhr in der Frühe, so daß uns nur noch ein paar Stunden Schlaf bleiben. Der einzige Trost ist, daß es jedem von uns so geht. Und wir sind schließlich auch nicht die einzigen, die so lange arbeiten müssen. Unseren Instrukteuren und den Flugkontrolleuren geht es nicht anders. Es ist eben ein harter Beruf, wenn man zum Mond fliegen will."

Nachdem die *Apollo*-Krankheit abgeklungen war, wie die Symptome von Kopf- und Halsschmerzen inzwischen auf Kap Kennedy genannt wurden, stand dem auf Montag, den 3. März 1969, verschobenen Start nichts mehr im Wege. Die Ersatzmannschaft, die aus den Fregattenkapitänen Charles Conrad und Richard Gordon sowie dem Korvettenkapitän Alan Bean bestand, hatte keine Chance mehr, in letzter Minute den begehrten Flugauftrag zu übernehmen.

Bereits drei Stunden nach dem reibungslosen Start gelang ihnen das erste Manöver nach Flugplan: In annähernd 200 Kilometern über dem Erdboden trennten sie ihr Raumschiff von der dritten Stufe der Saturn-5-Rakete, wendeten daraufhin ihre Kapsel um 180 Grad und koppelten dann ihr Fahrzeug mit der Mondlandefähre, die sie zu diesem Zweck aus der „Garage", der an der Raketenstufe befestigten, Adapter genannten Verkleidungsteile, herauszogen. Erst daraufhin war die Verbindung mit dem ausgebrannten Raketenteil endgültig gelöst.

Während dieser Millimeterarbeit im Weltraum herrschte Funkstille, weil sich jedes Besatzungsmitglied auf seine Aufgabe konzentrierte. McDivitts Stimme klang sehr erleichtert, als er meldete, daß man dieses Manöver zwar eine Viertelstunde später als vorgesehen begonnen, aber genau nach Anweisung vollendet habe. Zwar habe das Raumschiff noch eine kleine Schwenkung vorgenommen, die sich aber mit Hilfe der Steuerdüsen sofort korrigieren ließ.

Am zweiten Tag ihres Weltraumflugs vergrößerten die Astronauten durch dreimaliges Zünden ihres Haupttriebwerks ihre Umlaufbahn. Damit sollte festgestellt werden, ob die an der kegelförmigen Spitze des Raumschiffs angekoppelte Mondfähre das aus der Schubwirkung resultierende Rütteln unbeschädigt überstehen würde. Astronauten und Bodenkontrolle zeigten sich mit dem Ergebnis gleichermaßen zufrieden, so daß alle drei ihre wohlverdiente Ruhe

Während Schweickart seine Kamera zückt, um Aufnahmen von der Erde zu machen, wird er von seinem in der Kommandokapsel zurückgebliebenen Astronautenkollegen Scott im Bild festgehalten.

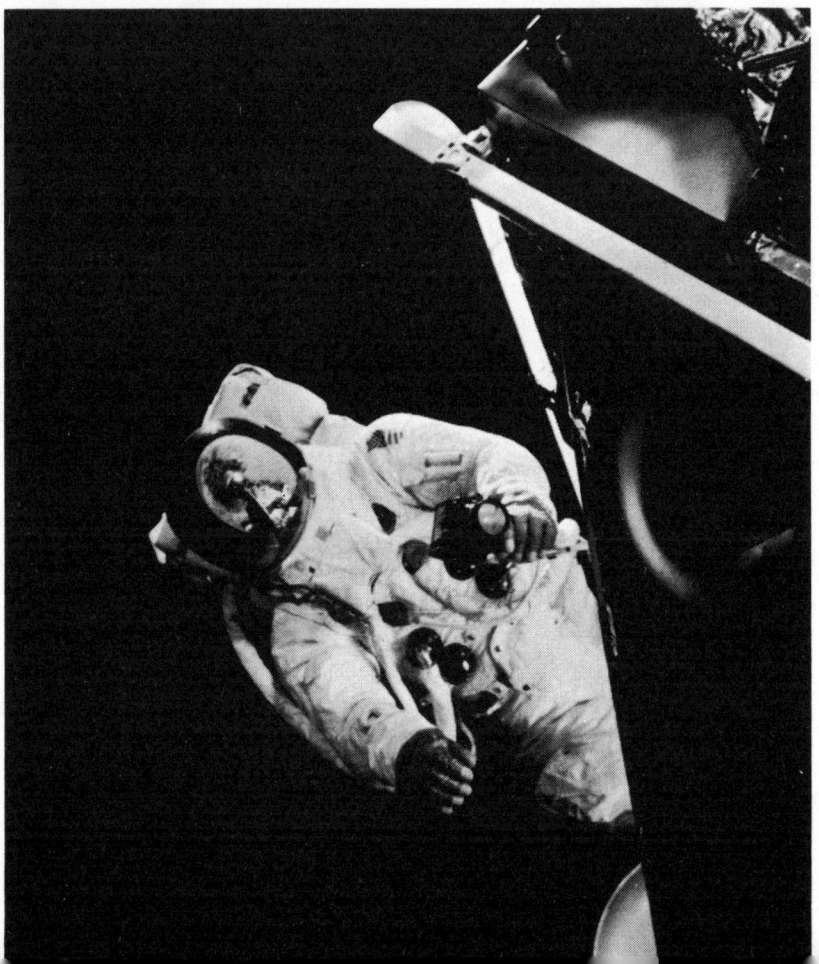

Anlegemanöver zwischen der Mondfähre und der Kommandokapsel. An der Nase der Kapsel ist der Mechanismus zu erkennen, der das Dockingmanöver ermöglicht.

antraten. Wiederum wurde der Funkverkehr mit Houston eingestellt.

Am dritten Tag ihres Raumflugunternehmens enterten Kommandant McDivitt und der Pilot der Mondfähre, Schweickart, das Beiboot. Damit waren zum erstenmal in der Geschichte der Raumfahrt Astronauten durch einen Verbindungstunnel von einem Raumfahrzeug in ein anderes umgestiegen. Das Umsteigen verzögerte sich, weil Schweickart einen Anfall von Übelkeit zu überstehen hatte. Drei Stunden später ließ er die Flugkontrolle jedoch wissen, daß er sich wieder wohl fühle. Damit mußte sich auch beim dritten bemannten *Apollo*-Flug ein Astronaut mit Krankheitserscheinungen herumplagen.

Als erster schwebte der von Brechreiz geplagte Schweickart durch die nur 90 Zentimeter breite Verbindungsröhre, öffnete die Luke des Lunar Modules und betrat den Pilotenstand. Er setzte die Be-

Der umgekehrte Blick zeigt die Mondfähre bei ihrer Wiederannäherung an die Kommandokapsel. Die „Spinne" steht gerade auf dem Kopf, darunter ist ein Teil der wolkenbedeckten Erde zu erkennen.

triebssysteme der Fähre in Gang und konnte dann seinen Raumanzug an die Sauerstoffversorgung anschließen, der bis zu diesem Zeitpunkt noch mit der Kommandokapsel von *Apollo 9* verbunden war. Erst daraufhin konnte auch McDivitt folgen. Der allein im Raumschiff zurückbleibende Scott schloß die Verbindungsluke. Fünf Stunden nach diesem Umsteigemanöver setzten die beiden LM-Insassen die Triebwerke probeweise in Gang; sie konnten beruhigt feststellen, daß sich keine Beanstandungen ergaben. Nach einem siebenstündigen Aufenthalt in dem spinnenbeinigen Mondlander kehrten sie in ihr bequemer ausgestattetes Raumschiff zurück.

Die Klagen Schweickarts über seinen Gesundheitszustand veranlaßten die Flugleitung in Houston, den für den folgenden Tag vorgesehenen Ausstieg des LM-Piloten aus seiner Mondfähre abzusagen. Diesem schwerwiegenden Verzicht auf ein zweistündiges Außenbordmanöver waren drei längere Gespräche der Astronauten mit

Flugleiter Christopher Kraft und Raumfahrerarzt Charles Berry vorausgegangen, die von der Raumfahrtbehörde nicht veröffentlicht wurden. Die Unterhaltungen drehten sich jedoch, wie später bekannt wurde, um die Brechanfälle des Astronauten, der von Glück sagen konnte, daß er während des plötzlich aufgetretenen Unwohlseins seinen kugelförmigen Raumfahrerhelm nicht übergestülpt hatte oder ihn schnell genug abnehmen konnte. Dies war möglich, da auch die Kapsel unter Druck stand. Außerhalb des Raumschiffs wäre diese Möglichkeit nicht vorhanden gewesen, so daß er wahrscheinlich hätte ersticken müssen.

Schweickarts Beschwerden überraschten die Flugleitung in mehrfacher Hinsicht. Zunächst hatte keiner seiner fünf Vorgänger, die ein Außenbordmanöver unternommen hatten, über Schwindelgefühle im Zustand der Schwerelosigkeit geklagt; allerdings waren ähnliche Symptome von Titow bekanntgeworden. Andererseits war Schweickart wie kein anderer Astronaut vor ihm auf den zweistündigen Ausstieg aus der Mondfähre vorbereitet worden. Mehr als 25 Stunden lang hatte er allein in einem Unterwassertank das Wechseln vom Raumschiff in die Landefähre geübt.

Schweickart kam am folgenden Tag dennoch zu seinem – wenn auch auf 37 Minuten verkürzten – Außenbordmanöver. Ursprünglich sollte er von dem Mondboot aus über die Leiter zur Kommandokapsel steigen, um, nur mit einem dünnen Nylonseil gesichert, eine Rettungsaktion für Astronauten zu üben, die notwendig werden würde, wenn der Tunnel zwischen beiden Raumfahrzeugen einmal unbenutzbar sein sollte. Nach der drastischen Flugplanänderung betrat Schweickart lediglich den „Balkon" der Mondfähre, auf dem Fußhalterungen angebracht waren, um dem als Trittbrettfahrer durch den Weltraum rasenden Astronauten einen festen Stand zu geben, so daß er beide Hände frei hatte. Schweickart schlüpfte in die „goldenen Pantoffeln" und erprobte in erster Linie den Mondfahreranzug, der Schutz vor Meteoriten und der noch nicht restlos erforschten Weltraumstrahlung bieten und dazu gegen alle auf dem Mond vorkommenden Temperaturen absichern sollte. Überdies waren alle lebensnotwendigen Versorgungseinrichtungen in einem Rucksack auf dem Rücken des Astronauten untergebracht, so daß man auf die „Nabelschnur", die bei den bisherigen Außenbordmanövern Mensch und Raumschiff miteinander verband, verzichten konnte. Schweickarts Kommentar: „Der Anzug ist sehr bequem. Ich habe überhaupt keine Probleme gehabt. Meine Hände wurden zwar ein bißchen warm, aber nicht heiß, so daß ich keine Befürchtungen zu haben brauchte."

Am fünften Tag bestand die „Spider" (Spinne) genannte Lande-
fähre den eigentlichen Weltraumtest: In einem sechsstündigen
Manöver löste sie sich mit Kommandant McDivitt und ihrem
Piloten Schweickart an Bord vom Mutterschiff, das sie „Gumdrop"
(Gummibonbon) genannt hatten, entfernte sich bis auf 180 Kilo-
meter und koppelte wieder mit dem Raumschiff zusammen. Raum-
schiffpilot Scott empfing die Rückkehrenden, die sich mit Hilfe ihres
Rendezvous-Radars näherten, über Funk: „Gummibonbon ruft
Spinne! Auf euch warte ich schon, damit ihr mir von dem guten
Wasser mitbringt." Als das mahlende Geräusch aneinanderreibender
Metallteile zu hören war, was auf ein Gelingen des Kopplungs-
manövers hindeutete, meinte McDivitt: „Junge, so einen schönen
Ton habe ich schon lange nicht mehr gehört."
Scott darauf: „Die Kopplung war einfach Klasse."
McDivitt: „Das war schon keine Kopplung mehr, das war ein
Augentest."
Nachdem sich die beiden Weltraumausflügler darangemacht hat-
ten, die Fähre zu räumen und wieder im Raumschiff Platz zu neh-
men, erinnerte sie Scott abermals an das Wasser aus den Behältern
der Landefähre, das ihnen besser schmeckte als das zu stark mit

**Schweickart ist bereit, von der Kapsel in das Schlauchboot überzusetzen, während
Scott im Hintergrund schon in einem zweiten Bergungsboot sitzt.**

Chlor versetzte in der Kommandokapsel. Als McDivitt zudem begann, Abfälle und überflüssige Geräte vom Raumschiff in die später im Weltraum zurückbleibende Fähre zu packen, um auf diese Weise Platz zu schaffen, mahnte ihn Scott: „Mach doch mal 'ne Pause."

McDivitt: „Wir haben aber noch eine Menge zu tun."

Schweickart: „Mensch, wenn ich eine Pause mache, dann haue ich mich aber drei Tage lang ins Bett. Houston, habt ihr gehört?"

Flugleitung: „Vermerkt und genehmigt: Drei Tage frei nach der Rückkehr."

Das zehntägige Raumfahrtunternehmen mußte wegen ungünstiger Wetterbedingungen im vorgesehenen Landegebiet südwestlich der Bermudas in letzter Stunde noch um eine weitere Erdumkreisung verlängert werden, eine Entscheidung der Flugleitung, die noch bei keinem anderen Raumflug zuvor getroffen werden mußte. Die *Apollo-9*-Astronauten fügten sich in ihr Schicksal und setzten am Donnerstag, dem 13. März, um 18.01 Uhr MEZ zur Landung östlich der Grand-Turk-Insel an. Bereits beim Niedergehen auf dem Atlantik konnte die Kapsel an ihren drei großen Fallschirmen vom Flaggschiff der Bergungsflotte, dem Flugzeugträger Guadalcanal, mit bloßen Augen beobachtet werden. Nach 49 Minuten wurden die drei Astronauten bereits auf dem Deck abgesetzt.

Während der 151 Erdumkreisungen hatte *Apollo 9* die wichtigsten Aufgaben zufriedenstellend erfüllt:

Erprobung eines neuen Raumanzugs für die Mondlandung, der seinen Träger unabhängig von dem Raumfahrzeug macht.

Das An- und Abkoppeln zweier Raumfahrzeuge.

Umsteigen zweier Astronauten in den Mondlander und ein damit verbundenes Außenbordmanöver.

Trennung der Fähre vom Mutterschiff und ein sechsstündiges selbständiges Steuermanöver – und schließlich ein

Rendezvousmanöver und anschließendes Kopplungsmanöver.

Pfadfinder für den Mondspaziergang

Der von Präsident Nixon zum neuen NASA-Chef berufene Thomas O. Paine konnte sich gratulieren: Die *Apollo-9*-Astronauten hatten mit der Abwicklung des umfangreichsten Versuchsprogramms das Vorexamen für die Mondlandung bestanden. Damit stand im März 1969 endgültig fest, daß der noch von Präsident Kennedy anvisierte Mondflug im Sommer desselben Jahres verwirklicht werden konnte.

230

Die Hochstimmung, die sich nach der Rückkehr der Astronauten verbreitete, ließ für kurze Zeit den Gedanken aufkommen, nunmehr könne auf den für Mai angesetzten Apollo-10-Flug verzichtet werden, weil die Voraussetzungen für die Mondlandung schon jetzt gegeben seien. Hingegen stand fest, daß zumindest noch ein Problem gelöst werden mußte, von dessen Existenz man erst bei der Mondumrundung von Apollo 8 erfahren hatte. Beim Raumschiff stellte man geringe Kursabweichungen gegenüber den vorausberechneten Bahnen fest, die vermutlich von dicht unter der Mondoberfläche liegenden Gravitationsfeldern verursacht worden waren. Solche Metall- oder Mineralienablagerungen konnten nach der Ansicht von Wissenschaftlern Auswirkungen auf den Kurs von Raumfahrzeugen haben. Die genaue Analyse der Bahnen, die der Mondsatellit Lunar Orbiter eingeschlagen hatte, führte zu der Entdeckung von zwölf sogenannten Massekonzentrationen, die von den Amerikanern Mascons (für Mass concentrations) genannt wurden. Genau über diesen Stellen beschleunigten die Forschungssonden und später auch Apollo 8 ihre Geschwindigkeit.

Im Gegensatz zu dieser Annahme behauptete der in Diensten der amerikanischen Raumfahrtbehörde stehende Mathematiker Erwin Schiesser, der Grund für die Kursabweichungen müsse in der birnenförmigen Gestalt des Mondes gesucht werden, die den Menschen bisher nur deswegen nicht aufgefallen sei, weil die Ausbuchtung genau auf der erdabgewandten Seite des Mondes liege. Schiesser hatte die Flugbahnen von Apollo 8 noch einmal nachgerechnet und war zu dem Ergebnis gekommen, daß die Kapsel nach jeder Mondumkreisung 4,57 Kilometer von dem Punkt abwich, den sie der Vorausberechnung nach hätte durchlaufen müssen. Schiesser räumte ein, daß sein Denkmodell nicht unbedingt stimmen müsse. Denkbar sei auch die Existenz von stärkeren Unebenheiten auf der Rückseite des Mondes, so daß dort gleich mehrere Buckel für eine ungleichmäßige Gestalt des Erdtrabanten sorgten.

Der navigatorischen Erprobung von Raumkapsel und Landefähre sollte daher in erster Linie der Flug von Apollo 10 dienen, der Ende März endgültig auf den 18. Mai festgelegt wurde. „Wir brauchen mit LM eben noch mehr technische Erfahrungen", kommentierte Flugleiter Christopher Kraft die Entscheidung. Kommandant Thomas Stafford, LM-Pilot Eugene Cernan und Raumschiffnavigator John Young sollten die Manöver von Apollo 9 in einer Mondumlaufbahn wiederholen, wobei sich die Mondfähre bis auf rund 15 Kilometer der Mondoberfläche nähern sollte. Mit Ausnahme der Landung entsprach das Unternehmen Apollo 10 der Mission für die

Mondlandung, die nunmehr endgültig auf den 21. Juli 1969 festgesetzt wurde.

Das von Grumman gebaute Lunar Module stand wieder einmal im Mittelpunkt eines Raumfahrtunternehmens. Stafford und Cernan ließen vor ihrem Start keinen Zweifel daran, daß ihre Zuversicht in das bizarre Gebilde dem Vertrauen entspreche, das Reisende gemeinhin der Eisenbahn entgegenbringen. Nachdem sie am vierten Tag ihrer Reise zum Mond die erprobte Geborgenheit ihres Raumschiffs hinter sich gelassen und mit dem Beiboot einen eigenen Kurs um den Mond eingeschlagen hatten, hing ihre Sicherheit von dem zuverlässigen Funktionieren des ersten bemannten Raumflugkörpers ab, der eigens für die Erfordernisse des Weltraums ausgelegt war.

Nach wie vor gab es allerdings einen kritischen Punkt beim Betrieb der Mondfähre, den sie jedoch nicht auf die Probe stellen sollten: ihre zeitlich begrenzte Verwendbarkeit. Waren die auf das Vorhandensein von elektrischem Strom angewiesenen Steuer- und Regelinstrumente sowie das Sauerstoffversorgungssystem erst einmal in Betrieb gesetzt, dann konnten sie nicht mehr unterbrochen werden. Der Grund dafür lag in der Ausstattung der Fähre mit Batterien, die im Gegensatz zu den Brennstoffzellen der Kommandokapsel nicht abgeschaltet werden konnten. Auch die Verwendung extrem kalten Heliums als Druckgas, das anstelle von Pumpen den Treibstoff und den zur Verbrennung notwendigen Sauerstoff in die Triebwerke preßt, ließ sich im Hinblick auf die Betriebssicherheit an Bord nur über einen kurzfristigen Zeitraum verantworten. Diese technischen Unzulänglichkeiten führten dazu, daß die Landefähre bei der Mondlandung höchstens 35 Stunden als Versorgungsbasis für die Astronauten dienen und insgesamt nur 48 Stunden unabhängig vom Mutterschiff operieren konnte. Spätestens zwei Tage nach der Trennung mußte das Gefährt mit seinen Insassen wieder zum *Apollo*-Raumschiff zurückgekehrt sein.

Der Höhepunkt des achttägigen Mondflugs von *Apollo 10* begann am Donnerstag, dem 22. Mai. Mit dem Abkoppeln ihrer nach dem Helden einer populären amerikanischen Witzserie „Charlie Brown" genannten Kommandokapsel von „Snoopy", der Mondfähre, begann ein achtstündiger Alleinflug Staffords und Cernans, der reich an Überraschungen werden sollte. Die Trennung erfolgte auf der Rückseite des Mondes, so daß zu dieser Zeit kein Funkkontakt mit den Bodenstellen bestand und die Flugleitung im ungewissen blieb, ob das Manöver gelungen war. Aber bereits drei Minuten später tauchten die beiden in einem Abstand von zehn Metern um den Mond kreisenden Raumschiffe aus dem Funkschatten auf. In Houston gab es Grund zum Jubeln!

Plötzlich löst ein Schreckensruf Cernans im Kontrollzentrum von Houston lähmendes Entsetzen aus: „Wir torkeln durch den ganzen Himmel." Die 17 für die *Apollo-10*-Mission verantwortlichen Experten starrten auf ihre Monitore: Wo war die Ursache für das plötzliche Taumeln der Mondfähre zu suchen, die sich vier Stunden und 34 Minuten zuvor vom Mutterschiff gelöst hatte?

Cernans Stimme aus den Lautsprechern überschlug sich. Er stieß wilde Flüche aus und schrie seinen Kommandanten Stafford an: „Hau die AGS rein, schnell, hau die AGS rein." Was der Pilot der Mondfähre in der abkürzungsreichen Sprache der Raumfahrer schrie, bedeutete im Klartext, Stafford sollte das Anti Gyro System (AGS) bedienen, das durch die Zündung kleinerer Bremsraketen einem Rotieren des Flugkörpers entgegensteuerte.

Ehe auch nur ein Ratschlag aus Houston die LM-Besatzung erreicht hatte, konnte Cernan die Situation bereits bereinigen. Mit einem Handgriff schaltete er die Computersteuerung aus. Damit setzte der in acht riesigen Rechenanlagen in Houston gespeicherte und auf dem Funkweg zur Landefähre übertragene Datenfluß aus. Cernan war wieder Herr über sein Gefährt. Erleichtert vernahmen es auch die Flugkontrolleure: „Ich weiß, zum Teufel, nicht, was los war, aber es war allerhand los."

Insgesamt achtmal während des Alleinflugs bedienten die beiden LM-Insassen die Triebwerke der Ab- und Aufstiegsstufe, um das Beiboot auf verschiedenen Umlaufbahnen über das riesengroß unter ihnen aufgetauchte Zielgebiet zu lenken. Cernan schilderte seine Eindrücke von der Einöde, die am „Meer der Ruhe" herrscht: „Hier um den Krater Moltke gibt es genug Felsblöcke, um die ganze Galvestone-Bucht damit zu füllen." Er erinnerte die auf dem Boden lauschenden Flugkontrolleure damit an die heimatliche Meeresküste vor den Toren des Raumfahrtzentrums.

Um das vorgesehene Landgebiet für die beiden Mondfahrer in der Äquatorbahn des Mondes mit einem Blick zu erfassen, waren Stafford und Cernan wochenlang in die Mondgeologie eingewiesen worden. Immer wieder hatten sie gefilmte Mondkarten an sich vorüberziehen lassen, um sich die Formationen der Kraterlandschaften genau einzuprägen. Die Lunologen der Raumfahrtbehörden machten sie auf charakteristische Merkmale der schräg von der Sonne beschienenen Hügel aufmerksam, die jetzt in voller Größe unter ihnen auftauchten. Als sie den auf amerikanischen Mondlandekarten mit der Nummer 2 markierten Platz überflogen, konnte Cernan nicht mehr an sich halten: „Mensch", schrie er in sein Mikrofon, „wir sind genau drüber. Ich sage euch, wir sind ganz tief. Wir sind ganz nahe dran, Baby. Wir haben's geschafft. Ich seh 'ne Menge Löcher da unten. Aber die Oberfläche ist doch relativ glatt. Sieht aus wie nasser Lehm. Mit Ausnahme der großen Krater."

Dieser Ort, den Staffords und Cernans Nachfolger in der Mondfähre der *Apollo-11*-Mission als erste Menschen betreten sollten, war aus navigatorischen Gründen ausgesucht worden. Der Anflug durfte durch Berge nicht behindert sein, und der Landeplatz selbst mußte so eben wie möglich sein. Die Raumfahrtbehörde legte auch Wert darauf, daß die Sonne bei der Landung in einem Winkel von 7 bis 20 Grad über dem Horizont stand, damit die Bodenmerkmale durch ihre langen Schatten gut erkennbar waren. Jedes der ausgesuchten fünf Landegebiete wies jeweils einmal im Monat für wenige Stunden die gewünschten Lichtverhältnisse auf. Die Streuung der Landeplätze über verschiedene Gegenden sollte es jedoch erlauben, nacheinander diese ausgesuchten Punkte anzufliegen.

Weiter östlich des in der Nähe des Kraters Moltke gelegenen Landeplatzes Nummer 2 lag – ebenfalls noch im „Meer der Ruhe" – der Landeplatz Nummer 1. Der dritte war ziemlich genau in der Mitte der sichtbaren Mondscheibe: in der Mittelbucht. Die beiden restlichen lagen weiter westlich im „Meer der Stürme".

Außer der Beobachtung und des Fotografierens der Mondlandeplätze stand auch die Erprobung des Landeradars auf dem Testprogramm der *Apollo-10*-Astronauten. Dieses mit dem Landetriebwerk gekoppelte Meßgerät stellt anhand der von der Mondoberfläche reflektierten Radarstrahlen die genaue Höhe fest und vermittelt dem Triebwerksregler entsprechende Impulse, so daß dieser je nach Notwendigkeit den stufenlos regulierbaren Schub vergrößern oder verringern kann. Als auch bei der Bedienung dieses Geräts Schwierigkeiten auftauchten, stand es endgültig fest, daß die Pechsträhne, die Stafford und Cernan seit ihren *Gemini*-Flügen anhing, noch nicht abgerissen war.

Stafford, Pilot von *Gemini 6* und *Gemini 9*, mußte jeweils dreimal zur Startrampe fahren, ehe die Titan-2-Trägerrakete abhob. Bei seinem Leidensgefährten Cernan verzögerte sich der Start von *Gemini 9* ebenfalls; dafür wurde er jedoch mit dem ersten reibungslos verlaufenen Weltraumspaziergang von 2 Stunden und 7 Minuten entschädigt. Die Hoffnung, daß mit *Apollo 10* alles nach Plan verlaufen würde, hatte sich deshalb auf Raumschiffnavigator John Young gerichtet, dessen Weltraumerfahrung aus den Flügen mit *Gemini 3* und *Gemini 10* stammte, die als „Bilderbuchflüge" in

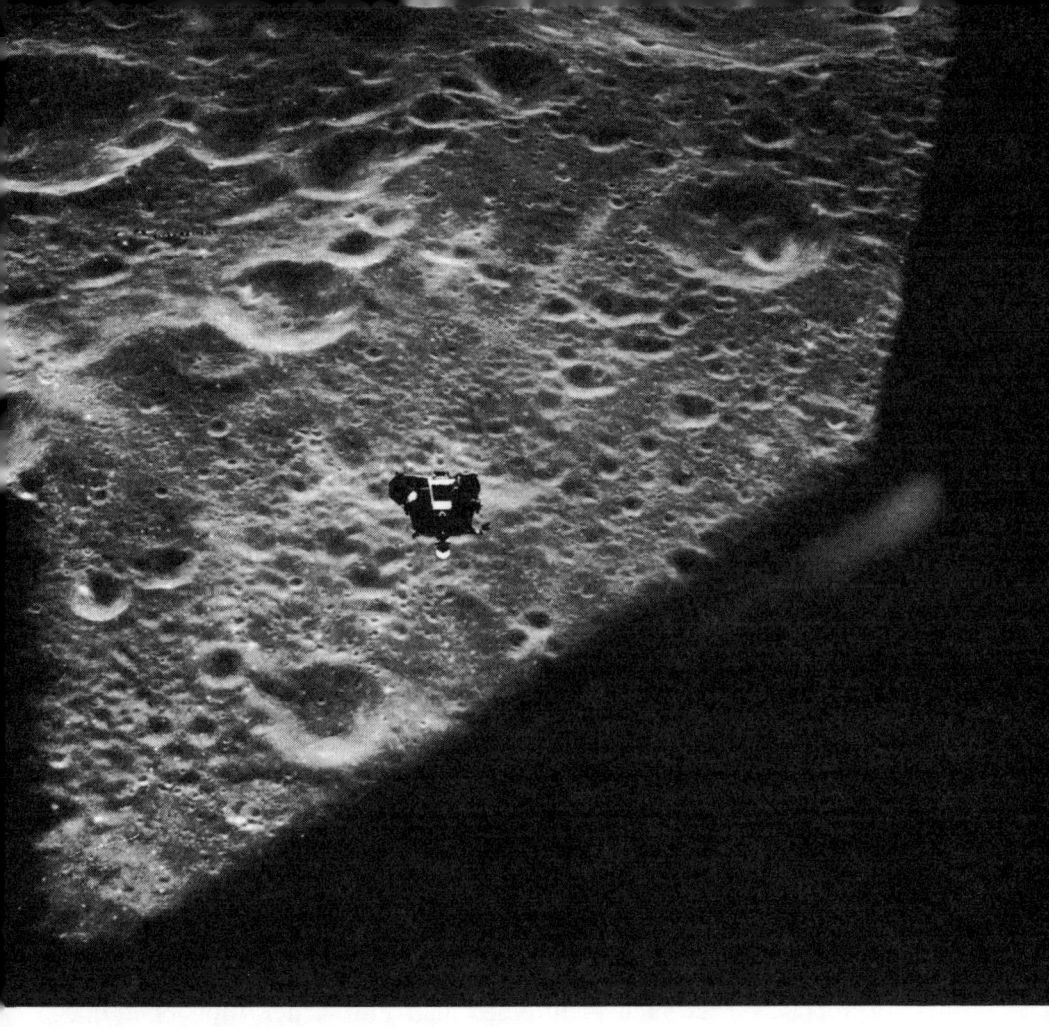

„Snoopy" kehrt zum Raumschiff zurück.

Erinnerung geblieben waren. Für Young, der während des Ausflugs seiner Kameraden mit der Mondfähre allein die Kommandokapsel hüten mußte, blieb freilich nicht viel mehr zu tun, als Funkkontakt mit den beiden Pfadfindern der kommenden Mondspaziergänger zu halten.

Noch einmal stieg der Herzschlag der drei Raumfahrer an, als bei der Wiederannäherung der beiden Raumflugkörper das Rendezvous-Radar der Fähre nicht auf die Signale des Mutterschiffs ansprach. Endlich, nach sieben Stunden und 59 Minuten, rastete der mit einem Sensor ausgestattete Sporn des Kopplungsmechanismus in die passende Öffnung der Kommandokapsel ein. Die Spannung, die ihre Nerven auf das äußerste belastet hatte, löste sich. Die letzten Handgriffe wurden mit traumhafter Sicherheit ausgeführt.

Dann überfiel eine bleierne Müdigkeit die beiden LM-Piloten, die, in dem engen Kommandostand der Aufstiegsstufe angeschnallt, die Anstrengungen dieses achtstündigen Zwillingsflugs um den Mond stehend verbracht hatten. Das letzte Informationsgespräch mit der Flugleitung, von dem im Pazifik kreuzenden Nachrichtenschiff Vancouver empfangen und nach Houston übermittelt, endete mit den Worten: „Mann, wir sind wieder daheim. Es war das schönste Rendezvous, das wir je hatten."

Damit war den Vereinigten Staaten nach der Überwindung erheblicher technischer Schwierigkeiten der entscheidende Erfolg bei ihren Vorbereitungen für eine Landung auf dem Mond gelungen. Als gesicherter Erfahrungsschatz stand nunmehr fest:

Alle Bestandteile des amerikanischen Mondfluggeräts, von der Saturn-5-Trägerrakete bis zu der Mondlandefähre, wiesen einen hohen Grad an Zuverlässigkeit auf.

Apollo-Raumschiff und Mondboot konnten in eine Umlaufbahn um den Mond manövriert werden; das Mond-Orbit-Verfahren hatte seine Bewährungsprobe bestanden.

Die Mondschiffbesatzung war in der Lage, ihre Fahrzeuge auch ohne Navigationshilfen von der Erde präzise zu steuern und bei auftretenden Schwierigkeiten schnell und zweckmäßig zu reagieren.

Selbst die Landung von Menschen auf anderen Himmelskörpern erschien nach den Erfahrungen, die aus der Mondlandung zu ziehen waren, nunmehr möglich zu sein.

Die Landung der Astronauten am 26. Mai, dem Abend des Pfingstmontags, verlief nach Plan. Nach dem Eintauchen in die Erdatmosphäre erfolgte die Wasserung pünktlich rund 650 Kilometer östlich der Samoa-Inseln in der Südsee, wo der Hubschrauberträger Princeton auf die Besatzung wartete.

Ein gewaltiger Sprung für die Menschheit

Sonntag, 20. Juli 1969, 21.17 Uhr MEZ

Die Mondmaschine war pünktlich. Nach der Zeitrechnung der Erdlinge war es Sonntag, der 20. Juli 1969, 21.17 Uhr MEZ. Das erste Stück Amerika, das mit zwei Menschen an Bord Bekanntschaft mit einem außerirdischen Himmelskörper schloß, stammte allerdings aus – Kanada. Die vier waschkesselgroßen Landestützen der Mondfähre „Adler", die auf der ausgesuchten Stelle im „Meer der Ruhe" aufsetzten, waren nämlich von einer Firma in Montreal konstruiert und hergestellt worden.

Von der Landestelle mit den Koordinaten 0 Grad, 42 Minuten und 50 Sekunden nördlicher Breite sowie 23 Grad, 42 Minuten und 28 Sekunden östlicher Länge klangen die ersten Worte eines Menschen auf dem Mond zum Flugkontrollzentrum Houston: „Hier ist die Station Tranquillitatis, ‚Adler' ist gelandet." Armstrongs Stimme ertönte ruhig wie immer. Sie schien zu keiner Besorgnis Anlaß zu geben. Der Pilot der Landefähre, Oberst Edwin Aldrin, fügte hinzu: „Es sieht gut für uns aus hier oben."

Dabei waren die letzten Sekunden vor der Landung aufregender verlaufen, als es auf der Erde zunächst den Anschein hatte. Als sich die Mondfähre bis auf etwa 1500 Meter dem Landeplatz genähert hatte, der für die beiden Mondfahrer in atemberaubender Geschwindigkeit größer und größer wurde, erscholl eine Alarmglocke an Bord. Der Computer, der die gemessene Entfernung zur Mondoberfläche mit den eingespeisten Werten verglich und entsprechende Kommandos an das Landetriebwerk weitergab, war nämlich wegen Überlastung ausgefallen. Sein Programm sah für diesen Fall vor, die begonnenen Rechenaktionen noch einmal von vorn zu beginnen. Die verlorene Zeit – Bruchteile von Sekunden – genügte jedoch, die Rechenvorgänge heillos durcheinanderzubringen. An Bord brach deshalb die Hölle aus. Schriller Daueralarm erscholl. Den Astronauten war klar, was das bedeutete: Der Bordrechner nahm keine neuen Zahlenangaben mehr an und fiel damit für die letzte Anflugphase aus.

Amerikas Mondflug – in achtjähriger Generalstabsarbeit bis aufs I-Tüpfelchen vorbereitet – war aufs höchste gefährdet. Armstrong und Aldrin hatten nur wenige Sekunden Zeit, um das Landeprogramm abzubrechen, die Aufstiegstriebwerke einzuschalten und den Rückflug zum Raumschiff „Columbia" anzutreten, das inzwischen längst ihren Blicken entschwunden war.

Auch im Kontrollzentrum von Houston stieg die Spannung von Sekunde zu Sekunde. Der Navigationsingenieur Stephen Bales, dem die Verantwortung für die sichere Landung der Mondfähre übertragen worden war, hatte den Ausfall des Computers registriert. Ihm blieb jetzt nichts anderes übrig, als auf eigene Faust zu handeln. Houston funkte an „Adler": „Wir schalten um auf Programm 28." Das Kontrollzentrum hatte die Überwachung des Landeanflugs übernommen, der Bordrechner war entlastet.

Damit war aber die Gefahr für die beiden Mondfahrer noch nicht beseitigt. Beide waren so stark mit der Überprüfung ihrer Anzeigegeräte beschäftigt, daß sie keine Zeit mehr fanden, aus den beiden dreieckigen Fenstern ihrer Kommandokabine herauszuschauen. Als der mit Radarstrahlen arbeitende Höhenmesser nur noch 60 Meter anzeigte, warf Armstrong einen schnellen Blick auf den riesengroß unter ihm auftauchenden Landeplatz. Doch statt einer glatten Fläche sah er zu seinem großen Schrecken einen zerklüfteten Krater unter sich, in dem die vierbeinige Fähre keine ebene Stelle zum Aufsetzen gefunden hätte.

Blitzschnell schaltete Armstrong auf Handsteuerung um. Mit einem weiteren Blick auf die Meßgeräte erkannte er, daß der Treibstoff der Landestufe nur noch für 60 Sekunden ausreichte, eine letzte Reserve für weitere 20 Sekunden nicht mitgerechnet. Im selben Moment nahm er – inzwischen nur noch 30 Meter über der Mondoberfläche schwebend – eine ebene Fläche so groß wie ein Fußballfeld wahr. Er steuerte auf sie zu, der Strahl des Landetriebwerks wirbelte eine riesige Staubwolke auf, die den Astronauten jede Sicht nahm. An eine Umkehr war jetzt nicht mehr zu denken, die Landung mußte gewagt werden.

Aus den Meßdaten, die nach Houston übertragen wurden, war inzwischen zu erkennen, daß die Mondfähre schneller vorwärts flog, als ihre Sinkgeschwindigkeit abnahm. Das war eine Folge der Tatsache, daß Armstrong zur Handsteuerung übergegangen war und sein Gefährt nach eigenem Ermessen in das inzwischen erkannte Zielgebiet lenkte. Flugdirektor Christopher Kraft schlug mit beiden Fäusten auf sein Kontrollpult und stieß verzweifelt zwischen den Zähnen hervor: „Kommt runter, kommt endlich runter." Im selben

Moment stoppte der unaufhörliche Datenfluß auf dem Kontroll-
schirm vor ihm. Die Zahlen jagten sich nicht mehr und blieben
stehen. Das war die Erlösung. „Adler" war gelandet!

Zwei Stunden nach diesen dramatischen Vorgängen berichtete
Stephen Bales vor mehr als 2000 Journalisten aus aller Welt über das
hektische Geschehen, in dem er eine so wichtige Rolle gespielt hatte.
Im theatergroßen Auditorium des Raumfahrtzentrums Houston
erinnerte er sich: „Es gab gleich mehrmals Alarm an Bord während
der letzten Abstiegsphase – acht- oder neunmal. Aber diese
Alarmstufen sind einprogrammiert und informieren die Astronauten
und uns darüber, ob ein bestimmtes System in der Fähre funktioniert
oder aber streikt. Wir sind natürlich auf alle Möglichkeiten vorbereitet und wissen genau, was wir in einem solchen Fall tun müssen.
Innerhalb der letzten 90 Sekunden, also unmittelbar vor der Entscheidung, ob der Landeanflug fortgesetzt werden sollte oder nicht,
gab es gleich mehrfach Alarm hintereinander. Für uns aber war das
noch kein Generalalarm, bei dem den Astronauten keine andere
Wahl geblieben wäre, als den Landeanflug abzubrechen. Wir hatten
trotz der Aufregung die Situation jederzeit in der Hand."

Hunderte von Millionen Zuschauer

Nachdem Armstrong und Aldrin alle Systeme der für den Rückflug
benötigten Aufstiegsstufe der Mondfähre überprüft und gemeinsam
mit der Bodenstation beschlossen hatten, den Aufenthalt auf dem
Mond laut Plan fortzusetzen, sahen sich die beiden erst einmal
genauer in ihrer neuen Welt um: „Wir befinden uns an einer ziemlich ebenen Stelle, die jedoch viele Krater aufweist. Ihre Durchmesser betragen bis zu 15 Meter. Es gibt hier Tausende solcher
Krater, die von der Erde aus nicht mehr zu erkennen sind. Einige
haben nur einen Durchmesser von einem halben Meter. Umgekehrt
gibt es auch eine Unzahl von kleinen und kleinsten Erhebungen. Nur
wenige Schritte von unserer Fähre entfernt liegen ein paar kantige
Steinbrocken, die nicht einmal einen Meter hoch sind."

Armstrongs Schilderungen wurden von Aldrin fortgesetzt: „Man
kann die verschiedensten Arten von Steinen beobachten. Ihre Färbung ist unterschiedlich, das scheint vom Einfallswinkel des Lichtes
abzuhängen. Von Natur aus scheint es keine Farben auf dem Mond
zu geben."

Sechseinhalb Stunden nach der Landung, mehr als drei Stunden
früher als ursprünglich geplant, verließen Armstrong und Aldrin

Edwin Aldrin steigt zur Mondoberfläche ab, fotografiert von Neil Armstrong.

nacheinander die Landefähre, um als erste Menschen ihren Fuß auf den Mond zu setzen. Am Montag, um 3.40 Uhr MEZ, öffnete Kommandant Armstrong die Ausstiegsluke, trat auf die Plattform und begann, die neun Stufen zur Mondoberfläche herunterzuklettern. In Mitteleuropa war es 3.56 Uhr – 109 Stunden, 20 Minuten und 35 Sekunden nach dem Start in Kap Kennedy –, als er seinen linken Fuß auf den Boden aufsetzte. Er schilderte, während er dies in seinem unförmigen Mondanzug bedächtig und behutsam tat, fortwährend seine Eindrücke: „Der Boden ist fein und sieht wie Pulver aus. Ich kann den Staub mit meinen Fußspitzen aufwirbeln und sinke dabei nur wenige Millimeter in den Untergrund ein."

Dann ließ er einen Satz folgen, der inzwischen längst in die Geschichtsbücher Eingang gefunden hat und auch dafür bestimmt war: „Für einen Menschen ist dies nur ein kleiner Schritt, für die Menschheit aber ein gewaltiger Sprung."

Nach den ersten drei Schritten in einer fremden Umgebung bemerkte Armstrong: „Es scheint nicht schwer zu sein, sich hier fortzubewegen. Es ist sogar einfacher als im Simulator auf der Erde. Es ist überhaupt kein Problem, hier herumzugehen. Übrigens, das Abstiegstriebwerk hat nicht den kleinsten Kratzer im Mondboden hinterlassen."

Daraufhin setzte er eine Fernsehkamera in Gang, deren erste, keineswegs scharfe und unwirkliche Bilder Hunderte von Millionen Menschen rings um die Erde zu Augenzeugen des ersten Besuchs von Menschen auf dem Mond machten. Für alle, die in jener Nacht an ihren Fernsehgeräten saßen, war dies ein unvergeßliches, ein historisches Ereignis, dem ein vergleichbares so schnell nicht folgen dürfte.

Schon drängte die Flugkontrolle den ersten Mondbesucher, entsprechend dem Flugplan mit der Arbeit zu beginnen und die ersten Proben des Mondgesteins einzusammeln. Dies war für den Fall gedacht, daß eine technische Panne eine plötzliche Rückkehr vom Mond notwendig machen sollte. Armstrong ergriff sofort sein Spezialwerkzeug und stocherte damit im Mondboden herum. Sein Kommentar dazu lautete: „Es ist ein bißchen schwierig, durch die harte Kruste zu stoßen. Das ist übrigens sehr interessant: An und für sich ist die Oberfläche weich, aber hier und da stoße ich doch auf sehr harten Grund."

Nachdem er ein paar Mondbrocken in eine Plastiktüte gepackt hatte, fuhr er fort: „Der Anblick der Mondoberfläche ist von einer besonderen Schönheit. Er erinnert mich an hochgelegene Wüstengegenden in den Vereinigten Staaten. Die Aussicht ist wirklich wunderbar." Inzwischen waren 19 Minuten vergangen, und auch Aldrin hatte sich darangemacht, die Fähre zu verlassen. Er betrat um 4.12 Uhr den Erdtrabanten, nachdem die Flugkontrolle versichert hatte, daß alle Systeme an Bord funktionierten und dem 14 Stunden später vorgesehenen Start nichts im Weg stehe.

Aldrin begann seine lebhaften und farbigen Schilderungen mit der Bemerkung: „Eine großartige Einöde hier oben. Selbst die Felsbrocken weisen eine pulvrige Oberfläche auf. Man muß vorsichtig und beim Gehen immer ein bißchen vornüber geneigt sein, um die gewünschte Richtung einzuhalten. Mit anderen Worten: Man muß einen Fuß immer unter seinem Schwerpunkt haben."

Dann wurde er für die aufmerksam zuhörenden Flugkontrolleure grundsätzlich: „Ich möchte mal die verschiedenen Schrittarten er-

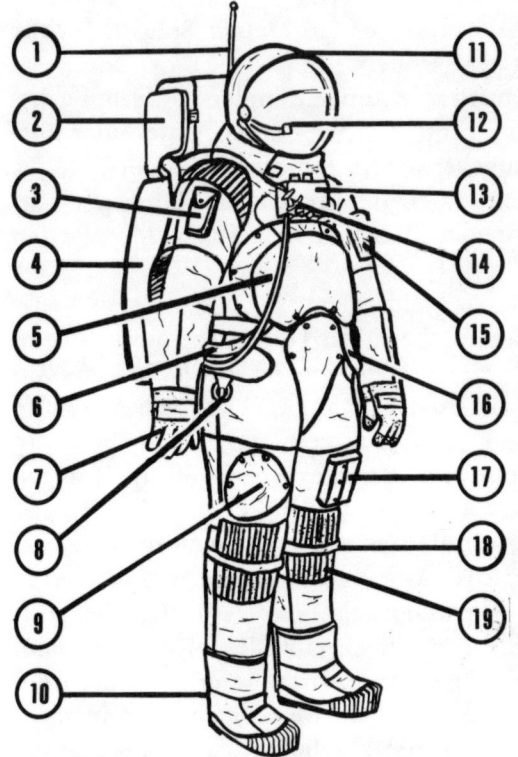

Der Mondanzug: 1) Sprechfunkantenne, 2) Sauerstoffbehälter, 3) Sonnenbrille, 4) Versorgungstornister für Flüssigkühlung, Elektroteil und Druckausgleich, 5) hinter dieser Schutzhülle verbergen sich fünf Anschlußstecker für Versorgungssysteme im Raumschiff, 6) Zuleitung zur Sauerstoffreinigung, 7) Handschuhe mit Haft-Tast-Spitzen, 8) Ring für Halteseil zur Mondfähre, 9) Urinableitung, 10) Überschuhe, 11) Spezialhelm mit Strahlenschutz, 12) Sprechfunkgerät, 13) Kontrollgerät für Versorgungstornister, 14) Sauerstoffkontrolle, 15) Taschenlampe, 16) Zufuhr für Flüssigkeitssystem, 17) Bereitschaftstasche, 18) Sicherheitsbänder, 19) Schutzteil aus gewobenem Metall.

klären: Manchmal muß man hier gleich zwei oder drei Schritte hintereinander tun, um ganz sicher zu sein, daß man auch die Füße noch unter seinem Körper hat und nicht anderswo. Will man seine Richtung ändern, muß man eine Seite leicht vorschieben und fest aufstapfen. Das erinnert mich an das Rugby-Spiel. Auch da muß man beim Laufen den Oberkörper nach vorn schieben. Jetzt will ich mal den Hupfer im Känguruhstil ausprobieren, wie wir es auf der Erde geübt haben."

Was daraufhin von der Fernsehkamera zur Erde übertragen wurde, sorgte für einen Heiterkeitsausbruch an den Bildschirmen: Nach den ersten tastenden Schritten, die an die Bewegungen eines Tauchers im Wasser erinnerten, machte Aldrin plötzlich drei bis vier mächtige Sätze, wobei er seinen Oberkörper weit nach vorn neigte und die Hände zum Abstützen auf dem Mondboden benutzte. Das sah aus, als ob ein riesiger Mondhase begänne, in weitausgreifenden Sätzen davonzustürmen, um sein Heil in der Flucht vor den menschlichen Eindringlingen zu suchen. Was er selbst dabei empfand, sagte Aldrin über sein im Raumhelm angebrachtes Mikrofon: „Das scheint zwar zu funktionieren, aber es sieht auch so aus, als ob ich doch nicht so

242

gut vorankomme wie mit der bewährten Zweibeinermethode: immer einen Schritt vor den anderen."

Während Armstrong und Aldrin auf dem Mond ein erstes Kapitel Menschheitsgeschichte schrieben, umrundete ihr Kollege Michael Collins an Bord der Kommandokapsel „Columbia" den Mond, ohne auch nur einen Blick von dem Geschehen erhaschen zu können. Der Einbau einer Fernsehkamera im Raumschiff war von der NASA nicht nur aus Gewichtsgründen abgelehnt worden. Collins hätte nur bei wenigen Mondumkreisungen und dann auch nur für einige Minuten Bilder von der Mondfähre „Adler" empfangen können.

Er versuchte zwar, durch ein mitgeführtes Teleskop die Landestelle auszumachen, bekam sie aber nicht zu Gesicht: „Der Mond hat mehr Krater, als man uns erzählt hat", lautete sein enttäuschter Kommentar.

Die Flugkontrolle aber berichtete ihm, was sie dank der Fernsehkamera sah: „Gerade sind sie dabei, die Flagge aufzurichten." Bedauernd fügte der Sprecher hinzu: „Du dürftest jetzt so ziemlich

Wie fürs Familienalbum: Im Sonnenschutzvisier des Apollo-11-Astronauten Edwin Aldrin spiegeln sich die Landefähre und als Schatten der Fotograf Neil Armstrong, der kurz zuvor als erster Mensch den Mond betreten hatte.

der einzige Amerikaner sein, der dies nicht mit eigenen Augen verfolgen kann, denn hier unten hängt alles vor den Bildschirmen."

Collins antwortete: „Es macht mir nicht einmal viel aus, denn ich habe ja eine Menge zu tun und kann mir die Bilder ja später anschauen. Ihr dürft nur nicht vergessen, sie aufzuzeichnen. Wie ist denn die Qualität?"

Houston entgegnete: „Einfach großartig, ganz bestimmt. Jetzt haben sie die Fahne aufgerichtet. Man kann jetzt das Sternenbanner auf dem Mond sehen."

Collins: „Das ist wunderbar."

Armstrong und Aldrin – es war inzwischen 4.48 Uhr geworden – standen in ruhiger Haltung vor der in den Mondboden gerammten Fahne. Eine Aluminiumstrebe sorgte dafür, daß die aus Nylon gefertigte Fahne auf der von keinem Windhauch bewegten Mondoberfläche nicht schlaff herunterhing und die Sterne und Streifen gut zu erkennen waren.

Houston hatte inzwischen eine Sprechverbindung mit dem Weißen Haus hergestellt. Präsident Nixon wandte sich stolz an seine beiden Landsleute: „Neil Armstrong und Edwin Aldrin, hier spricht der Präsident der Vereinigten Staaten. Ich spreche aus meinem Büro im

Harte Arbeit auf dem Mond: Die Apollo-11-Besatzung baut ein Seismometer auf, der Bebenwellen zur Erde melden sollte.

Weißen Haus zu Ihnen. Dies ist ein historisches Telefongespräch, wie es wahrscheinlich bisher kein zweites gegeben hat." Nixon drückte die Hoffnung aus, daß die Eroberung des Mondes zum Frieden in der Welt beitragen möge.

Armstrong antwortete dem Präsidenten mit bewegter Stimme: „Es ist eine große Ehre und ein Vorzug für uns, hier oben zu stehen. Wir vertreten nicht nur die Vereinigten Staaten, sondern die friedlichen Menschen aller Nationen, Menschen, die Interesse und Wißbegierde für dieses große Ereignis haben und die mit uns hoffnungsvoll in die Zukunft der Welt blicken."

Dann setzten Armstrong und Aldrin ihre vorgesehenen Arbeiten fort. Aus dem Gerätefach der Landefähre holten sie zwei wissenschaftliche Instrumente, die sie auf dem Mondboden aufbauten, um sie dort zurückzulassen. Ein Seismometer übertrug alle Bewegungen auf der Mondoberfläche zur Erde. Ein Laser-Reflektor konnte nicht sogleich in Betrieb genommen werden. Das weitere Programm – die vorübergehende Installierung eines Sonnenwindmessers und die Sammlung mehrerer Gesteinsproben – konnte in den verbleibenden zwei Stunden abgeschlossen werden. Um 6.11 Uhr wurde die Luke wieder verschlossen, zwölfeinhalb Stunden später verlief die Rückkehr vom Mond zur Kommandokapsel reibungslos. Ebenso glatt gelang der Wiedereintritt in die Rückkehrbahn zur Erde.

Am Donnerstag, 24. Juli, um 17.50 Uhr landeten Armstrong, Aldrin und Collins 17 Kilometer vom Bergungsschiff „Hornet" entfernt im Pazifik.

Nach der Heimkehr in die Quarantäne

Sogleich nach der Rückkehr von ihrem 195stündigen Flug lernten die ersten Mondfahrer die Schattenseiten der Mondehren kennen. Sie wurden an Bord des Flugzeugträgers nicht wie siegreiche Eroberer, sondern eher wie aussätzige Bewohner eines fremden Sterns empfangen. Bereits in dem Schlauchboot, das sie nach dem Verlassen der Raumkapsel als erstes irdisches Fahrzeug betraten, lagen sterile Schutzanzüge samt Kapuze und Gasmaske bereit, die sie umgehend überstreifen mußten, um die Zeit bis zum Betreten der Quarantänestation auf dem Flugzeugträgerdeck zu überbrücken. Erst in diesem Schutzraum konnten die Mondfahrer die Ehrungen entgegennehmen. Präsident Nixon war eigens in den Pazifik geflogen, um die Helden der Nation zu begrüßen.

Amerikas Fahne „weht" auf dem Mond — durch eine Querstrebe in ihrer Postition festgehalten. Notwendig auf einem Himmelskörper, auf dem keine Atmosphäre existiert und sich daher kein Lüftchen bewegt.

Während die Heimkehrer vom Mond mit einem im Vergleich zur Weltraumgeschwindigkeit schneckenhaften Tempo nach Pearl Harbour auf Hawaii dampften, um von dort mitsamt ihrem mobilen Gefängnis nach Houston gebracht zu werden, war die Raumfahrtbehörde in erster Linie auf die Mitbringsel gespannt. Mondgestein und Filmaufnahmen wurden deshalb vorausgeflogen, um die Neugier der Wissenschaftler zu befriedigen. Der erste Anblick des pechschwarzen Mondstaubs allerdings löste Enttäuschung aus. Es bedurfte langwieriger Untersuchungen der von fünf folgenden Mondflügen mitgebrachten Mondsteine, ehe sich das neue Bild vom Mond herauskristallisierte.

Ohne Rückfahrkarte zum Mond

Im „Mondjahr" 1969 lief die Maschinerie der amerikanischen Raumfahrtbehörde noch einmal auf vollen Touren. Als am Sonntag, dem 20. Juli 1969, die ersten Menschen auf einem fremden Himmelskörper landeten, um sechseinhalb Stunden später – in Europa war es inzwischen Montag geworden – ihren Fuß auf ihn zu setzen, waren erst acht Jahre, drei Monate und neun Tage vergangen, seitdem der Russe Jurij Gagarin am 12. April 1961 die Fesseln der Schwerkraft für die Erdenbewohner gesprengt hatte. 66 Jahre lag der erste Motorflug der amerikanischen Brüder Orville und Wilbur

Wright zurück, und 186 Jahre waren vergangen, seitdem sich ein Mensch dem Element der Luft anvertraut hatte – in einem Luftballon.

Innerhalb eines Zeitraums von nicht einmal zehn Monaten unternahmen die Amerikaner in diesem ereignisreichen Weltraumjahr 1969 vier bemannte Raumflüge, von denen drei den Erdtrabanten zum Ziel hatten. Nach der historischen Mondlandung mit dem Raumschiff *Apollo 11* sollte der auf den 14. November festgelegte Flug von *Apollo 12* alles andere als eine bloße Wiederholung sein. Die Mondfahrer Neil A. Armstrong, Edwin E. Aldrin und Michael Collins hatten nicht nur, wie die Amerikaner in der Stunde ihres Triumphes großherzig einräumten, einen Sieg für die ganze Menschheit errungen, sondern auch ihr eigenes Selbstbewußtsein und Sicherheitsgefühl mächtig erhöht.

Das veranlaßte die NASA, das Risiko während der zweiten Mondlandung beträchtlich zu erhöhen, in der Absicht, eine genauere Navigation des Raumschiffs *Yankee Clipper* zu ermöglichen und damit die Voraussetzung für die erwünschte Präsizionslandung mit der Mondfähre *Intrepid* im Meer der Stürme zu schaffen. Die Auswahl dieser Namen und des dazugehörigen Symbols, das ein Segelschiff in voller Takelage zeigte, war nicht zufällig vorgenommen worden. Die Astronautenmannschaft, die vier Monate nach ihren berühmten Vorgängern zum Mond aufbrechen sollte, bestand erstmals nur aus Marineoffizieren. Die Fregattenkapitäne Charles Conrad, von seinen Freunden „Pete" gerufen, Richard F. Gordon und Alan L. Bean hatten in Erinnerung an den Beginn ihrer militärischen Laufbahn die Namen berühmter amerikanischer Segelschiffe auf ihre Raumflugkörper übertragen. Ihre auf See erworbene Navigationstüchtigkeit sollte ihnen auch im Weltraum gute Dienste leisten.

Die Beherrschung dieser Steuerkünste war Voraussetzung für das große Wagnis, das die NASA in den Flugplan eingebaut hatte. Die Raumschiffe *Apollo 8, Apollo 10* und *Apollo 11*, die zuvor in Richtung Mond gestartet waren, um ihn entweder zu umrunden oder ein Landefahrzeug auf ihn abzusetzen, hatten stets eine Rückfahrkarte dabei, die Garantie nämlich, daß sie auf ihrer Flugbahn zum Mond ohne jede Kurskorrektur automatisch zur Erde zurückkehren würden, wenn sie ihren Auftrag im Fall einer Panne oder eines anderen unvorhersehbaren Ereignisses nicht erfüllen konnten. *Apollo 12* sollte erstmals nicht auf dieser sogenannten freien Rückkehrbahn zur Erde belassen, sondern in eine „hybride Bahn" eingeschossen werden, von der eine Rückkehr zur Erde ohne Zündung des Haupttriebwerks nicht möglich war. Es waren psychologische Gründe, die die NASA veranlaßten, die ursprünglich verwendete richtige Bezeichnung

„Flugbahn ohne freie Rückkehrmöglichkeit" zu meiden. Statt dessen gebrauchte man lieber ein Fremdwort, das den wahren Sachverhalt verschleierte, indem es die von zwei Voraussetzungen ausgehenden Bahnberechnungen wissenschaftlich umschrieb.

Das größere Risiko für das Leben der Astronauten glaubte das NASA-Raumflugzentrum im Houston verantworten zu können. Bisher hatte das nach den Anfangsbuchstaben von Service Propulsion System SPS genannte Haupttriebwerk des *Apollo*-Raumschiffs immer zur Zufriedenheit der Techniker gearbeitet. Aber auch bei einem Ausfall dieses lebenswichtigen Antriebssystems wäre die *Apollo-12*-Besatzung noch keineswegs verloren gewesen. Ihr wäre in einem solchen Fall noch der Ausweg verblieben, mit Hilfe des Landetriebwerks der Mondfähre die alte Rückkehrbahn wieder anzusteuern, unter der Voraussetzung, daß die Energiesysteme des während des Flugs zum Mond angekoppelten Lunar Modules innerhalb von fünf Stunden in Betrieb gesetzt wurden. Als letzte Kraftreserve stand schließlich auch noch das Starttriebwerk der Mondfähre zur Verfügung, wobei jedoch zuvor der Abstiegsteil abgesprengt werden mußte.

Es war nicht dieses nie zuvor gewagte Manöver, was Conrad, Gordon und Bean in Aufregung versetzte. Bereits kurz nach dem Start am Freitag, dem 14. November, um 17.22 Uhr MEZ von der Rampe 39 A auf Kap Kennedy bei wolkenverhangenem Himmel klopften Herz und Puls plötzlich schneller. Kaum hatte sich die 111 Meter hohe *Saturn 5* in Anwesenheit von Präsident Nixon und vieler Ehrengäste aus aller Welt in Bewegung gesetzt, als sich ein Blitz aus dem gewitterschwülen Himmel über Florida löste und für Sekundenbruchteile die gleißende Helle des gezündeten Treibstoffgemisches überstrahlte.

„Ich bin nicht sicher, ob bei uns nicht der Blitz eingeschlagen hat", war die erste Reaktion Conrads über den Sprechfunk. Die Bestätigung erhielt er auf der Stelle: Das elektrische Bordnetz fiel mit einem Schlag aus, und die Nadeln auf den Anzeigegeräten vor den drei Astronauten spielten verrückt. Doch das dreifach abgesicherte System bestand die Feuerprobe. Der kurze Stromausfall beeinträchtigte den weiteren Flug der Rakete nicht. Nach wenigen Sekunden war sie in die 450 Meter tief hängende schwefelgelbe Wolkendecke über dem Kap eingetaucht und für die hunderttausend Zuschauer verschwunden.

Conrad fand nach dieser Schrecksekunde seine Sprache rasch wieder. Seine Empfehlung an die Startkontrolle lautete: „Ihr solltet die alte Pilotenregel, nie durch ein Gewitter zu fliegen, auch in das Handbuch für *Apollo*-Flüge aufnehmen." Bei der NASA versprach man, aus der neuen Erfahrung Lehren zu ziehen: Gewitterstarts, so verkündete man nach gründlicher Überprüfung des Vorfalls, wolle man in Zukunft nicht mehr wagen.

„*Yankee Clipper* mit *Intrepid* im Schlepp pünktlich eingetroffen", vernahm vier Tage später das Flugkontrollzentrum von Houston erleichtert die Stimme von *Apollo-12*-Kommandant Conrad. Das Raumschiff hatte den Mond erreicht und an einer von der Erde aus nicht wahrnehmbaren Stelle hinter dem Erdtrabanten das Haupttriebwerk gezündet, um in eine kreisrunde Bahn in 110 Kilometer Höhe einzutreten. Ein Versagen des SPS in jenem Augenblick hinter dem Mond hätte bedeutet, daß *Apollo 12* im Gegensatz zu allen anderen *Apollo*-Raumschiffen nicht in einem antriebslosen Flug von selbst zur Erde zurückgekehrt wäre, nachdem die Mannschaft 31 Stunden nach dem Start sich in die „hybride" Bahn eingeschossen hatte. Nachdem dieser kritische Augenblick vorüber war, bereitete man sich an Bord von *Apollo 12* auf die für Mittwoch, den 19. November, um 7.54 Uhr angesetzte Landung vor.

In Houston hatte die gleiche Mannschaft an den Kontrolltischen Posten bezogen, die bereits *Apollo 11* sicher in das Landegebiet gebracht hatte. Neben Flugdirektor Cliff Charlesworth, der in jedem Hollywoodfilm eine Hauptrolle übernehmen könnte, saß der 27jährige Kontrollingenieur Steve Bales, der Landespezialist für die Mondfähre. Er hatte durch die Übernahme der Kommandos in der letzten Landephase von *Apollo 11* Armstrong und Aldrin vor einer Katastrophe bewahrt. Diesmal brauchte der wie die ersten Mondfahrer mit der höchsten amerikanischen zivilen Auszeichnung geehrte Bales jedoch nicht einzugreifen. Aus den Lautsprechern erklangen, von Charles Conrads klarer Stimme angesagt, die Meßwerte, verbunden mit beruhigenden Kommentaren.

Conrad: „Wir sind genau auf dem Punkt. Phantastisch. Ich kann's nicht fassen."

Bean lobte die Hilfe der Flugkontrolle Houston: „Die Jungen da unten können's aber."

Conrad: „Wir fühlen uns prächtig."

Bean: „He, schau dir den Krater an. Er liegt genau an der Stelle, wo er nach unseren Karten sein soll. Los, geh runter, Pete. Wir werden bald in den Staub reinkommen und nichts mehr sehen."

Den Staub, der beim Auftreffen des Triebwerksstrahls auf dem Mondboden aufgewirbelt wird, hatte Armstrong als eine leichte Nebeldecke beschrieben, die sich ziemlich rasch wieder gelegt habe. Während des Augenblicks der Landung aber nahm er den Astronauten jede Sicht, so daß die Spannung jetzt auf den Höhepunkt stieg.

Bean erinnerte Conrad, ein wenig aufgeregt: „Paß auf den Staub auf, Pete! Du hast genügend Sprit im Tank!"

Conrad: „Da, das Kontaktlicht!"

In diesem Augenblick hatten die an den vier bratpfannenähnlichen Füßen der Landefähre befestigten Sensoren Kontakt mit dem Mondboden aufgenommen. *Intrepid* befand sich noch eineinhalb Meter über dem Landepunkt.

Conrad: „Lunar contact! Wir haben's geschafft!"

Houston: „*Intrepid!* Glückwünsche!"

Conrad: „Ich glaube, ich habe etwas getan, was ich eigentlich nicht machen wollte. Ich habe das Triebwerk schon vor dem Aufsetzen ausgeschaltet."

Houston: „Schande über dich! Die Jungen von der Luftwaffe sagen, das war eine typische Marine-Landung."

Erst dann kam die offizielle Landemeldung Conrads: „*Intrepid* ist gelandet."

Ein Hauptziel des *Apollo-12*-Flugs, eine Punktlandung am Rande des Surveyor-Kraters im Meer der Stürme, wo im April 1967 der Fernsehroboter *Surveyor 3* niedergegangen war, war geglückt. Conrads vor Lachen sich fast überschlagende Stimme berichtete zur Erde: „Ihr werdet's nicht glauben, aber was meint ihr wohl, was ich am Rande des Kraters sehe? Den guten alten *Surveyor!* Er kann nicht mehr als 180 Meter weit weg sein." Als Mondfährenpilot Alan Bean eine halbe Stunde nach Conrad ebenfalls aus der *Intrepid* ausstieg, begannen beide mit ihrer Tätigkeit, die ihnen nach ihrer Rückkehr zur Erde das Urteil einbrachte, mit *Apollo 12* habe das Zeitalter der Mondforschung erst begonnen.

Zunächst stellten beide ein aus fünf Meßgeräten bestehendes, 130 Kilogramm schweres Instrumentenpaket im Abstand von 200 Metern auf. Gespeist wurden die Geräte – ein Seismometer, ein Magnetometer, ein Sonnenwind-Spektrometer, ein Ionensphärensensor und ein Atmosphärensensor – von dem ersten Atomgenerator auf dem Mond, der 3,8 Kilogramm Plutonium mit der Atomzahl 238 enthielt und dessen Energie ausreichte, um die Meßwerte über ein Jahr lang aufzuzeichnen und zur Erde zu übertragen.

Eine Stunde nach dem ersten Außenbordmanöver hißten Conrad und Bean wie ihre Vorgänger die amerikanische Fahne. Doch die Millionen von Fernsehzuschauern in aller Welt, die diesen Vorgang verfolgen wollten, warteten vergeblich auf ein Bild von diesem Augenblick. Es hatte damit begonnen, daß Conrad die Kamera falsch aufgestellt hatte, so daß ein verkantetes Bild zustande kam, wie die Bodenstation sofort meldete. Bei dem Versuch, die daraus resultierende schlechte Bildqualität zu verbessern, fiel grelles Sonnenlicht in die empfindliche Linse. Die Folge war eine weitere Verschlechterung des Fernsehbildes, so daß schließlich nur noch schwarze Schatten auf den Bildschirmen zu erkennen waren. Houston trieb die Mondfahrer daraufhin an, mit dem wissenschaftlichen Programm fortzufahren, anstatt die Zeit mit der Herrichtung der Kamera zu vergeuden. Bean erntete einen Lacherfolg, als er seine Bemühungen, den Ursachen des Defekts auf die Spur zu kommen, mit den Worten beschrieb: „Jetzt habe ich einfach mal mit dem Hammer draufgeschlagen." Damit war der Anteilnahme der Weltöffentlichkeit, die das aufregende Ereignis vom Fernsehsessel im Wohnzimmer aus verfolgen wollte, ein Ende gesetzt.

Die Arbeit der Apollo-12-Astronauten auf der Mondoberfläche beginnt mit der Aufstellung der Schirmantenne, die den Funksprechverkehr und die Kontrolldaten zum Flugkontrollzentrum von Houston in Texas überträgt.

Apollo-12-Astronaut Alan Bean untersucht die Fernsehkamera der zweieinhalb Jahre zuvor gelandeten Mondsonde Surveyor 3. Vor dem schwarzen Horizont hebt sich die 180 Meter entfernte Landefähre Intrepid scharf ab.

Höhepunkt des zweiten Ausstiegs am folgenden Tag war der Marsch zu der zweieinhalb Jahre zuvor weich gelandeten Photosonde *Surveyor 3*, von der Conrad und Bean die Fernsehkamera, eine Grabschaufel und mehrere andere Teile abmontierten und später mit zur Erde zurücknahmen. Ihr erster Eindruck von dem Wiedersehen mit einem von Menschen erbauten Gerät auf einem fremden Himmelskörper lautete: „Sie hat ihre Farbe geändert." Das ehemals schneeweiß gestrichene Raumfahrzeug hatte eine rostbraune Tönung angenommen.

Conrad: „Houston, die Sonne hat ihn braungekocht! Aber das Glas an der Kamera ist noch heil. Kein bißchen zerbrochen." Die Astronauten fanden auch sechs Gräben vor, die von den automatischen Schaufeln des Mondlandefahrzeugs in den Boden gezogen worden waren.

252

Mit den Surveyor-Teilen und einer reichen Fracht von 45 Kilogramm Gesteinen schloß sich nach einem zweiten Aufenthalt von drei Stunden und 50 Minuten die Luke wieder hinter den Astronauten. Nach einem gesamten Aufenthalt von 31 Stunden und 32 Minuten wurde das Triebwerk der Aufstiegsstufe des Mondlandefahrzeugs gezündet. Der Wiederaufstieg verlief perfekt. Conrads Kommentar dazu: „Das ist eine heiße Maschine. Der Flug klappt prima."

Nach weiteren drei Stunden und 33 Minuten legten sie wieder an das um den Mond kreisende Raumschiff *Yankee Clipper* an, in dem Kommandokapselpilot Gordon auf ihre Rückkehr gewartet hatte. Nachdem Conrad und Bean in das Mutterschiff zurückgeklettert und ihre Mitbringsel vom Mond verstaut hatten, wurde die Aufstiegsstufe zwei Stunden und 20 Minuten später abgesprengt. *Intrepid* schlug später auf dem Mond auf und löste dort eine Erschütterung aus, die von dem Seismometer registriert und zur Erde gemeldet wurde. Ehe sie sich 24 Stunden später – es war inzwischen Freitag, der 21. November, geworden – wieder in eine Rückkehrbahn zur Erde einschossen, fotografierten die Astronauten die Mondlandeplätze der Flüge von *Apollo 13* und *14* in der Nähe der Krater Descartes und Fra Mauro.

Der einen Tag dauernde Zwangsaufenthalt in einer Mondumlaufbahn war von der NASA eingelegt worden, um den Eintritt in die Erdrückkehrbahn mit so wenig Treibstoff wie möglich vorzunehmen. Auf diese Weise benötigten die *Apollo-12*-Astronauten 72 Stunden für die Heimreise, während das *Apollo-11*-Team nur 54 Stunden gebraucht hatte. Der Lohn dieser ausgeklügelten Rückkehrbahn bestand in einer Präzisionslandung im vorausberechneten Zielgebiet des Pazifiks, 740 Kilometer südöstlich der Samoa-Insel Tutuila, nur 4600 Meter von dem wartenden Flugzeugträger *Hornet* entfernt.

„Houston, wir haben ein Problem"

Mit einem Paukenschlag sollte die dritte bemannte Mondlandung der Amerikaner beginnen. Doch statt der erhofften Aufmerksamkeit für ein wissenschaftlich interessantes Experiment, das die in Richtung Mond entsandte dritte Stufe der *Saturn-5*-Rakete bei ihrem Aufschlag im Meer der Stürme auslösen sollte, zog eine Explosion die Beobachter auf der Erde in ihren Bann. Der *Apollo-13*-Flug, unter mancherlei unglücklichen Voraussetzungen begonnen, wurde zum dramatischsten Unternehmen der bemannten Raumfahrt überhaupt.

Viele, die sich gern in Unkenrufen ergehen, wollten es schon vorher gewußt haben. Sie sahen ein schlechtes Vorzeichen darin, daß die von der NASA ausgewählte Astronautenmannschaft – der Kapitän zur See James A. Lovell, der Zivilist Fred W. Haise und der Korvettenkapitän Thomas K. Mattingly – ihre Kommandokapsel auf den Namen *Odyssee* getauft hatten, während sie für die Landefähre den Namen *Aquarius* wählten. So fehlte es nicht an Prophezeiungen, daß der Flug von *Apollo 13* zu einer Irrfahrt werden könnte, wie sie der griechische Dichter Homer von dem Seefahrer Odysseus berichtet hatte. Andere empfanden es als düsteres Omen, daß die NASA bei der Numerierung ihrer *Apollo*-Flüge die Zahl 13 nicht übersprungen hatte, und am Flugplan störte sie, daß der Start nach der Verschiebung um einen Monat zu einer Zeit festgelegt war, als die Uhren in Houston genau 13.13 Uhr zeigten.

Doch die NASA hatte andere Sorgen, als sich um solchen Aberglauben zu kümmern. Wie häufig zuvor, mußten im letzten Augenblick auftretende Fehler an der Rakete und am Raumfahrzeug behoben werden, die Wettermeldungen in Kap Kennedy verhießen Regen und Sturm und weckten die Erinnerungen an den Gewitterstart von *Apollo 12*. Am bedrohlichsten aber klangen die Berichte der Raumfahrtärzte, die bei dem Piloten der Kommandokapsel, Thomas Mattingly, Röteln festgestellt hatten. Angesteckt worden war er von dem Ersatzastronauten Charles Duke, der wiederum von seinen beiden Söhnen infiziert worden war.

Bis zu diesem Zeitpunkt – drei Tage vor dem Start – hatte man es bei der NASA für unmöglich gehalten, daß ein Astronaut wenige Tage vor diesem Termin noch hätte ausgetauscht werden können. Zwar stand eine Ersatzmannschaft bereit. Die Überlegung dabei war jedoch, daß ein Raumfahrer während der wochenlangen Vorbereitungszeit für eine Weltraummission einmal ausfallen könnte, so daß sofort ein Astronaut bereitstand, der die gleiche Ausbildung mitgemacht hatte. Bislang hatte jedoch kein Mitglied einer *Mercury-*, *Gemini-* oder *Apollo*-Mannschaft seinem Ersatzmann den Gefallen getan, sich rechtzeitig ein Bein zu brechen.

Chefastronaut Donald Slayton, der es erst 1975 zu einem Weltraumflug brachte, zweifelte nicht daran, daß Mattinglys Ersatzmann John Leonard Swigert die Kenntnisse besaß, um in letzter Minute einzuspringen, wenngleich beide nie zusammen trainiert hatten.

Swigert – übrigens wie Mattingly trotz seiner nicht gerade jugendlichen 40 Jahre unverheiratet – mußte überdies in der Kommandokapsel auf der Mondumlaufbahn zurückbleiben, während Lovell und Haise den Abstieg zum Mond unternehmen sollten. Mit den Erfahrungen von Lovell, der als einziger Astronaut der Welt vor seinem

254

vierten Raumflug stand und der, wie kein anderer vor ihm, nicht weniger als 572 Stunden im schwerelosen Zustand verbracht hatte, konnte eigentlich nichts schiefgehen; das war jedenfalls die Meinung im Raumflugzentrum Houston, wo man 24 Stunden vor dem Start endlich die Freigabe erteilte.

„Houston, wir haben ein Problem", krächzte James Lovells Stimme 55 Stunden und zehn Minuten nach dem Start. In Houston war es Montag, der 13. April 1970. Die Uhren im Gebäude Nr. 8 des Raumfahrtzentrums waren gerade auf 20.35 Uhr gesprungen. Die „schwarze Schicht" unter Leitung von Flugdirektor Glynn Lunney, die kurz zuvor ihren Dienst angetreten hatte, horchte auf: „Sag das noch einmal."

Lovell wiederholte, keineswegs aufgeregt: „Wir haben ein Problem. Wir haben einen Ausfall auf dem Hauptverteiler B." Und nach einigen Sekunden Pause klang es, trotz des durch die Verstärker verursachten Rauschens, klar und deutlich: „Es gab einen ziemlich lauten Knall."

Der Verbindungsmann im Kontrollraum schaltete die Sprechverbindung mit den zu diesem Zeitpunkt bereits 330 000 Kilometer von der Erde entfernten Astronauten zu den Spezialisten für das Energieversorgungssystem des Raumschiffs um. Das Team von NASA-Fachleuten und Industrievertretern versuchte gemeinsam mit der Besatzung, den Fehler einzukreisen, um die Ursache für den Ausfall des zweiten Stromkreises der elektrischen Bordversorgung herauszufinden.

Plötzlich geschah das Unerwartete: Die Stromversorgung in der Kommandokapsel *Odyssee* brach ganz zusammen. Die Anzeigegeräte meldeten: Keine Spannung. Der Schreckensruf eines Kontrollingenieurs ließ keinen Zweifel mehr an der Notsituation im Weltraum: „Jetzt haben sie das System vollständig im Eimer." Und nach einer Pause, die wie eine Ewigkeit schien, ergänzte ein anderer: „Tot."

Der erste Bericht über den Stand der dritten Mondlandemission, vom stellvertretenden Direktor des Raumfahrtzentrums Christopher Kraft erstattet, brachte zunächst Klarheit über die Ursache: „Der Ausfall der Energieversorgung ist auf ein Leck im Sauerstofftank des Antriebsteils des Raumschiffs zurückzuführen." In dem tonnenförmigen Behälter, der mit der Kommandokapsel bis kurz vor dem Eintauchen in die Erdatmosphäre verbunden ist, befindet sich das Haupttriebwerk, die dazugehörigen Treibstoffbehälter und die kleineren Tanks mit Sauerstoff und Wasserstoff, deren chemische Energie in drei Brennstoffzellen über einen aus Platin bestehenden Katalysator direkt in elektrische Energie umgewandelt wird, wobei als willkommenes Nebenprodukt Wasser entsteht. Die je 30 Kilogramm schweren Brennstoffelemente aber konnten ohne den Sauerstoffvorrat, der gleichzeitig den Astronauten als Atemluft dient, ihre Arbeit nicht verrichten. Krafts erste Analyse lautete: „Wie der Sauerstofftank leck werden konnte, ist uns noch unbekannt. Wir können nicht ausschließen, daß ein größerer Meteorit die Wände des Antriebsteils und des Tanks durchschlagen hat."

An Bord der *Odyssee* bestand mittlerweile kein Zweifel mehr über den Ernst der Situation. Der aus dem beschädigten Tank ausströmende Sauerstoff brachte die Raumschiffkombination in unkontrollierte Schlingerbewegungen, die erst aufhörten, nachdem sich der ganze Vorrat des lebenswichtigen Elements im Weltraum verflüchtigt hatte, wo er eine deutlich sichtbare Wolke bildete. Der „Fall Charlie", das für dieses Mondflugunternehmen vereinbarte Codewort für den Abbruch eines Weltraumunternehmens, war eingetreten. Lovell, Haise und Swigert erhielten 83 Minuten nach dem Alarm das Kommando, sich ohne eine Landung auf dem Mond in eine Rückkehrbahn zur Erde, die sie – wie zuvor die *Apollo-12*-Besatzung – bereits verlassen hatten, zurückzuschießen, um in einer weiten Schleife um den Mond drei Tage später im Pazifik notzulanden.

Ein Feuerwerk von Zahlen und Chiffren wurde dann zwischen Houston und der *Odyssee* ausgetauscht. Als erstes wurde eine totale Stromsperre angeordnet: „Macht die Lichter aus, schaltet die Tonbandgeräte aus und vergeßt auch die Heizung nicht. Laßt nur das Funksprechgerät an. Habt ihr unsere Weisung befolgt und die Leistung gedrosselt?"

Odyssee: „Verstanden, wir sind gerade dabei. Wo, sagt ihr, liegen die Anweisungen dafür?"

Houston: „In eurer Systemprüfliste sind es die Seiten 1 bis 5. Es sind die Alarmlisten. Rosarote Blätter..."

Odyssee: „Okay."

Houston: „Ihr müßt die Stromspannung drosseln, bis ihr zehn Volt weniger habt als jetzt."

Odyssee: „Okay."

So entfernten sich die Unglücksastronauten von *Apollo 13* zunächst von der Erde, um sich ihr nach einer von den Gesetzen der Himmelsmechanik diktierten Bahn um den Mond wieder zu nähern. Strom- und Wassermangel verschärften währenddessen die Lage an Bord. Anweisungen aus Houston folgend, hielten sich zwei der drei Astronauten in dem mit Batterien und Sauerstoffvorräten ausgestatteten Mondlander auf, der sich auf diese Weise als ein wahrhaftes Rettungsboot erwies. Während die *Odyssee* in einer Entfernung von

250 Kilometern hinter dem Mond eine Schleife zog, auf dem sie eigentlich 24 Stunden später hätte landen sollen, verbreitete man in Houston Optimismus: „Die Lage hat sich stabilisiert, aber zum Aufatmen haben wir noch keine Zeit."

Zur gleichen Zeit, als der Erdball für die vom Unglück verfolgten Mondfahrer Stunde um Stunde größer wurde und das Raumschiff, wieder im Anziehungsbereich des Heimatplaneten, eine ständige Beschleunigung erfuhr, wuchsen auch die Hoffnungen der drei Insassen, bald wieder festen Boden unter den Füßen zu spüren.

Obschon einen Tag vor der Notlandung im Pazifik die Vorräte an elektrischer Energie, Wasser, Sauerstoff und Lithiumoxyd, das für die Reinigung und Wiederverwendung der Atemluft benötigt wird, als ausreichend bezeichnet wurden, standen die drei Astronauten nach den Nervenbelastungen der letzten Tage am Ende ihrer körperlichen und seelischen Kraft. Am schlimmsten empfanden sie die sich immer unangenehmer bemerkbar machende Kälte. In einem Funkgespräch mit Ersatzastronaut Swigert fragte Houston: „Wie fühlt man sich, Jack?"

Swigert: „Ich sag' dir, es ist kalt hier oben. Ich weiß nicht, ob wir die letzte Nacht überhaupt da oben (im angekoppelten Mondlandeboot) schlafen können. Es muß so 35 bis 40 Grad Fahrenheit (etwa 2 bis 5 Grad Celsius) haben."

Houston: „Unsere Messungen ergeben, daß es im *Aquarius* fast genauso kalt ist wie in der Kabine der *Odyssee*. Stimmt das?"

Swigert: „Das wissen wir wirklich nicht. Es sind zwei Mann im *Aquarius*. Da wir hier nicht so viel Platz haben und enger aneinanderliegen, spüren wir die Kälte einfach nicht so wie in der Kommandokapsel."

Wenige Stunden vor der Landung erreichte die Sorge um die drei Männer in ihrem havarierten Raumschiff einen neuen Höhepunkt. Das war, als sie vier Stunden und 45 Minuten vor der Wasserung den beschädigten und funktionsunfähig gewordenen Geräteteil abtrennten. Als die Bolzen abgesprengt waren und der mächtige tonnenförmige Körper langsam davondriftete, wurde das ganze Ausmaß des Schadens sichtbar, den die Explosion in einem der Sauerstofftanks angerichtet hatte. Aufgeregt meldete sich Lovell über Sprechfunk: „Da ist ein großes Loch unter der Hochleistungsantenne!"

Houstons verblüffte Antwort: „Ist das wahr?"

Das bedeutete immerhin, daß weit gewaltigere Kräfte, als man zunächst angenommen hatte, bei der Explosion frei geworden waren, Kräfte, die den runden Sauerstoffbehälter aus der Stahl-Nickel-Legierung Inconel durchschlagen hatten, die als so dicht galt, daß ein aus ihren feinsten Poren entweichendes Gas mehr als 32 Millionen Jahre benötigt hätte, um vollständig zu verschwinden. Daß darüber hinaus auch die aus einer Honigwabenstruktur bestehende Außenhaut des Versorgungsteils ein Loch aufwies, konnte immerhin bedeuten, daß auch der daran anschließende Hitzeschild der Kommandokapsel beschädigt sein konnte, jene Lebensgarantie für das Durchstoßen der dichteren Luftschichten. Sollte ein Stück der die hohen Hitzegrade ableitenden Metall-Phenolmasse herausgebrochen sein, dann bestand immerhin die Gefahr, daß sich die enge Kapsel während der letzten Flugminuten so stark erhitzen konnte, daß ein Brand im Bereich des Denkbaren lag.

Der Gedanke an den Hitzepanzer beschäftigte Astronauten wie Flugleitung gleich stark, dennoch wurde er mit keinem Wort in den letzten Unterhaltungen erwähnt. Während die Spannung einen fast unerträglichen Höhepunkt erreichte, trennten die Astronauten zuletzt auch die Mondlandefähre ab, die sich als das sicherste Rettungsboot bewährt hatte, das sich überhaupt denken läßt, obschon ihre eigentliche Aufgabe darin bestand, die Astronauten auf dem Mond

Nach der Rückkehr von ihrem Unglücksflug inspizieren die Apollo-13-Astronauten James Lovell (kniend) und John Swigert auf dem Flugzeugträger Iwo Jima die Kommandokapsel, mit der sie alle Fährnisse heil überstanden.

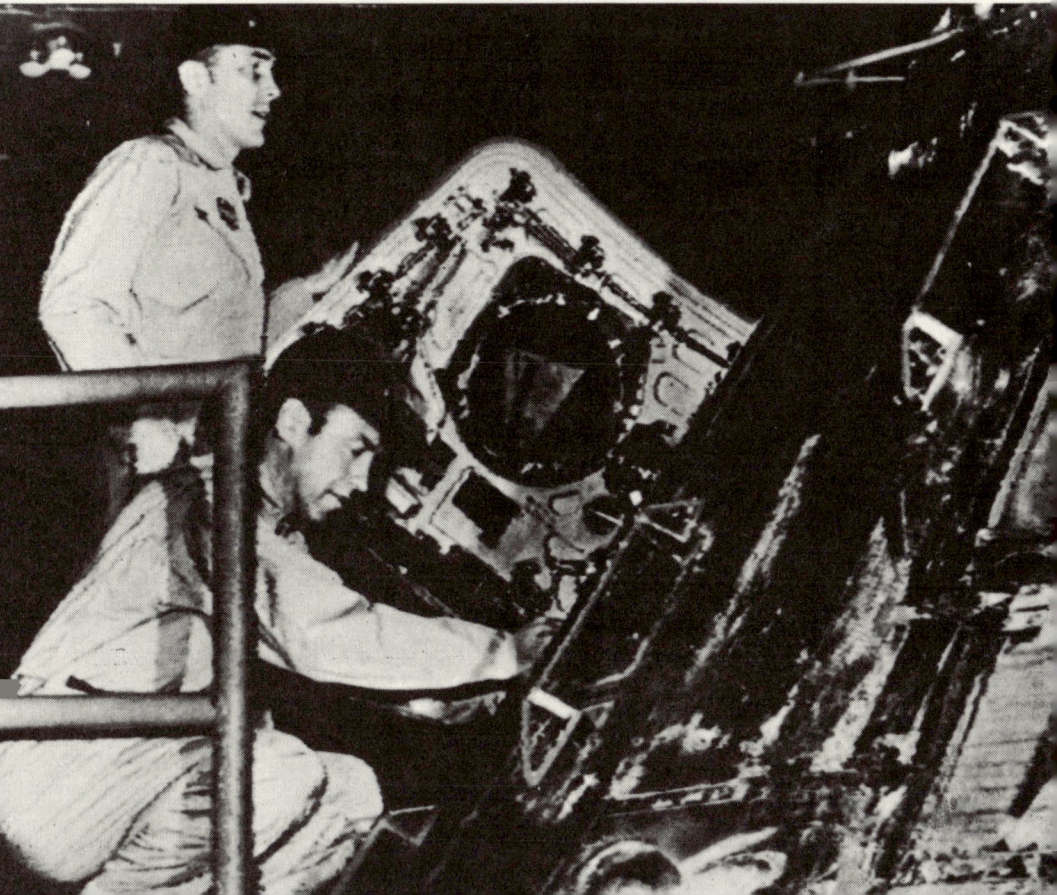

abzusetzen und anschließend wieder zum wartenden Mutterschiff zu bringen.

„Okay, *Aquarius*, wir danken!" lautete der letzte Kommentar, als der spinnenförmige Raumflugkörper langsam den Blicken der drei Heimkehrer entschwand. Und Houstons Verbindungssprecher ergänzte: „Damit ist das Zeitalter des *Aquarius* beendet."

Auch das letzte Manöver, das Wenden der Kommandokapsel um 180 Grad, gelang ohne Schwierigkeiten. Die *Odyssee* flog jetzt mit dem Hitzeschild der rettenden Erde und damit dem Ende ihrer Odyssee entgegen.

Bereits das erste, zwei Wochen nach der Landung vorliegende Untersuchungsergebnis der NASA machte deutlich, daß die Explosion an Bord von *Apollo 13* auf menschliches Versagen zurückzuführen war. Techniker hatten einige Tage vor dem Start in Kap Kennedy nach einem Probe-Countdown zwei Thermostatschalter mit zu hoher Spannung angeschlossen. Das Versagen der Schalter während des Flugs führte dann zu den verhängnisvollen Folgen. Die Thermostaten sollten verhindern, daß sich die Temperatur in dem Behälter mit tiefgekühltem Sauerstoff nicht über 27 Grad Celsius aufheizt. Da die defekten Schalter dies nicht verhindern konnten, stieg die Temperatur nach der Rekonstruktion der NASA-Spezialisten bis auf 540 Grad an, wodurch die Isolierung eines elektrischen Kabels schmolz und ein Kurzschluß entstand, der schließlich die Explosion im Versorgungsteil des Raumschiffs auslöste.

Der Schock des *Apollo-13*-Flugs wurde durch Erfolge des Rivalen der USA im Weltraum, der Sowjetunion, noch verstärkt. Mindestens seit dem mißglückten Unternehmen der Mondsonde *Luna 15*, die von Moskau im Juli 1969 während der ersten amerikanischen Mondlandung entsandt worden war, galt als sicher, daß es sich um eine automatisch arbeitende Station handeln müsse, die auf dem Mond, dem Zufall vertrauend, Steine aufgreifen konnte, um mit dieser kostbaren Ladung, die auch die Astronauten Armstrong und Aldrin als einziges Souvenir an ihren Mondausflug im Gepäck hatten, wieder den Rückflug zur Erde anzutreten. Die sowjetischen Wissenschaftler hätten damit bewiesen, daß die Erforschung des Erdtrabanten auch ohne die aktive Teilnahme des Menschen möglich ist, dessen Schutz in den unwirtlichen Weiten des Weltraums ja am schwierigsten zu bewerkstelligen und infolgedessen auch am teuersten ist.

Was *Luna 15* mißlang, erreichte im September 1970 ihre Nachfolgerin *Luna 16*, die eine Handvoll Mondstaub – es waren genau 100 Gramm – mit zur Erde brachte.

Zwei Monate später wurde *Luna 17* gestartet, die das vollautoma-

Die erste Ausfahrt des sowjetischen Mondautos Lunochod 1 nach der Landung der Sonde Luna 17 im Regenmeer auf einem Modellfoto aus Moskau

tische erste Mondauto, *Lunochod 1* genannt, im Regenmeer absetzte. Das mit Sonnenenergie getriebene Fahrzeug konnte vorwärts und rückwärts fahren, übertrug mit Hilfe einer Fernsehkamera seine eigenen Fahrspuren sowie die nähere Umgebung der Landestelle und konnte mit Hilfe von Grabschaufeln Bodenproben aufnehmen, die chemisch analysiert wurden. Damit hielten die Russen an dem einmal eingeschlagenen Weg fest, den Ablauf ihrer Weltraummanöver soweit wie möglich zu automatisieren.

Zerschellt im „Meer der Fruchtbarkeit"

Der Erfolg von *Luna 17* nährte Hoffnungen auch für die Mondsonde *Luna 18*, die am 2. September 1971 gestartet wurde und neun Tage später am Nordoststrand des Meeres der Fruchtbarkeit niederging. Doch der Funkkontakt mit der automatischen Station brach nach der Landung ab. Nach amtlichen Äußerungen verlief die Landung angesichts ungünstiger Bodenverhältnisse „unglücklich". Aus dieser

Formulierung kann geschlossen werden, daß die Sonde in dem zerklüfteten Bergland des Mondes zerschellte.

Vor der Landung schienen sich schon Schwierigkeiten mit dem Steuermechanismus der Sonde ergeben zu haben, da *Luna 18* nach dem Einschwenken in eine Mondumlaufbahn 54mal den Mond umkreiste, ehe ein Funkbefehl sie zur Landung zwang. Während dieser Zeit wurden von westlichen Kontrollstationen zahlreiche Steuerbefehle empfangen, die darauf hindeuteten, daß die Landung mehrmals eingeleitet werden sollte. Diese Versuche wurden jedoch immer wieder abgebrochen.

Bereits 17 Tage nach dem Fehlschlag von *Luna 18* brachten die Sowjets die Mondsonde *Luna 19* auf den Weg zum Erdtrabanten. Der am 28. September 1971 gestartete Flugkörper zur Erforschung des Mondes wurde am 3. Oktober in eine Umlaufbahn um den Mond gelenkt, um mehrere Monate auf diesem Kurs zu bleiben. Während westliche Beobachter annahmen, auch *Luna 19* führe, wie *Luna 17*, ein Mondmobil an Bord mit, gaben die Sowjets später bekannt, der Mondumkreiser habe die Aufgabe, die Mondoberfläche zu fotografieren, um spätere Landeplätze auszukundschaften. Zu diesem Zweck umkreiste *Luna 19* den Mond in den ersten zwei Monaten genau 722mal. Die Zeit eines Umlaufs betrug dabei zwei Stunden und elf Minuten. Das bedeutete eine elliptische Bahn, deren niedrigster Punkt bei 77 Kilometern, deren höchster jedoch bei 385 Kilometern lag.

Der direkte Flug zum Mond, den *Luna 20* am 18. Februar 1972 antrat, ließ die Fachleute im Westen vermuten, daß die Sowjets diesmal wieder eine Landung mit einer automatischen Station versuchen wollten. Drei Tage später setzte die Sonde auf dem Mondboden auf. Wiederum hatten die sowjetischen Wissenschaftler den nordöstlichen Rand des Meeres der Fruchtbarkeit als Landeplatz ausgesucht, weil sie hier besonders wichtige Aufschlüsse über die Verfassung der Mondoberfläche vermuteten. Die Sonde setzte unweit der Stelle, an der fünf Monate zuvor der Landeversuch von *Luna 18* mißglückt war, weich auf der felsigen Oberfläche auf.

Einen Tag später startete der Rückkehrteil der Mondsonde mit einem Behälter, in dem die Steine transportiert wurden, die inzwischen auf dem Mond bei Temperaturen von minus 120 Grad Celsius eingesammelt worden waren. Drei Tage nach dem Start vom Mond landete die Kapsel am 25. Februar in einem „vorbestimmten Gebiet" in Kasachstan, 40 Kilometer von der Stadt Dscheskasgan entfernt.

Nach ersten Untersuchungen in einem Moskauer Speziallaboratorium teilten die Wissenschaftler mit, die im tiefen Schnee gelandete

Diese Aufnahme von einem kleinen Teil der Mondoberfläche funkte die automatische Station Luna 20 aus dem Meer der Fruchtbarkeit. Die weiß eingerahmte Stelle zeigt ein Bohrloch, während daneben das Bohrgestänge zu erkennen ist.

Sonde habe ein aschenfarbenes Pulver mit mehreren kleineren Gesteinseinschließungen, die jedoch nicht größer als 2,9 Zentimeter seien, an Bord gehabt. Nach den ersten Feststellungen stammen die Partikel aus den ältesten bekannten kristallinen Felsbildungen, die auf der Erde Anerthosyt genannt werden. Das Alter betrage mindestens drei Millionen Jahre.

Im Vergleich zu den Mondproben, die *Luna 16* zur Erde zurückbrachte, wurden die neuen Funde als heller beschrieben. Sie glänzten zudem mit einem metallischen Schimmer. Aber auch die neue Mondfracht bestätigte die alte Feststellung, daß sich die chemische Zusammensetzung der Steine nicht wesentlich von den in der Erde anzutreffenden Eruptivgesteinen vom Typ des Basalts unterscheiden.

Apollo hißt die Wissenschaftsflagge

Auf dem Mond ein Großvater

Neun Minuten nach dem Start am 31. Januar 1971, nachdem sich auch die zweite Stufe von der dritten mitsamt dem daran verbundenen Raumschiff *Apollo 14* gelöst hatte, meldete sich Kommandant Alan Shepard zum ersten Male aus der Schwerelosigkeit des Weltraums: „Alles an Bord ist okay." Zehn Jahre zuvor hatte er als erster Amerikaner in einem ballistischen Flug der *Mercury*-Kapsel auf der Spitze einer *Redstone*-Rakete den Weltraum nur gestreift. Der inzwischen 47 Jahre alte Raumfahrt-Methusalem hatte seine Erfahrung und sein freundschaftliches Verhältnis zu Astronautenchef Donald Slayton rücksichtslos in die Waagschale geworfen, um zum Kommandanten des nach dem Unglücksflug von *Apollo 13* so wichtigen neuen Mondlandeversuchs berufen zu werden.

Im Kreis der 47 Astronauten, in dem vor allem die Jüngeren keine Chance für einen Raumflug mehr sahen, war über diese Entscheidung große Unruhe entstanden. Der Unmut richtete sich gegen die dadurch vorherbestimmte Auswahl der Mondflugmannschaft: Der vierzigjährige Edgar Mitchell, zum Piloten der Landefähre *Antares* bestimmt (die ihren Namen nach dem hellsten Objekt im Sternbild des Skorpions erhalten hatte), und der 37jährige Stuart Roosa als Pilot der Kommandokapsel *Kitty Hawk* (nach dem Ort des ersten Motorflugs der amerikanischen Brüder Wright in North Carolina benannt) standen ihrem Chef nicht nur dem Alter nach, sondern auch durch ihre Neigung nahe, sich bestehenden Verhältnissen anzupassen.

Auf seiner letzten Pressekonferenz vor dem Start hatte sich Shepard, ohne verärgert zu sein, mehrfach als „Großvater des Raumfahrtzeitalters" anreden lassen und selbst darauf hingewiesen, daß sein Team das älteste auf dem Mond sein werde. Die Antwort auf die vielfach gestellte Frage, ob seine 23jährige Tochter Laura, die eineinhalb Jahre zuvor geheiratet hatte, inzwischen – wie vielfach gemunkelt wurde – Mutter geworden sei, blieb er den Reportern allerdings schuldig.

Drei Stunden und 35 Minuten nach dem um 40 Minuten verspäteten Start auf Kap Kennedy, den eine plötzlich heraufziehende dunkle Wolkenwand an diesem frühlingshaft schönen Tag verursacht hatte, ging Edgar Mitchell daran, ein im Flugplan vorgesehenes Routinemanöver einzuleiten. Eine Dreiviertelstunde nach dem Einschießen in die Mondbahn, nicht einmal 10 000 Kilometer von der Erde entfernt, ging es darum, das Raumschiff *Kitty Hawk* mit der Mondfähre *Antares* zu verbinden, jener genialen Erfindung des amerikanischen Raumfahrtingenieurs John Houbolt, ohne die eine Landung auf dem Erdtrabanten und der nachfolgende Rückstart nicht denkbar wäre.

Mitchell hatte zu diesem Zweck die aus Kommandokapsel und Antriebsteil bestehende *Kitty Hawk* von dem Verbindungsteil der dritten Stufe der *Saturn-5*-Rakete gelöst. Dann hatte er das 30 Tonnen schwere zylinderförmige Gebilde mit dem aufgesetzten Kegel um 180 Grad gedreht, wozu ein Zündbefehl an die insgesamt 16 Lagekorrektur-Triebwerke genügte. Jetzt lag die stumpfe Spitze des Kommandoteils mit der verschlossenen Schleusenluke scheinbar bewegungslos vor der entsprechenden Öffnung der Landefähre, was Mitchell gut durch das dreieckige Bullauge beobachten konnte. In Houston klang es aus dem Lautsprecher: „Mensch, ist das schön."

Mitchells Begeisterung galt nicht dem erfolgreichen Abschluß des Docking-Manövers, mit dem er gerade begonnen hatte. In das Blickfeld des aus Texas stammenden Korvettenkapitäns der amerikanischen Marine war vielmehr der von der Sonne beschienene Teil der Erde gekommen.

Ein wenig später klang Mitchells Stimme schon nüchterner. Ihm war nämlich inzwischen klargeworden, daß der eingebaute Sicherheitsmechanismus des Dockingsystems, ein Schnappschloß, nicht eingerastet war, wie es in Hunderten von Trainingsstunden auf der Erde immer geschehen war. Das elektrische Anzeigegerät meldete zwar, daß zwischen den Raumflugkörpern Kontakt bestand. Die unumgänglich feste Verbindung war aber noch nicht hergestellt.

Im Kontrollzentrum von Houston war inzwischen ein Krisenstab zusammengetreten, dem Spezialisten der Herstellerfirmen von Raumschiff und Landefähre angehörten. Dort kam man zu dem Schluß, daß der scherenartige Bolzen des Schließgeräts, der deutlich hörbar einzurasten pflegte, nicht heruntergefallen war. Irgend etwas mußte sich in den Hohlraum gesetzt haben. Die Spekulationen reichten von einem Fremdkörper des beim Start um die Kommandokapsel gestülpten Asbest-Kork-Schutzmantels bis zu einem Stück Eis, das sich in der Kälte des Weltraums durch austretendes Schwitzwasser gebildet haben konnte.

Apollo-14-Reservepilot Eugene Cernan, der mit *Gemini 9* erste

Weltraumerfahrung gesammelt hatte und gemeinsam mit Stafford und Young an Bord von *Apollo 10* an der zweiten Mondumrundung teilgenommen hatte, wußte schließlich Rat. Er empfahl dem Raumschiffpiloten Stuart Roosa, der nach fünf vergeblichen Docking-Versuchen seines Kollegen Mitchell das Kommando übernommen hatte, ein Sicherheitssystem auszuprobieren, das eigentlich nur für einen Notfall nach der Rückkehr vom Mond gedacht war: Roosa gelang dann das Manöver – zwei Stunden nach dem Flugplan – auf Anhieb.

Trotz der aufgetretenen Schwierigkeiten entschied Houston 24 Stunden nach dem Start, daß *Apollo 14* weiterhin das Ziel einer „vollen Mondlandung" verfolgen solle. Alle Überprüfungen hätten ergeben, daß der Kopplungsmechanismus intakt sei.

Vier Tage nach dem Start in Kap Kennedy und zwölf Stunden vor der am 5. Februar vorgesehenen Landung kreiste *Apollo 14* in einer elliptischen Bahn um den Mond, deren höchster Punkt 104, der niedrigste jedoch nur 17 Kilometer über der Mondoberfläche lag. Das war die niedrigste Umlaufbahn, die ein bemanntes Raumschiff je über dem Mond eingeschlagen hatte. Als das Raumschiff *Kitty Hawk* und die mit ihm verbundene Landefähre *Antares* erstmals wieder aus dem Funkschatten des Mondes hervortraten, in den sie bei jeder Umkreisung für 45 Minuten verschwanden, schilderte der gewöhnlich schweigsame Kommandant Shepard seine Eindrücke mit den Worten: „Das ist wirklich eine wilde Gegend hier oben. Es ist nur schwer zu glauben, aber alles sieht genauso wie auf den Photos und Karten aus."

Während der Zeit, als *Apollo 14* zum erstenmal hinter der erdabgewandten Seite des Mondes verschwand, war die elf Tonnen schwere dritte Stufe der *Saturn-5*-Rakete auf seine Oberfläche aufgeschlagen. Der von *Apollo 12* auf dem Mond hinterlassene Seismometer übertrug die Stoßwellen zur Erde, wo sie hör- und sichtbar gemacht wurden und unter den Experten in Houston große Begeisterung auslösten. Die Wissenschaftler ermittelten schnell, daß die Aufschlagstelle 194 Kilometer von dem Meßgerät entfernt lag.

„Ein böser elektronischer Spuk"

Während die Spannung im fensterlosen Gebäude Nr. 30 im Zentrum für bemannte Raumfahrt von Houston immer mehr anstieg, Kommandant Shepard und Mondfährenpilot Mitchell in ihrem Landeboot *Antares* bereits von der Kommandokapsel *Kitty Hawk* getrennt waren und endlose Zahlenreihen und Buchstabenkolonnen zur Erde durchgaben, um sie auf ihre Richtigkeit überprüfen zu lassen, geschah es plötzlich: Die Flugleiter hinter den Konsolen des Kontrollzentrums, denen die Sicherheit der Astronauten anvertraut war, stellten fest, daß ein wichtiges Programm im Bordcomputer, das für die sichere Führung des Flugkörpers zur Mondoberfläche unerläßlich war, innerhalb weniger Minuten erneuert werden mußte. Das Programm sollte den automatischen Abort, das heißt den Abbruch der Abstiegsphase, einleiten, wenn die tatsächlichen Werte der Abstiegsbahn von den vorausberechneten so stark abwichen, daß eine heile Landung nicht mehr zu verwirklichen war.

Der dazu notwendige Computertest hatte Houston nicht befriedigt. „Das ist ja wie ein böser elektronischer Spuk", stöhnte Astronaut Fred Haise, der den Funksprechverkehr mit den Mondfahrern übernommen hatte. Das Landegebiet in der Mittelgebirgslandschaft des Fra-Mauro-Kraters hatte es erforderlich gemacht, daß der Abstiegswinkel mit 18 Grad um zwei Grad steiler als bei den vorangegangenen zwei Mondlandungen gewählt werden mußte. Das bedeutete gleichzeitig eine größere Landegeschwindigkeit, die in der Anfangsphase immerhin 500 Stundenkilometer betrug. Während dieses Landeanflugs, der eher einem kontrollierten Absturz glich, lag die Sinkgeschwindigkeit bei 50 Metern in der Sekunde. Um die letzten 220 Meter zu überwinden, standen Shepard und Mitchell ganze 30 Sekunden zur Verfügung. Ohne Computerhilfe wäre auch diese Mannschaft, die sich als die bestgeschulte des ganzen *Apollo*-Programms betrachtete, verloren gewesen.

Flugleiter und Programmierer der Mondlandung waren in Houston inzwischen zu dem Schluß gekommen, daß sich in den Führungscomputer ein falsches Signal eingeschlichen haben mußte, das den Abort in der entscheidenden Endphase hätte auslösen können. Ursache einer solchen Fehlinformation konnte eine Verunreinigung eines Schalters sein. Um eine solche Gefahr zu beseitigen, wurde die Möglichkeit eines automatischen Aborts aus dem Programm wieder gelöscht. Sollte dennoch ein Notfall auftreten, lag es nunmehr an Shepard, den Alarmhebel mit der Hand einzustellen.

Die Landung am Freitag, dem 5. Februar 1971, um 10.18 Uhr MEZ verlief pünktlich, wenn man eine Verspätung um eine Minute gegenüber dem Flugplan als unerheblich abzutun geneigt ist. Stärker verspätete sich der erste Ausstieg. Wegen Verständigungsschwierigkeiten, die durch einen Wackelkontakt im Funksprechgerät des Astronautenanzugs hervorgerufen wurden, verließ Shepard um 15.54 Uhr die Landefähre *Antares*. Der fünfte Mensch auf dem Mond sagte beim Betreten des Mondbodens: „Es war ein langer Weg, aber jetzt sind wir hier." Die Flugkontrolle quittierte die ersten Schritte des 47jäh-

Unauslöschliche Spuren im Mondstaub: Die Apollo-14-Astronauten Alan Shepard und Edgar Mitchell mit ihrem zweirädrigen Transportkarren auf dem Weg zum Krater Cone, dessen Rand sie jedoch nicht erreichten.

rigen auf dem außerirdischen Gestirn mit den Worten: „Für einen alten Mann ist er gar nicht so schlecht."

Verglichen mit den unscharfen Bildern von den beiden Ausstiegen der *Apollo-11*-Besatzung und mit dem Pech der Farbkamera während der zweiten Mondlandung waren die zur Erde übermittelten Fernsehbilder der *Apollo-14*-Astronauten von hervorragender Qualität. Sie gaben das gesamte wissenschaftliche Arbeitsprogramm während des ersten Ausstiegs wieder. Shepard beschrieb sofort nach der Landung seine ersten Eindrücke: „Der Boden ist sehr weich und läßt mich knöcheltief einsinken. Wir sind in einer Ebene niedergegangen. Nördlich unserer Fähre gibt es einige größere Felsen. Ihre Farbe ist von einem helleren Grau. Es ist einfach großartig, auf dem Mond zu sein."

Beim zweiten Mondausstieg – genau 24 Stunden später – stand eine Wette auf dem Spiel. Auf halbem Weg zum Krater Cone, dessen Rand sie ersteigen sollten, erinnerten sich Shepard und Mitchell wieder daran, daß sie mit Donald Slayton, dem Chef der *Apollo*-Astronauten, darüber gestritten hatten, ob sie wohl ihren rikschaähnlichen Transportwagen, den sie erstmals auf dem Mond bei sich führten, bis zu dieser Höhe mitführen konnten. Die beiden Astronauten hatten dafür, Slayton dagegen gewettet. Eine Aufnahme sollte dem Freund in Houston beweisen, daß sie immerhin ein gutes Stück Wegs zu ihrem Ziel vorangekommen waren.

Der Aufstieg zur höchsten Stelle der Umgebung in unmittelbarer Nähe ihrer Landestelle war anstrengender gewesen, als sie es zuvor erwartet hatten. Bei der kräftezehrenden Bergpartie auf dem Mond waren bis zu 18 Grad steile Abhänge zu überwinden. Zur Belohnung bot sich ihnen jetzt ein Fernblick, den Shepard zu schildern begann: „Das ist ein Panorama, wie ihr es euch nicht vorstellen könnt. Das Bild wechselt alle paar Meter, die wir zurückgelegt haben. Aber bis zum Gipfel ist es noch ganz schön weit. Das heißt, wir können ihn noch gar nicht sehen. Statt dessen sehen wir viele Kraterränder, die

Apollo-14-Kommandant Alan Shepard beginnt die Untersuchung eines Mondbrockens mit einer filmischen Aufzeichnung des fremdartigen Felsgebildes.

auf keiner unserer Mondkarten verzeichnet sind. Aber ich glaube doch, daß wir den richtigen Aufstieg gewählt haben."

Nach wenigen weiteren Schritten blieben Shepard und Mitchell abermals erschöpft stehen. Ihr heftiger Atem war deutlich durch das Mikrofon zu vernehmen, das nur wenige Zentimeter vor ihrem Mund angebracht war. Mitchell, der bereits am ersten Arbeitstag sein Arbeitstempo mühsamer einhalten konnte als der um sieben Jahre ältere Kommandant, stöhnte: „Diese Berghänge täuschen ganz schön. Das liegt vielleicht an dem niedrigen Sonnenstand."

Shepard schätzte die Situation realistisch ein: „Wir sind jetzt insgesamt zwei Stunden unterwegs und können den Kraterrand noch nicht sehen. Es sieht nicht so aus, als ob wir es noch schaffen könnten. Die Zeit und damit die Sauerstoffvorräte reichen einfach nicht aus. Ich denke, es ist besser, wenn wir auf dem Rückweg noch Gesteinsproben suchen."

In der Flugkontrolle von Houston überließ man den beiden Mondfahrern die Entscheidung. Entsprechend gab es keine Einwände, als sie verkündeten: „Wir kehren wieder um. Ihr könnt darüber denken, wie ihr wollt." Die Anstrengungen der letzten beiden Stunden hatten ihre Spuren hinterlassen. Die Meßgeräte auf der Erde ließen keinen Zweifel daran, daß Shepard und Mitchell sich dem Ende ihrer Leistungsfähigkeit näherten. Shepards Herzschlag war auf 150 in der Minute gestiegen, bei Mitchell wurden 128 Schläge gezählt. Und das, obschon beide minutenlang regungslos verharrt hatten.

Als der Mondaufenthalt seinem Ende zuging, überfiel die beiden jähe Spielfreude. Shepard kramte plötzlich einen Golfball aus seinen unergründlichen Taschen hervor, nahm den Handgriff eines Gesteinsammlers und kickte den Hartgummiball mit dem geübten Hüftknick eines Golfmeisters in die öde Staubwüste hinaus. Der erste Golfspieler auf dem Mond war jedoch nicht sicher, ob er auf Anhieb ein Loch (sprich: einen Krater) getroffen hatte. Sicher war jedoch die Flugkontrolle in Houston, daß Shepard die Erlaubnis zur Mitnahme dieses „Fremdkörpers" auf den Mond erbeten und auch erhalten hatte.

Als die beiden Astronauten nach einem Ausflug von vier Stunden und 35 Minuten die Kabinentür ihrer Aufstiegsstufe wieder geschlossen hatten, um sieben Stunden später wieder zum Mutterschiff aufzusteigen, zeigte es sich, daß sie die fleißigsten Mondarbeiter waren, die von der NASA zuvor angeworben worden waren. 49 Kilogramm Mondgestein konnten die beiden zur Erde bringen.

Die Wissenschaftler erwarteten deshalb auch reiche Aufschlüsse aus dem Mondgestein, das Amerikas dritte Mondlandemannschaft nach einem Aufenthalt von fast 34 Stunden auf dem Mond zur Erde zurückbrachte, wobei sie die schützende Hülle ihrer Landefähre für insgesamt neun Stunden und 22 Minuten verlassen hatten. Nach dem glatten Start mit dem Aufstiegsteil der Mondfähre, wobei ihnen der Landeteil als Startplattform diente, klappte auch das Docking-manöver, das in eindrucksvollen Farben zur Erde übertragen wurde, entgegen der ursprünglichen Befürchtung tadellos. Nach dem Umstieg in die Kommandokapsel ging *Kitty Hawk* nach einer Brenndauer von zwei Minuten und 27 Sekunden des Haupttriebwerks wieder auf Heimatkurs.

Die *Apollo-14*-Astronauten hatten mit dieser erfolgreichen Mission den Technikern und Wissenschaftlern der NASA, deren Verantwortungsbewußtsein nach dem verunglückten *Apollo-13*-Flug vielfach in Zweifel gezogen worden war, wieder ihr Selbstbewußtsein zurückgegeben.

Kosten steigen schneller als Raketen

Weltraum-Neuling Alfred Worden fand kurz nach dem Abheben der riesigen *Saturn-5*-Rakete von der Startplattform 39 als erster seine Sprache wieder. Der drahtige Luftwaffen-Major meldete sich noch vor *Apollo-15*-Kommandant David Scott bei der Startkontrolle von Kap Kennedy: „Hier oben sieht es gut aus."

Wenige Tage vor seinem ersten Weltraumflug, der am 26. Juli 1971 um 14.34 Uhr mitteleuropäischer Zeit begann, hatte der mit 39 Jahren viertälteste Amerikaner, der jemals der Schwerelosigkeit des Erdballs entrann, geflachst: „Endlich kommen die Jungen dran." Er hatte in Anspielung auf seinen Vorgänger, den Endvierziger Alan Shepard, hinzugefügt: „Es wird höchste Zeit, daß die Weltraum-Opas endlich abgelöst werden."

Worden war von einem Heer von Instruktoren in einjähriger Arbeit zu einem „brauchbaren Wissenschaftler" ausgebildet worden, der während des dreitägigen Mondaufenthalts seiner Astronautenkollegen David Scott und James Irwin einen Großteil des wissenschaftlichen Programms der *Apollo-15*-Mission zu überwachen hatte. Die amerikanische Raumfahrtbehörde scheute sich nicht, den zwölftägigen Mondflug als „das größte Forschungsvorhaben der Geschichte" zu bezeichnen.

Entsprechend dem vollgestopften Flugplan von *Apollo 15* waren auch die Kosten dieser siebten Mondexpedition gestiegen. Gegenüber der ersten Mondlandung zwei Jahre zuvor betrug die Steigerungsrate fast ein Viertel. Bereits drei Stunden nach dem Start mußte die NASA die stolze Summe von 185 Millionen Dollar in den Schornstein schreiben, denn mit der letzten Zündung der dritten Raketenstufe, die das auf den Namen *Ausdauer* getaufte Raumschiff mit der Mondlandefähre *Falke* endgültig auf Mondkurs brachte, hatte die *Saturn-5*-Rakete ihre Aufgabe erfüllt. Ihre ausgebrannten Triebwerke und Tanks waren entweder in den Atlantischen Ozean gefallen oder sie vermehrten den Weltraumschrott 200 km über der Erdoberfläche. Einen gehörigen Batzen Geld verlangten auch die reinen Operationskosten, die erstmals die 100-Millionen-Dollar-Grenze sprengten.

Im Vergleich zu dieser dreistelligen Millionensumme war die Steigerungsrate bei den Fluggeräten noch bescheiden zu nennen. Das Raumschiff kostete 10 Millionen mehr und beanspruchte den NASA-Etat mit 55 Millionen Dollar. Um denselben Betrag stiegen die Kosten für das Mondboot auf 50 Millionen Dollar an. Auch der Beginn des Automobilzeitalters auf dem Mond forderte seinen Tribut: Für das erstmals mitgeführte Fahrzeug *Lunar Rover* sowie die erweiterte und verbesserte Gerätesammlung waren statt der ursprünglich geschätzten 25 Millionen runde 40 Millionen Dollar zu bezahlen, so daß die Gesamtkosten des fünften bemannten Mondlandeversuchs auf 445 Millionen Dollar in die Höhe schnellten.

Die Landung fünf Tage nach dem Start erfolgte in einem der höchsten Mondgebirge, dem Apennin, das den Astronauten und den über eine Fernsehbrücke mit ihnen verbundenen Zuschauern in aller Welt ein alpines Panorama versprach, wie es vergleichsweise das Himalaja-Massiv bietet.

Am Mittag des 31. Juli, einem Samstag, war es dann soweit: Die sonst gelassene Stimme des Verbindungssprechers im Kontrollzentrum Houston überschlug sich, nachdem Kommandant David Scott, kaum daß er die Landefähre verlassen hatte, mit der Beschreibung der Mondlandschaft begann, die sich im Hadley-Canyon vor seinen Augen auftat. Die Flugkontrolleure sprangen von ihren Sitzen, starrten auf das Fernsehbild, das auf einer Kinoleinwand die Frontseite des Kontrollraums beherrscht. Sie begleiteten die plastischen Schilderungen des Musterastronauten mit Ausrufen des Erstaunens.

Scott beschrieb in ruhigen Worten die ebenmäßige geologische Formation der Hadley-Ebene, die sanft zu einem Tal abfiel. „Dieses Tal gleicht in seiner gräulichen Färbung einer Altschneedecke in Wyoming oder Nebraska", erläuterte er seinen Zuhörern. Als wenig später die von der Bodenstation ferngelenkte Kamera die an einer Krümmung der Hadley-Rinne, dem sogenannten Ellbogen, angelangten Astronauten ins Bild brachte, kannte die Begeisterung in Houston keine Grenzen mehr. Applaus belohnte die Anstrengungen der beiden Schwerarbeiter, die mit der Aufstellung der wissenschaftlichen Meßgeräte beschäftigt waren. Dabei strengten sie sich so an, daß ihr Atem lautstark aus den Lautsprechern des Kontrollzentrums drang.

Schon in den ersten Stunden ihrer Außenbordtätigkeit entpuppten sich Scott und Irwin als ein ideales Mondfahrergespann. Was dem Betrachter am Fernsehschirm wie ein Ringelreihen aus munteren Bocksprüngen vorkommen mochte, war in Wirklichkeit ein ihr Arbeitsprogramm in spielerischer Leichtigkeit abwickelndes Forscherpaar. Jeder ihrer Handgriffe war eingeübt, jede im Flugplan festgelegte Tätigkeit wurde mit traumhafter Sicherheit ausgeführt.

Der Zeitplan wurde so präzise eingehalten, daß Kommandant Scott nur 45 Sekunden früher als vorgesehen den Elektromotor in Gang setzte. Wie ein von der Sehne freigelassener Pfeil schoß der erste Mondmobilist plötzlich in den Bildausschnitt der Kamera. Er lenkte das Fahrzeug in einem eleganten Bogen um die Landefähre, die mit einer vergoldeten Folie vor der Hitze des frühen Mondtags geschützt war. Irwin, der acht Minuten nach Scott als achter Mensch den Mondboden betreten hatte, hüpfte im Känguruhschritt hinterher wie ein Anhalter, der es mitansehen muß, wie ein auf das Bremspedal tretender Fahrer es sich doch noch überlegt und den unerbetenen Gast stehen läßt.

Der über vier Räder elektrisch angetriebene fahrbare Untersatz, einem in Amerika viel benützten Golfwagen mit einem Bündel herausragender Schläger nicht unähnlich, schien den vierten Mondbesuchern Flügel zu verleihen. Gegenüber allen ihren Vorgängern erwiesen sich Scott und Irwin als bienenfleißige Arbeiter, die ihr vielseitiges Forschungsprogramm so schnell und so korrekt wie möglich über die Bühne bringen wollten. Dabei waren sie keineswegs vom Glück begünstigt.

Die Liste der Pannen und Defekte hatte bereits zur Halbzeit des zwölftägigen Unternehmens eine stattliche Länge erreicht: Einem Kurzschluß im Zündschalter des Haupttriebwerks folgte eine leck gewordene Wasserleitung. Am ernsthaftesten schien die Mondlandung gefährdet, als die Trennung von Mutterschiff und Landefähre in der Mondlandebahn zunächst mißglückte. Ein lockeres elektrisches Kabel, das den Schließmechanismus zwischen beiden Flugkörpern mit Strom versorgte, konnte vom Piloten der Kommandokapsel, Alfred Worden, noch rechtzeitig entdeckt werden, so daß die Trennung im zweiten Anlauf gelang.

Am bedrohlichsten erschien der Flugleitung jedoch der Verlust eines Zehntels der Sauerstoffatmosphäre, die aus einer undichten Stelle der Landefähre entwichen war, während die Astronauten die ihnen nach der Landung verordnete zwölfstündige Ruhepause einhielten. Nach langwierigen Berechnungen stellte sich jedoch heraus, daß der Verlust von vier Kilogramm Sauerstoff die notwendige Reserve nicht beeinträchtigte, so daß an dem dreitägigen Arbeitsprogramm auf dem Mond keine Abstriche notwendig wurden.

Aber selbst für Astronauten besteht der Aufenthalt auf dem Erdbegleiter nicht nur aus Arbeit. Die menschlichen Notwendigkeiten fordern auch 350 000 Kilometer von zu Hause entfernt ihr Recht. Wenn auf einem Raumflug ein menschliches Rühren verspürt wird, werden gewöhnlich die Mikrofone abgeschaltet, damit die Flugkontrolle in Houston und die möglicherweise angeschlossenen Rundfunk- und Fernsehsender nicht jedes Wort zwischen den Mond-

Mondfährenpilot James Irwin entnimmt mit einem Spezialspaten Bodenproben. Im Hintergrund das Headley-Gebirge, dessen Ausläufer rund 14 Kilometer entfernt sind.

fahrern mithören können. Aber Irren ist menschlich, und Scott und Irwin vergaßen während ihres ersten Mondausflugs, den Funksprechverkehr mit Houston abzuschalten, als Scott seinen Begleiter fragte: „Was hältst du von einer kleinen Urin-Transaktion?"

Irwin: „Gut, dann fang du mal an."

In Houston schaltete sich der Verbindungssprecher höflich ein: „Was ich euch noch sagen wollte: ihr seid immer noch auf Sprechfunk, das Mikrofon ist heiß!"

Irwin: „Immer noch ein heißes Mikrofon?"

Houston: „Dave und Jim, ihr seid noch eingeschaltet. Aber die Medizinmänner amüsieren sich köstlich!"

Scott: „Das kann ich mir denken, da hört ja jeder zu!"

Irwin: „Der Unterbrecher muß eingeschaltet werden, damit die da unten nichts mehr hören!"

Houston: „Ihr seid kristallklar zu verstehen."

Scott: „Ich habe jetzt gemacht..."

Irwin: „Dreh doch mal endlich das Mikrofon ab..."

Am nächsten Morgen gab es wieder eine Neuigkeit vom Mond zu melden. Verbindungssprecher in Houston war Joe Allen, ein deutschstämmiger Astronaut. Als er Scott und Irwin aufwecken mußte, bediente er sich der deutschen Sprache: „Hallo, Hadley-Base, hier ist Houston. Einen schönen guten Tag, wie geht es euch?"

Scott antwortete, zur Überraschung vieler Zuhörer, ebenfalls auf deutsch: „Guten Morgen, mein Herr. Ist gut." Allen blieb in der einmal gewählten Sprache: „Guten Morgen, Dave!"

Erst dann fuhr er in der gewohnten englischen Umgangssprache fort: „Wir haben einen wunderschönen Tag für euch!" Allen hatte sein Deutsch während eines Physikstudiums in Deutschland aufgefrischt, während Scott einmal in den Niederlanden stationiert war.

Noch nie zuvor waren von einem Mondfahrerteam so gestochen scharfe Bilder zur Erde gefunkt worden wie von der *Apollo-15*-Besatzung. Schwerarbeit leistete auch Mutterschiffpilot Worden, der aus der Umlaufbahn heraus mit automatischen Kameras etwa sieben Prozent der Oberfläche des Erdtrabanten auf Filme bannte. Währenddessen erregte ein Ausruf Scotts im Kontrollzentrum höchste Aufmerksamkeit: „Ich denke, wir haben gefunden, weswegen wir hierhergekommen sind", sagte er zu Irwin und barg einen ungewöhnlich schimmernden Stein. Die überschwengliche Stimmung auf dem Mond erhöhte auch die Erwartungen auf der Erde: „Der heutige Tag auf dem Mond", ließ sich Flugdirektor Griffin während einer Pressekonferenz am Ende des dritten Mondausflugs hinreißen, „wird neuartige Ergebnisse zeigen. Wir waren Zeugen des größten Forschungserfolgs aller Zeiten. Ein solcher Tag macht uns alle stolz, daß wir an diesem Programm mitarbeiten durften."

Scott und Irwin waren inzwischen mit 81 Kilogramm Gesteinsproben vom Mond wieder gestartet. Während des Rückflugs zur Erde wurde der dritte Mann an Bord des Raumschiffs *Ausdauer* aus dem Schlagzeilen-Schatten herausgerissen: Zwanzig Minuten lang verließ Raumschiffpilot Alfred Worden die schützende Hülle seines Raumflugkörpers, um die Filmkassetten aus dem Antriebsteil zu bergen, das vor dem Eintritt in die dichteren Luftschichten der Erde abgesprengt wird und dort verglüht. Seine Aufgabe konnte Worden innerhalb eines Drittels der im Flugplan vorgesehenen Zeit erfüllen. Dabei zeigte sich, daß diese erste sinnvolle Arbeit im freien Weltraum nach den mehr demonstrativen Weltraum-Spaziergängen von drei Russen und von sechs Amerikanern zum festen Bestandteil kommender Weltraumaktivitäten gehören wird, wenn es gilt, größere Bauteile zu einer Raumstation zusammenzubauen.

Zwölf Tage, sieben Stunden und elf Minuten nach dem Start in Kap Kennedy landete die *Apollo-15*-Besatzung am 7. August pünktlich zur vorausberechneten Zeit 540 Kilometer nördlich von Hawaii im Pazifik. Die Wasserung erfolgte in Sichtweite eines sowjetischen Schiffes, das an die Landestelle entsandt worden war, um die Aktivitäten der Raumfahrtbehörde zu verfolgen. Scott, Irwin und Worden atmeten nach Öffnen der Raumschiffluke begierig die kräftige Seeluft ein, nachdem sie fast zwei Wochen lang ein Gemisch aus Sauerstoff und Stickstoff inhalieren mußten, mit dem Raumschiff und Mondfähre ausgerüstet sind. Als erste Mondfahrer waren sie von dem Zwangsaufenthalt in einer Quarantänestation entbunden. Die genaue Beobachtung ihrer Vorgänger hatte ergeben, daß keine Gefahr besteht, fremdartige und auf der Erde unbekannte Viren vom Mond in die irdische Atmosphäre einzuschleppen.

Eine Woche nach ihrer Heimkehr überraschte die *Apollo-15*-Besatzung die Weltraumärzte jedoch in anderer Hinsicht. Sie hatten sich im Gegensatz zu ihren Vorgängern noch immer nicht von den Auswirkungen der Schwerelosigkeit erholt. Der Herzschlag von Scott und Irwin, der bereits während des Mondaufenthalts Unregelmäßigkeiten aufwies, normalisierte sich nicht. Vor allem Irwin klagte über Schwindelgefühle, die bereits nach dem Start einsetzten, dann schwächer wurden, aber nach der Landung unerwarteterweise wieder auftraten. Charles Berry, Chefarzt des amerikanischen Mondfahrerteams, führte die Krankheitsmerkmale auf das übermäßig große Absinken des Kalziumspiegels im Blut der Raumfahrer zurück. Er kündigte an, daß man bei kommenden Raumflügen dieser Mangel-

Apollo-15-Mutterschiff „Ausdauer" mit der geöffneten Instrumentenbucht kurz vor dem Kopplungsmanöver von der Mondfähre „Falke" aus aufgenommen

erscheinung große Beachtung schenken werde, um ähnliche gesundheitliche Schäden in Zukunft zu vermeiden.

Ein Jahr nach ihrem Mondflug machten die Männer von *Apollo 15* noch einmal Schlagzeilen. Die Weltraumbehörde NASA sah sich veranlaßt, die Mannschaft Scott, Irwin und Worden zu rügen, weil sie ohne offizielle Erlaubnis 400 Briefumschläge mit zum Mond und wieder zurück zur Erde genommen hatte. Aus dem Erlös der frankierten und abgestempelten Briefe, die für Briefmarkensammler einen hohen Wert darstellen, wollten die Astronauten einen Unterstützungsfonds für ihre Familien einrichten. In Houston wurde festgestellt, daß dieser Verstoß gegen die Flugregeln Folgen haben werde; die Männer könnten nicht mehr damit rechnen, bei kommenden Weltraumflügen berücksichtigt zu werden.

Herausgekommen war die Unregelmäßigkeit, als ein Jahr nach dem Flug die ersten Exemplare dieser Briefumschläge in Händlerkreisen auftauchten, wo sie wegen ihres Seltenheitswerts zu Liebhaberpreisen weiterveräußert wurden. Ein deutscher Briefmarkenhändler kaufte allein 99 dieser Briefe für 150 000 Dollar auf. Die

276

Astronauten behaupteten allerdings, von dieser Transaktion keinen Cent erhalten zu haben.

Vor ihrem Mondflug hatten die *Apollo-15*-Astronauten von der NASA zwar die Erlaubnis erhalten, 232 mit Sondermarken, Sonderstempeln und ihren Autogrammen versehene Briefe mit auf den Mond zu nehmen. Diese, dem amerikanischen Staat gehörenden philatelistischen Schätze sollten an Staatsoberhäupter und verdiente Männer und Frauen vom amerikanischen Präsidenten verschenkt werden. Die drei Männer, die den Wert ihrer postalischen Fracht schnell erkannt hatten, nahmen darüber hinaus noch weitere 400 von ihnen selbst vorbereitete Umschläge mit. Die Sache drang an die Öffentlichkeit, als der deutsche Händler das großartige Geschäft, das er mit den gezähnten Kostbarkeiten gemacht hatte, nicht für sich behalten konnte und die Affäre hinausposaunte.

Mondlandung mit fünf Stunden Verspätung

Der fensterlose Saal im Gebäude Nr. 30 des Zentrums für bemannte Raumfahrt in Houston glich an diesem 21. April 1972 einem Wespennest, in das achtlos ein Menschenfuß getreten hatte. Zwischen den Konsolen mit den Fernsehmonitoren drängten sich Flugkontrolleure und sprachen aufeinander ein. Die Szene erinnerte an den 13. April 1970, als der Wasserstofftank im Antriebsteil von *Apollo 13* explodiert war und die dritte Mondlandemission der Amerikaner abrupt beendet wurde.

Zwei Jahre später erschien die Situation mindestens genauso kritisch, wenngleich sie unter weniger dramatischen Umständen heraufbeschworen worden war. *Apollo 16* hatte mit dem Astronautentrio John Young, Charles Duke und Thomas Mattingly an Bord am 16. April, einem Sonntag, um 18.54 Uhr MEZ pünktlich in Kap Kennedy abgehoben. Dem Start, der exakt wie nie zuvor verlaufen war, folgte der inzwischen schon zur Tradition gewordene Flug der kleinen Pannen, bei dem Fehler auftraten, die man in Houston nicht für möglich gehalten hatte.

Am zweiten Tag ihres Flugs zum Mond überraschten die Astronauten das Kontrollzentrum Houston mit der Feststellung, daß sich von der Startstufe der Mondfähre neben der Ausstiegsluke Teile der dort zur Wärmeisolierung angebrachten Schutzschicht lösten. „Es sieht aus wie abblätternde Farbe", beschrieb Kommandant Young den Vorgang.

Einen Tag später wurde es schon kritischer. Raumschiffpilot Mattingly meldete den Ausfall des Lagekontrollsystems, das für eine sichere Navigation unentbehrlich ist. Als Ursache wurde eine blokkierte Kreiselplattform erkannt. Mattingly peilte daraufhin den Mond und die Sonne als Bezugspunkte an, um die genaue Lage des Raumschiffs *Apollo 16* im Raum zu bestimmen. In Houston wurde sofort eine Expertenkommission aufgestellt, die der Ursache der Panne auf den Grund gehen sollte.

Die gleiche Ursache sollte noch große Wirkungen zeigen. Als das Mutterschiff *Casper* längst den Mond erreicht hatte und nach der 13. Umkreisung des Erdtrabanten die Trennung von der Landefähre *Orion* vorbereitete, indem es sich in eine niedrigere Umlaufbahn schießen sollte, klang Mattinglys Stimme aus den Lautsprechern: „Wir haben jetzt *keine* Zündung gehabt. Wir müssen uns wohl mal wieder über das Kontrollsystem unterhalten."

Apollo-15-Astronaut James Irwin, der im Flugkontrollzentrum die Sprechverbindung mit *Apollo 16* unterhielt, antwortete knapp: „Verstehe, keine Zündung." Tonfall und Lautstärke der kurzen Unterhaltung ließen nichts Außergewöhnliches erkennen. Geschehen war jedoch dies: Mattingly hatte bereits vor der sechs Sekunden dauernden Zündung aus den Angaben seines Bordcomputers ein fehlerhaftes Verhalten des Haupttriebwerks erkannt. Das Triebwerk selbst, das einen Schub von 20 Tonnen entwickelt, schien zwar völlig in Ordnung zu sein. Der Teufel steckte, wie Mattingly erkannte, nicht in den Geräten, sondern in dem Computerprogramm, das die Dauer und die Wirkung der Zündung überwachte. Er stellte fest, daß die Kontrollanzeige der Schubrichtung für eine der drei Achsen des Triebwerks von den vorausberechneten Werten abwich. Er mußte also befürchten, daß der Schub das Raumschiff in eine Bahn zwingen könnte, aus der es sich mit eigener Kraft nicht mehr zurück zur Erde steuern konnte.

Flugdirektor Gordon Griffin rief sofort den Krisenstab zusammen, der die Situation des Raumschiffs mit Hilfe von Computerprogrammen durchspielte. Herausgefunden werden mußte, ob das Raumschiff in der Mondumlaufbahn den Kräften widerstehen würde, die auftreten mußten, wenn dem falsch eingeschlagenen Kurs entgegengesteuert werden sollte.

Griffins Krisenstab fand schnell heraus, daß die Entscheidung über den weiteren Flugverlauf von *Apollo 16* innerhalb der nächsten fünf Mondumkreisungen getroffen werden mußte. Immerhin hatten sich das Mutterschiff *Casper* und die Landefähre *Orion* bereits getrennt. Sie flogen im Abstand von knapp zwei Kilometern auf gleichem Kurs. Würde man sie weiter getrennt fliegen lassen, wäre die Bahn der leichteren Landefähre, hervorgerufen durch die Rotation des Mondes, so verändert worden, daß sie mit dem zur Verfügung stehenden Treibstoff ihr Landegebiet im Descartes-Hochland des Mondes nicht erreicht hätte. Ein Rendezvous- und Dockingmanöver der beiden in Sichtweite voneinander fliegenden Raumflugkörper wäre durch ein Abdriften der leichteren Mondfähre gleichfalls gefährdet worden.

Vier Stunden und neun Minuten später verkündete NASA-Sprecher Terry White den auf die Folter gespannten Berichterstattung aus aller Welt das erlösende Wort: „Wir geben die Mondlandung frei." Diejenigen, denen diese Entscheidung galt, konnten zu dieser Zeit nichts davon erfahren, da sie sich in ihren Raumfahrzeugen gerade hinter dem Mond befanden. Ihr Ziel erreichten die *Apollo-16*-Astro-

Apollo-16-Kommandant John Young vor den Behältern des Mondautos, in denen die ganze wissenschaftliche Ausrüstung für die Mondexkursionen verstaut wird.

nauten Young und Duke schließlich mit fünfeinhalbstündiger Verspätung. Als *Orion* am 21. April um 3.23 Uhr mitten in einem Geröllfeld, umgeben von steil ansteigenden Bergen des Descartes-Hochlands, aufsetzte, erklang Youngs freudig erregte Stimme: „Mensch, das ist einfach phantastisch. Endlich sind wir an unserem Ziel angelangt."

Als Weltraum-Veteran John Young nach einer ausgedehnten Schlafpause die Luke des Landeboots *Orion* öffnete, schlug ihm die Hitze des Mondmorgens entgegen, ohne daß er freilich in seinem wassergekühlten Anzug davon etwas gemerkt hätte. Das Thermometer zeigte in der Sonne, die noch tief über den das Cayley-Hochplateau umgebenden Bergen stand, 32 Grad Celsius. Auf der Schattenseite der Mondfähre wurde hingegen minus 70 Grad gemessen.

Als Young am 21. April um 18.22 Uhr als neunter Mensch seinen Fuß in den Mondstaub setzte, war es das erste Mal seit *Apollo 11*, daß dieser Augenblick nicht von einer Fernsehkamera zur Erde übertragen wurde. Der fast schon zur Routine erstarrte Vorgang war lediglich über den Funksprechverkehr zwischen den Mondfahrern und der Flugkontrolle zu verfolgen. Nach den ersten Schritten auf ungewohntem Boden begann für die Astronauten ein arbeitsreicher Abend. Ihre erste Sorge galt dem Funktionieren des Mondautos. Erstmals hatte die NASA davon abgesehen, gleich nach dem Ausstieg von den Astronauten Gesteinsproben sammeln zu lassen, die im Fall einer plötzlich notwendigen Rückkehr Aufschluß über den Fundort geben könnten. Mit der zunehmenden Sicherheit war auch das Selbstvertrauen gewachsen.

Doch die nächste Überraschung ließ nicht lange auf sich warten. Die erste Überprüfung des Mondautos ergab, daß eine der vier Batterien keinen Strom abgab und die Hinterradsteuerung blockierte. Young hatte sich nach den ersten Schritten auf dem Mond auch davon überzeugt, daß sein auf der Erde maßgeschneiderter Weltraumanzug tadellos paßte, nachdem eine Anprobe im Raumschiff nicht zufriedenstellend verlaufen war. Im Schritt zwickte es und in Houston wurden Befürchtungen laut, die drei geplanten Mondpartien könnten auf diese Weise arg behindert werden. Auf dem Mond allerdings hörte man es anders: „Respekt vor dem Schneider", ließ sich Young vernehmen. Und auf die Frage, wie er sich fühle, antwortete er: „So frisch wie eine eingelegte Gurke."

Nachdem die fünften Monderoberer die amerikanische Flagge gehißt hatten, stellten sie sich der von der Erde ferngelenkten Kamera zu einem ersten Erinnerungsfoto. Beide tobten wie übermütige Kinder umher und demonstrierten ihre Sprungkraft, was ihnen wegen der verringerten Schwerkraft auf dem Mond allerdings leichtfiel.

Nicht nur das Menschliche, auch das Allzumenschliche brach sich bei den *Apollo-16*-Astronauten Bahn. Bei einem ausgiebigen Mahl nach der Rückkehr von ihrer zweiten Mondexkursion beklagte sich Young über Blähungen. „Der Teufel mag wissen", sagte er zu Duke, „wo ich das herhabe, Charlie. Das muß die Säure in meinem Magen machen. Ich esse wirklich gern hin und wieder eine Orange. Aber ich möchte verdammt sein, wenn ich, wie hier, in Orangen begraben werden soll."

Youngs Beschwerden galten der mit Kalzium angereicherten Nahrung, die das *Apollo-16*-Team zu sich nehmen mußte, seitdem die Mannschaft von *Apollo 15* nach ihrer Rückkehr vom Mond an Herzrhythmusstörungen gelitten hatte. Von den Ärzten waren die Beschwerden auf das Absinken des Kalziumspiegels in ihrem Körper zurückgeführt worden. Die entsprechend angereicherte Nahrung wurde den Astronauten vornehmlich in Orangen- und Pampelmusensaft gereicht.

Duke erinnerte deshalb seinen Kommandanten an den Sinn der gesundheitlichen Vorkehrungen: „Das geben sie uns nur, damit wir die schwere Arbeit hier oben besser leisten können."

Young aber wollte keinen Trost hören: „Was habe ich schon groß getan? Du hast viel mehr geschafft als ich. Weiß der Teufel, was ich eigentlich die ganze Zeit über getrieben habe."

In der Tat erwies sich Duke, wenn man die Gespräche der beiden Mondfahrer während ihrer drei Ausflüge verfolgte, als der eifrigere Arbeiter. Young hatte für Duke ständig Anweisungen und Aufträge bereit: „Charlie, nimm du den Transportbehälter, ich komme mit dem Sack für die Steine nach!" – „Schau mal nach der Batterie unter deinem Sitz!" – „Charlie, Charlie, mach du das mal!" – „Wo bist du, Charlie?" – „Nun komm schon her, stell dich hier hin!" – „Zum Teufel, Charlie, jetzt hast du etwas zerbrochen!" – „Könntest du nicht ein Stück näher kommen und mir das Dings da bringen?" – „Charlie, mach das besser nicht!"

Die vom Mond übertragenen Fernsehbilder bestätigten den Sachverhalt: Mondfährenpilot Charles Duke war ständig im Bilde. Hatte er gerade noch mit dem Bodenrechen einen ihm bemerkenswert erscheinenden Stein eingefangen, um ihn in seinem Sack verschwinden zu lassen, so war er im nächsten Augenblick schon wieder bei Young, um einen Fund des Kommandanten zu fotografieren.

Der aus Nord-Carolina stammende Luftwaffenoffizier schien über die Arbeitsbelastung nicht einmal erbost zu sein. Wenn man den

Tonfall seiner Bemerkungen richtig deutete, dann bereitete ihm die Hetzjagd auf dem Mond sogar Vergnügen. Stets hatte er auf die Vorschläge und Anregungen Youngs, die häufig in einem mäkelnden Unterton vorgetragen wurden, ein Scherzwort bereit, eine Geste der Beschwichtigung, manchmal auch eine Entschuldigung: „Pardon, John" oder „Es ist ja schon gut". Für Duke gab es während der zwanzigstündigen Arbeitszeit auf dem Mond jedenfalls nichts, was ihn aus dem Gleichgewicht hätte bringen können.

Kurz vor Ende der dritten anstrengenden Exkursion in das Gebiet des nördlichen Strahlenkraters legte er noch eine Extrazugabe ein: „Hiermit eröffnen wir die ersten Olympischen Spiele auf dem Mond", quakte er in sein Mikrofon, ließ sich in den Liegestütz fallen und bewies damit, daß er noch gut bei Kräften war. „In dieser Übung bin ich nämlich unschlagbar."

Young wollte dem ersten Mondolympioniken nicht nachstehen. Urplötzlich versuchte er sich im Hochsprung und gab die erreichte Höhe mit „four feet" (etwa 1,35 Meter) an. Im Flugkontrollzentrum Houston murmelte man anerkennend: „Für einen 81 Kilogramm schweren Burschen keine schlechte Leistung, vor allem, wenn man bedenkt, daß er ja noch seinen schweren Tornister auf dem Rücken schleppen muß."

Die Rückkehr der *Apollo-16*-Besatzung vom Mond wurde für Millionen von Fernsehzuschauern in aller Welt zu einem spannenden Ereignis. Genau zur festgesetzten Zeit hoben Young und Duke, in der Aufstiegsstufe der Landefähre *Orion* sitzend, von dem jetzt als Startplattform dienenden unteren Teil ab. Die auf dem Mondauto montierte und von dessen Batterien funktionstüchtig gehaltene Fernsehkamera, von der Erde aus ferngelenkt, übertrug zum erstenmal den Start eines Raumflugkörpers vom Mond.

Vier Sekunden nach dem Zündbefehl aus Houston schien sich die zum Schutz gegen die Sonnenhitze mit einer golddurchwirkten Folie überspannte Fähre noch immer nicht zu rühren. Dann stieg eine Explosionswolke an der Trennstelle beider Stufen auf. Der Bann schien gebrochen: Das unregelmäßig geformte Zwölfeck der Aufstiegsstufe stieg steil in die Höhe, weitaus schneller als man es vom Start der riesigen Raketen-Raumschiff-Kombination in Kap Kennedy her kannte.

Das anschließende Dockingmanöver mit dem Mutterschiff *Casper* verzögerte sich um 15 Minuten. Houston hatte dem Raumschiffpiloten Mattingly die Anweisung gegeben, sein Schiff zuvor einmal um die eigene Achse zu drehen, damit Young und Duke von der Mondfähre aus alle Teile des Raumschiffs fotografieren konnten. Ihr Inter-

Abschied von der Erde nehmen die Apollo-16-Mondfahrer John Young und Charles Duke, bevor sie mit ihrer Landefähre „Orion" den Abstieg in das Descartes-Hochland beginnen, wo sie mit fünfeinhalbstündiger Verspätung eintrafen.

esse galt vor allem den wissenschaftlichen Meß- und Aufnahmegeräten im Antriebsteil des Raumschiffs, die Mattingly während zweier Außenbordmanöver während des Rückflugs zur Erde barg.

Die Landung am 27. April 1972 im Pazifik, 2430 Kilometer südlich von Hawaii, übertraf alle vorangegangenen an Pünktlichkeit und Präzision. Die Kapsel mit den drei rot-weiß gestreiften Fallschirmen schlug nur eineinhalb Kilometer von dem Bergungsschiff, dem Flugzeugträger *Ticonderoga*, auf der leichtbewegten See auf. Schon wenige Minuten später sprangen die ersten Bergungsschwimmer von einem Hubschrauber ab und begrüßten das fünfte Mondlandeteam.

283

Die Computer schlagen blinden Alarm

Wie gewohnt liefen auch an diesem 6. Dezember 1972 die von zwei Computerbatterien überwachten Vorbereitungsarbeiten zum Start von *Apollo 17*, dem letzten amerikanischen Raumschiff zum Mond, wie am Schnürchen. Plötzlich jedoch – die Uhren an der amerikanischen Ostküste zeigten 21.52 Uhr – sprangen die Ziffern auf der gut drei Meter hohen Countdown-Anzeigetafel vor der Pressetribüne nicht mehr weiter – und das dreißig Sekunden vor dem ersten Nachtstart eines bemannten Raumschiffs.

Ein paar Millionen Zuschauer an der Mangrovenküste des Kaps und vor den Fernsehschirmen des Landes warteten vergebens. Das Heer der Fahrdienstleiter auf dem Weltraumbahnhof hatte das Projektil längst abgefertigt, denn wie üblich lief der Countdown seit drei Minuten automatisch ab, das heißt, auf der Basis von Computerprogrammen, mit deren Hilfe ein in letzter Sekunde auftauchendes Problem besser erkannt und lokalisiert werden kann, als es der reaktionsschnellste Startdirektor je könnte. Prompt hatten sie festgestellt,

Erster Nachtstart einer Saturn-5-Rakete mit der Apollo-17-Mannschaft an Bord in Richtung Mond am 6. Dezember 1972

daß ein Signal, das anzeigt, wenn die Treibstofftanks der dritten Raketenstufe unter Druck gesetzt worden sind, irrtümlich nicht gegeben worden war. Sie konnten nicht wissen, daß der entsprechende Schalter im Startkontrollzentrum manuell bedient worden war und daß sie folglich blinden Alarm geschlagen hatten, der den Start um zwei Stunden und vierzig Minuten verzögerte.

Das nächste Kopfzerbrechen für die inzwischen an Houston abgegebene Flugkontrolle ergab sich drei Tage später, als *Apollo 17* mit den Astronauten Eugene Cernan, Ronald Evans und dem Wissenschaftler Harrison Schmitt in die Mondumlaufbahn einschwenken sollte, die Mannschaft aber fest eingeschlafen war. Sie hatte nach dem Einnehmen starker Schlafmittel ihre im Flugplan festgelegte Ruhezeit schon um eine Stunde und zehn Minuten überzogen, bis man sich in Houston etwas einfallen ließ. Man wußte, daß Evans als Pilot der Kommandokapsel Kopfhörer trug, um zu jeder Zeit ansprechbereit zu sein, und spielte ihm deshalb den „Adlermarsch" ein, den Evans als Erkennungsmelodie der von ihm besuchten Universität von Kansas hätte kennen müssen. Aber Evans schien die Erinnerung an seine Studentenzeit verlassen zu haben. Auch ein mehrmaliges Abspielen des Bandes machte ihn nicht munter. Statt seiner meldete sich wenig später Kommandant Cernan, der sich nach einem Blick auf die Borduhr mürrisch entschuldigte: „Pardon, wir haben verschlafen."

Der Sprecher in Houston antwortete: „Das ist die größte Untertreibung des Jahres."

„Wir werden Evans nicht mehr Wache schieben lassen", entschied die Crew, nachdem sich herausgestellt hatte, daß der Kapselpilot nicht nur die Sprechverbindung mit dem Kontrollzentrum, sondern auch den Kanal für Alarmrufe abgeschaltet hatte.

Der 38jährige Kapitän zur See Eugene Cernan und der um ein Jahr jüngere Geologe Harrison Schmitt waren die voraussichtlich letzten Menschen, die in unserem Jahrhundert den Mond betraten. Den ersten Ausblick vom vier Meter über dem Mondboden liegenden Ausstiegsbalkon ihrer Mondfähre hatten beide mit begeisterten Ausrufen begrüßt: „Unglaublich, wie das im Sonnenlicht funkelt. Wir sind in einer leichten Senke niedergegangen. Deswegen steht die Fähre nicht ganz senkrecht."

Dann machten sie sich daran, ein ganzes Bündel von Meßgeräten aufzustellen, die von einem Atomgenerator versorgt wurden. Schmitt eilte mit der Zentralstation, die alle Meßdaten sammelte und zur Erde übertrug, leichtfüßig davon und war bald hinter einer leichten Bodenwelle verschwunden. Er kam dabei rasch außer Atem. Die

Für Jahrzehnte die letzten Menschen auf dem Mond: Apollo-17-Pilot Ronald Evans, sein Chef Eugene Cernan und der Geologe Harrison Schmitt auf einer Pressekonferenz in Houston

Temperatur in seinem Raumanzug stieg an, und sein in Houston registrierter Herzschlag erreichte 120 in der Minute.

„Du regst dich zu sehr auf, seitdem du hier oben bist", ermahnte ihn Cernan.

Schmitt entgegnete: „Ich war noch nie so ruhig wie auf dem Mond."

Auch Cernan mußte dem vorgelegten Tempo Tribut zollen. Er stolperte über ein ausgelegtes Kabel des Hitzeflußexperiments und wäre beinahe gestürzt. Als er später mit einem Elektrobohrer Löcher in den Boden schlug, ging er allerdings zu Boden. „Mir scheint, ich werde alt", sagte er beim Aufrappeln und schlug sich den Mondstaub aus dem unförmigen Raumanzug.

Das Landegebiet um den Littrow-Krater im Gebiet der Taurus-Berge beschrieb Schmitt am Ende der ersten gemeinsamen siebenstündigen Exkursion überschwenglich: „Die Berge des Nordmassivs sehen aus wie das Gesicht eines hundertjährigen Mannes." In den Schilde-

286

rungen des Geologen wimmelte es nur so von Fachausdrücken. Er sprach von Erosion, Deformation, Breccien und Regolithen.

Cernan, der danach als letzter wieder die Fähre für eine Ruhepause bestieg, sang dabei ein selbstkomponiertes Lied, dessen Text „Ich reiste einmal auf den Mond" lautete.

Zur größten Überraschung aller fünf Mondflüge gehörte es, daß Cernan und Schmitt während ihres zweiten Ausstiegs Anzeichen vulkanischer Spuren auf dem Mond entdeckten. Unweit des Kraters *Shorty* fanden sie Aschenfelder von mehreren hundert Metern Ausdehnung, die nach Meinung Schmitts eine junge geologische Formation darstellten und wie orangefarbener Wüstenboden aussahen. Dabei habe er auch sogenannte *Fumarolen* entdeckt, berichtete er später nach Houston. Mit diesem geologischen Fachausdruck werden kleine, blasenartige Krateröffnungen bezeichnet, aus denen Wasserdampf entweicht. Das würde bedeuten, daß sich aus Oxiden im Innern des Mondes Sauerstoff und letztlich auch Wasser gebildet haben könnte, was wissenschaftlich zuvor nicht nachzuweisen war.

Als einzige technische Panne während ihres Mondaufenthalts brach ein Stück des hinteren Kotflügels ihres Mondautos ab, so daß sie während der Fahrt zentimeterdick mit Dreck und Staub zugedeckt wurden. Als einfache und zweckmäßige Lösung zur Behebung dieses Problems falteten sie mitgeführte Mondkarten so zusammen, daß sie anstelle des abgebrochenen Fiberglasteils Schutz boten. Die Geschicklichkeit der Mondmobilisten imponierte dem Deutschen Automobilclub so sehr, daß er die beiden Astronauten spontan zu Ehrenmitgliedern ernannte. Sie hätten mit der Reparatur bewiesen, „daß auch unter schwierigen Bedingungen Pannen mit Köpfchen und geschickten Händen behoben werden können".

Mit der Aufforderung an die ganze Menschheit, die Erforschung des Mondes fortzusetzen, beendete die *Apollo-17*-Mannschaft am 19. Dezember den vorerst letzten Mondflug. Mit der gesammelten Nutzlast von 112,2 Kilogramm Mondgestein hatten sie zusammen mit den übrigen fünf Mondunternehmen 381,9 Kilogramm zur Erde zurückgebracht. Ihre Aufenthaltsdauer während dreier Exkursionen summierte sich zu insgesamt 79 Stunden und 16 Minuten. Und zusammen hatten alle sechs *Apollo*-Besatzungen mit den 35,8 Kilometern der *Apollo-17*-Crew 95,5 Kilometer auf dem Erdtrabanten zurückgelegt. Die späteren Forschungsergebnisse legten immer mehr den Schluß nahe, daß es sich bei dem Mond um ein planetenähnliches Gebilde mit einem komplexen Werdegang handelt, der in verschiedener Hinsicht der Erde ähnlich ist.

Die Amerikaner legen eine Pause ein

Skylab verwertet Reste des Apollo-Programms

Bescheiden hat die NASA ihr mehrstöckiges, für Langzeitaufenthalte entwickeltes Raumfahrzeug *Skylab* (Himmelslaboratorium) eine „rudimentäre Raumstation" genannt, ein Gebilde also, das erst in den Anfängen vorhanden ist. Immerhin war der 15 Meter lange und 6,6 Meter im Durchmesser breite Aluminiumzylinder, der nichts anderes als die zweite Stufe der *Saturn*-Rakete darstellte, mit seinen 82 Tonnen Gewicht und 316 Kubikmetern Inhalt das schwerste und umfangreichste Objekt, das bislang in eine Erdumlaufbahn entsandt worden war. Es bot seinen drei Insassen sechzigmal mehr Raum als ein *Apollo*-Raumschiff. Die Startmasse war auch dreimal größer als die einer sowjetischen *Salut*-Raumstation, mit denen die Russen ihre Langzeitflüge durchführen.

Skylab sollte nach dem verkürzten Mondlandeprogramm die noch zur Verfügung stehenden Raumfahrtgeräte der *Apollo*-Missionen zweckmäßig verwenden. Es bewies die Richtigkeit der Bauformel Wernher von Brauns, wonach die Trägerrakete *Saturn* auch ohne das Raumschiff *Apollo*, *Apollo* jedoch nicht ohne *Saturn* eingesetzt werden konnte.

Mit dem letzten Start einer *Saturn-5*-Trägerrakete wurde *Skylab* am 14. Mai 1973 von Kap Kennedy aus gestartet. Zweieinhalb Stunden danach schien die Raumfahrtwelt am Kap noch immer in Ordnung zu sein. Startdirektor Walter J. Kapryan zählte den Journalisten die kleinen Unkorrektheiten auf, die sich gegenüber den Sollwerten ergeben hatten: Die *Saturn 5* hatte 281 Millisekunden (!) zu spät abgehoben, der Brennschluß der Startstufe erfolgte um vergleichbare Sekundenbruchteile zu früh, der Eintritt in die Erdumlaufbahn wiederum eine Sekunde zu spät.

Dies alles waren Bagatellen, die den Flug der ersten experimentellen Raumstation der USA nicht gefährdeten. Wie vorausberechnet betrug die Bahnneigung 50 Grad, womit alle Gebiete zwischen dem 50. nördlichen und südlichen Breitengrad der Erde überflogen wurden, und die erreichte Höhe 435 Kilometer.

Plötzlich aber ließ Kapryan eher beiläufig die Katze aus dem Sack:

„Die Sonnenpaddel an beiden Seiten der Weltraumwerkstatt sind nach Plan ausgefahren. Ob ihre Zellen die Stromversorgung bereits übernommen haben, läßt sich im Augenblick allerdings noch nicht feststellen."

Sie lieferten – wie sich rasch herausstellte – nur die Hälfte der benötigten Leistungen, so daß der für den folgenden Tag vorgesehene Start der ersten *Skylab*-Mannschaft zu einem 28tägigen Daueraufenthalt vorerst abgesagt werden mußte. Erschwerend war ein Anstieg der Temperaturen im Innern des Labors hinzugekommen. Bei einer gemessenen Temperatur von 40 Grad konnten Menschen nur vegetieren, geschweige denn arbeiten.

Mit zehntägiger Verspätung konnte die erste *Skylab*-Mannschaft Charles Conrad, Paul Weitz und Joseph Kerwin dann endlich mit ihrem *Apollo*-Raumschiff die Jagd nach dem nicht voll funktionstüchtigen Raumlabor aufnehmen. Mit dabei hatten sie ein rasch gefertigtes Sonnensegel, das sie dann vor die sonnenbestrahlte Seite von *Skylab* setzten, worauf die Temperaturen im Innern – wie erhofft – zwar langsam, aber ständig zurückgingen.

Kommandant Conrad erwies sich in der Folgezeit als perfekter Weltraumhandwerker, als er sich während einer mehrstündigen

Das amerikanische Raumlabor Skylab in der Erdumlaufbahn. Die Solarzellen sind in dieser Flugphase zur Sonne hin ausgerichtet.

Skylab mit Apollo in einer zeichnerischen Darstellung

Außenbordtätigkeit darum bemühte, die nicht ganz ausgefahrenen
Sonnenpaddel aus ihrer Verkleidung herauszuziehen. Die vergeblichen Bemühungen hatten jedoch keine negativen Auswirkungen,
da von einer Energiekrise an Bord von *Skylab* keine Rede sein konnte.

Die Stromversorgung war nämlich inzwischen von den Sonnenzellen an den windmühlenartigen Flügeln des voll ausgefahrenen
Sonnenobservatoriums übernommen worden, die allein die an Bord
benötigte Leistung von 10,5 Kilowatt erbrachten.

Die NASA konnte deshalb auch davon Abstand nehmen, der am
27. Juli 1973 gestarteten zweiten *Skylab*-Mannschaft zwei Ersatz-
paddel mit auf den Weg zu geben. Statt dessen nahmen Alan Bean,
Robert Lousma und Owen Garriott 680 Kilogramm Treibstoff zur
Versorgung des *Skylab*-Lagekontrollzentrums mit, um allen möglichen Gefahren für ihren auf 59 Tage angesetzten Flug gewachsen zu
sein. Die gesamte Nutzlast an Bord des *Apollo*-Raumschiffs betrug
damit 6106 Kilogramm. Dieses höchstzulässige Gewicht lag höher

als bei allen Mondflügen und wurde nicht von der Schubkraft der Trägerrakete, sondern von der Tragfähigkeit der Rettungsfallschirme bestimmt, die auf der Spitze der *Apollo*-Kapsel angebracht waren, jedoch glücklicherweise bei keinem der insgesamt 15 *Apollo*-Starts benutzt zu werden brauchten.

Bean, Lousma und Garriott waren die ersten amerikanischen Astronauten, die bereits ein zuvor benutztes Weltraumfahrzeug betraten. Sie waren auch die ersten, die mit weiblicher Begleitung in den Weltraum flogen. Die beiden Mitreisenden hießen Arabella und Anita und waren zwei Kreuzspinnen, deren Aufgabe es war, in der Schwerelosigkeit des Weltraums ein Netz zu spinnen, das in allen seinen Entstehungsphasen fotografiert wurde. Die NASA entschied sich für weibliche Kreuzspinnen, weil sie fleißiger als die Männchen

Astronaut Joseph Kerwin in einem medizinischen Versuchsgerät an Bord des Raumlabors Skylab, rechts Paul Weitz

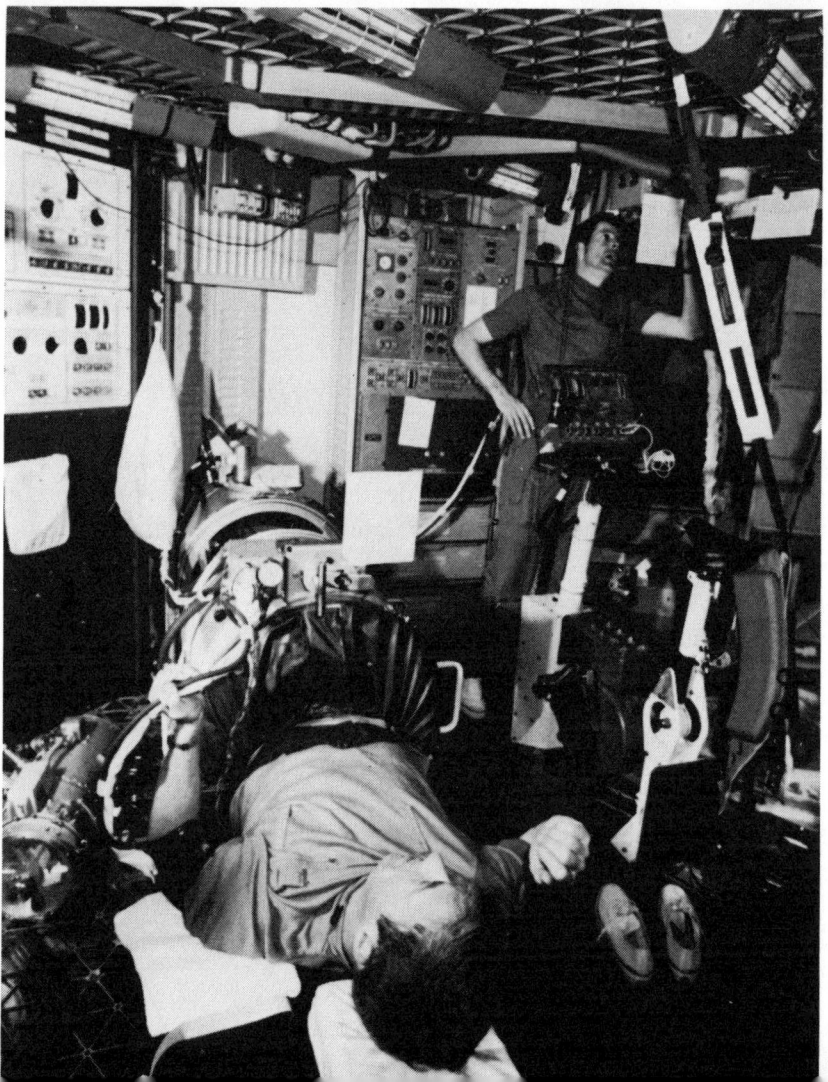

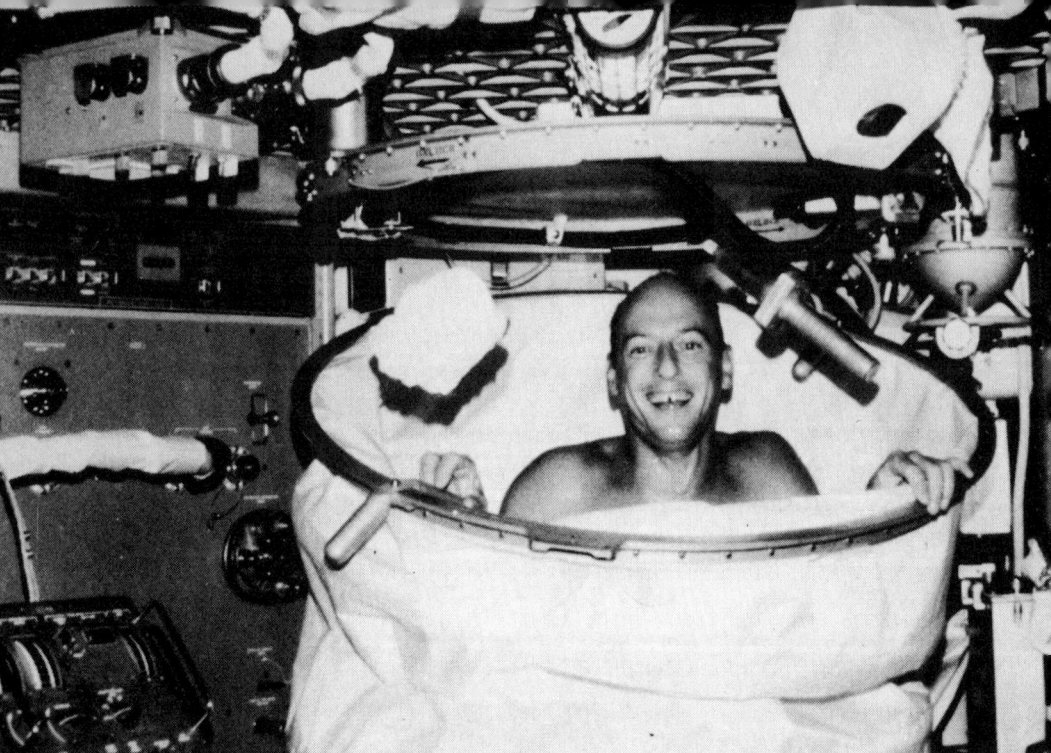

Skylab-1-Chef Charles Conrad in der Dusche des Raumlabors

sind. Da Spinnen durch Hunger veranlaßt werden, ihren Netzbau zu beschleunigen, war die für sie mitgeführte Nahrung an Bord der *Apollo*-Kapsel eher karg zu nennen: Sie bestand aus je einer lebenden Fliege für Arabella und Anita.

Ein Komet bestimmt den dritten Skylab-Flugplan

Ein am Aschermittwoch des Jahres 1973 durch den tschechischen Astronomen Lubos Kohoutek an der Hamburger Universitätssternwarte entdeckter und nach ihm benannter Komet wurde kurzfristig als wichtigste Beobachtungsaufgabe der am 24. November 1973 gestarteten dritten *Skylab*-Mannschaft festgelegt. Es galt, den Jahrhundert-Kometen nach dem Passieren seines sonnennächsten Punktes zu verfolgen. Die relativ geringe Entfernung von 21 Millionen Kilometern zur Sonne trug dazu bei, daß die Gashülle des Kometen durch die Partikelstrahlung unseres Tagesgestirns besonders stark aufgeladen wurde, so daß dieser sichtbare Spektralbereich der Gase ungewöhnlich gut beobachtet werden konnte. Außerhalb der solche Beobachtungen erschwerenden Lufthülle der Erde konnte eine neuartige Ultraviolettkamera verwendet werden, mit deren Hilfe Aufschluß über das Alter und die Herkunft des Kometen gewonnen werden sollte.

Als sich Garald Carr, Edward Gibson und William Pogue – alle drei waren Neulinge im Weltraum – erstmals dem Himmels-Irrwisch widmeten, fanden sie ihn auf Anhieb und ohne Feldstecher am nachtschwarzen Firmament. „Der hat ja jetzt schon einen wirklich beachtlichen Schweif", meldete der Diplommathematiker Pogue nach Houston. „Kohoutek ist erheblich heller, länger und klarer, als ich ihn mir vorgestellt hatte. Ich kann ihn sogar noch im Auge behalten, während am östlichen Himmel die Sonne aufgeht."

Die wissenschaftliche Beobachtung des Kometen wurde am zweiten Weihnachtstag mit Koronographen, Spektrographen und Ultraviolettkameras fortgesetzt.

Carr, Gibson und Pogue stellten mit ihrem am 8. Februar 1974 beendeten 84tägigen Weltraumaufenthalt einen Rekord auf, der in absehbarer Zeit von Amerikanern nicht überholt werden kann, weil es an einem geeigneten Raumfahrtgerät fehlt, das einen so langen Flug im Vakuum und in der Schwerelosigkeit des Weltraums ermöglichen könnte.

Obschon das vom 14. Mai 1973 bis zum 11. Juli 1979 sich in einer Erdumlaufbahn befindliche Weltraum-Kloster danach nicht bemannt wurde, sollte es noch viel von sich reden machen. Es tauchten technische Schwierigkeiten auf, die sich schon während des letzten Astronauten-Aufenthalts bemerkbar gemacht hatten, als einer der drei an Bord vorhandenen Richtkreisel zur Stabilisierung des *Skylab*-Bündels ausfiel. Der Ausfall eines von drei „Muskeln der Raumstation" ließ sich jedoch noch verkraften, weil mit den beiden restlichen genügend Reserven zur Verfügung standen. Dem Ende ging es jedoch zu, als einer der beiden verbliebenen Richtkreisel seine Umdrehungsgeschwindigkeit verlangsamte, was mit starken Rüttelbewegungen einherging. Dennoch ließ sich die unbemannte Station später durch Funkbefehl mit Hilfe der verbliebenen Kreisel stabilisieren.

Der ursprünglich auf zehn Jahre veranschlagte Raumflug von *Skylab* wurde durch eine erhöhte Sonnenfleckentätigkeit im Jahre 1978 erheblich verkürzt, die zu einer Verdichtung der dünnen Luftschichten in der Hochatmosphäre führte. Als Folge davon verstärkte sich die Luftreibung an der Außenhaut des Raumlabors, das dadurch ständig an Höhe verlor. Im Dezember 1978 wurde eine kritische Höhe von 290 Kilometern erreicht. Mit der niedrigeren Umlaufhöhe beschleunigte sich die Geschwindigkeit.

Zwar wird die Erde tagtäglich mit Himmelsmüll bombardiert, der aus verglühten oder verdampften Teilen von Raumflugkörpern infolge der Reibungshitze beim Wiedereintritt in die dichtere Erdatmosphäre besteht.

Skylab kam aber im Gegensatz zu einem künstlichen Satelliten- oder natürlichen Meteoritenregen in Form zweier tonnenschwerer Teilstücke, die aus dem stählernen Andockmechanismus und der bleiernen Filmkassette bestanden, zur Erde zurück. Die NASA hatte die Gefahr zwar erkannt, aber nicht bannen können. So kam es am 11. Juli 1979 über dem westaustralischen Perth zum Absturz der *Skylab*-Reste.

Zwar hielten ängstliche Zeitgenossen den Atem an oder zogen die Köpfe ein. Aber weder Mensch noch Tier wurden von dem Trümmerregen getroffen oder gar verletzt. Dieses bislang einzig bekanntgewordene kritische Ende eines bemannten Raumflugs ist kein Ruhmesblatt für die Weltraumfahrt. Die daraus zu ziehende Lehre kann nur lauten, eine Station dieser Größenordnung mit Hilfe mitgeführter oder nachgelieferter Treibstoffe vor dem Rücksturz auf die Erde zu bewahren oder eine kontrollierte Rückkehr zu ermöglichen. Gedanken werden sich vor allem auch die Russen machen, die sich mit ihren *Salut*-Raumstationen dem gleichen Problem gegenübersehen.

Eine Farce im Weltraum

Sechs Jahre, nachdem die Amerikaner erstmals den Russen ein gemeinsames Raumfahrtunternehmen vorgeschlagen hatten, wurde das erste internationale Treffen im Weltraum tatsächlich Wirklichkeit. Die Amerikaner hatten von Anfang an ein gemeinsam zu entwickelndes Docking-System im Auge gehabt, das eine Verbindungsmöglichkeit zwischen den Raumschiffen beider Länder schaffen sollte, so daß man sich in Notfällen gegenseitig Hilfe leisten konnte.

Letzten Endes war es ihren unermüdlichen Vorschlägen und Vorstößen zu verdanken, daß die erheblichen Schwierigkeiten überwunden werden konnten. Sie nahmen es auch in Kauf, den komplizierten Kopplungsmechanismus allein zu entwickeln und zu finanzieren. Auch mußten sie wegen der überlegenen Manövrierfähigkeit ihrer *Apollo*-Raumschiffe gegenüber den *Sojus*-Kapseln die aktive Annäherungsrolle im Weltraum übernehmen. Die Russen weigerten sich sogar, ihren Raumfahrtpartnern ihre technischen Einrichtungen – wie den Startplatz für bemannte Raumflüge in Baikonur und das Kontrollzentrum in Kalinin – zugänglich zu machen, so daß es den

294

Amerikanern an wichtigen Basisinformationen fehlte. Erst als *Apollo*-Kommandant Thomas Stafford darauf drang, jedes technische Detail, mit dem er im Weltraum zu tun haben würde, schon auf Erden kennenzulernen, gaben die Russen nach.

Die Verärgerung über die sowjetische Geheimniskrämerei erreichte wenige Tage vor dem Start einen Höhepunkt, als die NASA aus einer Pressemitteilung Moskaus erfahren mußte, welche und wie viele Experimente die beiden Kosmonauten in ihrer Raumkapsel mit sich führen würden, während die Einzelheiten der amerikanischen Ausstattung seit Wochen bekannt waren. Das alles führte dazu, daß man das am 15. Juli 1975 gestartete *Apollo-Sojus*-Test-Programm (ASTP) als eine Farce abtat, als ein Possenspiel und Weltraumspektakel, das sein Geld eigentlich nicht wert war.

Der Flug ging dennoch glatt vonstatten. *Sojus 19* mit den Kosmonauten Alexej Leonow und Waleri Kubasow an Bord erhob sich

**Start eines unbemannten
Transport-Raumschiffs
Progress zur Raumstation
Salut 6**

pünktlich um 13.20 Uhr von der Abschußrampe in Baikonur. Ihm folgte siebeneinhalb Stunden später vom Startplatz Kap Canaveral ein *Apollo*-Raumschiff mit Thomas Stafford, Vance Brand und Donald Slayton. Zwei Tage später kam es erstmals in der Raumfahrtgeschichte zu einem Dockingmanöver zweier fremder Raumschiffe. Stafford und Leonow trafen in der Verbindungsschleuse erstmals zusammen, während sich die beiden zu einer Raumstation vereinigten Flugkörper gerade über der Bundesrepublik befanden. Ihr langer Händedruck wurde vom Fernsehen in alle Welt übertragen.

Der erste Besuch im Weltraum dauerte 104 Minuten. Am nächsten Tag folgte ein Gegenbesuch, bei dem die Astronauten und Kosmonauten Geschenke austauschten. Das dreitägige Fest der Ost-West-Verbrüderung im Weltraum hinterließ bei den Amerikanern einen schalen Geschmack. Vom endgültig letzten Flug ihres exzellent funktionierenden Raumfluggeräts, das eigentlich für die Mondlandung gebaut worden war, steckten die Russen einen guten Teil des weltweiten Beifalls ein.

Die praktische Bedeutung dieses Experiments im Hinblick auf eine Rettung aus Weltraumnot blieb jedenfalls gleich Null, weil sich eine *Saturn*-Rakete mit einem *Apollo*-Raumschiff an der Spitze nie mehr von den Startrampen in Florida erheben wird. Zurück blieb lediglich die Erinnerung an eine technische Glanzleistung, an die der zwei Jahre später, am 16. Juli 1977 in Alexandria bei Washington, gestorbene Wernher von Braun einen entscheidenden Anteil hatte.

Moskau baut sich eine Raumstation

Jubiläumsflug endet mit Notlandung

Nach dem tödlichen Ausgang des *Sojus-11*-Unternehmens am 30. Juni 1971 blieb es nahezu zwei Jahre still im Lager der bemannten sowjetischen Raumfahrt. Offensichtlich unter dem Druck der amerikanischen Konkurrenz, die sich mittlerweile auf die *Skylab*-Flüge vorbereitete, starteten die Sowjets am 3. April 1973 die Raumstation *Salut 2*. Obschon *Skylab* dreimal so groß und fast viermal so schwer war wie *Salut*, scheuten die Russen sich nicht, von einer Raumstation zu sprechen.

Kaum war der unbemannte Flugkörper in eine Umlaufbahn eingetreten, stellten westliche Radarbeobachter 25 im Raum treibende Einzelteile fest. Obschon Moskau seine stereotype Formel „Alle Systeme arbeiten normal" verkündete, war *Salut 2* nur ein im All treibendes Wrack, unfähig, die startbereite *Sojus-12*-Mannschaft aufzunehmen. *Sojus 12* und *Sojus 13* starteten dann am 27. September und am 18. Dezember 1973 zu einem fast zweitägigen beziehungsweise achttägigen Erprobungsflug.

Doch dann schien man sich in Moskau seiner Raumfahrtkünste wieder sicher zu sein. Wie nie zuvor brachte man seit Mitte 1974 so viele bemannte Raumflugkörper in so dichter Aufeinanderfolge in eine Erdumlaufbahn. Es begann mit der Raumstation *Salut 3* am 25. Juni und dem am 3. Juli folgenden Flug von *Sojus 14*. Bis zum 5. April 1975 wurden dann weitere sechs Objekte verschossen: die Nachfolgestation *Salut 4* und vier weitere *Sojus*-Raumschiffe mit acht Kosmonauten an Bord.

Die Mannschaft von *Sojus 17* konnte dabei einen besonderen Erfolg verbuchen, als sie mit einem Weltraumaufenthalt von fast 30 Tagen einen neuen sowjetischen Langzeitrekord aufstellte.

Verschiedene Anzeichen sprachen dafür, daß auch die zunächst als *Sojus 18* bezeichnete Mission mit der weltraumerfahrenen Besatzung Wassili Lasarew und Oleg Makarow die Serie der Flüge zur Raumstation fortsetzen sollte. Wie *Sojus 17* wurde auch *Sojus 18* von dem neuen Flugkontrollzentrum bei Kalinin geleitet, das im

Hinblick auf den im Juli 1975 folgenden gemeinsamen Raumflug mit den Amerikanern errichtet worden war.

Nur der schnellen und richtigen Reaktion der neuen Kontrollmannschaft war es dann zu verdanken, daß *Sojus 18* nach einem Defekt in der dritten Raketenstufe, als das Raumschiff noch in seiner ballistischen Aufstiegsbahn flog, nicht mit einer Katastrophe endete. Ihr gelang es, das Raumschiff von der steuerlos gewordenen Rakete zu trennen, so daß es noch auf dem Boden der Sowjetunion niederging und nicht etwa, was ebenfalls leicht hätte geschehen können, im Pazifischen Ozean.

Immerhin handelte es sich bei diesem Startabbruch um den ersten von vorausgegangenen 55 amerikanischen und sowjetischen bemannten Raumflügen überhaupt, was für die gewonnene Zuverlässigkeit der beiden Weltraummächte sprach. Andererseits handelte es sich bei dem mißglückten Flug um ein Jubiläumsunternehmen, denn es ging um den 25. bemannten Weltraumstart seit Gagarins historischem Flug am 12. April 1961. Da das Raumschiff seine Umlaufbahn noch nicht erreicht hatte, verzichtete die Sowjetunion später darauf, den Flug zu numerieren. *Sojus 18* startete, diesmal mit den Weltraumveteranen Pjotr Klimuk und Witalij Sewastjanow an Bord, am 24. Mai desselben Jahres zu einem neuen Rekordflug von fast 63 Tagen, der erst vier Jahre später – wiederum von einem sowjetischen Team – überboten werden sollte.

Medizinische Probleme bei den Kosmonauten

Entgegen westlichen Vermutungen ging es Klimuks und Sewastjanows Nachfolgern an Bord von *Sojus 21* – *Sojus 20* war ein unbemannter Versorgungsflug zur Raumstation *Salut 4* gewesen – nicht darum, den Rekordflug von *Sojus 18* zu brechen, als sie am 6. Juli 1976 starteten, um die am 22. Juni in eine Erdumlaufbahn gebrachte Station *Salut 5* zu bemannen. Sie sahen sich nach 48tägigem Aufenthalt in ihrem neuen Weltraumhaus gezwungen, ihren Arbeitsplatz geradezu fluchtartig zu verlassen. Unregelmäßigkeiten im Lebenserhaltungssystem, die sich durch das Auftreten von Säure in der Atemluft bemerkbar machten, waren der Anlaß. Aus einer Erklärung der amtlichen Nachrichtenagentur TASS, die ihre Worte wohl zu wägen weiß, ließ sich herauslesen, daß die beiden Raumflüchtlinge möglicherweise nicht bei bester gesundheitlicher Verfassung waren, denn es hieß darin, das Befinden der beiden Raumfahrer sei „zufriedenstellend", während die Standardformel „gute Verfassung" lautete.

Auch aus einem Bericht auf einer wissenschaftlichen Tagung in den USA ging hervor, daß die Sowjets an medizinischen Problemen laborierten. So hatte beispielsweise Sewastjanow nach zweiwöchigem Aufenthalt in der Schwerelosigkeit die ungewöhnlich hohe Rate von 25 Prozent des Farbstoffs Hämoglobin in den roten Blutkörperchen verloren. Sein Körper war nicht in der Lage, diesen hohen Verlust noch während des Raumflugs auszugleichen. Die Kosmonauten von *Sojus 18* klagten nach ihrer Rückkehr auch über Schwindelgefühle, Übelkeit, übermäßige Schweißausbrüche und allgemeine Körperschwäche. Vergleichbare Beschwerden waren den Amerikanern auch von den drei Besatzungen des Raumlabors *Skylab* nach den mehrwöchigen Weltraumflügen bekannt.

Einen Monat nach einem siebentägigen Flug des Raumschiffs *Sojus 22* mußte die *Sojus-23* Mannschaft Wiacheslaw Sudow und Walerij Rosdestwenskij am 14. Oktober 1976 ihren Versuch, die Raumstation *Salut 5* zu aktivieren, abbrechen. Ihr Kopplungsversuch scheiterte als Folge eines Fehlers in der Elektronik des Annäherungssystems. Da das Rendezvousverfahren der Russen auf den letzten Metern automatisch arbeitet, waren die Kosmonauten nicht in der Lage, das System auf Handbetrieb umzustellen.

Sojus 24 mit Viktor Gorbatkow und dem Neuling Jurij Glaskow an Bord überwand am 7. Februar 1977 die Klippe. Sie machten die seit dem 24. August des vorausgegangenen Jahres leerstehende Station wieder für einen menschlichen Aufenthalt nutzbar. Die Bemühungen, die vorübergehend wertlos gewordene Station wieder zu bemannen, ergaben sich allein aus der vielseitigen Verwendungsmöglichkeit für astrophysikalische, meteorologische, metallurgische, biologische und vor allem medizinische Versuche.

Die siebte Panne mit Sojus

Gleich zweimal innerhalb eines Jahres und zum siebtenmal seit dem Jahr 1971 mußten die Sowjets nach dem Start der Raumstation *Salut 6* am 29. September 1977 und des am 9. Oktober folgenden Aufbruchs der Mannschaft Walerij Rumin und Wladimir Kowaljonok an Bord von *Sojus 25* eine Panne mit *Sojus* eingestehen. Sie begründeten die Unfähigkeit, das Raumschiff an die Station anzukoppeln, mit „Abweichungen von den vorgesehenen Andockungsverhältnissen". Diese Erklärung leuchtete den westlichen Fachleuten nicht ein, zumal bekannt war, daß *Sojus 25* noch 120 Meter von *Salut 6* entfernt war und ein echter Dockingversuch gar nicht stattfinden konnte.

Amerikanische Raumfahrer, die bei ihren *Apollo*-Raumflügen von Unregelmäßigkeiten gleichfalls nicht verschont blieben, hatten in solchen Fällen immer versucht, die aufgetretenen Pannen mit Bordmitteln zu beheben. Die Russen wurden während ihres zweitägigen Raumflugs gleich nach der technischen Schwierigkeit wieder zur Erde zurückdirigiert. Das ließ eher auf einen schwerwiegenden Fehler in ihrem Raumschiff schließen, etwa im Lebenserhaltungssystem, das nach wie vor als störanfällig galt.

Besser machten es ihre Nachfolger mit den Raumschiffen *Sojus 26* und *Sojus 27*, die erstmals zugleich an der Raumstation *Salut 6* anlegten. Anders als vorher hatten die Sowjets nämlich die neue Station mit zwei Andockstutzen versehen, was technisch nicht so einfach zu lösen war. Die einfachste Konstruktion nämlich, die Anbringung der Dockingmechanismen mitsamt den Schleusen an beiden Enden der zylindrischen Station, verbot sich wegen der am Heck angebrachten Triebwerke zur Kurs- und Lageregelung. Die zweite Einstiegsluke mußte folglich an der Seite angebracht werden, was die Stabilität des Raumflugkörpers nicht gerade verbesserte.

Auf diese Weise hatten sich die Sowjets eine Weltraum-Troika geschaffen, die aus der Station mit den beiden angedockten Raumschiffen bestand. Sie ermöglichte vier Kosmonauten den gleichzeitigen Aufenthalt in der Station und schuf zugleich die Voraussetzung für neue Langzeitaufenthalte, die auf diese Weise ihr Raumschiff nicht erst von der Station lösen mußten, wenn sie von einem unbemannten Versorgungsraumschiff mit Nachschub versorgt werden sollten. Das Nachschubschiff konnte einfach an der zweiten Dockingposition anlegen und seine Güter anlanden.

Den Sowjets war es jetzt möglich, in Notfällen den Kosmonauten von der Erde aus Hilfe zu schicken. Ein Rettungsraumschiff konnte zur Station entsandt werden, ohne daß die *Sojus*-Kapsel mit Hilfe der in ihrer Reaktionsfähigkeit dann möglicherweise behinderten Besatzung abgekoppelt werden müßte. Im Falle der Erkrankung eines Kosmonauten war auch die Entsendung eines Arztes oder eines Ersatz-Raumfahrers möglich geworden.

Die zusätzliche Dockungsmöglichkeit wurde in der Sowjetunion fortan auch genutzt, um eine zweite zur Raumstation entsandte Besatzung mit dem Raumschiff der ersten wieder zur Erde zurückkehren zu lassen. Auf diese Weise konnte das mit frischeren Batterien ausgestattete und somit betriebstüchtigere Raumschiff für die Heimkehr der letzten Besatzung zur Verfügung gehalten werden.

Genau in dieser Weise verfuhren die am 10. Januar 1978 mit

Mit dem Tschechen Wladimir Remek (rechts) startet erstmals ein Mensch in den Weltraum, der nicht aus der UdSSR oder aus den USA stammt. Mit an Bord von Sojus 28 Kommandant Alexei Gubarjow.

Sojus 27 gestarteten Kosmonauten Wladimir Dschanibekow und Oleg Makarow, die nach fünftägigem Aufenthalt in *Salut 6* mit dem bereits einen Monat zuvor, am 10. Dezember 1977 in eine Erdumlaufbahn geschossenen Raumschiff *Sojus 26* in die sowjetische Raumfahrtrepublik Kasachstan zurückkehrten.

Die ursprüngliche *Sojus-26*-Mannschaft Jurij Romanenkow und Georgij Gretschko benutzten statt dessen *Sojus 27*, als sie nach einem neuen sowjetischen Rekord von 96 Tagen Aufenthalt im Weltraum am 17. März 1978 wieder heil die Erde erreichten.

Zwei Wochen zuvor hatten sie mit der *Sojus-28*-Besatzung Alexei Gubarjow und Wladimir Remek aus der Tschechoslowakei erstmals den Besuch eines Kosmonauten aus einem befreundeten Land der Sowjetunion empfangen. Nach siebentägiger gemeinsamer Arbeit an

Bord von *Salut 6* kehrte die erste gemischte sozialistische Besatzung am 10. März 1978 wieder zurück.

Romanenkow und Gretschko widmeten sich während ihres mehr als dreimonatigen Aufenthalts in der Raumstation vornehmlich wissenschaftlichen Aufgaben, wozu geophysikalische und astrophysikalische Beobachtungen der Erdoberfläche mit Film- und Infrarotkameras, medizinische Untersuchungen wie auch die Herstellung und Erprobung neuer Werkstoffe unter den Bedingungen der Schwerelosigkeit und des luftleeren Raumes gehörten.

Wie die Amerikaner wollten die Russen ihren Raumfahrern auch häufiger anstrengende Außenbordarbeiten zumuten, kündigte Kosmonautenchef Generalleutnant Wladimir Schatalow nach Beginn der *Sojus-26*-Mission an. Romanenkow und Gretschko hatten zuvor drei Stunden lang die Außenhaut der neuen Raumstation und die Dockungsmechanismen genau inspiziert und damit die Aufenthaltszeit sowjetischer Raumfahrer außerhalb der schützenden Haut ihres Raumflugkörpers mit einem Schlag vervierfacht.

Sie verwendeten bei dieser anstrengenden Arbeit einen neuen Raumanzug, dessen Stoff sich den Körperformen der Träger leicht anpaßte und ihnen daher eine größere Beweglichkeit ermöglichte. Das Lebenserhaltungssystem, das zuvor in einem unförmigen Koffer auf dem Rücken mitgeschleppt werden mußte, war jetzt in den Anzug eingearbeitet. Damit trugen sie die für den Aufenthalt im luftleeren Raum unverzichtbare Druckluft, den Sauerstoff für die Atmung und die Kühlluft, die das Aufheizen des Raumanzugs während einer längeren Außenbordtätigkeit verhindert, stets bei sich. Sie konnten dadurch auf die sogenannte Nabelschnur verzichten, die sich in der Vergangenheit als sehr störanfällig erwiesen hatte, weil sie leicht eingeklemmt und damit die Verbindung mit dem Raumschiff unterbrochen werden konnte. Mit dem neuen Raumanzug war auch ein neuer Helm verbunden, der über einen auf- und zuklappbaren Sonnenschutz verfügte.

Der erste Deutsche im Weltraum

Gleich zweimal den Besuch einer gemischt-nationalen Besatzung erhielt das Kosmonautenpaar Wladimir Kowaljonok (bereits bei dem mißglückten Flug von *Sojus 25* dabei) und Alexander Iwantschenkow, die mit *Sojus 29* am 15. Juni 1978 zur Station *Salut 6* flogen, um sie nach 140tägigem Aufenthalt mit dem Raumschiff *Sojus 31* am 2. November desselben Jahres wieder zu verlassen. Dabei umkreisten sie die Erde mehr als 2200mal und legten fast 90 Millionen Kilometer zurück.

Bereits zwölf Tage später erhielten „Wolodja" und „Sascha", wie die beiden sympathischen Weltraumfahrer von ihren Kosmonauten-Kameraden genannt werden, Besuch von *Sojus 30* mit dem Weltraumveteranen Pjotr Klimuk und dem Polen Miroslaw Hermaszewski an Bord. Das Quartett hielt aus Anlaß der gleichzeitig stattfindenden kommunistischen Weltjugend-Festspiele in Havanna auf Kuba eine Fernseh-Pressekonferenz ab. Am 5. Juli kehrte die russisch-polnische Besatzung wieder zur Erde zurück.

Sie machten damit dem Raumtransportschiff *Progress* Platz, das zwei Tage unbemannt an der Raumstation anlegte, um wichtige Ausrüstungsgegenstände und Versorgungsgüter abzuliefern. Darunter befand sich auch ein Metallschmelzofen, mit dem die Bildung und das Verhalten neuartiger Werkstoffe erforscht werden konnte.

Am 26. August war es dann soweit, worauf die Kenner der sowjetischen Raumfahrtszene schon lange gewartet hatten: Mit dem aus Rautenkranz im Vogtland am 13. Februar 1937 geborenen Oberstleutnant der DDR-Luftwaffe, Sigmund Jähn, flog der erste Deutsche

Ein seltenes Foto aus sowjetischen Archiven: In der Steppe von Kasachstan landet Sojus 30 mit dem Russen Pjotr Klimuk und dem Polen Miroslaw Hermaszewski an Bord.

an der Seite des Uralt-Kosmonauten Valerij Fjodorowitsch Bykowski, der bereits im Juni 1963 mit *Wostok 5* einen mehrtägigen Raumflug unternommen hatte, in den Weltraum. Der Sohn eines Sägewerkarbeiters und gelernte Buchdrucker war bereits mit 18 Jahren in die Nationale Volksarmee des zweiten deutschen Staates eingetreten. Er war als Mitglied der Staatspartei SED auch ideologisch ausreichend gefestigt, um mit dieser propagandistisch wichtigen Aufgabe betraut zu werden. Jähn war nach 71 Amerikanern, 69 Sowjetbürgern, einem Tschechen und einem Polen der 142. Erdenbürger, der sich aus den Fesseln unseres Planeten befreien konnte und die Schwerelosigkeit am eigenen Leibe verspürte.

Man muß es dem mit dem Raumschiff *Sojus 31* gestarteten und eine Woche später mit *Sojus 29*, dem Raumfahrtvehikel der Stammbesatzung Kowaljonok und Iwantschenkow, zurückgekehrten Sigmund Jähn hoch anrechnen, daß er sich nach der in seinem Heimatland überschwenglich gefeierten Landung stets bemühte, den kosmischen Propagandarummel um seine Person zu dämpfen, indem er sachlich und leidenschaftslos über seinen Raumflug berichtete. Der Jugend in den Schulen der DDR, die er nach seinem abenteuerlichen Erlebnis auf langen Reisen besuchte, wurde er nicht müde zu erzählen, daß ein Kosmonaut nicht kühn, mutig und heldenhaft zu sein brauche, sondern eher energisch, gut trainiert und ausgebildet. Außerdem müsse man seinen Verstand in jedem Augenblick unter Kontrolle haben.

Nüchtern schilderte Jähn auch die Arbeitsbedingungen an Bord der Raumstation, die einen Verzicht auf viele von der Erde her gewohnte Annehmlichkeiten erforderlich machten. *Salut 6* sei ein wissenschaftliches Laboratorium und kein Hotel der Luxusklasse. Dennoch sei die Kosmonauten-Verpflegung schmackhaft und bekömmlich. Wenn man sich erst einmal daran gewöhnt habe, sowohl die Speisen wie auch die Getränke aus Tuben unter Zuhilfenahme von Wasser zu sich zu nehmen, verwische der Unterschied zur gewohnten irdischen Küche immer mehr. Je länger man freilich ein gutes Restaurant entbehrt habe, um so größer sei die Vorfreude auf ein von Meisterköchen zubereitetes Essen.

Nach dem Abschied von Bykowski und Jähn am 3. September mußten Kowaljonok und Iwantschenkow noch zwei Monate in ihrer 350 Kilometer über der Erde kreisenden Raumstation ausharren, bis auch sie ihren der Forschung dienenden Zwangsaufenthalt beenden konnten. Beide äußerten sich ein Jahr später auf einem raumfahrtwissenschaftlichen Kongreß in München über ihre Erfahrungen. Bis zu diesem Zeitpunkt hielten sie den Rekord des zweitlängsten Aufenthalts im Weltraum und waren daher besonders geeignet, über die Folgen von Langzeitaufenthalten in der Enge und Einsamkeit eines Raumfahrzeugs Auskunft zu geben.

Auf die Frage, wie eine so lange und ungewisse Zeit von 140 Tagen in einer Himmelszelle psychisch zu verkraften sei, antwortete der bedächtige Kowaljonok freimütig: „Wir wußten ja von Anfang an, daß wir so lange ausharren mußten, und waren entsprechend vorbereitet."

Aufschlußreich war auch, wie sich die Kosmonauten immer wieder der Erde zuwandten und sich intensiv mit den zu beobachtenden Veränderungen beschäftigten. Iwantschenkow berichtete von der häufig zu beobachtenden Bildung einer bis zu tausend Kilometer langen Gewitterfront über der Küste von Guinea in Westafrika: „Fliegt man bei Nacht darüber hinweg, dann ist das Innere der Station fast ständig taghell erleuchtet."

Auf die persönliche Frage, ob die beiden russischen Bauernsöhne auch einmal Angst während ihres langen Weltraumaufenthalts verspürt hätten, ging ein breites, verständnisvolles Lächeln über das Gesicht von Wladimir Kowaljonok. Aber er antwortete dann doch nicht, sondern überließ es seinem Begleiter Alexander Iwantschenkow, die richtige Formulierung zu finden. „Wir haben keine Angst gehabt", sagte dieser, „aber wir waren uns immer der Gefahr bewußt, von der Funktionstüchtigkeit der Technik abhängig zu sein. Es ist die ständige Konzentration und Anspannung der geistigen und körperlichen Kräfte, die uns sehr beanspruchten."

„Da waren doch sicher auch kritische Situationen zu bewältigen?" lautete eine andere Frage. „Ja, es gab sie", kam die ehrliche Antwort. „Sie waren aber nicht so schwerwiegend, daß sie uns zu einem Abbruch des Unternehmens gezwungen hätten. Wir wurden beispielsweise nachts durch Alarmsignale geweckt, die uns mitteilten, daß ein technisches System versagte. Meistens wurde uns mitgeteilt, daß die Energie zu Ende ging. Dann mußten wir Leitungen umstellen, um die Situation wieder zu bereinigen. Da dies häufig jedoch unerwartet kam und uns aus dem Schlaf riß, fuhren wir des öfteren zu Tode erschrocken auf. Wir wendeten unsere Aufmerksamkeit den Kontroll- und Steuerpulten zu, um so schnell wie möglich herauszufinden, was da wohl passiert sein könnte."

Der gesundheitliche Zustand Kowaljonoks und Iwantschenkows nach ihrem 140tägigen Weltraumaufenthalt war jedenfalls gut. Sie gewöhnten sich schneller und leichter an die irdische Schwerkraft zurück als viele ihrer Vorgänger.

Rekorde über Rekorde

Nur neun Monate hielt der Weltraumrekord von Wladimir Kowaljonok und Alexander Iwantschenkow, dann hatten ihn ihre Nachfolger Wladimir Ljachow und Waleri Rumin um 35 Tage überboten. Am 25. Februar 1979 waren sie mit dem Raumschiff *Sojus 32* gestartet, um einen Tag später an der Raumstation *Salut 6* anzulegen und in sie einzusteigen. In sechs Wochen bewältigten beide ein umfangreiches Arbeits- und Forschungsprogramm, bis am 10. April das Raumschiff *Sojus 33* mit dem erfahrenen Kosmonauten Nikolai Rukawischnikow (bereits bei den Flügen von *Sojus 10* und *Sojus 16* mit von der Partie) und dem Bulgaren Georgi Iwanow folgte. Doch die beiden kamen nicht dazu, den beiden Stationsbewohnern Ljachow und Rumin die Hände zu schütteln. Ihr Kopplungsmanöver mißglückte, was die Sowjets auf „unerwartete Probleme beim Rendezvous-Manöver und Abweichungen von der regulären Arbeitsweise der Triebwerke" zurückführten. *Sojus 33* mußte zwei Tage nach dem Start wieder zur Erde zurückkehren, ohne seine Aufgabe erfüllt zu haben.

Zwei Monate später zeigte sich, daß die Sowjets aus den Fehlern gelernt hatten. Sie entsandten das unbemannte Raumschiff *Sojus 34* zur Raumstation und statteten es mit einem automatisch arbeitenden Annäherungssystem und neuartigen Antriebsraketen aus. Am 19. August 1979 kehrten Ljachow und Rumin mit diesem bisher unbenutzten Raumschiff zur Erde zurück, nachdem sie sich 175 Tage in der Schwerelosigkeit aufgehalten und damit wieder einen neuen Rekord aufgestellt hatten.

Nach nur achtmonatiger Pause steuerte der erfahrene Rumin zusammen mit Leonid Popow mit dem Raumschiff *Sojus 35* die Raumstation zu einem neuen Langzeitaufenthalt an. Sie empfingen während ihrer 185tägigen Anwesenheit in ihrer ständig um die Erde kreisenden Wohn- und Arbeitszelle nicht weniger als viermal Besuch, darunter einen Ungarn, einen Vietnamesen und einen Kubaner.

Mit dem Start von *Sojus 35* hatte Moskau ein halbes Jahr nach der Generalprobe eine Premiere gewagt, in der Raumfahrt sicherlich ein risikoreiches Unterfangen. Mit dem ersten bemannten Start nach einjähriger Pause wurde ein neues Kapitel aufgeschlagen, das einen sichereren Zugang zu der bewährten Station *Salut 6* garantieren sollte. Sie hatte bisher 14 Kosmonauten einen Wohn- und Arbeitsplatz geboten.

Die Generalprobe war mit dem unbemannten Raumschiff *Sojus T 1* am 16. Dezember 1979 erfolgt, das drei Tage danach an der Station anlegte, sich ebenso selbständig am 24. März 1980 wieder abkoppelte, um zwei Tage später in dem vorgesehenen Landegebiet von Kasachstan weich auf dem harten Steppenboden aufzusetzen. Für westliche Fachleute stand damit fest, daß die östliche Seite mit dem äußerlich kaum von dem voraufgegangenen abweichenden *Sojus*-Raumschiff ein neues Modell erprobt hatte, das den Anschluß an die amerikanische Technik erreicht zu haben schien, die hier freilich längst nicht mehr verwendet wurde.

Im Innern der neuen *T*-Serie war allerdings eine Reihe von Änderungen festzustellen. Es begann damit, daß ausreichend Platz für drei Menschen geschaffen worden war. Wenn Moskau von einer neuen Generation von Raumschiffen sprach, dann bezog sich das auf die modernisierten Bordsysteme, die sich erstmals der Mikroelektronik bedienten und die Kosmonauten damit weitgehend von Routinearbeiten befreiten. Ein auf der Basis eines Digitalrechners arbeitender Autopilot steuerte den Flug vom Start bis zum Ankoppeln an die Station wie auch die Rückkehr bis zur Landung. Auch die Energieversorgung war durch zuverlässigere Batterien und zusätzliche Sonnenzellen verbessert worden, und für die Antriebs- und Lageregelungstriebwerke gab es jetzt eine gemeinsame Treibstoffversorgung.

Jetzt in Hemdsärmeln unterwegs

Auch ein neues Lebenserhaltungssystem für die Kosmonauten war eingebaut worden, das es ihnen ermöglichte, während des Flugs, aber auch bei Start und Landung, in Hemdsärmeln zu arbeiten. Auf diese Weise konnten sie, was bei den Amerikanern schon zur Zeit der *Apollo*-Flüge eine Selbstverständlichkeit war, auf den unbequemen Schutzanzug verzichten, der jeden Handgriff beschwerlich und den Aufenthalt im Weltraum nicht gerade zum Vergnügen machte.

Inzwischen stand für die sowjetischen Raumfahrtexperten auch fest, daß die Orbitalstation *Salut 6* weiterhin voll funktionstüchtig war, obschon ihre ursprünglich vorgesehene Betriebsdauer von zwei Jahren bereits überschritten war. Das automatische Ansteuern des *Sojus-T-1*-Raumschiffs bewies auch, daß der Bordcomputer die Meßwerte bei dem Annäherungs- und Kopplungsmanöver selbst verarbeiten konnte und die Kosmonauten damit von der Aufgabe entbunden waren, sie den Bodenstationen zu melden, die mit entsprechender zeitlicher Verzögerung dann ihre Anordnungen gaben. Eine gravierende Schwäche in der sowjetischen Raumfahrt schien jetzt endgültig ausgemerzt zu sein.

Dennoch lösten die Raumfahrtunternehmen nach der neuen sowje-

Ein monatelanger Aufenthalt an Bord einer Raumstation setzt sanitäre Einrichtungen wie auf der Erde voraus. Die Orbitalstation Salut ist mit einer Dusche eingerichtet, deren Wirkungsweise hier ein Kosmonaut erläutert. (Foto: Nowosti)

tischen Zeitrechnung auch Fragen aus. Der auf den Testflug mit *Sojus T 1* folgende Raumflug mit *Sojus 35* benutzte wiederum das alte, jetzt überholte Gerät. Mit dem Kommandanten Leonid Popow hatte man überdies einen Neuling für dieses schwierige Geschäft ausgewählt, während sein Bordingenieur, der erfahrene Waleri Rumin, erst acht Monate zuvor von einem anstrengenden Langzeitflug zur Erde zurückgekehrt war. Nach seinem 175tägigen Rekordflug war er zunächst so schwach, daß er die ihm zur Begrüßung überreichten Blumen nicht zu halten vermochte und sie sofort wieder weiterreichte. Seine Landsleute machten sich Sorgen über den Gesundheitszustand Rumins. Eine Moskauer Hausfrau sprach sicher im Namen vieler Sowjetbürger, als sie erbost kommentierte: „Warum müssen sie einen hochschicken, der sich gerade von dieser Strapaze erholt? Sie haben doch genug Kosmonauten."

In der Presse reagierte man beschwichtigend auf solche häufig geäußerten Meinungen. Besser als eine ganze Mannschaft von Ersatzleuten in die Station zu schicken, sei es, Rumin auszuwählen, weil dieser schon an ihrer Planung mitgewirkt habe und sie besser kenne als jeder andere. Rumin selbst äußerte: „Es muß sein – der Rest ist nichts als Emotionen." Später, als man die 19 Tonnen schwere Station längst „Rumins Datscha in den Wolken" nannte, korrigierte der Kosmonaut diese volkstümliche Meinung: „Der Weltraum wird für die Menschen niemals Wohnort, sondern höchstens Arbeitsstätte für eine bestimmte Zeit sein."

Viermal waren Popow und Rumin Gastgeber für weitere Himmelstürmer, dreimal davon waren Vertreter anderer sozialistischer Staaten bei ihnen zu Besuch. Den Anfang machte am 26. Mai 1980 der Ungar Bertalan Farkas, der, begleitet von Waleri Kubasow, mit dem Raumschiff *Sojus 36* an *Salut 6* anlegte und es mit Popows und Rumins Transportfahrzeug *Sojus 35* acht Tage später wieder verließ. Schon zwei Tage später folgten die Russen Juri Malischew und Wladimir Axjonow mit dem ersten bemannt geflogenen Modell *Sojus T 2,* die mit ihm nach nur viertägiger Erprobungszeit wieder zur Erde zurückkehrten.

Am 23. Juli 1980 folgten mit *Sojus 3* (wiederum für acht Tage) Viktor Gorbatko und Pham Tuan, der aus Vietnam stammt und somit der erste aus einem Entwicklungsland kommende Kosmonaut im Weltraum war. Von einer Regierungsdelegation aus der südostasiatischen Heimat verabschiedet, wurden die beiden an Bord der Station von der Stammbesatzung stürmisch begrüßt, die sich besonders über Mitbringsel wie frische Nahrung, Post und Tonkassetten freute.

Einen letzten Besuch stattete schließlich vom 18. bis zum 26. September 1980 das Duo Juri Romanenko und Aranaldo Tamayo Mendez an Bord von *Sojus 38* der Orbitalstation ab. Mendez war ein dunkelhäutiger Kubaner, der nach eigenen Angaben einer armen Negerfamilie entstammte und sich schon seit seiner Jugend für die Luftfahrt interessierte. Ohne die Revolution Fidel Castros auf seiner Insel hätte er jedoch niemals an eine Ausbildung zum Kosmonauten denken können. Gagarin habe ihm dann die Liebe und das Interesse für die Weltraumfahrt eingeflößt, nachdem er ihn auf einer Luftwaffenschule in der UdSSR kennengelernt habe.

Die Rückkehr der USA ins All

Start mit dreijähriger Verspätung

„Das ist eine verdammt gute Nachricht", hatte John W. Young die Kunde quittiert, die ihn aus 380 000 Kilometer Entfernung erreichte. Der Kommandant des vorletzten amerikanischen Mondlandeunternehmens *Apollo 16* befand sich an jenem 21. April 1972 gerade in der Nähe des Mondkraters Descartes, als das Kontrollzentrum Houston mitteilte, das Repräsentantenhaus in Washington habe gerade das erste Geld für den neuen Raumtransporter bewilligt, den Präsident Richard M. Nixon drei Monate zuvor bei der Raumfahrtbehörde NASA in Auftrag gegeben hatte. Der damals 41jährige Astronaut konnte nicht ahnen, daß sein folgender Stoßseufzer – „Jetzt hoffe ich, daß dies nicht mein letzter Raumflug sein wird" – ziemlich genau neun Jahre später in Erfüllung gehen sollte.

Das war ein kleines Wunder, denn für die bis Mitte der siebziger Jahre geplanten Raumflüge waren die Besatzungen von der NASA längst benannt. Der Name Young befand sich nicht darunter, denn der braunhaarige Flugzeugbauer und Testpilot der Marine befand sich gerade zum viertenmal im Weltraum. Er war Pilot des ersten bemannten Zwillingsraumschiffs *Gemini 3* gewesen, Kommandant von *Gemini 10* und hatte den als Generalprobe für die Mondlandung geltenden mondumkreisenden Flug mit der Dreierkapsel *Apollo 10* absolviert, ehe er dann mit dem Raumschiff *Casper* und dem Mondboot *Orion* selbst auf dem Erdtrabanten aufsetzte. Er galt als der große Praktiker im Astronautenteam, der die vielen tausend Dollar, die allein für die Entwicklung eines in der Schwerelosigkeit funktionierenden Trockenrasierers ausgegeben worden waren, für Geldverschwendung hielt und statt dessen die erste Naßrasur im All praktiziert hatte – unerlaubt, wie sich versteht.

Am 12. April 1981 standen wieder Hunderttausende kurz vor Sonnenaufgang an Floridas Raketenküste. Sie hatten ihre Zeige- und Mittelfinger übereinandergelegt – die amerikanische Gewohnheit, jemandem Glück und gutes Gelingen zu wünschen. Young und sein Kopilot Robert Crippen, ein Neuling im Weltraum, würden die guten Wünsche gebrauchen können.

Der Start eines Raumtransporters stellt für Augen und Ohren eines Betrachters ein eindrucksvolles Schauspiel dar. Die Kraft der drei Haupttriebwerke und der beiden Feststoffraketen ist im Abstand von mehreren Kilometern körperlich zu spüren.

Technische Schwierigkeiten bei der Entwicklung und beim Bau des ersten wiederverwendbaren Raumtransporters der Welt hatten zu entsprechenden Kostenerhöhungen geführt und den ersten Start um fast drei Jahre hinausgezögert. Quellen des Ärgers waren vor allem die neuen leistungsstarken Hochdrucktriebwerke und die Isolierungsschicht, die das wie eine Rakete startende und wie ein Flugzeug landende Raumfahrzeug beim Wiedereintritt in die Atmosphäre gegen die mehrere hundert Grad Celsius betragende Reibungshitze schützen sollte.

Zu diesem Zweck waren die Unterseite des Bugs und die stark beanspruchten Flächen des Höhen- und Seitenruders mit 30 700 Keramikkacheln verkleidet worden, deren Form der Zelle angepaßt war und die Temperaturen bis zu 1 260 Grad standhalten sollten. Jede einzelne Platte kostete einschließlich der komplizierten Art ihrer Befestigung, die mit einem Spezialkleber erfolgte, rund 1 000 Mark.

Eine letzte Verschiebung des Starttermins wurde durch den Betankungstest vom 22. bis 24. Januar 1981 verursacht, als die 56 Meter hohe und 2 000 Tonnen wiegende Kombination von Orbiter, Treibstofftank und zwei zusätzlichen Feststoffraketen mit rund 1,5 Millionen Litern flüssigen Wasserstoffs und 560 000 Litern flüssigen Sauerstoffs gefüllt und anschließend wieder entleert wurde. Durch die beträchtlichen Temperaturunterschiede zwischen tiefgekühlten Treibstoffen und der Aluminiumhaut des Flüssigkeitstanks löste sich das aus drei Schichten bestehende Isoliermaterial.

Technische und finanzielle Gründe waren ausschlaggebend dafür, daß einige Systeme des völlig neuen Raumflugkörpers nicht ausreichend getestet werden konnten. Auch die gesamte Flugkombination konnte nicht – wie es bei der *Saturn*-Rakete und dem *Apollo*-Raumschiff geschehen war – unbemannt auf ihre Flugeigenschaften erprobt werden, weil sie sonst verloren gewesen wäre. Für die beiden Astronauten, den inzwischen fünfzigjährigen Young und den 43jährigen Crippen, mußte der Jungfernflug somit auf Anhieb klappen. Ihnen stand auch keine Rettungsrakete wie im *Apollo*-Raumschiff zur Verfügung, die sie bei einer Explosion kurz vor, während oder nach dem Start in Sicherheit hätte bringen können.

Vor den Augen der Welt

Es war wie in den längst vergangenen Apollo-Tagen: Amerikas Raumfahrtbehörde ließ die Startvorbereitungen für den Jungfernflug ihres STS (für Space Transportation System) genannten Raumtransporters vor den Augen der ganzen Welt abrollen. Über Fernseher und Radio wurden Hunderte von Millionen Menschen Zeugen, wie sich NASA-Techniker dreieinhalb Stunden lang fieberhaft bemühten, den Ausfall einer Brennstoffzelle und eines Bordcomputers zu beheben. Nachdem die Probleme nicht zufriedenstellend gelöst werden konnten, mußte der Start der *Columbia*, dem ersten von fünf wiederverwendbaren Raumtransportern, noch einmal um 48 Stunden auf den 12. April 1981 verlegt werden.

Selten verlief dann ein Erprobungsflug so reibungslos wie der von STS 1, wie er in der NASA-Zählweise beziffert wurde. Die Erleichterung über den zuverlässigen Betrieb der zahlreichen lebenswichtigen Bordsysteme hob die Stimmung der Astronauten Young und Crippen beträchtlich. Als sich der amerikanische Vizepräsident vor der Beendigung des auf zwei Tage angesetzten Flugs nach ihrem Befinden erkundigte, schlugen sie vor der eingeschalteten Fernsehkamera Purzelbäume und bewegten sich in der Schwerelosigkeit des Weltraums wie Schmetterlinge.

In ihren Overalls, die an saloppe Freizeitkleidung erinnerten, de-

Der in der Bundesrepublik gebaute rückkehrbare Satellit SPAS macht es möglich: Eine eingebaute Kamera erlaubt das Photographieren des Raumtransporters in der Erdumlaufbahn aus wenigen Metern Entfernung. (Foto: MBB/ERNO)

monstrierten sie dem Vizepräsidenten, was sich in der *Columbia* im Vergleich zu der drangvollen Enge der *Apollo*-Kapsel alles verändert hatte: Die beiden Nächte, die sie an Bord des *Space Shuttle* verbringen mußten, hatten sie in ihren Cockpit-Sesseln geschlafen, die große Ähnlichkeit mit Flugzeugsitzen der Ersten Klasse haben und zum Liegen weit zurückgestellt werden können. Auch die Kombüse der *Columbia* erinnerte an die Bordküche eines Verkehrsflugzeugs. Die Mahlzeiten waren auf Tabletts in Wandschränken verstaut und konnten auf Mikrowellenherden in Sekundenschnelle erwärmt werden. Auch Sport- und Bewegungsgeräte für eine intensive Weltraumgymnastik wurden mitgeführt, aber während des 48stündigen Aufenthalts an Bord kaum benutzt, weil die in der Schwerelosigkeit wenig beanspruchten Muskeln während des kurzen Flugs ohnehin fit blieben.

Millionen Menschen konnten via Fernsehen zwei Tage nach dem Start die erste Rückkehr eines bemannten Fahrzeugs aus dem Weltraum miterleben. *Columbia* war an jenem 14. April überpünktlich. Schon 17 Minuten vor der vorausberechneten Landezeit fing eine Teleskopkamera den noch 80 Kilometer von der Landestelle auf dem Luftstützpunkt Edwards Air Force Base in der kalifornischen Mojave-Wüste entfernten Raumtransporter ein.

Am metallisch blauen Himmel war zunächst nur ein winziger Punkt zu sehen, dem sich rasch ein zweiter hinzugesellte. Ein Düsenflugzeug vom Typ *T 38 Talon* war dem Rückkehrer aus dem Weltraum entgegengeflogen, um die Unversehrtheit der Unterseite des Raumtransporters zu untersuchen. Der Pilot konnte keine Schäden feststellen, so daß der Landung auf einem ausgetrockneten beinharten Salzsee nichts mehr im Wege stand.

Young und Crippen trafen den Rückkehrkorridor auf Anhieb. In einem steilen Sinkwinkel von 20 Grad – ein Verkehrsflugzeug nähert sich mit drei Grad einem Flughafen – schien *Columbia* wie ein geschleuderter Stein zu Boden zu fallen. Unsichtbare Hilfe leisteten den Piloten ein Mikrowellen-Landesystem, das Funkstrahlen fächerförmig in den Landesektor ausstrahlte und dem Navigationssystem des *Orbiters* laufend Informationen über die Bewegungen ihrer drei Flugachsen übermittelte.

Die Zuschauer der Live-Sendung wurden dann auf die Folter gespannt. Sie mochten Young und Crippen strahlend und winkend unmittelbar nach dem Auslaufen der *Columbia* in der Luke erwartet haben. Statt dessen sah das ausgetüftelte „Begrüßungsprogramm" der NASA vor, daß Spezialisten sich zunächst ein Bild über den einwandfreien Zustand machten. Erst als feststand, daß Treibstoffreste keine Brandgefahr mehr in den Triebwerken heraufbeschwören konnten, öffneten Young und Crippen die Luke. Die Erde hatte sie wieder.

Ihren Berichten war zu entnehmen, daß erst wenige Stunden vor der Landung technische Probleme aufgetaucht waren, die der glatten Rückkehr jedoch nichts in den Weg stellten. Ein Datenspeicher, der Geschwindigkeit, Kurs und die negative Beschleunigung der landenden Fähre registrieren sollte, war vorübergehend ausgefallen.

Die Zukunft muß warten

Eigentlich sollte die vielbeschworene Zukunft der Raumfahrt im September 1981 beginnen, wenn sich nämlich herausgestellt haben sollte, daß der Raumtransporter alle Belastungen, die bei der Überwindung der irdischen Schwerkraft auftreten, folgenlos ausgehalten hatte und somit als erste von Menschenhand gebaute Maschine in der Lage war, die gleiche Reise noch einmal anzutreten. Die Untersuchungen galten vor allem dem Isoliermaterial der Fähre. Es ist leichter als Balsaholz, spröde wie Gußeisen und teurer als Gold. Manche nennen es respektlos Hitzekachel, obschon jede einzelne aus Quarzglasfasern gebacken und in eine handtellergroße Form geschneidert werden muß, damit sie genau an der vorgesehenen Stelle paßt.

Seit Anfang September 1981 stand *Columbia* wieder in Startposition auf dem gleichen Platz, von dem sie am 12. April zu ihrem glanzvollen Jungfernflug in den Weltraum geschossen worden war. Nach der Landung im kalifornischen Edwards war sie auf dem Rücken eines Großraumflugzeugs vom Typ *Boeing 747*, das eigens für diese Aufgabe hergerichtet werden mußte, wieder nach Kap Canaveral geflogen worden, wo sie im Innern des für den Zusammenbau der *Saturn*-Raketen errichteten Montagegebäudes auf Herz und Nieren überprüft wurde. Die wenigen Beschädigungen als Folge der Hitzebelastung waren rasch repariert.

Kacheln fehlten vor allem an der Verkleidung der Kurskorrekturtriebwerke. Insgesamt wurden an der Außenhaut des *Orbiters* 300 Schäden festgestellt, die von herausgerissenen Kacheln bis zu Kratzern reichten. 80 Prozent der Beschädigungen waren beim Start verursacht worden, als Isolationsmaterial, liegengebliebene Geräte auf der Startplattform und Eis, das sich während des Auftankens an der Außenhaut des mächtigen Tanks gebildet hatte, gegen das Raumfahrzeug geschleudert wurden.

Nach viermaliger Verzögerung wurde der Start von STS 2 von der NASA auf den 11. November 1981 festgelegt. Während der Premierenflug nur 54 Stunden gedauert hatte, sollte die Reprise der *Columbia* genau 124 Stunden und 54 Minuten dauern. Die beiden Astronauten Joe Engle und Richard Truly, beide Weltraum-Neulinge, sollten ein weitaus größeres Arbeitsfeld zu beackern haben.

Der glatte Start von Kap Canaveral aus erfolgte am 44. Geburtstag

Als geeignetster Landeplatz für den Raumtransporter hat sich ein ausgetrockneter Salzsee auf dem Luftstützpunkt Edwards Air Force Base nördlich von Los Angeles in Kalifornien erwiesen. Hier endeten die meisten der ersten 20 Flüge.

des Raumtransporterpiloten Truly. Erstmals war auch eine Nutzlast von elf Tonnen an Bord, darunter ein Weltraumkran, mit dem auf späteren Missionen Satelliten in den Weltraum ausgesetzt oder aber aus ihrer Erdumlaufbahn wieder eingefangen werden sollten.

Nachdem aber kurz nach dem Start wieder eine Brennstoffzelle ausfiel, von der die Strom- und Wasserversorgung des Raumtransporters abhing, entschied sich die Flugkontrolle in Houston für die Landung in Edwards schon nach 54 Stunden und zwölf Minuten. Unbeschädigt und mit wohlbehaltener Besatzung landete *Columbia* auf dem gleichen Salzsee wie schon sieben Monate zuvor.

Die ersten Datenanalysen der mitgeführten Erdbeobachtungsinstrumente enthüllten Einzelheiten der Erdoberfläche, die Sensoren an Bord von Satelliten vorher gar nicht oder nur in größeren Umrissen wiedergegeben hatten. Auf einer mit fünf Versuchsanlagen bestückten, von der europäischen Raumfahrtorganisation ESA zur Verfügung gestellten Plattform erbrachte besonders ein Radarbildsystem wertvolle Ergebnisse. Während der Dauer von vier Erdumkreisungen wurden breite Streifen von Amerika, Afrika, Asien und Europa fotografiert, die eine Fläche von zehn Millionen Quadratkilometern ablichteten. Auf ihnen lassen sich noch Objekte mit einem Durchmesser von 36 Metern erkennen, was der äußersten Grenze der Auflösungsmöglichkeit von Radarstrahlen entspricht. Ausgesucht wurden vor allem Erdziele in Landstrichen mit üppiger Vegetation, die üblicherweise unter einer dichten Wolkendecke liegen.

Ein für Kartographierungsaufgaben benutzter Sensor, der knapp zwei Stunden eingeschaltet war und innerhalb dieses Zeitraums eine Strecke von 80000 Kilometern aufzeichnete, entdeckte in Gebieten, die zuvor kaum untersucht worden waren, mineralhaltige Tonerde, die als ein Indiz für das Vorkommen von Eisenerzen und Erdöl gilt. Mit Hilfe eines Experiments, das die Meeresfarben aufzeichnet und analysiert, wurde chlorophyllhaltiges Wasser aufgespürt, das Rückschlüsse auf das Vorhandensein von Plankton und davon lebenden großen Fischschwärmen zuläßt.

Die Militärs drängen in den Weltraum

Von den insgesamt vier vorgesehenen Testflügen des ersten Raumtransporters verlief insbesondere der dritte genau nach Plan. STS 3 mit den Astronauten Jack Lousma und Gordon Fullerton wurde zwischen dem 23. und 30. März 1982 abgewickelt. Der Flug wurde nur durch geringfügige mechanische Probleme sowie durch Schlafstörungen und Anzeichen einer Raumkrankheit bei den Astronauten beeinträchtigt.

Columbia landete jedoch nicht – wie zweimal zuvor – auf dem Rogers-Trockensee in Kalifornien, sondern erstmals auf einem als Ausweichplatz dienenden Gelände des Raketenstartplatzes White Sands in Neu-Mexiko. Die ursprünglich für den 29. März vorgesehene Landung wurde wegen starker Stürme um einen Tag verschoben. Vorher mußte die von Sandstürmen zugewehte Landepiste durch viele Räumkolonnen gesäubert werden.

Zu ihrem vierten und letzten Erprobungsflug startete *Columbia* am 27. Juni mit den Astronauten Ken Mattingly und Henry Hartsfield. STS 4 war zugleich der erste militärisch genutzte Flug, bei dem Infrarot- und Ultraviolett-Sensoren zum Aufspüren von Raketenabgasen mitgeführt wurden. Künftige militärische Missionen mit dem Raumtransporter werden auf dem Luftstützpunkt Vandenberg 250 Kilometer nördlich von Los Angeles beginnen und enden, der zu diesem Zweck mit einer Startanlage ausgebaut wurde. Der Bau verzögerte sich um drei Jahre, und die Kosten stiegen auf mehr als eine Milliarde Dollar, nachdem die Stabilität und die Zuverlässigkeit der Anlagen mehrfach in Zweifel gezogen waren. Der erste Start eines rein militärischen Raumtransporters war von der US-Luftwaffe erst für das Jahr 1986 geplant.

Die Landung von STS 4 erfolgte nach einem reibungslosen Flug am 4. Juli, dem amerikanischen Nationalfeiertag. Präsident Ronald Reagan war zum Landeplatz nach Edwards geeilt und erregte durch die Bemerkung Aufmerksamkeit, Amerika wolle seine Überlegenheit im Weltraum durch ständig bemannte Weltraumstationen unterstreichen, die vom Jahr 1992 an, dem 500. Jahrestag der Entdeckung Amerikas durch Kolumbus, zur Verfügung stehen sollten.

Bei dem ersten Arbeitsflug der *Columbia* vom 11. bis 16. November 1982 war eine vierköpfige Besatzung an Bord, die aus den Astronauten Vance Brand und Robert Overmyer sowie den Nutzlastspezialisten Dr. Joseph Allan und William Lenoir bestand. Damit wurden erstmals vier Menschen mit einem Raumfahrzeug in den Weltraum getragen.

Trotz vieler technischer Änderungen am Raumtransporter ging die Mission programmgemäß zu Ende. Schon ein neugewähltes Verfahren für den Countdown ließ keine unplanmäßigen Unterbrechungen zu, das Startfenster war überdies mit 33 Minuten ungewöhnlich kurz und der Flugplan gespickt mit neuen Aufgaben. Die Risiken waren, wenngleich kalkuliert, größer als bei den voraufgegangenen vier Erprobungsflügen.

Risiko eins: Um drei Tonnen Gewicht einzusparen, wurde der mächtige Treibstofftank um ein Gerät erleichtert, das den Fluß des tiefgekühlten flüssigen Sauerstoffs reguliert und die Bildung explosiver Gase verhindert hatte. Risiko zwei: Aus demselben Grund wurden auch die Schleudersitze für die Rettung in der ersten Steigphase ausgebaut. Risiko drei: *Columbia* startete mit einem erkannten, kurzfristig aber nicht mehr zu beseitigenden Leck in einem Heliumtank. Der Schaden wurde für so geringfügig gehalten, daß man seinetwegen eine mehrwöchige Startverzögerung nicht hinnehmen wollte.

Erstmals wurden zwei kommerzielle Satelliten vom Raumtransporter aus in eine geostationäre Umlaufbahn gestartet und neue Raumanzüge erprobt. Mitgeführt wurde auch ein Experiment der Deutschen Forschungs- und Versuchsanstalt (DFVLR) in Köln-Wahn, das nach der Abkürzung für „Materialwissenschaftliches autonomes Experiment unter Schwerelosigkeit" MAUS genannt wurde. Zweck der Versuchseinrichtung war es, die sogenannte Mischungslücke der beiden Metalle Gallium und Quecksilber im flüssigen Zustand nachzuweisen. Dafür mußte die Probe auf 220 Grad Celsius aufgeheizt werden. Mit Hilfe von Röntgenaufnahmen wurde dann die Zeitdauer bis zur Mischung von nicht mischbaren Metallen bestimmt.

Eine Herausforderung für die NASA

Wem immer auch bei der Raumfahrtbehörde NASA der Name *Challenger*, was Herausforderer heißt, für den zweiten Raumtransporter eingefallen ist, er mußte sich vor dem ersten Flug viel Spott gefallen lassen. Während *Columbia* ihre fünf Starts einigermaßen nach Plan absolvieren konnte, kam der Nachfolger mehrere Wochen einfach nicht vom Boden weg. Übel war daran, daß sich als Ursache des viermal verschobenen Starttermins Schlampereien bei der Überprüfung der Raketentriebwerke herausstellten.

Das wiederum sah der für das Raumtransporter-Programm verantwortliche Luftwaffen-Generalleutnant James Abrahamson als eine Herausforderung an und legte auf Biegen oder Brechen einen Starttermin am 19. oder 20. März 1983 fest, damit die vier weiteren geplanten Missionen des Jahres eingehalten werden konnten.

Der Erstflug des technisch gegenüber dem Vorgängermodell verbesserten zweiten Raumtransporters war ursprünglich für den 20. Januar vorgesehen gewesen. Nach einem Probelauf der drei Haupttriebwerke war im hinteren Rumpfteil des *Orbiters* eine geringe Menge an Wasserstoffgas festgestellt worden, das in kritischen Flugphasen zu einer Verpuffung und damit zu einer Beschädigung lebenswichtiger Kabel hätte führen können. Während der langwierigen Suche nach der Herkunft des Gases stieß man auf einen knapp zwei Zentimeter langen Haarriß in einer Wasserstoff führenden Kühlleitung. Der Riß war bei der Qualitätskontrolle der Herstellerfirma und bei der Abnahmeprüfung durch die NASA unentdeckt geblieben.

Schwierigkeiten bereitete es, daß sich der Riß in dem engen Gehäuse nicht reparieren ließ. Da *Challenger* zu diesem Zeitpunkt bereits in aufrechter Position auf der Startrampe von Kap Canaveral stand, mußte er eigentlich in die Montagehalle zurückgerollt werden. Glücklicherweise stand jedoch ein Austauschtriebwerk zur Verfügung, so daß man das drei Tonnen schwere Aggregat einfach auswechseln konnte. An solche Fälle hatten die Planer gedacht und die Plattform mit Hebekränen zum Bewegen schwerer Lasten ausgestattet.

Vor dem Einbau wurde das Ersatztriebwerk auf Herz und Nieren geprüft. Dabei erwies sich ein Ventil im Wärmeaustauschsystem als undicht, so daß ein drittes, gerade fertiggestelltes Triebwerk genommen wurde. Hätte auch dieses den strengen Ansprüchen der Prüfer nicht entsprochen, wäre eines der bereits fünfmal erprobten Triebwerke der *Columbia* genommen und in den *Challenger* eingebaut worden. Das erwies sich jedoch als unnötig, so daß der Start nunmehr auf Mitte März festgelegt wurde, ein Termin, der wegen neu auftauchender Probleme auch nicht eingehalten werden konnte.

Endgültig sollte es dann am 4. April 1983, einem Ostermontag, soweit sein. Bis zum letzten Augenblick gefährdeten heftige Stürme, die über Florida hinwegfegten, den Start. Im Gebiet des Raumfahrtbahnhofs hatten sich an diesem Tag rund eine Million Menschen eingefunden, eine Menge, die zuletzt beim Start von *Apollo 11* zum ersten Mondflug geschätzt worden war. Als der Sturm nachließ, gab die NASA den Start schließlich frei. Die ausgewählte STS-6-Mannschaft, die aus dem Kommandanten Paul Weitz, dem Piloten Karl Bobko und den Missionsspezialisten Donald H. Peterson und Story Musgrave bestand, konnte den Erstflug des *Challenger* jedoch nicht in allen Phasen erfolgreich abschließen.

Das taumelnde Fernmeldeamt im All

Zu den wichtigsten Aufgaben der vier Astronauten gehörte es, den modernsten und teuersten Fernmeldesatelliten der NASA, das von der Satellitenfirma Thompson Ramo Woolridge Inc. (TWR) gebaute

Tracking and Data Relay Satellite System (TDRSS), in eine geostationäre Erdumlaufbahn von rund 36 000 Kilometer zu befördern. Dazu mußte das 2,2 Tonnen schwere, mit Mikroprozessoren und elektronischen Bausteinen vollgepfropfte Fernmeldeamt mit einer von dem Luft- und Raumfahrtkonzern Boeing neu entwickelten Raketenstufe, Inertial Upper Stage (IUS) genannt, aus der Ladebucht des *Challenger* auf seine vorherbestimmte Bahn getragen werden. Die Aussetzung mit Hilfe des Weltraumkrans war nach dem minutiös eingehaltenen Flugplan zehn Stunden nach dem Start pünktlich erfolgt. Die Oberstufe der IUS war präzise ausgerichtet, der Wärmehaushalt kontrolliert und der Zeitpunkt des Starts durch den Bordcomputer festgelegt worden. Genau 55 Minuten nach der Trennung vom Haltemechanismus des Raumtransporters zündete das Triebwerk 141 Sekunden lang, länger als eine Feststoffrakete jemals im Weltraum gebrannt hatte.

Weitere fünf Stunden und 14 Minuten später sollte die Zündung der zweiten Oberstufe erfolgen, um TDRSS in seine endgültige Bahn zu tragen, die ihn für einen Beobachter scheinbar unbeweglich über dem Äquator in Höhe der Atlantikküste Brasiliens stehen lassen sollte. Doch bereits vorher ging der Funkkontakt mit der Raketen-Satelliten-Kombination verloren, der fast zehn Meter lange Flugkörper geriet ins Taumeln, und die 250 Millionen Mark teure Relaisstation schien ein für allemal verloren. Vier Satelliten dieser Baureihe sollen den Nachrichtenverkehr mit der amerikanischen Raumtransporterflotte unterhalten, die mit ihrer Hilfe ständig mit den Bodenstationen in Funkverbindung bleiben kann, ohne daß sie in Sichtweite der Stationen die Erde umkreisen. Schon drei der Satelliten sollen das zuvor unterhaltene Netz von 15 Bodenstationen überflüssig machen.

Beeindruckend ist die Übertragungskapazität dieser modernen Relaisstationen im Weltraum. Sie können – in der Sprache der Elektroniker ausgedrückt – 300 Millionen Bits in der Sekunde übertragen, das sind Informationen, die ausgedruckt 125 000 Buchseiten oder gebunden 140 Lexikonbände füllen würden. Mit ihrer Hilfe können gleichzeitig Verbindungen zwischen 30 Satelliten, dem Raumtransporter und der Bodenstation geschaltet werden.

Wochenlang dauerte es, bis die Bodenstationen durch Korrekturmanöver mit dem bordeigenen Lageregelungssystem den TDRSS schließlich in seine Bahn bringen konnten. Peterson und Musgrave gelang es schließlich auch, die neuen Raumanzüge in der offenen Ladebucht von *Challenger* zu erproben, so daß die NASA nach der glatten Landung am 9. April die STS-6-Mission zu einem Erfolg erklären konnte. Ihrem für Juni geplanten zweiten Start schien nichts im Weg zu stehen.

Sally – für den Weltraum geboren

Wer von mehr als 8000 Bewerberinnen von der NASA ausgewählt wird, um die USA als erste Raumfahrerin zu repräsentieren, muß einfach für den Weltraum geboren sein. Die zweifach promovierte Naturwissenschaftlerin und Physikerin Dr. Sally K. Ride wurde im April 1980 ausgesucht, um beim siebten *Shuttle*- und zweiten *Challenger*-Flug die vierköpfige Astronautenmannschaft an Bord zu verstärken.

Das Ausbildungsprogramm führte die bei ihrem Raumflug 32jährige Sally auch zum Luft- und Raumfahrtkonzern Messerschmitt-Bölkow-Blohm nach Ottobrunn bei München, wo sie sich mit dem hier gebauten Shuttle Pallet Satellite (SPAS) vertraut machte, der von ihr während des Flugs ausgesetzt und betreut werden sollte. Mit diesem ersten wiederverwendbaren Satelliten der Welt, der mit privaten Mitteln entwickelt worden und mit seinen 1,8 Tonnen zugleich der schwerste Europas war, sollte sie so fürsorglich umgehen, als sei es ihr eigener.

Mit nur drei Ausnahmen von den strengen Flugregeln trug die NASA schließlich am 18. Juni dem Umstand Rechnung, daß beim zweiten *Challenger*-Start erstmals eine Frau mit einem amerikanischen Raumflugkörper flog. Erste Ausnahme: Zusätzlich an Bord befanden sich zwei Vorhänge, die ihr Schlafabteil sowie ihr Waschbecken und eine Extratoilette von den Blicken der mitfliegenden Männer abschirmen sollten. Ausnahme Nr. 2: Mit einem Anflug von Höflichkeit wurde dem weiblichen Element in der von der Technik beherrschten Welt auch erlaubt, ein schmales Täschchen mit privaten Habseligkeiten mitzuführen. Der Inhalt war genau festgelegt und bestand aus Tampons, Lippen- und Augenbrauenstift sowie Wimperntusche und Gesichtscreme, damit Sally Ride auch im Weltraum Gelegenheit hatte, ihre Weiblichkeit zu betonen.

Das dritte und größte Zugeständnis der NASA aber war, daß die erste westliche Raumfahrerin ihre siebentägige Reise in die Schwerelosigkeit unter ihrem Mädchennamen antreten durfte. Die Missionsspezialistin, die unter dem Namen Sally K. Ride im kalifornischen Encino geboren wurde, hieß nämlich seit August 1982 mit ihrem Familiennamen Hawley, nachdem sie ihren gleichaltrigen Astronautenkollegen Steven A. Hawley geheiratet hatte.

Daß Frau anstelle von Herrn Hawley der Vorzug für den siebten Raumtransporterflug gewährt wurde, läßt sich auch mit dem Ehrgeiz und der Zielstrebigkeit des nur 52 Kilogramm schweren Energiebündels erklären. Was Sally seit ihrer frühen Jugend anstellte, machte sie

perfekt: Als ihr Langlauf und Jogging während ihrer Schulzeit nicht genügend Erfolgserlebnisse bescherten, wechselte sie zu kampfbetonten Spielen wie Softball, Volleyball und Rugby über. Beim Tennisspielen trainierte sie so lange, bis sie an den kalifornischen Jugendmeisterschaften teilnehmen konnte und die Prüfung zum Tennistrainer bestanden hatte. Das Studium der Physik an der Stanford-Universität, das sie mit Röntgenstrahlen, Tieftemperaturen und extraterrestrischen Himmelskörpern bekannt machte, fesselte sie so, daß sie im Abstand von drei Jahren jeweils eine Doktorarbeit schrieb.

Als die NASA erstmals die Bewerbung von Frauen für ihre Astronautenmannschaft zuließ, war Sally eine der ersten Interessentinnen. Die Chance ihrer Anstellung nutzte sie ernsthaft, als sie als erste von acht Kolleginnen mit dem Sprechfunkverkehr zwischen dem Kontrollzentrum Houston und einem Raumtransporter betraut wurde.

Den Astronauten verschlug es die Sprache, als ihnen aus Sallys Mund in einer schwierigen Situation an Bord praktischer Rat zuteil wurde. Sie hatten sich wieder einmal über den Zustand der verstopften Toilette beklagt, als sie aus dem fensterlosen Raum des Kontrollzentrums postwendend die Antwort erhielten: „Vielleicht solltet ihr es einmal mit der Hand versuchen." Sekunden eisigen Schweigens vergingen, bis es aus dem Weltraum zurückkam: „Dann müßten wir ja bis zur Halskrause hineinkriechen..." Sally darauf: „Na und..."

Mit dem Kommandanten John Crippen, dem Piloten Frederick Hauck, den Missionsspezialisten Sally Ride und John Fabian sowie dem Arzt Norman Thagard startete STS 7 pünktlich am 18. Juni 1983 von Kap Canaveral. Bereits 24 Stunden später waren der kanadische Nachrichtensatellit *Anik A4* und der indonesische *Palapa 1* freigesetzt und auf ihre geostationäre Bahn geschossen.

Ein Schwergewicht aus München

Drei Tage nach dem Start sah es zeitweise so aus, als ob es mit dem deutschen Beitrag zum zweiten *Challenger*-Flug nicht genau nach dem jahrelang ausgetüftelten Flugplan laufen würde. Der Computer an Bord des Satelliten SPAS 01 hatte nach dem Einschalten eine Temperatur von 110 Grad Celsius erreicht, was weit über dem erlaubten Grenzwert lag, so daß sich die Flugleitung zu einem raschen Eingreifen entschließen mußte.

Um den Computer abkühlen zu lassen, mußte der Raumtransporter, dessen offene Ladeluke mit dem darin festgezurrten Satelliten der Sonne zugewandt war, sich 180 Grad um seine Längsachse drehen, so daß die Frachtbucht zur Erde zeigte. Das Kühlmanöver erbrachte den beabsichtigten Erfolg. Der Weltraumkälte anstatt den wärmenden Sonnenstrahlen ausgesetzt, erreichten die Temperaturen des Satelliten rasch wieder die Soll-Werte, so daß mit Hilfe des an der Ladebucht angebrachten Krans dem Aussetzen des wiederverwendbaren Satelliten nichts mehr im Wege stand.

Sally Ride und John Fabian entließen das Schwergewicht aus München schließlich einen Tag später als geplant in sein vorherbestimmtes Element. Gleichzeitig schaltete Kommandant Crippen die Lageregelungstriebwerke des Raumtransporters ein, um *Challenger* wenige Meter von dem abgesetzten Satelliten abtreiben zu lassen. Während des Formationsflugs beider Raumflugkörper beobachteten Sally und John das Flugverhalten des Satelliten. Crippen wurde angewiesen, sich ihm mit *Challenger* erneut zu nähern, um das Einfangen und Absetzen eines Weltraumkörpers in der Ladebucht erstmals zu erproben.

Später driftete *Challenger* gleich 300 Meter von SPAS weg, wobei mit Hilfe einer Telemetrieeinrichtung die genaue Entfernung beider Raumkörper ermittelt wurde. Die NASA nutzte auch die in geringem Abstand fliegende Instrumentenplattform, um erstmals den Raumtransporter im Weltraum aus der Nähe zu fotografieren, was bisher nicht möglich gewesen war.

Über Funk- und Fernsehbilder beobachtete SPAS-Projektleiter Konrad Moritz besonders aufmerksam das Verhalten seines Satelliten. Nicht minder gespannt verfolgte der Münchner Geowissenschaftler Professor Johann Bodechtel den Freiflug von SPAS 01 in Houston. In seinem Institut für Geophotogrammetrie und Fernerkundung hatte er das erste opto-elektronisch arbeitende System zur Fernerkundung der Erde von einer Raumplattform aus vorbereitet, das nach der Abkürzung für Modularer Opto-Elektronischer Multispektraler Scanner

MOMS genannt wurde. Es sollte mit einer Auflösung von 20 Metern pro Bildpunkt das beste Fernerkundungsgerät der Welt sein.

MOMS wurde nach den Plänen von Bodechtel eine halbe Stunde lang eingeschaltet. Während dieser Zeit wurden 1,8 Millionen Quadratkilometer Erdoberfläche in Südamerika, Afrika, Australien und Südostasien aufgenommen und die entsprechenden Daten an Bord von *Challenger* gespeichert. Das Experiment wurde auch mit den gleichzeitig aufgenommenen Wetterbildern des europäischen Wettersatelliten *Meteosat* sowie der Erderkundungssatelliten *Geos* und *GMS* verglichen.

Zu den deutschen Experimenten gehörten auch fünf vollautomatische Nutzlasten von Siegern des „Jugend-forscht"-Wettbewerbs. Sie waren in einem tonnenförmigen Container von 150 Liter Inhalt untergebracht. Die Arbeiten waren vom Bundesministerium für Forschung und Technologie finanziert worden und von kompetenten Wissenschaftlern der Deutschen Forschungs- und Versuchsanstalt für Luft- und Raumfahrt sowie der Universitäten Bonn, Göttingen und München ausgewählt worden.

Der 22jährige Physikstudent Michael Pascherat aus Overhagen bei Lippstadt in Westfalen war mit einer Versuchsanordnung dabei, mit deren Hilfe die Dynamik des Kristallwachstums unter der Bedingung der Schwerelosigkeit untersucht werden sollte. In einen heizbaren

In privater Initiative entstand der erste rückholbare Satellit der Welt, der von Messerschmitt-Bölkow-Blohm in Ottobrunn bei München gebaute SPAS. Mit ihm lassen sich kleinere Experimente vorübergehend im Weltraum aussetzen.
(Foto: MBB/ERNO)

Aluminium-Behälter hatte er zu diesem Zweck eine gesättigte Lösung von Kaliumhydrogenphosphat (KH_2PO_4) gefüllt, die bei 70 Grad Celsius Kristalle bilden sollte.

In einem Spezialofen wollte der 20jährige Chemiestudent Herbert Riepl aus Etzenhausen bei Dachau die physikalischen und chemischen Eigenschaften eines unter Schwerelosigkeit hergestellten Katalysators herausfinden. Dazu mußte eine Nickel-Verbindung 20 Minuten lang auf 205 Grad Celsius erhitzt werden, um etwa 400 Milligramm reines Nickel in Form von Mikrokristallen zu gewinnen.

Mit biologischen Experimenten beschäftigte sich der erst 16 Jahre alte Gymnasiast Marcus Buchwald aus Hildesheim-Himmelsthür. Er setzte Samenkörner von Weizen, Gerste, Hafer und Buschbohnen der kosmischen Strahlung schwerer Ionen aus. Das strahlengeschädigte Saatgut wollte der künftige Biologe später aussäen, um Unterschiede in der Wachstumsgeschwindigkeit im Vergleich zu auf der Erde gezogenen Pflanzen studieren zu können.

Auch der 18jährige Oberschüler Heinz Katzenmeier aus Reichenbach bei Bensheim war mit einem Pflanzenexperiment dabei. Um die gravitationsabhängige Schwermetallaufnahme beobachten zu können, hatte er Kressesamen in ein gelöchertes Plexiglas gestopft, das durch einen Temperaturregler auf wachstumsfreundliche 28 Grad erwärmt und durch eine künstliche Lichtquelle im irdischen Tag-und-Nacht-Rhythmus gehalten wurde. Im Weltraum wurde der Samen mit einer Cadmiumnitratlösung und Wasser befeuchtet. Das Experiment wurde am dritten Flugtag gestoppt, um später analysieren zu können, wieviel Cadmium die Kresse im Weltraum aufgenommen hatte.

Der 22jährige Informatikstudent Gunnar Possekel aus Beerenbostel bei Hannover, der an der Gesamthochschule Paderborn studierte, hatte die Zeitsteuerinstrumente für die vier Experimente im „Jugendforscht"-Container entwickelt, von deren Zuverlässigkeit das Ergebnis der Arbeit seiner jugendlichen Kollegen im wesentlichen abhing. Sein Mikrorechner von der Größe zweier Taschenrechner schaltete einen Laserstrahl zur vorgegebenen Zeit ein und aus, durchleuchtete einen Behälter mit einem Kaliumkristall, heizte einen Ofen und schaltete das Licht bei dem Kresse-Experiment ein und aus.

Statt zum erstenmal auf der Landebahn des Weltraumbahnhofs Kap Canaveral in Florida landete *Challenger* verspätet auf der vertrauten Salzpiste von Edwards in Kalifornien. Nachdem es mehrere Tage pausenlos geregnet hatte, blieb die Raumfähre in einem Schlammloch stecken und mußte mit einem Kran auf festen Boden gezogen werden. Fachleute benötigten fünf Stunden, um den Raumtransporter für seinen nächsten Raumflug versandfertig zu machen.

Nachts starten – nachts landen

Ersttaten im Weltraum konnten die Amerikaner bei jedem ihrer Weltraumflüge vermelden. Bemerkenswert bei dem am 30. August 1983 gestarteten STS-8-Unternehmen war, daß Start und Landung eines Raumtransporters erstmals zur Nachtzeit stattfanden. Mit Kommandant Richard Truly, der seine Weltraumerfahrungen mit dem STS-2-Flug sammelte, waren Pilot Daniel Brandenstein, die Missionsspezialisten Dale Gardner und Guion Bluford sowie der Arzt William Thornton an Bord, der mit seinen 54 Jahren der bisher älteste Mensch im Weltraum gewesen ist. Bei Bluford handelte es sich um den ersten Farbigen, den die westliche Weltraummacht ins All entsandte.

Challenger sollte auf seinem dritten Flug auch erstmals in Kap Canaveral landen, nachdem es zwei Monate zuvor nicht geklappt hatte. Damit hätte der Raumtransporter nicht wie bisher huckepack mit einem Großraumflugzeug vom Typ *Boeing 747* zum Startplatz zurückgebracht werden müssen. Erstmals sollten auch wegen der erwarteten Dunkelheit keine Begleitflugzeuge die Landung verfolgen.

Zu den wichtigsten Aufgaben des Fluges gehörten der Start des indischen Nachrichtensatelliten *Insat 1* sowie die ausführliche Erprobung des von Kanada gebauten Schwenkkrans, wozu eigens eine 3,3 Tonnen schwere Probelast mit in den Weltraum genommen wurde.

Auch die Kontaktaufnahme mit dem Relaissatelliten TDRSS sollte versucht werden, der nach seinem Start mit STS 6 seine geostationäre Umlaufbahn zunächst verfehlt hatte und nur mit erheblichen Anstrengungen der Bodenkontrolleure in seine vorausbestimmte Position gebracht werden konnte. Die Übertragungskapazität des Riesensatelliten war vor allem im Hinblick auf den nächsten Raumtransporterflug unverzichtbar, mit dem erstmals das von der Bundesrepublik gebaute Raumlabor *Spacelab* in eine Umlaufbahn gebracht werden sollte. Die von seinen vielen mitgeführten Experimenten erwarteten Datenmengen bedurften nämlich einer solchen Übertragungsstation im Weltraum, weil die Speicherkapazitäten an Bord nicht ausreichten, um sie vollständig zur Erde zu übertragen.

Mit STS 8 hatte die NASA gleichzeitig einen Sack Briefe in den Weltraum befördert, von denen jeder nach der Landung für 38 Dollar verkauft wurde. Den Betrag teilten sich die Weltraumbehörde und die Post brüderlich, wobei jedes der staatlichen Unternehmen rund fünf Millionen Mark Gewinn erzielen konnte.

Der Gedanke an die erste öffentliche Weltraumpost war aufgetaucht, nachdem eine ursprünglich geplante Nutzlast für den achten

Fährenflug plötzlich ausgefallen war. Die NASA mußte nämlich auf den Transport des zweiten TDRSS-Satelliten verzichten, weil die Umstände für die Panne beim ersten Start nicht aufgeklärt werden konnten. Der dadurch gewonnene Platz in der Ladebucht von *Challenger* wurde mit einem Container gefüllt, in dem 250000 Briefe Platz fanden. Angesichts des Sammeleifers von Briefmarkenfreunden konnte von Anfang an mit einer stürmischen Anfrage auf das bisher einmalige Objekt gerechnet werden. Die amerikanische Post hätte daher gerne auch die doppelte Menge von Briefen befördert, was aus Platzgründen allerdings nicht möglich war.

Mit einer perfekten Nachtlandung in Edwards, der ersten in der Geschichte der amerikanischen Raumfahrt, ging der STS-8-Flug nach sechs Tagen sicher zu Ende. Nach Mitternacht tauchte *Challenger* über der kalifornischen Wüste aus dem nachtschwarzen Himmel auf und setzte präzise auf die Wüstenpiste auf, die von Scheinwerfern hell erleuchtet war und dem Piloten keine Schwierigkeiten bereitete. Die Flugleitung spendete Lob, und Kommandant Truly erwiderte: „Hat richtig Spaß gemacht. Machen wir's doch noch einmal."

Der nächtliche Start und die daraus folgende nächtliche Landung ermöglichten erstmals das Überfliegen großer Gebiete der südlichen Halbkugel bei Tageslicht. Bei einem Start bei Tageslicht wird die südliche Hemisphäre zumeist im Dunkeln überflogen, so daß Beobachtungen der Raumfahrer kaum möglich sind. Diesmal brachte der Nutzlastspezialist Dale Gardner, Kapitänleutnant der amerikanischen Marine, nicht weniger als 2500 Farbbilder aus Südamerika, Südafrika, Australien, Neuseeland und Polynesien zurück. Gardner entdeckte dabei zwei frisch ausgebrochene Vulkane auf Neu-Guinea, von deren Aktivität Geologen zuvor nichts erfahren hatten.

Koroljows Erben melden Erfolg

Der hundertste Mensch im Weltraum

Sein Traum war es, einmal in einem Raumschiff mitzufliegen, das er selbst konstruiert hatte. Aber er wußte auch, daß dies nie Wirklichkeit werden würde. Der 1966 verstorbene Konstrukteur Sergej Koroljow gilt als der geistige Vater aller sowjetischen Raumflugkörper. Daß sein für drei Mitflieger ausgelegtes Raumschiff vom Typ *Sojus* am 30. Juni 1971 mit drei toten Kosmonauten zur Erde zurückgekehrt war, hatte er nicht mehr erlebt. Der Schock wirkte jedoch lange nach. Seither hatte die Sowjetunion keine drei Mann mehr auf einmal in den Weltraum entsandt.

Am 27. November 1980 drängten sich wieder drei Kosmonauten in die Enge eines *Sojus*-Raumschiffes, dessen technische Ausstattung, ohne Änderung seines äußeren Umfangs, Schritt für Schritt verbessert worden war. Den Kommandanten Leonid Kisim begleiteten der Flugingenieur Gennadi Strekalow und Oleg Makarow, der zuvor bereits dreimal im Weltraum gewesen war. Das Trio hatte den Auftrag, mit dem Raumschiff *Sojus T3* in der Raumstation *Salut 6* dringende Wartungs- und Überholarbeiten vorzunehmen. Mit einem Experiment „Amplitude" überprüften sie auch die dynamische Belastungsfähigkeit und damit die Stabilität der Station, die offensichtlich noch weiteren Mannschaften als Aufenthaltsort dienen sollte. Nach einem zweiwöchigen Aufenthalt kehrten Kisim, Strekalow und Makarow am 10. Dezember 1980 wieder zur Erde zurück.

Ziemlich genau drei Monate später steuerten die Kosmonauten Wladimir Kowaljonok und Viktor Sawinitsch erneut die bewährte Station *Salut 6* an. Sie benutzten dazu das Raumschiff *Sojus T 4*. Der 41jährige Sawinitsch war zugleich der 50. Sowjetbürger und der 100. Mensch überhaupt, der in den Weltraum entsandt wurde. Bis zu diesem Zeitpunkt hatten neben 43 Amerikanern auch sieben Angehörige anderer sozialistischer Länder an einem Weltraumflug teilgenommen. Einige von ihnen waren gleich mehrmals mit der Schwerelosigkeit bekannt gemacht worden. Rechnet man die Aufenthaltszeit der hundert Raumfahrer zusammen, dann haben sie mehr als 2 700 Tage oder mehr als sieben Jahre außerhalb der Erde zugebracht.

Erster Mongole im All war der Luftwaffenpilot Jugderdemidyn Gurragcha, der am 22. März mit dem erfahrenen Kosmonauten Wladimir Dschanibekow zur Raumstation Salut 7 startete und acht Tage später wieder zur Erde zurückkehrte.

Die Jubiläumsmannschaft an Bord der Orbitalstation *Salut 6* erhielt bereits zehn Tage nach ihrem Eintreffen den ersten Besuch. Ihr Kosmonautenkollege, der Luftwaffen-Oberst Wladimir Dschanibekow, war von dem Mongolen Jugderdemidyn Gurragcha begleitet. Sie waren mit dem Raumschiff *Sojus 39* eingetroffen und kehrten – wie üblich geworden – acht Tage später mit demselben Raumfahrzeug zurück. Offensichtlich waren die sowjetischen Raumfahrtverantwortlichen bemüht, die seit Jahren gebauten Modelle zu verwenden, ehe die neuen der *T*-Serie eingesetzt wurden.

Die letzte Gastmannschaft, die der inzwischen fast vier Jahre alten Station einen Besuch abstattete, bestand aus dem im Weltraum sich bereits wie zu Hause fühlenden Kosmonauten Leonid Popow und dem Rumänen Dimitru Prunariu. Mit ihm wurde das Interkosmos-Programm beendet, in dessen Verlauf Vertreter aus neun sozialistischen Bruderländern der Sowjetunion in die Schwerelosigkeit entsandt wurden.

Popow und Prunariu waren vom 14. bis 22. Mai 1981 mit dem Raumschiff *Sojus 40*, dem endgültig letzten dieser Baureihe, unterwegs und weilten sechs Tage in der Raumstation. Den Gastgebern Kowaljonok und Sawinitsch hatten sie frische Tomaten und Zwiebeln mitgebracht, aus denen sie mit den noch an Bord befindlichen Vorräten ein üppiges Menü zubereiteten. Es bestand aus einer Borschtschsuppe, einem georgischen Hammelgericht, das reichlich mit Knoblauch gewürzt war, und vitaminreichen Zitrusfrüchten, die gleichfalls frisch von der Erde mitgebracht worden waren. Für einen längeren Aufenthalt standen den Stationsbewohnern mehr als 70 Gerichte zur Verfügung, um eine kalorienreiche Kost und ausreichende geschmackliche Abwechslung zu bieten.

Vier Tage später kehrte auch die Stammbesatzung mit ihrem Raumschiff *Sojus T 4* zur Erde zurück. Sie waren die letzten Insassen der Orbitalstation *Salut 6*.

33 Besucher von der Erde

Moskau konnte eine erfolgreiche Bilanz aus dem Betrieb der Raumstation *Salut 6* ziehen, nachdem die letzte Kosmonautenmannschaft sie verlassen hatte. Am 29. September 1977 war sie gestartet worden, am 29. Juli 1982 – vier Jahre und zehn Monate später – wurde sie über dem Pazifischen Ozean gesprengt, und ihre von der Reibungshitze glühend gewordenen Trümmer stürzten ins Meer. Ihre ursprüngliche Lebensdauer war mit zwei Jahren berechnet worden. Tatsächlich konnte sie jedoch eineinhalb Jahre länger genutzt werden, ein eindrucksvoller Leistungsbeweis für die sowjetischen Raumfahrtkonstrukteure.

Die Station hatte während ihrer aktiven Zeit insgesamt 33 Menschen beherbergt, die in ihr zusammengerechnet 678 Tage und Nächte verbrachten, länger als in jedem anderen Raumfahrzeug zuvor. Genauer gesagt waren es 27 Kosmonauten, von denen jedoch sechs zweimal an Bord gingen. Die größte Leistung vollbrachte der 43jährige Raumfahrtingenieur Waleri Rumin, der insgesamt 360 Tage – also fast ein ganzes Jahr – in der Enge der Raumstation verbrachte, zunächst 175 Tage und dann, nach einer achtmonatigen Erholungszeit auf der Erde, noch einmal 185 Tage.

Im einzelnen richteten sich fünf Stammbesatzungen an Bord der Station, deren beide Teile die Größe eines Güterwaggons hatten, häuslich ein. Die kürzeste Aufenthaltszeit betrug 75 Tage, die längste 185 Tage. Besuchsweise kamen zehn zweiköpfige Gastmannschaften für die Dauer von zumeist acht Tagen hinzu. Ein einziges Mal kam eine Dreiermannschaft zwölf Tage an Bord und erhöhte die Kopfzahl auf fünf Personen, was den Aufenthalt nicht gerade bequemer machte.

Natürlich reisten die Gäste nicht zum Kaffeeklatsch oder zum genußreichen Tafeln an. Sie waren mit Arbeitsaufträgen reichlich eingedeckt. Insgesamt wurden 1 600 Forschungsaufgaben bewältigt, eine Zahl, die einen zuvor unerreichten Rekord bedeutete. Sie umfaßten zahlreiche wissenschaftliche Disziplinen wie Biowissenschaften, Naturwissenschaften, Werkstoffkunde und Erdbeobachtungen. Was im Weltraum beobachtet, erforscht und gemessen wurde, mußte auf der Erde im einzelnen vorbereitet und nach Ablieferung der gewonnenen Daten ausgewertet werden. Auf diese Weise waren Tausende von Wissenschaftlern und Technikern mit dem Forschungsprojekt *Salut 6* beschäftigt, so daß man von einem wissenschaftlichen Instrument sprechen kann, das intensiver als jedes andere genutzt wurde.

Zu den Neuentwicklungen, die für Forschungszwecke in der Station eigens entwickelt wurden, gehörte das Gamma-Teleskop Jelena. Mit ihm ließen sich Beobachtungen im Bereich der Gammastrahlen, dem kürzesten Wellenbereich im Strahlenspektrum, machen. Sie sind so

Als verbesserte Version des bewährten Sojus-Raumschiffs setzen die Sowjets seit dem 16. Dezember 1979 Sojus T ein, wobei das T für Transport steht. Außer einer vergrößerten Nutzlast verfügt das Raumschiff auch über wirkungsvollere Steuer- und Navigationseinrichtungen. (Foto: dpa)

kurz, daß sie von der Erdatmosphäre voll absorbiert werden, so daß sie nur von Höhenballons, Flugzeugen oder Raumflugkörpern untersucht werden können. Das von der Moskauer Hochschule für Physik betreute Experiment diente der Erforschung der Strahlungsquellen. Eine Zusammenarbeit auf diesem Gebiet besteht auch mit französischen Wissenschaftlern.

Erstmals hatten die Kosmonauten an Bord von *Salut 6* auch einen Fernsehempfänger, der es ihnen ermöglichte, Sendungen von der Erde aus zu empfangen. Mit seiner Hilfe können graphische Informationen wie Kurven, Tabellen und Zeichnungen übermittelt werden. Begrüßt wurde vor allem, daß der Apparat auch als Bildtelefon benutzt werden konnte, so daß die Kosmonauten ihre Gesprächspartner in der Bodenkontrolle, aber auch ihre Familienangehörigen und Freunde sehen konnten, wenn sie während ihrer Langzeitaufenthalte hin und wieder Gelegenheit bekamen, mit ihnen Kontakt aufzunehmen.

Während ihrer Nutzungsphase wurde die Station von insgesamt 33 Raumflugkörpern angesteuert, darunter von 18 bemannten und zwei unbemannten *Sojus*-Raumschiffen. Vier davon waren vom neuen Typ *Sojus T*, wobei *T* für Transport steht. Zusätzlich legten zwölf *Progress*-Raumtransporter an, die, automatisch gesteuert, rund 27 Tonnen Nachschubgüter in die Station beförderten. Die Station wurde von ihnen elfmal mit Treibstoff aufgetankt, was einer Gesamtmenge von elf Tonnen entsprach.

Bei den übrigen Waren handelte es sich um Ersatzteile, Werkzeuge, Forschungsgeräte, Post mit Gegenständen für den persönlichen Bedarf und Nahrungsmittel. Darunter befanden sich häufiger als früher frische Lebensmittel wie Fleisch, Fisch, Eier, Milch, Obst und Gemüse. Häufiger als zuvor wurden auch Kopplungsmanöver mit *Salut 6* ausgeführt: An den beiden Docking-Mechanismen am Bug und am Heck legten insgesamt 35 Raumflugkörper an und 34 wieder ab.

Ein Anbau für Salut 6

Spätestens mit der Inbetriebnahme von *Salut 6* stand fest, daß die Sowjets den Bau großer, ständig besetzter Raumstationen in niedrigen Erdumlaufbahnen zum Ziel hatten. Der damalige Partei- und Staatschef Leonid Breschnew hatte bei der Ehrung von zwei *Salut-6*-Kosmonauten angekündigt, daß man „wissenschaftliche Orbitalkomplexe" schaffen wolle, die nach dem Baukastensystem vergrößert werden könnten, wobei die einzelnen Bauteile ohne menschliche Hilfe zusammengesetzt würden.

Ein Schlüsselstein in diesem kosmischen Puzzlespiel schien für westliche Beobachter der Start des Satelliten *Kosmos 1267* zu sein, über den Moskau wie gewohnt lakonisch einsilbig berichtete, ohne auf seine Besonderheiten und seinen Zweck einzugehen. Die Bahnverfolgungsstation der amerikanischen Luftwaffe in Colorado Springs fand schnell heraus, daß es sich bei dem am 25. April 1981 mit der leistungsstärksten sowjetischen *Proton*-Trägerrakete in den Weltraum geschossenen Raumflugkörper um das etwa 15 Tonnen schwere Segment einer Raumstation handelte. Ihre Bahnhöhe wurde in den folgenden Tagen nach und nach der von *Salut 6* angepaßt. Nach vielen versuchten und möglicherweise mißlungenen Rendezvous-Manövern kam es schließlich nach 57 Tagen zu einer automatischen Kopplung. Mit dieser ohne Menschenhand hergestellten Verbindung war somit eine fast doppelt so große Plattform im All geschaffen worden.

Kosmonaut Konstantin Feoktistow nannte sie auf einer Pressekonferenz in Moskau „den Prototyp eines Raummoduls", aus der eine Mehrzweck-Raumstation entstehen könne. Solche Module könnten als Laboratorien, als Werkstätten für die Herstellung von Legierungen oder Arzneien in der Schwerelosigkeit oder auch als Wohnquartiere für Besatzungen dienen, je nachdem, wie sie zuvor auf der Erde eingerichtet worden seien. Andererseits sei auch denkbar, daß man sie als Träger eines Teleskops für astronomische Beobachtungen oder als Plattform für Erderkundungsinstrumente einsetze. Nachfragen nach einer militärischen Nutzungsmöglichkeit beantwortete er nicht direkt. Er ließ aber offen, daß auch dieses möglich sei. Jedenfalls biete sie Platz für „ganze Generationen von Kosmonauten", die dort interessante Arbeiten verrichten könnten.

Kosmos 1276 aber wartete in der Folgezeit noch mit weiteren Überraschungen auf. Ähnlich wie der bereits 1978 gestartete Vorgängersatellit *Kosmos 929* stieß er Bauteile ab, die wieder zur Erde zurückkehrten. Sie waren nach den Feststellungen amerikanischer Satellitenbeobachter so groß, daß sie auch als Rückkehrkapsel für bis zu drei Kosmonauten dienen konnten. Eines dieser Teile kehrte bereits vor dem Kopplungsmanöver mit *Salut 6* an einem Fallschirm zur Erde zurück.

Die Kombination *Salut 6 – Kosmos 1267*, die bis zur Sprengung der Station im Juli 1982 die Erde umkreiste, war mit einem Gewicht von rund 35 Tonnen zu diesem Zeitpunkt das schwerste von den Sowjets im Weltraum errichtete künstliche Objekt. Nach amerikanischen Analysen vergrößerten die Sowjets mit dem neuen Segment auch die Docking-Kapazitäten der Raumstation. Auf diese Weise sollten nicht nur zwei Raumschiffe jeweils in der Achse der Station ankoppeln,

Als Modell haben die Sowjets die Raumstation Salut 7 mit einem angekoppelten Sojus-Raumschiff schon mehrmals im Westen vorgestellt. Dockungsmechanismen stehen an beiden Enden der tonnenförmigen Station zur Verfügung. (Foto: Süddeutscher Verlag)

sondern auch an der Seite anlegen können. Für Langzeitaufenthalte konnten auf diese Weise Reserve-Raumschiffe mitgeführt und größere Strukturen automatisch angekoppelt werden. Die Sowjets machten jedoch von diesen sich eröffnenden Möglichkeiten keinen Gebrauch.

Zwei Stationen im All

In der Nacht zum 20. April 1982 flog auf der Spitze einer *Proton*-Rakete die sowjetische Raumstation *Salut* 7 ins All. Sie erreichte zunächst eine Umlaufbahn zwischen 219 und 278 Kilometern, was für eine Station dieser Größe und Masse sehr niedrig erschien, so daß mit einem baldigen Anheben gerechnet werden konnte. Für den Zeitraum von fünf Monaten standen den Sowjets mit *Salut* 6 und *Salut* 7 zwei funktionstüchtige Beobachtungs- und Forschungsplattformen zur Verfügung. Entgegen der Vermutung amerikanischer Experten nutzten sie die Gelegenheit nicht, die Raumstationen einander anzunähern oder eine Transportverbindung zwischen beiden einzurichten.

334

Technische Details der neuen Station wurden im Westen schneller als üblich bekannt, weil die beiden französischen „Spationauten" Patrick Baudry und Jean Chrétien schon vor ihrem Start mit ihr vertraut gemacht wurden. Der Grund: Einer der beiden sollte im Sommer des Jahres 1982 mit zwei Kosmonauten die Station besuchen, um hier wissenschaftliche Versuche zu betreiben. Zu der Absprache war es in einer Phase der politischen Annäherung zwischen den Regierungen in Moskau und Paris gekommen. Die Franzosen nahmen dankbar das Angebot an, einen ihrer Bürger als ersten Westeuropäer in den Weltraum zu entsenden.

Überdies hatte es immer zu ihrer Politik gehört, Chancen auf dem Gebiet der Raumfahrttechnik sowohl im Westen wie im Osten zu nutzen, um auf diese Weise auch ihre Unabhängigkeit gegenüber den Amerikanern herauszustellen. Die Sowjets wiederum hatten ein Interesse daran, einen Keil zwischen die beiden großen westlichen Mächte diesseits und jenseits des Atlantiks zu treiben, um auf diese Weise auch die politische Zuverlässigkeit der Franzosen für amerikanische Beobachter in Frage zu stellen.

Was auch immer die Motive für den geplanten gemeinsamen Raumflug waren, die Franzosen hatten auf diese Weise Gelegenheit, aus den ihnen bekanntgewordenen technischen Details Rückschlüsse auf deren Bedeutung und den Sinn ihrer Anwendung zu ziehen. Nach ihrer Ansicht war *Salut 6* vorwiegend als eine militärische Beobachtungsstation ausgelegt, während ihre Nachfolgerin hauptsächlich wissenschaftlichen Aufgaben dienen sollte. Als Beweis dafür nannten sie das Fehlen einer trichterförmigen Ausbuchtung in *Salut 7*, die bei *Salut 6* den Einbau eines Erdbeobachtungsteleskops ermöglichte. Je nach dem Auflösungsvermögen der Optik war es nach Meinung Baudrys und Chrétiens leicht möglich, militärisch interessante Einrichtungen auf der Erdoberfläche aufzuspüren.

Nach dem Start von *Salut 7* war klar, daß es nur eine Frage von Tagen oder Wochen war, bis die Station die ersten Kosmonauten aufnahm, die vermutlich wieder für lange Monate dort tätig sein würden. Mit neuen Rekorden im All war zu rechnen. Diese Mutmaßungen sollten sich rascher als gedacht erfüllen.

Bonn steigt in die bemannte Raumfahrt ein

Sechs Jahre Warten auf Merbold

Schon 1977 war der damals 36jährige Werkstoffphysiker Ulf Merbold ausgewählt worden, als erster Bürger der Bundesrepublik den Staub der Erde von sich zu schütteln und mit amerikanischer Hilfe in den Weltraum geschossen zu werden. Zu den hervorstechendsten Eigenschaften des aus Greiz in der heutigen DDR stammenden und am Max-Planck-Institut für Metallforschung in Stuttgart beschäftigten Wissenschaftlers hatten ohnehin Geduld und Ausdauer gehört, Stärken seiner Persönlichkeit, ohne die er sicherlich nicht für die große Aufgabe ausgewählt worden wäre.

Andere hätten es möglicherweise seelisch nicht verkraftet, sechs Jahre lang als lebendes Aushängeschild der Bundesrepublik für die Raumfahrt zu werben, ohne den Beweis der eigenen Tüchtigkeit erbringen zu können. Mit Vorschußlorbeeren war der Westdeutsche, der fünf Jahre nach dem DDR-Oberst Siegmund Jähn die Schwerkraft der Erde überwinden sollte, reichlich überschüttet worden. Kein Training für die künftige Arbeit im Weltraum, kein medizinischer Test ging ohne eine Verbeugungstour in der Öffentlichkeit vorüber.

Alles hatte mit einer Zeitungsanzeige begonnen. Im April 1977 hatte der Bundesminister für Forschung und Technologie gemeinsam mit der Deutschen Forschungsanstalt für Luft- und Raumfahrt (DFVLR) den begehrten Job im All ausgeschrieben. Es wurde ein Wissenschaftsastronaut gesucht, der 1980 an Bord des europäischen Raumlabors *Spacelab* rund 80 wissenschaftliche Experimente durchführen und überwachen sollte. Die Voraussetzungen: Die Kandidaten durften nicht älter als 47 Jahre, zwischen 153 und 190 Zentimeter groß sein, mußten über perfekte Englischkenntnisse und einen guten gesundheitlichen Allgemeinzustand verfügen. Die wichtigste Bedingung aber lautete: Die Bewerber mußten einen naturwissenschaftlichen Hochschulabschluß auf einem der Gebiete Werkstoffkunde, Atmosphärenforschung, Astronomie, Sonnenphysik, Erdbeobachtung, Technologie oder Biowissenschaften nachweisen sowie eine mindestens fünfjährige Berufserfahrung in einer dieser Disziplinen besitzen.

Merbold konnte. Außerdem wollte er sich ohnehin beruflich verändern. Aber auf sein Bewerbungsschreiben bekam er zunächst keine Antwort. Auf eine Nachfrage hin wurde ihm mitgeteilt, es sei in der Flut der eingegangenen Schreiben verschwunden – fast ein Treppenwitz. Als die Bewerbungsunterlagen der DVFLR dann bei den Merbolds eintrafen, war das Erstaunen groß, was die künftigen Arbeitgeber alles wissen wollten: „Sind Sie ein Neunmonatskind?" und „Welche Automarke fahren Sie?"

Der Schreck fuhr Merbold in die Glieder, als er aus den Unterlagen feststellen mußte, daß er anstelle des gewünschten Idealgewichts ein Kilo Speck zuviel auf den Rippen hatte. Und was würde man über die falschen Zähne und den fehlenden Blinddarm sagen? Daß er keinen Blinddarm mehr hatte, kam ihm natürlich zupaß. Ganz anders sah es mit der Tatsache aus, daß er erst 1960 aus der DDR in die Bundesrepublik geflüchtet war. Für die Amerikaner, die leicht ein Sicherheitsrisiko wittern, konnte das auf jeden Fall ein Nachteil sein. Aber ihr Geheimdienst fand kein politisches Haar in der Suppe.

Fünf Jahre mußte der aus der DDR stammende, aber in der Bundesrepublik groß gewordene Nutzlastspezialist Ulf Merbold auf seinen ersten Weltraumflug warten. An Bord der Columbia bewährte er sich vom 28. November bis zum 9. Dezember 1983 als Meister seines Fachs, der ausgefallene Experimente wieder in Gang setzte und mit einer Fülle wissenschaftlicher Daten zur Erde zurückkehrte. (Foto: USIS)

Das Ende der langwierigen Auswahlprozedur: Merbold erfüllte von 350 Bewerbern aus der Bundesrepublik als einziger alle Bedingungen, so daß seiner Bestallung als Nutzlastspezialist der europäischen Raumfahrtbehörde ESA nichts mehr im Wege stand. Sein Salär: 6000 Mark im Monat.

Auf die Frage, was wohl für die Prüfer den Ausschlag gegeben haben könnte, ihn als deutschen Weltraumkandidaten auszuwählen, weiß der Erfolgreiche nur zu sagen: „Vermutlich, weil ich so normal bin." Immerhin besitzt Merbold genau die Persönlichkeitsmerkmale, auf die man bei der NASA und bei der ESA Wert legt: Er ist kein Gefühls-, sondern ein Verstandesmensch, hat wenig Herrschaftsstreben, dafür aber ein ausgeprägtes Selbstbewußtsein, er ist ehrgeizig, aber kein Egoist, korrekt, geduldig und keineswegs risikofreudig. Ein Raumfahrer ist in den Augen der Raumfahrtmanager ohnehin kein Mensch, sondern eher ein „Systemelement", das sich in den Verbund Mensch-Maschine nahtlos einfügt und die zuverlässige Kontrolle der vielen, zumeist automatisch arbeitenden Geräte gewährleistet. Keine Frage: Ulf Merbold ist kein Supermann, wie ihn viele seiner Bewunderer sehen.

Der Astronaut als Lockvogel

Die Möglichkeit, künftig auch Europäer als Astronauten einzusetzen, hatten die Amerikaner als Lockvogel für ihre Anfang der siebziger Jahre veröffentlichten Pläne benutzt, einen wiederverwendbaren Raumtransporter als Fortsetzung des Mondlandeprogramms zu entwickeln. Die Diskussion, welchen Anteil die europäische Industrie an diesem neuen Raumfahrzeug übernehmen sollte, zog sich über Jahre hin.

In Europa bestand man auf einem „identifizierbaren Beitrag", wie es die Entwicklung und der Bau eines konventionellen Bauelements bedeutet hätten: Tragflächen, Leitwerk, Zelle, Fahrwerk oder Türen und Luken. Davon aber wollten die amerikanischen Auftragnehmer des *Space Shuttle* nichts wissen. Sie hatten bereits die ersten Blaupausen angefertigt und wollten sich in die Konstruktionspläne nicht mehr hineinreden lassen.

Von den Europäern wurde daraufhin der Bau eines Raumschleppers (Space Tug) vorgeschlagen, der vom Raumtransporter aus Satelliten oder Raumstationen anfliegen sollte. Als die NASA abriet, sich an die Fertigung eines technisch so komplizierten Raumfahrtgeräts zu machen, verfiel man auf eine im Raumtransporter mitzuführende und von ihm abhängige Instrumentenkapsel. Über ihre Aufgabe bestand lange Zeit keine Klarheit, was sich an den unterschiedlichen Bezeichnungen ablesen ließ. Die Rede war von Research Application Module (RAM), Sortie Can, Sortie Lab oder Sortie Module, je nachdem, welche wissenschaftliche Aufgabe mit ihr erfüllt werden sollte. Auf jeden Fall sollte das Gerät in dem lastwagengroßen Laderaum des *Shuttle* mitgeführt und auch wieder zur Erde zurückgebracht werden.

Im Zuge einer 1972 getroffenen Grundsatzentscheidung über die Zukunft der europäischen Raumfahrt entschieden sich die Deutschen schließlich für das Raumlabor *Spacelab*, während die Franzosen federführend die Trägerrakete *Ariane* und die Briten den maritimen Nachrichtensatelliten *Marots* bauen wollten. Doch bevor noch die ersten Baupläne vorlagen, geriet man sich mit den Amerikanern über die zu erwartenden Kosten in die Haare. Hatte man zunächst von 250 Millionen Mark gesprochen, so war rasch von der doppelten und vierfachen Summe die Rede. Am Ende mußten rund zwei Milliarden Mark aus Steuermitteln aufgebracht werden.

Auch innerhalb der deutschen Raumfahrtindustrie begann bald ein Kampf bis aufs Messer um den begehrten Auftrag. Von zwei Konsortien unter Führung von Messerschmitt-Bölkow-Blohm (MBB) in Ottobrunn bei München und der damals zu den Vereinigten Flugtechnischen Werken gehörenden Erno-Raumfahrttechnik in Bremen gewannen schließlich die Norddeutschen den begehrten Auftrag, obschon ihre süddeutschen Konkurrenten bei einer technischen Punktbewertung besser abgeschnitten hatten. Die 1974 von der ESA getroffene Entscheidung wurde sechs Jahre später gegenstandslos, weil MBB mit den Bremer Flugzeug- und Satellitenbauern fusionierte.

Kaum hatte man mit dem Bau begonnen, als man sich bei den Geldgebern in Bonn Gedanken darüber machte, was Wissenschaftler mit einem Möbelwagen im Weltraum anfangen, der nach den damaligen Plänen in den achtziger Jahren einmal im Monat auf eine Umlaufbahn geschickt werden sollte, um dort für Forschungsarbeiten zur Verfügung zu stehen. Man mußte feststellen, daß der Betrieb dieser komplexen und kompliziert zu handhabenden Einrichtung große Kosten verursachen würde, an denen sich private Unternehmen nur zögernd beteiligen würden, so daß auch hier dem Steuerzahler wieder der dickste Brocken übrigblieb.

Als die erste Trainingseinheit des *Spacelab* im November 1980 endlich an die NASA abgeliefert wurde, war der Termin für den Erstflug um drei Jahre verschoben worden, was in erster Linie auf Verzögerungen bei der Verwirklichung des Raumtransporters zurückzuführen war. Immerhin hatte es mehr als zehn Jahre gedauert, bis die

Auftragsarbeit an den Besteller abgeliefert werden konnte. Die Schwierigkeit der Aufgabe ergab sich vor allem aus dem Fehlen eines Vorbilds, so daß jedes Detail neu konstruiert werden mußte. Weil es an Erfahrungen fehlte, zog sich auch die praktische Arbeit zäh und zeitraubend dahin.

Die Konstruktion hatte sich zwischenzeitlich auch als zu schwer erwiesen, so daß nachträglich leichtere Werkstoffe verwendet werden mußten. Ein Jahr später, im Dezember 1981, konnten die NASA-Manager dann auch die erste Flugeinheit in Empfang nehmen, die schließlich nach mehrmaliger Verzögerung am 28. November 1983 von Kap Canaveral aus zu ihrem ersten Flug startete.

Ein fast pünktlicher Start

Einen Tag vor dem Start meldeten die Wetterfrösche des Kennedy-Raumflugzentrums in Kap Canaveral das Heraufziehen einer Kaltfront, die just zum Starttermin mit tiefhängenden Wolken und Schauern das mittlere Florida erreicht haben könnte. Unter diesen Umständen hätte der zuvor reibungslos verlaufende Countdown für den Raumtransporter *Columbia* mit seinem 17 Tonnen schweren Raumlabor an Bord unterbrochen werden müssen, weil die optische Beobachtung und die Vermessung der Flugbahn unabdingbar waren.

Am nächsten Tag zeigte sich jedoch, daß die Meteorologie eine schwer zu durchschauende Wissenschaft ist, die keine zuverlässigen Wettervorhersagen erlaubt. Pünktlich ging das erste Raumfahrt-Sextett der Geschichte an Bord der bewährten *Columbia*: der 52jährige Kommandant John Young, sein Pilot Brewster Shaw, der Missionsspezialist Owen Garriott, der wie Young Weltraumerfahrung einbrachte, sowie Robert Parker und die Nutzlastexperten Byron Lichtenberg und Ulf Merbold.

Der Start selbst erfolgte nach einem reibungslosen Countdown fast pünktlich – mit einer Verzögerung von nur 48 tausendstel Sekunden. Bereits 20 Minuten später überflog der Raumtransporter zum erstenmal während seiner annähernd neuntägigen Reise Europa, das als Forschungsschwerpunkt des bisher längsten Raumtransporterflugs ausgewählt worden war.

Drei Stunden nach dem Start schaltete Merbold, nachdem er sich mit seiner neuen Umgebung vertraut gemacht hatte, die wichtigsten Forschungsinstrumente des Raumlabors ein. Wiederum zwei Stunden später wurde die 250 Kilometer über der Erde führende Umlaufbahn leicht korrigiert. Sie deckte fast alle bewohnten Gebiete der Erde ab.

340

Das erste Spacelab-Modul, der von der VFW-Tochter Erno in Bremen entwickelte und gebaute europäische Beitrag zur bemannten Raumfahrt

Erstmals war die Mannschaft des STS-9-Flugs in zwei Schichten eingeteilt worden, um die wissenschaftlichen Arbeiten rund um die Uhr ausführen zu können. Merbold war dazu ausersehen, seinen Dienst nachts zu versehen, weil die mitgeführten Instrumente und Meßgeräte die größte Ausbeute bei Dunkelheit versprachen. Auch der Start und die Einschußrichtung von 57 Grad waren von der NASA so gewählt worden, daß Europa zumeist in Dunkelheit getaucht war, wenn die *Columbia* es überflog.

Weil der erste Westdeutsche im All der roten (Nacht-)Crew zugeteilt war, waren ihm zumindest teilweise aufregende Eindrücke von seinem heimatlichen Kontinent verwehrt. Er entschädigte sich dafür, indem er am Tag eifrig Ausschau hielt, was ihm freilich rasch ein Schlafdefizit einbrachte. Um sie an den neuen Rhythmus zu gewöhnen, wurde die rote Crew am Starttag bereits um drei Uhr früh geweckt, während die Blauen vier Stunden länger schlafen durften. An ihren Anzügen waren die beiden Mannschaften allerdings nicht zu erkennen, denn die Sechsergemeinschaft der ESA und NASA trug einheitlich kornblumenblaue Overalls, die bei den Fernsehübertragungen aus dem Weltraum für einen farbenfrohen Bildschirm sorgten.

Als die Mannschaft fast geschlossen zum erstenmal das Raumlabor betrat, wurde sie von dem zuständigen Flugkontrolleur Franklin Chang aus dem Kontrollzentrum in Houston über Funk mit einem freundlichen „Willkommen in Spacelab" begrüßt. Ein erster zur Erde überspielter Film zeigte Parker, Lichtenberg und Merbold mit ihren am Kopf befestigten medizinischen Meßinstrumenten, die ständig ihren Blutdruck und ihre Gehirnströme überwachten, um eine etwaige Raumkrankheit frühzeitig zu erkennen.

Merbold verhedderte sich gleich zu Beginn der Übertragung in einer quer durch das *Spacelab* gespannten Leine, die in der Schwerelosigkeit nur schwer zu zähmen war. Als er sich, offensichtlich ein wenig aufgeregt, mit einer Frage an Houston wandte, ertönten plötzlich deutsche Laute im Lautsprecher. Chang bemühte sich, den Stuttgarter zu beruhigen, und sagte in einem breiten, texanisch eingefärbten Deutsch: „Ulf, sprich bitte langsam und deutlich, damit wir dich besser verstehen können."

Auch in den folgenden Tagen war zu bemerken, daß sich die Tonart der Gespräche, die zwischen dem Nutzlast-Kontrollzentrum in Houston und dem Raumlabor geführt wurden, schlagartig änderte, wenn Merbold Gesprächspartner war. Die Partner am Boden wurden ruhiger, sprachen höflicher und blieben nachsichtiger, wenn aus dem Lautsprecher eine Rückfrage kam. Um keine Mißverständnisse aufkommen zu lassen, die möglicherweise sprachlicher Natur sein konnten, wurde lieber noch einmal nachgefragt.

Gestreßt wie nie zuvor

Am fünften Tag des bis dahin ziemlich glatt verlaufenen Raumflugs mußte sich die NASA allerdings eine erste Beschwerde hinter den Spiegel stecken. Der amerikanische Missionsspezialist Robert Parker beklagte sich bitterlich über die nicht enden wollenden medizinischen Experimente: „Ich fühle mich gestreßt wie noch nie im Leben." Vor allem der ununterbrochene Strom von Anweisungen und Empfehlungen an die rund um die Uhr tätigen Astronauten im Raumlabor nervte Parker sehr: „Ihr müßt doch einsehen, daß Merbold und ich versuchen, euren Kram so gut wie möglich zu machen. Schaltet doch mal die Funkverbindung ab, damit wir unsere Arbeit Punkt für Punkt in Ruhe erledigen können!" rief er ärgerlich, als er gemeinsam mit Merbold einen Versuch über die Anpassung des menschlichen Körpers an die Schwerelosigkeit abwickelte.

Einen erneuten Einwand des Sprechers ließ Parker nicht gelten:

„Entweder wir arbeiten nach unserem Plan, oder wir können uns um eure Wünsche kümmern. Beides zugleich geht nicht." Schließlich sei man dem Zeitplan eine Viertelstunde voraus. „Das spricht doch dafür, daß wir unsere Aufgabe verdammt gut erledigen." Versöhnlicher fuhr er fort: „Also, worum geht es? Was sollen wir jetzt machen?"

Bei einem anschließenden Werkstoffexperiment glückte auch die Mischung von Aluminium und Zink, eine Legierung, die auf der Erde nicht hergestellt werden kann. Den erfolgreichen Versuch führten Merbold und Parker gemeinsam durch. Falls es gelingen sollte, den Mischungsprozeß zu analysieren und ihn später nachzuvollziehen, könnten leichtere und stärkere Werkstoffe für den Flugzeug- und Raumschiffbau hergestellt werden.

Die unerwartet große wissenschaftliche Ausbeute des STS-9-Flugs veranlaßte die NASA, die Landung um einen Tag zu verschieben, um den Astronauten Gelegenheit zu geben, ihre Versuche auszudehnen. Auch unvorhergesehene Treibstoffeinsparungen sprachen für eine Verlängerung des Unternehmens. Damit war aber der Zeitrahmen ausgeschöpft, in dem der Raumtransporter im Weltraum bleiben konnte.

Aufregung herrschte am sechsten Tag des Weltraumunternehmens an Bord, als Young und Shaw ständig die Lage des Raumtransporters in bezug zur Erde ändern mußten, um Merbold und Parker die Möglichkeit zu astronomischen Aufnahmen und Messungen des Erdmagnetfelds zu geben. Das ungewöhnliche Flugverhalten, bei dem *Columbia* mal mit dem Heck, mal mit der Breitseite voraus, die weit geöffnete Ladebucht mal zur Erdoberfläche und mal zum Himmel ausgerichtet, durch den Weltraum raste, verschaffte der übrigen Besatzung die zwölf unruhigsten Stunden des ganzen Unternehmens. Ärger gab es auch, als sich von einem hochempfindlichen Meßgerät zum Aufspüren von Elektronenstrahlen die Transportsicherung nicht entfernen ließ, so daß die fest mit dem Raumtransporter verbundene Apparatur nur auf ihr Ziel gerichtet werden konnte, indem man *Columbia* danach ausrichtete, was zeitweise an einen Tanz durch den Weltraum erinnerte.

Das Hauptproblem an diesem schwarzen Sonntag wurde durch einen Kurzschluß im Raumlabor verursacht, der zwei Heizanlagen lahmlegte, darunter einen Spiegelheizofen, der Temperaturen bis zu 1 600 Grad Celsius erzeugen konnte. Nach intensiven Studien der Konstruktionszeichnungen im deutschen Nutzlast-Kontrollzentrum von Oberpfaffenhofen bei München konnten den Nutzlastexperten Anweisungen zum Austausch eines durchgebrannten Steckers gegeben werden. Die Mühe lohnte sich: Merbold und Parker gelang es nach stundenlanger Bastelei, den Ofen wieder mit Strom zu versorgen, so daß die vorgesehenen Experimente zum Schmelzen hochreiner Kristalle durchgeführt werden konnten.

Die zweite Panne konnte aus Zeitgründen nicht behoben, desgleichen eine klemmende Kassette aus einer metrischen Kamera nicht entfernt werden, mit der maßstabsgerechte Aufnahmen von der Erdoberfläche gemacht werden sollten. Um die Filmaufnahmen nicht zu belichten, sollte die Kassette im Schlafsack eines Astronauten geöffnet und der Film mit Gewalt herausgenommen werden. Trotz der sich bis zur Landung häufenden Pannen waren die Wissenschaftler in den USA und in der Bundesrepublik mit den Ergebnissen des ersten *Spacelab*-Unternehmens zufrieden. Die Auswertung der Millionen von Daten wird allerdings Jahre in Anspruch nehmen.

Die Politiker gratulieren

Als der Erfolg des gemeinsamen amerikanisch-deutschen Raumflugs sicher schien, bemühten sich auch die Politiker darum, ihren Anteil am Gelingen dieses wissenschaftlich-technischen Unternehmens deutlich herauszustellen. Der amerikanische Präsident Ronald Reagan und der deutsche Bundeskanzler Helmut Kohl ließen sich in einer Konferenzschaltung mit dem die Erde umkreisenden Raumtransporter verbinden, um den sechs Astronauten ihre Glückwünsche auszusprechen. Der Funkverkehr wurde dadurch erschwert, daß Kohl sich gerade zu einem Gipfeltreffen der Europäischen Gemeinschaft in der griechischen Hauptstadt Athen aufhielt.

Die Raumfahrtbehörde NASA gewährte dem Bundeskanzler wie auch dem deutschen Forschungsminister Heinz Riesenhuber eine seltene Ausnahme von der streng eingehaltenen Regel, daß Gespräche mit und in amerikanischen Raumfahrzeugen nur in Englisch zu führen sind, um die Sicherheit des Flugs und seiner Besatzung nicht zu gefährden.

Merbold führte die während des Flugs aufgetretenen Pannen und Unregelmäßigkeiten bei den Experimenten als Beweis für seine Überzeugung an, daß erfahrene Wissenschaftler bei Weltraumflügen benötigt werden und daß sie allein einen Erfolg garantieren. Ein Mensch mit Phantasie sei wertvoller als ein Computer, der allein ein gutes Gedächtnis habe, bei unerwarteten Schwierigkeiten aber mit seinem Latein am Ende sei.

Während sich Merbold mit den deutschen Politikern unterhielt, näherte sich *Columbia* gerade dem europäischen Kontinent. Als der Raumtransporter mit einer Geschwindigkeit von acht Kilometern pro

Sekunde über Großbritannien und anschließend über Norddeutschland hinwegraste, erläuterte Merbold wie ein Fremdenführer die Landschaften, die nicht von Wolken bedeckt waren. Deutlich zu erkennen waren der Rhein und Teile der Ostseeküste.

Mit seiner Frau Birgit auch ein Wort zu wechseln, fand der deutsche Raumfahrer allerdings keine Zeit. Als sie im Kontrollzentrum von Houston eintraf, um ihm über Funk einen guten Flug und eine sichere Landung zu wünschen, sagte er zu dem am Kontrolltisch sitzenden holländischen Nutzlastexperten Wubbo Ockels nur: „Grüß Birgit schön! Ich habe jetzt leider keine Zeit für sie."

Als der zehntägige Raumflug mit einer zusätzlichen Verspätung von acht Stunden auf der Trockenpiste von Edwards glücklich zu Ende ging, herrschte an Lobsprüchen kein Mangel. Das häufig angestimmte Hohelied auf die transatlantische Zusammenarbeit mußte allerdings an der Antwort auf die Frage gemessen werden, ob sich die finanziellen Anstrengungen von mehr als zwei Milliarden Mark, die allein der deutsche Steuerzahler zu erbringen hatte, gelohnt hatten. Um diese Frage umfassend zu beantworten, mußte das Unternehmen an seinen ursprünglichen Zielen gemessen werden. Als Hauptziel der elfjährigen Zusammenarbeit zwischen beiden Partnern war der Nachweis der Integration zweier Raumflugkörper zu einer funktionierenden Einheit ausgemacht worden. Dieser Test war zweifelsfrei gelungen.

Inzwischen aber mußten die Europäer von der lange gehegten Vorstellung Abschied nehmen, ihr so teuer erkauftes Raumlabor mehrmals im Laufe eines Jahres starten zu können. Auch der von der NASA zugesagte Kauf eines zweiten Raumlabors bei dem deutschen Hersteller für ihre eigenen Zwecke steht noch in den Sternen. Mit dem ursprünglich zugesicherten Entgegenkommen bei den folgenden Flügen ist es ebenfalls nicht weit her. Bei dem für November 1985 festgelegten zweiten Flug des Raumtransporters mit den deutschen Nutzlastspezialisten Reinhard Furrer und Ernst Messerschmid an Bord und der von deutschen Wissenschaftlern vorbereiteten Forschungsmission D 1 muß die Bundesrepublik die Startkosten tragen. Unter den insgesamt acht Astronauten an Bord, der größten jemals mit einem Raumfahrzeug gestarteten Mannschaft, wird auch der Niederländer Wubbo Ockels sein.

Auch der auf Jahre ausgebuchte Terminkalender der NASA, die bislang nicht so viele Flüge durchführen konnte, wie ursprünglich vorgesehen, läßt manche Raumfahrt-Erwartung unerfüllt. Das alles nährt selbst bei Fachleuten Zweifel, ob die 1972 getroffene Grundsatzentscheidung richtig war, sich mit *Spacelab* so eng an die Amerikaner zu binden, um den Einstieg in die bemannte Raumfahrt zu erreichen.

Ein Jubiläumsjahr der Raumfahrt

Neue sowjetische Ersttaten

Die Sowjetunion beging am 4. Oktober 1982 den 25. Jahrestag des ersten künstlichen Erdsatelliten. Seit dem Start des ersten Sputniks hatte der führende sozialistische Staat nachgewiesen, daß er sich auf seinen Lorbeeren nicht ausgeruht hatte. Fast jedes Jahr wurden neue sowjetische Ersttaten auf dem Gebiet der Raumfahrt gemeldet. Das war auch im Sputnik-Gedenkjahr nicht anders.

Einen ersten Höhepunkt bildete der Start der Raumstation *Salut 7* in der Nacht zum 20. April 1982. Am 13. Mai wurde sie mit den Kosmonauten Anatoli Beresowoi und Walentin Lebedew bemannt, die mit dem weiterentwickelten Raumschiff *Sojus T 5* an ihr anlegten und sie in Besitz nahmen.

Bei dem Anlegemanöver hatten sie dem im Westen mitgehörten Funksprechverkehr zufolge offenbar Schwierigkeiten. Diese schienen aber spätestens überwunden zu sein, als wenige Tage später das unbemannte Transportraumschiff *Progress 13* die Station mit Treibstoff und Lebensmitteln versorgte. Die Welt konnte sich auf einen neuen Langzeitaufenthalt gefaßt machen.

Um solche Raumfahrtrekorde zu ermöglichen, hatten die Sowjets die Station mit speziellen Übungsgeräten ausgestattet, die den Einfluß der Schwerelosigkeit auf den menschlichen Organismus verringern sollten. Dazu gehörte ein Belastungsanzug, der die Muskulatur seines Trägers in Form hält, eine Vakuumanlage sowie ein Mini-Laufband und ein Ergometer, mit denen täglich mehrmals körperliche Fitnessübungen gemacht werden mußten.

Unverzichtbarer Bestandteil eines Langzeitfluges sind auch regelmäßige medizinische Untersuchungen, die so vereinfacht und automatisiert sein müssen, daß sie die Besatzung selbst an sich vornehmen kann. Die bei den Messungen anfallenden Daten stehen den Ärzten im Kontrollzentrum ständig zur Verfügung, um bei Bedarf den Gesundheitszustand der Kosmonauten verbessern zu können. Auch der Strahlenschutz der Station wurde verbessert, um den Kosmonauten die schädliche Auswirkung der Weltraumstrahlen soweit wie möglich zu ersparen. Die Maßnahmen hatten offenbar Erfolg, denn die

Aufenthaltsdauer an Bord wurde in den folgenden Jahren laufend erhöht.

Zu den Ersttaten Beresowois und Lebedews gehörte der erste Start eines Satelliten von einer Raumstation aus. Am 17. Mai setzten sie eine 28 Kilogramm schwere Kapsel im Weltraum aus. Am 30. Juli verließen sie für zwei Stunden und 33 Minuten ihre Raumstation und stellten damit einen sowjetischen Rekord auf. Der Aufenthalt im Weltraum war notwendig geworden, weil Reparaturarbeiten an der Außenhaut der Station fällig waren.

Da bei kritischen Situationen in ihren Weltraumprogrammen die Informationsfreudigkeit der Sowjets zu wünschen übrig läßt, war man wie immer auf Beobachtungen und Mutmaßungen amerikanischer Fachleute angewiesen, die von auslaufendem Treibstoff berichteten und die Außenbordtätigkeit der Kosmonauten mit Abdichtungsmaßnahmen erklärten, die im Laufe des Sommers noch mehrfach durchgeführt werden mußten.

Ein „Spationaut" auf Besuch

Erste Abwechslung im eintönigen Stationsleben brachte am 24. Juni das Eintreffen einer im voraus angekündigten Mannschaft. Mit dem Raumschiff *Sojus T 6* trafen die Kosmonauten Wladimir Daschinibekow und Alexander Iwantschenkow ein. In ihrer Begleitung befand sich der französische „Spationaut" Jean-Loup Chrétien, was die ungewohnte Informationspraxis der Sowjets verständlich machte. Mit ihm befand sich zum erstenmal ein Westeuropäer im Weltraum. Das sowjetisch-französische Gemeinschaftsunternehmen war 1979 zwischen Partei- und Staatschef Leonid Breschnew und dem französischen Präsidenten Valery Giscard d'Estaing vereinbart worden.

Chrétien und sein Ersatzmann Patrick Baudry waren in langwierigen Eignungsprüfungen aus einer Gruppe von insgesamt 193 Kandidaten ausgesucht und dann zwei Jahre lang in der Ausbildungsstätte für Kosmonauten im Sternenstädtchen bei Moskau auf ihre Aufgabe vorbereitet worden. Spezialisiert hatten sie sich auf die Untersuchung der Eigenschaften kosmischer Strahlen, auf die Erprobung neuer Materialien und auf die Durchführung biologischer Experimente mit Bakterien und anderen Kleinlebewesen. Während seines neuntägigen Weltraumaufenthalts trug Chrétien ständig einen eigens entwickelten Echographie-Apparat für die Überwachung seines Herz-Kreislauf-Systems.

Zu der 400 Kilogramm schweren Last, die Chrétien mit an Bord von *Sojus T 6* nehmen durfte, gehörte auch ein Festmenü für die fünf

Raumfahrer, das den hohen Ansprüchen der französischen Gastronomie soweit wie möglich entsprechen sollte. Als Vorspeise gab es Fleischpasteten, als Suppe Krabbencreme, als Fischgericht Langusten, als Hauptspeise Wildkaninchen auf Elsässische Art und zum Nachtisch Käse, Fruchtpasteten und Schokoladencreme. Die meisten Speisen mußten aus Tuben und Dosen genossen werden. Anstelle knuspriger Baguettes, die während der weiten Reise ihre Frische verloren hätten, gab es Weißbrotscheiben und statt des üblichen Weins – französisches Mineralwasser. Im Weltraum herrscht strenges Alkoholverbot!

Nicht mindere Schwierigkeiten hatten die Franzosen bei der Auswahl der Bezeichnung für ihre ersten Raumfahrer zu überwinden. Dem eigenen Selbstverständnis entsprach es, daß man weder die amerikanische Bezeichnung Astronaut noch den sowjetischen Kosmonauten akzeptieren konnte. Als letzte Instanz wurde die in Fragen der französischen Sprache sakrosankte Académie Française bemüht, die aus dem französischen Wort Espace für Weltraum den Spationauten vorschlug. Für den inzwischen zum Präsidenten gekürten François Mitterand war dies jedoch kein Anlaß, die Wortschöpfung zu übernehmen. Er sprach auf einer Pressekonferenz von dem französischen Aeronauten, der als 108. Raumfahrer seit Gagarin die Erde umrunden sollte.

Chrétien und die Mannschaft von *Sojus T 6* kehrten mit ihrem Raumschiff am 2. Juli wieder zur Erde zurück. Sie landeten in der Nähe der Stadt Arkalyk in Kasachstan. Die Raumfahrer wurden von beiden Staaten mit Ehrungen überhäuft. Die Sowjets nutzten die Gelegenheit, um auf die fruchtbare Zusammenarbeit in Fragen der Weltraumfahrt hinzuweisen, die nicht erst mit dem ersten gemeinsamen bemannten Raumflug begonnen wurde. Bereits zuvor seien viele sowjetische Satelliten mit französischen Experimenten an Bord gestartet worden. Beide Länder versicherten auch, die erfolgreich begonnene Kooperation in Zukunft fortzusetzen.

Die zweite Frau im Weltraum

Mit der 34jährigen Russin Swetlana Sawizkaja kratzte am 19. August 1982 nach 19 Jahren wieder eine Frau an einem der letzten verbliebenen Reservate der Männer auf dieser Welt. Als erste Frau war am 16. Juni 1963 die damals 26jährige Valentina Tereschkowa an Bord des Raumschiffs *Wostok 4* in den Weltraum geschossen worden. Sie kehrte nach drei Tagen wieder zur Erde zurück.

Bereits zweimal unternahm die sowjetische Testpilotin und Kosmonautin Swetlana Sawizkaja einen Ausflug ins All. (Foto: dpa)

Swetlana Sawizkaja reiste mit ihren Kollegen Leonid Popow und Alexander Serebrow an Bord des Raumschiffs *Sojus T 7*, das sie nach einem achttägigen Aufenthalt an der Raumstation *Salut 7* zurückließen. Statt dessen wählten sie für den Rückflug das Raumschiff *Sojus T 5*, mit dem die Stammbesatzung drei Monate zuvor vom Raketenstartplatz Baikonur aufgestiegen war.

Die hübsche Russin schien für den Ausflug in die Schwerelosigkeit besonders geeignet gewesen zu sein, denn sie hatte 1970 den Weltmeistertitel im Kunstflug errungen. Seither hatte sie hart trainiert und war in das Kosmonautenteam aufgenommen worden. Von der sowjetischen Presse wurde die Luftsportlerin, die bereits mit 17 Jahren drei Weltrekorde im Fallschirmspringen errungen hatte, als „Ideal der sowjetischen Weiblichkeit" bejubelt, die Charme und Zärtlichkeit mit der Zähigkeit und dem Geschick einer Testpilotin verbinde.

Amerikanische Raumfahrtexperten behaupteten nach der Landung, der achttägige Aufenthalt der Kosmonautin in der Raumstation habe einem einzigartigen medizinischen Experiment gegolten, nämlich der Zeugung eines Kindes in der Schwerelosigkeit. Die Vermutungen wurden durch den Besuch eines sowjetischen Weltraumarztes bei einem Münchner Raumfahrtmediziner genährt, der sich für eine hier erstmals erprobte Unterdruckkammer interessierte, in der chirurgische Eingriffe unter den Bedingungen der Schwerelosigkeit erfolgen konnten. Mit der gleichen Vorrichtung wurde auch einem Kind die

Geburt erleichtert, dessen Mutter den Schwierigkeiten einer schmerzhaften Steißlagen-Entbindung aus dem Weg gehen wollte. Als die Sowjets meldeten, Zweck des zweiten Raumflugs einer Frau seien auch medizinisch-biologische Experimente gewesen, schloß der Münchner Arzt auf den Versuch einer Zeugung im Weltraum und teilte seine Vermutungen der Öffentlichkeit mit.

Heimkehr nach 211 Tagen

Nach der Verabschiedung ihrer Kosmonauten-Kollegen mußte die Stammbesatzung Anatoli Beresowoi und Walentin Lebedew noch fast vier Monate an Bord von *Salut 7* aushalten, ehe sie mit einem neuen Weltraumrekord die Rückreise zur Erde antreten konnte. Nach einem Aufenthalt von 211 Tagen landeten sie am 10. Dezember mit dem Raumschiff *Sojus T 7*, das ihre letzten Weltraumgäste am Kopplungsstutzen der Raumstation hinterlassen hatten. Während ihrer fast siebenmonatigen Abwesenheit von der Erde hatten sie mehr als 3 000mal die Erde umkreist und dabei fast 140 Millionen Kilometer zurückgelegt.

Zu den herausragenden Tätigkeiten der neuen Rekordinhaber gehörte die Entladung von vier automatischen Raumtransportern vom Typ *Progress*, die mehr als acht Tonnen Fracht in die Station geschleppt hatten. Außerdem hatten sie ihr für die Rückkehr benötigtes Raumschiff *Sojus T 7* vom Heck an den Bug der Station umgekoppelt. Zu den angenehmsten Beschäftigungen gehörte die Begrüßung der zwei Gastmannschaften, darunter einem Franzosen und ihrer Landsmännin Swetlana Sawizkaja.

Nach der Rückkehr zur Erde veröffentlichten beide Kosmonauten ihr Tagebuch, das sie während der vielen Tage und Nächte, die sich bei einer Erdumkreisung in einem niedrigen Orbit alle 90 Minuten einstellen, geschrieben hatten. Einen Tag nach dem Start berichtet Lebedew, wie sein Gefährte Anatoli Beresowoi, den er nach seinem Kosenamen Tolja nennt, in der Wohnsektion der Station eingeschlafen ist: „Ich schwebe an ihn heran, will sehen, wie er sich eingerichtet hat. Ich erblicke nur zwei Raumanzüge. Es ist dunkel. Ich berühre den Raumanzug auf dem Sofa. Tolja steckt darin. Er ist in den Anzug gekrochen, um sich vor der Kälte an Bord zu schützen. Ich wecke ihn nicht, beginne statt dessen mit meinen Tagebuchaufzeichnungen."

Zwei Tage später, nachdem sich beide an die Schwerelosigkeit gewöhnt haben, schreibt Lebedew: „Mein Befinden im Laufe des Tages ist unterschiedlich. Am Morgen ist mir etwas übel, aber nach

Mit 221 Tagen Aufenthalt in der Schwerelosigkeit stellten die Kosmonauten Walentin Lebedew und Anatoli Beresowoi 1982 einen ersten Dauerflugrekord auf, der zwei Jahre später von ihren Kollegen Leonid Kisim und Wladimir Solowjow um 26 Tage überboten wurde. (Foto: dpa)

dem Frühstück läßt das wieder nach. Eine gute Ablenkung ist die Arbeit, vorausgesetzt, sie gelingt einem. Wir haben beide inzwischen begriffen, daß das wichtigste an Bord ein geregelter Tagesablauf ist. Das ist das A und O unseres gegenwärtigen Lebens."

Einen Monat nach dem Start herrschte auf der nördlichen Halbkugel Sommer. Lebedew schilderte seine Eindrücke in Erinnerung an die nicht untergehende Sonne in den nördlichen Gebieten der Sowjetunion: „Die weißen Nächte haben begonnen. Die Sonne verschwindet fast nicht mehr hinter dem Horizont. Ihr Rand bewegt sich langsam wie hinter einem Schleier, wie hinter dem Vorhang eines Puppentheaters."

Der Alltag an Bord ist mühevoll: „Bei den gymnastischen Übungen heute morgen", hält er in seinem Tagebuch fest, „löste sich der Gurt des Stretchbandes, das die Beine belasten soll. Es ist recht interessant, wie sich der Faden in der Schwerelosigkeit benimmt. Es ist gar nicht so einfach, ihn in ein Nadelöhr zu bekommen, wenn selbst das Leichte hier oben kein Gewicht hat. Ich muß deshalb das eine Ende mit den Zähnen festhalten, um das andere durch das Nadelöhr zu ziehen."

Nach anderthalb Monaten entdeckt Lebedew erste Lücken in den Nahrungsmittelvorräten: „Wir haben alle Suppen verzehrt", schreibt er. „Jetzt geht es an den Buchweizenbrei, an die Süßigkeiten und an die Konserven. Für die ‚Franzosen', wenn sie kommen, wird wohl nicht viel übrigbleiben. Wir sind aber sicher, daß sie etwas mitbringen."

351

Der Gast aus Frankreich brachte nicht nur köstliche Speisen, sondern auch andere Überraschungen mit in den Weltraum. Lebedew erinnert sich unter dem Datum des 26. Juni 1982: „Der Spaßvogel Jean hatte eine Maske in seinem Gepäck. Als ich heute etwas suchte und mich umdrehte, sah ich plötzlich eine zottige Visage, so daß ich vor Schreck aufschrie. Als wir erkannt hatten, wer hinter der Maske steckte, haben wir alle herzlich gelacht."

Weiter schrieb er: „Nach der langen Begrüßung gingen wir alle schlafen. Ich aber nahm das dicke Paket mit der Post und begann zu lesen. Wie gut mir dabei war." Lusja und Witali, Lebedews Frau und Sohn, hatten viele Briefe mit der russischen Weltraumpost geschickt. Der Erfolg: „Danach kroch ich in den Schlafsack und schloß unter dem Eindruck der Briefe, der Unterhaltung mit den Gästen und der bevorstehenden umfangreichen Arbeit die ganze Nacht kein Auge." Ein Kosmonautenlos, wie es auf der Erde viele gibt.

Ein verpatztes Rendezvous

Nach einer Pause von vier Monaten sollte wieder neues Leben in der von Beresowoi und Lebedew verlassenen Raumstation einziehen. Von der am 20. April 1983 mit *Sojus T 8* entsandten Mannschaft mit dem Kommandanten Wladimir Titow, dem Flugingenieur Gennadi Strekalow und dem Forschungskosmonauten Alexander Serebrow hatte der letztere *Salut 7* erst vor acht Monaten verlassen. Jetzt sollte er erneut zu ihr zurückkehren. Aber die Mannschaft verfehlte die Umlaufbahn und kehrte nach nur zweitägigem Aufenthalt im Weltraum wieder heil zur Erde zurück. Zuvor hatten sie vergeblich versucht, ihren Flugplan zu korrigieren.

Das Mißgeschick war um so unverständlicher, als die Sowjets zuvor verkündet hatten, das neue automatisch arbeitende Annäherungs- und Kopplungssystem sei wesentlich störunanfälliger und damit zuverlässiger als das bisher verwendete, das von Hand bedient werden mußte.

Nach diesem Fehlschlag hatten die Kosmonauten Wladimir Ljachow und Alexander Alexandrow mit ihrem Raumschiff *Sojus T 9* zwei Monate später mehr Glück. Einen Tag nach ihrem Start am 27. Juni 1983 koppelten sie an die Station an, um offensichtlich einen neuen Dauerflugrekord anzustreben. Erstmals hatte eine Gruppe von Psychologen daran gearbeitet, der Besatzung im All ihre Einsamkeit und Abgeschlossenheit von der Umwelt besser ertragen zu helfen. Ljachow und Alexandrow konnten nunmehr im Weltraum sowjetische Fernsehsendungen empfangen. Außerdem wurde ihnen Gelegenheit gegeben, nicht nur mit ihren Verwandten und Bekannten, sondern auch mit ihren Lieblingsschauspielern und -musikern zu sprechen, die aus diesem Anlaß angeworben wurden.

Einen folgenreichen Rückschlag mußten die Sowjets am 27. September 1983 hinnehmen, als auf dem Startplatz von Tjuratam am Aralsee eine Trägerrakete vom Typ *A 2* explodierte, die offensichtlich das Raumschiff *Sojus T 10* zur Station *Salut 7* bringen sollte. Die an Bord des Raumschiffs befindlichen Kosmonauten konnten sich – wie die Sowjets nach mehrmonatigem Schweigen zugaben – durch das Absprengen ihres Raumschiffs mit Hilfe einer Rettungsrakete in Sicherheit bringen. Moskau sprach erst am 12. Dezember von einer „Havarie", ohne allerdings Einzelheiten des Unglücks zu nennen.

Mutmaßliche Folge dieses verpatzten Rendezvous' war, daß Ljachow und Alexandrow 50 Tage länger als erwartet an Bord ihrer Station verbringen mußten. Sie kehrten nach 150tägigem Aufenthalt in der Raumstation *Salut 7* am 24. November 1983 mit ihrem eigenen Raumschiff zur Erde zurück, das seit Juni an der Station angekoppelt und nach den auch von den Sowjets bekannten Raumfahrtregeln eigentlich nicht mehr betriebssicher war. Üblicherweise lassen die Besucher der Raumstation ihre Raumschiffe angekoppelt zurück, um mit einem früher zurückgelassenen wieder zur Erde zurückzukehren.

Nach einer dreimonatigen Pause folgte mit *Sojus T 10* am 8. Februar 1984 eine neue dreiköpfige Besatzung, die aus dem Kommandanten Leonid Kisim, dem Bordingenieur Wladimir Solowjow und dem Arzt Oleg Atkow bestand. Mit Atkow wurde erstmals ein Herzspezialist in den Weltraum entsandt, was auf einen neuen angestrebten Dauerrekord schließen ließ.

Kisim und Solowjow stiegen insgesamt sechsmal aus ihrer Station aus, um an ihr Wartungs- und Reparaturarbeiten durchzuführen, was auf den schlechten Zustand der Station hinweisen dürfte. Während ihres Aufenthalts legten insgesamt fünf *Progress*-Transporter an der Station an, um Treibstoff und Versorgungsgüter abzuliefern, was der zuvor beobachteten Übung entsprach. Wesentlich mehr Freude dürften den Kosmonauten die bemannten Raumschiffe gemacht haben, die während ihres Aufenthalts an *Salut 7* anlegten. Acht Tage lang war die Besatzung von *Sojus T 11*, die aus dem Kommandanten Juri Malischew, dem Bordingenieur Gennadi Strekalow und dem Inder Rakesh Sharma bestand, in *Salut 7* zu Gast. Sie waren am 3. April in Baikonur gestartet und kehrten am 11. April mit *Sojus T 10* nach Kasachstan zurück.

Ihnen folgte am 18. Juli 1984 mit *Sojus T 12* die Besatzung aus

Wladimir Faschinibekow, Igor Wolk und der Testpilotin Swetlana Sawizkaja. Erstmals in der Raumfahrtgeschichte kehrte zu diesem Zeitpunkt eine Frau in den Weltraum zurück, was drei Monate später auch die Amerikaner mit Sally Ride unternahmen. Mit ihrem auch für den Hinflug benutzten Raumschiff kehrte das Trio nach zwölftägigem Aufenthalt im Weltraum zurück.

Neuer Dauerflugrekord

Genau 237 Tage oder fast acht Monate lebten Kisim, Solowjow und Atkow in der 125 Kubikmeter großen Raumstation *Salut 7*, ehe sie den vorerst letzten, beeindruckenden Dauerflugrekord im Weltraum aufstellten. Als sie am 2. Oktober 1984 in der kasachstanischen Steppe gelandet waren, stellten Ärzte, die sie sofort untersuchten, fest, daß sie den langen Aufenthalt in der Schwerelosigkeit gut überstanden hatten. Sie waren jedoch – wie die Fernsehbilder bewiesen – sichtlich erschöpft und konnten sich in ihren Sitzen kaum rühren. Mit Behagen sogen sie die warme trockene Steppenluft ein, nachdem sie monatelang nur ein Sauerstoff-Stickstoff-Gemisch einatmen konnten, mit dem die Station ausgestattet war.

In der sowjetischen Presse wurde nach der Landung besonders die Teilnahme eines Arztes an dem Langzeitflug hervorgehoben. Atkows regelmäßig durchgeführten medizinischen Untersuchungen hätten die bisher schon gemachten reichen Erfahrungen über einen längerfristigen Aufenthalt im Weltraum vertieft und erweitert. Während des Fluges seien auch neue Geräte eingesetzt worden, um die Auswirkung schädlicher Veränderungen im menschlichen Organismus möglichst früh festzustellen. Die Auswertung der zahlreichen mitgebrachten medizinischen Daten werde mit Sicherheit dazu beitragen, daß man noch zuverlässiger und noch länger außerhalb der Erde leben und arbeiten könne.

Kisim äußerte sich zu den Chancen, möglicherweise ein ganzes Jahr eine Raumstation zu bewohnen, wie es das ausgesprochene Ziel beider großen Weltraummächte ist. „Wenn wir auf Dienstreise sind, denken wir am wenigsten an neue Rekorde. Raumflüge werden nicht der Rekorde wegen unternommen. Bei jeder Expedition muß vielmehr ein neuer Schritt in das bisher Unbekannte gewagt und getan werden." Sein Kollege Solowjow fügte hinzu: „Wir wollen die Schwierigkeiten eines Langzeitaufenthalts im Kosmos nicht verschweigen. Aber wir haben uns viele Jahre auf diese Arbeit vorbereitet, und wir waren darauf aus, unsere Aufgabe so gut wie möglich zu erfüllen."

Im Weltraum kehrt der Alltag ein

Eine neue NASA-Terminologie

Mit Beginn des neuen amerikanischen Haushaltsjahres im Oktober 1983 hatte die Raumfahrtbehörde NASA eine neue Terminologie für die Bezeichnung ihrer Raumflüge eingeführt. Anstelle der chronologischen Aufzählung, die im Hinblick auf die sich häufenden Starts nur schwer auseinanderzuhalten wären, trat jetzt eine Ziffern-Buchstaben-Kombination. Aus ihr ging das Haushaltsjahr, der Startort sowie die Reihenfolge innerhalb eines Haushaltsjahres hervor. Die erste Ziffer bezeichnet das Haushaltsjahr seit dem ersten Start des Raumtransporters, die zweite den Startort Kap Canaveral (1) oder Vandenberg (2) und der folgende Buchstabe die Startnummer.

Aus dem neunten Flug des Raumtransporters – bisher STS 9 benannt – wurde jetzt der Flug 41 A, weil er der erste Flug im vierten Haushaltsjahr war.

Erfolge und Mißerfolge in bunter Abwechslung sollten auch die folgenden Raumtransporterflüge begleiten. Der zehnte Flug – in der neuen Zählweise 41 B genannt – mit *Challenger* war ursprünglich für den 29. Januar geplant, wurde aber, weil dieses Datum auf einen Sonntag fiel, auf den folgenden 30. Januar verlegt und fand schließlich am 3. Februar statt.

Höhepunkt der achttägigen Reise war der erste freie Flug eines Astronauten ohne Sicherungsleine im Weltraum. Der 46jährige Bruce McCandless entfernte sich mit einem als Manned Maneuvring Unit (MMU) bezeichneten Raumschlitten bis zu 100 Meter von seinem durch den Weltraum rasenden Mutterschiff.

Ein großer Rückschlag ergab sich durch den Verlust der beiden mitgeführten und im Weltraum ausgesetzten Nachrichtensatelliten vom Typ Hughes *HS 376*. *Westar 6* sollte im Auftrag des amerikanischen Telefonunternehmens Western Union als zusätzliche Relaisstation für den Fernmeldeverkehr zwischen dem Festland der USA und den pazifischen Bundesstaaten Alaska und Hawaii eingesetzt werden. Die indonesische Post- und Telefonverwaltung hatte dem von ihr gekauften baugleichen Satelliten den Namen *Palapa 2* gegeben. Die Beförderung der jeweils 60 Millionen Dollar kostenden Erdtrabanten

Eines der unvergeßlichen Bilder der Raumfahrtgeschichte: Der 46jährige Astronaut Bruce McCandless benutzt während des zehnten Raumtransporterflugs vom 3. bis 11. Februar 1984 erstmals einen Raumschlitten und entfernt sich mit ihm bis zu 100 Meter von seinem Mutterschiff. (Foto: dpa)

schien eine Routineangelegenheit zu sein. Während einer ganzen Erdumkreisung blieben die tonnenförmigen Flugkörper in Sichtweite des Raumtransporters. Dann wurde ihr Payload Assist Module (PAM) genanntes Triebwerk gezündet.

Beide Satelliten entschwanden schnell im Weltraum, erreichten jedoch ihre geostationäre Umlaufbahn nicht und wurden später auf einer falschen Bahn geortet. Der Schaden wurde zunächst von Versicherungen gedeckt, die eine Schadenssumme von insgesamt 105 Millionen Dollar auszahlen mußten, während die Prämie nur sechs Millionen betragen hatte.

Nachdem McCandless den neuen Raumschlitten erprobt hatte, wagte sich auch sein Kollege Robert Stewart, der neben den Astronauten Vance Brand, Edward Gibson und dem Farbigen Robert McNair zur Mannschaft gehörte, mit ihm auf Tour. Beide unternahmen eine fünfstündige Schlittenfahrt durchs All, die fröhlich hätte genannt werden können, wenn sie nicht mit schweißtreibender Arbeit verbunden gewesen wäre.

Eine weitere Panne verhinderte, daß die Raumfahrer den zum zweitenmal mitgeführten deutschen wiederverwendbaren Satelliten SPAS 01 ansteuern konnten. Weil der Greifarm nicht richtig funktionierte, mußten sie darauf verzichten, ihn auszusetzen, den sich drehenden Satelliten wieder einzufangen, seine Drehung abzubremsen und ihn schließlich wieder in die Ladebucht zu bugsieren. Sie mußten sich damit begnügen, sich dem fest im Laderaum verankerten Satelliten frei fliegend zu nähern.

Erstmals landete das Sextett mit *Challenger* auf der Landepiste von Kap Canaveral, so daß der umständliche Transport huckepack auf einem Jumbo von der West- zur Ostküste entfiel.

Elf Menschen gleichzeitig im All

Der mehrfach bewährte Raumtransporter *Challenger* startete am 6. April 1984 unter der Flugnummer 41 C mit einer fünfköpfigen Mannschaft zum insgesamt elften Flug eines Raumtransporters. Vordringlichste Aufgabe sollte die Reparatur des Sonnensatelliten *Solar Maximum* im Weltraum sein. Der Mannschaft mit dem Kommandanten Robert Crippen, dem Piloten Francis Scobee und den Missionsspezialisten Terry Hart, George Nelson und James Adrianus van Hoften gelang dies schließlich beim dritten Versuch. Sie sparten damit der NASA mehr als 200 Millionen Dollar ein, nachdem die Reparatur nur 35 Millionen gekostet hatte. Zu den weiteren Aufgaben der Mission gehörte das Aussetzen einer zehn Tonnen schweren Plattform mit 57 Langzeitexperimenten, an deren Vorbereitung mehr als 190 Wissenschaftler aus den USA, Kanada und Westeuropa beteiligt waren.

Während sich *Challenger* im Weltraum befand, besuchte gerade die Mannschaft des sowjetischen Raumschiffs *Sojus T 11* mit dem Inder Sharma an Bord die Stammbesatzung der Station *Salut 7*, so daß sich erstmals gleichzeitig elf Menschen im Weltraum befanden. Die gelungene Reparatur ermunterte die NASA, auch die beiden gestrandeten Satelliten *Westar 6* und *Palapa 2* einzufangen, um einen neuen Startversuch zu wagen. Beide Satelliten umkreisten die Erde in einer elliptischen Bahn, deren niedrigster Punkt bei 166 Kilometer und deren höchster bei 1 064 Kilometer lag. Für diese Aufgabe wurde der 14. Raumtransporterflug 51 B bestimmt.

Erhebliche Anlaufschwierigkeiten mußte die NASA dann beim ersten Start ihres dritten Raumtransporters *Discovery* in Kauf nehmen. Der zwölfte Flug oder 41 D mußte wegen eines Fehlers im Bordcomputer sowohl am 25. Juni 1984 wie auch am folgenden Tag abgesagt werden. Da der Fehler nicht aufgedeckt werden konnte, mußten die Verantwortlichen in den sauren Apfel beißen und *Discovery* noch einmal von der Startrampe in das Montagegebäude rollen lassen, wo eines der drei Haupttriebwerke ausgewechselt wurde. Auch der schließlich am 29. August angesetzte Starttermin mußte noch einmal auf den 30. August verschoben werden, ehe die Fähre zu ihrem Jungfernflug starten konnte.

Es dauerte weitere 14 Tage, bis die NASA die Ursache für die dreifache Startverzögerung herausgefunden hatte. Sie lag in der unzu-

Erste Satelliten-Reparatur im Weltraum: Während des elften Raumtransporterflugs konnte der defekte Sonnensatellit Solarmax wieder instand gesetzt werden. Die NASA ersparte sich durch die Tüchtigkeit der Nutzlastspezialisten George Nelson (links) und James van Hoften 200 Millionen Dollar. (Foto: dpa)

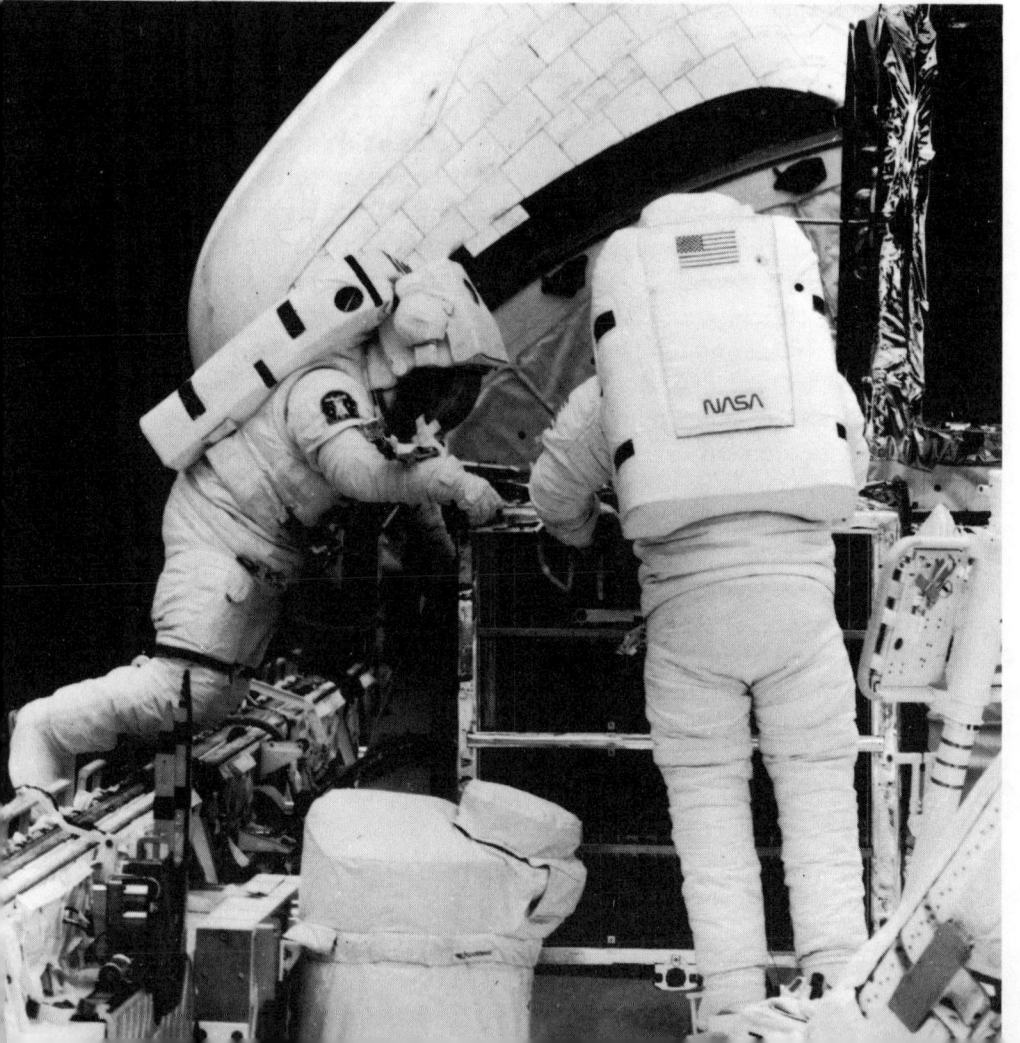

reichenden Qualitätskontrolle eines nur Bruchteile eines Quadratmillimeters großen elektronischen Bauteils, das von dem amerikanischen Unternehmen Texas Instruments (TI) in einer Billigfabrik in Taiwan in Auftrag gegeben worden war. Das Unternehmen, das mit solchen Winzlingen für Massenwaren wie Uhren, Miniradios, Kassettenrecorder und Taschenrechner ins Geschäft gekommen war und sich dann zu einem Spezialisten für hochintegrierte Schaltungen entwickelt hatte, traf es hart, daß es von der NASA der Nachlässigkeit bei der Überprüfung so wichtiger Bauteile bezichtigt wurde. Es sah sich gezwungen, einen Auslieferungsstopp über die beanstandete Serie zu verhängen und Geschäftseinbußen in Kauf zu nehmen, zumal Chips dieser Art auch in 50 modernen Waffensystemen der US-Streitkräfte eingebaut waren.

An Bord der *Discovery* befanden sich neben Kommandant Henry Hartsfield, seinem Piloten Michael Coat sowie den Missionsspezialisten Steve Hawley, Ehemann der bereits weltraumerfahrenen Sally Ride, und Richard Mullane auch Judy Resnik, die zweite ins All entsandte Amerikanerin, und als erster privater Mitreisender der 35jährige Testingenieur Charles Walker. Von seiner Firma McDonnell Douglas war ihm für 35000 Dollar ein Arbeitsplatz in der Schwerelosigkeit gekauft worden, um die Herstellung eines Hormonpräparats zu versuchen, mit dem unheilbare Krankheiten behandelt werden sollten. Die Besatzung setzte auch erstmals drei von Hughes gebaute Nachrichtensatelliten für zwei private amerikanische Kunden und die US-Marine aus. Zugleich wurde ein Sonnensegel von der Größe eines dreistöckigen Hauses ausgefahren, mit dem zusätzliche Energie gewonnen wurde.

Probleme schuf während des Flugs ein 50 Zentimeter langer Eiszapfen, der sich am Abwasserausfluß des Raumtransporters gebildet hatte. Es bestand die Gefahr, daß er sich beim Wiedereintritt in die Atmosphäre lösen und die empfindliche Außenhaut der Fähre beschädigen würde. Kommandant Hartsfield setzte sich höchstpersönlich an den Greifarm und schlug mit ihm den Zapfen ab. Weil durch die Eisbildung auch die Bordtoiletten verstopft waren, mußte die sechsköpfige Besatzung – wieder einmal – auf die Benutzung der Anlagen verzichten und statt dessen Papiertüten benutzen.

Einen ungewohnten Anblick bot die Astronautin Judy Resnik während des Flugs. Weil sie ihre üppige Haarpracht den männlichen Mitreisenden in voller Schönheit präsentieren wollte, hatte sie auf die Mitnahme einer Haube oder eines Haarreifens verzichtet. In der Schwerelosigkeit stand ihr der Kopfschmuck buchstäblich zu Berge.

Sieben auf einen Streich

Beim nächsten Start der *Challenger* am 5. Oktober 1984 zum Flug 51 A befanden sich erstmals sieben Menschen an Bord eines Raumfahrzeugs, darunter zwei Frauen: die zum zweitenmal ins All aufgebrochene Sally Hawley, geborene Ride, und ihre Landsmännin Kathryn Sullivan. Das Abheben in Kap Canaveral erfolgte zwar auf Anhieb, aber auch der dreizehnte Flug eines Raumtransporters blieb von Mißgeschicken nicht verschont.

Die beiden Frauen an Bord mußten schon am ersten Tag als Pannenhelfer einspringen und zwei nicht ganz ausgefahrene Schüsselantennen funktionsfähig machen. Auch eisige Probleme tauchten wieder auf, weil diesmal die Klimaanlage nicht einwandfrei arbeitete und die Temperatur im Mannschaftsabteil auf 32 Grad Celsius anstieg. In der Flugkontrolle von Houston wunderte sich keiner, daß prompt der Abwasserabfluß wieder vereiste, worauf man diesmal den Stutzen erhitzte, wenn die Anlage benutzt wurde.

Auf menschliches Versagen war diesmal der Ausfall des Relaissatelliten TDRSS zurückzuführen. Die zuständige Bodenkontrolle hatte einfach vergessen, ihn einzuschalten, damit er die in großer Anzahl anfallenden Radardaten zur Erde übertragen konnte. Aufgenommen wurden vor allem Gebiete in Skandinavien, der Nordsee und der Bundesrepublik, wobei als Schwerpunkt die Landschaft zwischen Freiburg und dem Kaiserstuhl ausgewählt worden war. Gleichfalls geplante Aufnahmen vom Amazonas und der indonesischen Inselwelt mußten auf einen späteren Zeitpunkt verschoben werden, weil die Zeit nicht ausreichte.

Mit zweitägiger Verspätung begannen auch Kathryn Sullivan und David Leestma einen Weltraumspaziergang, um eine neue Auftankvorrichtung zu erproben, mit der später Satelliten mit neuem Treibstoff versehen werden sollen. Die Amerikanerin war damit nach der Russin Swetlana Sawizkaja die zweite Frau, die sich frei im Weltraum aufhielt. Als zweiter Ausländer nach dem Deutschen Ulf Merbold war der Kanadier Marc Garneau an Bord, von Beruf Fregattenkapitän, dem ebenfalls wissenschaftliche Aufgaben übertragen worden waren.

Inzwischen waren keine Zweifel mehr daran erlaubt, daß mit dem Raumtransporter der Alltag seinen Einzug in den Weltraum genommen hatte. Mit seiner Hilfe ließen sich immer häufigere und in absehbarer Zukunft auch ständige Aufenthalte in der Schwerelosigkeit bewerkstelligen. Er gestattete – wie es seine Planer vorausgesagt hatten – einen technisch einfachen, transportmäßig bequemen und wirtschaftlich erschwinglichen Zugang zum erdnahen Weltraum. Mit

360

ihm ließ sich der größte Teil der bewohnten Erde, aber auch die Sonne und der entfernte Weltraum intensiv beobachten.

Raumtransporter und Raumlabor tragen auch weiterhin dazu bei, daß die Erde aus der Perspektive des Weltalls neu entdeckt werden kann. Wegen der großen Transportkapazität des *Space Shuttle*, der bis zu 30 Tonnen in eine niedrige Erdumlaufbahn schleppen kann, können auch größere und schwerere Satelliten mitgeführt werden. Zugleich sinken die Anforderungen, die an ihre Baufestigkeit gestellt werden müssen, weil die aerodynamischen Belastungen in dem geschützten Laderaum geringer sind als in dem Nutzlastabteil einer Rakete.

Nicht weniger erfolgreich war der 14. und letzte Raumtransporterflug des Jahres 1984, der mit eintägiger Verspätung am 8. November begann und acht Tage später am 16. November auf der Landebahn von Kap Canaveral endete. Mit dem in der NASA-Zählweise 51 B genannten Unternehmen gelang den Amerikanern wieder einmal eine Premiere im All: Erstmals bargen sie nämlich die beiden mit dem 41-B-Flug nicht in ihre geostationäre Umlaufbahn gelangten Nachrichtensatelliten *Palapa 2* und *Westar 6* und brachten sie wieder zur Erde zurück, von wo sie nach einer gründlichen Inspektion und Reparatur wieder gestartet werden sollten. NASA und Versicherungsgesellschaften, die für den Verlust neunstellige Dollarsummen aufbringen mußten, atmeten erleichtert auf. Mit dieser Abschleppaktion im Weltraum war demonstriert worden, welche technischen Möglichkeiten in dem Einsatz von bemannten Raumtransportern stecken und welche Vorteile sie gegenüber dem Verlustgerät Trägerrakete aufweisen, bei der Fehlschläge und Pannen nicht so leicht zu korrigieren sind.

Nachdem die mit einer fünfköpfigen Besatzung gestartete *Discovery* (mit Kommandant Fredrick Hauck und Pilot David Walker) am zweiten Flugtag den kanadischen Satelliten *Anik D 2* und 24 Stunden später den Satelliten *Syncom IV-1* für die amerikanische Marine abgesetzt hatte, begann eine in der Raumfahrtgeschichte zuvor nicht gekannte Satellitenjagd. Am fünften Flugtag war der indonesische „Irrwisch" *Palapa 2* nach zahlreichen Kurskorrekturen des Raumtransporters in Sichtweite gekommen. Sechs Stunden, zwei Minuten und 45 Sekunden benötigten dann die beiden Astronauten Joseph Allan und Dave Gardner bei ihren mit Raumschlitten ausgeübten Außenbordmanövern, den Satelliten einzufangen und ihn in der Frachtluke der Fähre zu verstauen.

Allan benutzte zum Einfangen des 2,7 Meter hohen und 2,1 Meter breiten tonnenförmigen Flugkörpers eine *Stinger* genannte Harpune, mit der er ihn zu sich heranziehen und seine Rotation zum Stoppen

Die erste Bergung eines Satelliten im Weltraum gelang während des 14. Raumtransporterflugs vom 8. bis 16. November 1984: Dale Gardner (links) und Joe Allen hieven mit Hilfe des kanadischen Lastkrans den nicht auf seine geostationäre Umlaufbahn gelangten Nachrichtensatelliten Westar an Bord des Raumtransporters Discovery, was ihnen zuvor schon mit dem indonesischen Satelliten Palapa gelungen war. (Foto: dpa)

bringen konnte. Bis zur Annäherung des drei Viertel Tonnen schweren Satelliten an die Raumfähre verlief das Manöver programmgemäß. Als der 15 Meter ausgefahrene Greifarm von *Discovery* das Strandgut aus dem Weltraum jedoch an den Haken nehmen sollte, stellte sich heraus, daß die Halterung des Satelliten nicht paßte. Mit neun Schrauben mußte eine zweite Halterung angebracht werden, was anderthalb Stunden oder eine ganze Erdumkreisung in Anspruch nahm.

Allan mußte während dieser Zeit den Satelliten mit seiner Harpune in Zaum halten, damit er nicht wieder entkam. Die Aufgabe war um so schwieriger, als er dabei höllisch aufpassen mußte, daß *Palapa* nicht die Außenwand des Raumtransporters mit den für den Wiedereintritt in die Erdatmosphäre lebenswichtigen Hitzekacheln beschädigte. Auf die Frage von Kommandant Frederick Hauck, wie er sich fühle, antwortete Allan daher: „Nicht gerade behaglich."

Als zu allem Überfluß auch noch der Schraubenzieher abbrach, schien ein neues Weltraum-Debakel perfekt zu sein. Allen und Gardner schafften es jedoch schließlich, *Palapa* auch ohne Hilfe des Greifarms in die Ladebucht zu bugsieren. Nachdem sie eine eintägige Ruhepause eingelegt hatten, ging die Bergung von *Westar* am siebten Tag des Unternehmens reibungslos über die Weltraum-Bühne, auf der die Amerikaner in Abwesenheit der Russen ausnahmsweise einmal allein agieren konnten.

Eine weitere Ersttat bedeutete es, daß mit der 35jährigen Medizinerin Anna Fisher erstmals eine Mutter im All weilte. Mehrere Male wurde ihr Gelegenheit geboten, mit ihrer 15monatigen Tochter Kristin im Kontrollzentrum von Clear Lake City bei Houston zu sprechen. Aus diesem Anlaß wurde eine Fernsehbrücke zur *Discovery* geschaltet, so daß Kristin ihre Mutter überlebensgroß auf einem Bildschirm beobachten konnte. Anna Fisher wurde von ihren vier männlichen Kollegen an Bord „Münchner Kindl" genannt, weil ihre in die USA eingewanderte Mutter aus der bayerischen Landeshauptstadt stammte und das bayerische Idiom der ersten Weltraum-Mutter geläufig war.

Geheimniskrämerei um Challenger

Der ursprünglich für den 8. Dezember 1984 geplante Flug des Raumtransporters *Challenger* mußte auf unbestimmte Zeit verschoben werden, weil es wieder einmal Probleme mit den Hitzekacheln gab. Bereits nach der Rückkehr des Raumtransporters von seinem sechsten Raumflug am 13. Oktober war festgestellt worden, daß ein chemisches Glättungsmittel zwischen der Metallhaut der Fähre und den Keramikkacheln weich geworden war, so daß der Hitzeschutz nicht mehr fest am Raumtransporter haftete. Einzelne Kacheln waren sogar abgefallen, so daß ganze Partien entfernt, ein neues Glättungsmittel aufgetragen und die genau passenden Kacheln wieder angebracht werden mußten. Das alles versprach, eine zeitraubende Prozedur zu werden, so daß ein neuer Starttermin zunächst nicht angegeben werden konnte.

Die erneute Panne war um so problematischer, als es sich bei dem geplanten *Challenger*-Flug um eine im Auftrag der amerikanischen Luftwaffe durchgeführte Mission handelte. Erstmals sollte auch ein aktiver Luftwaffen-Offizier, der 37jährige Major Gary Payton aus Rock Island, an dem Unternehmen teilnehmen. Payton war der erste aus einer Gruppe von 25 Ingenieur-Astronauten, die vom Verteidigungsministerium in Washington für militärische Weltraumflüge ausgesucht worden waren und die in den kommenden Jahren häufig eingesetzt werden sollen. Die Namen der anderen Offiziere sollen erst kurz vor einem Start bekanntgegeben werden.

Mit der Koppelung von zivilen und militärischen Raumtransporterflügen begann zugleich eine Geheimniskrämerei, die bei der NASA zuvor nicht üblich gewesen war. Bislang waren die Informationen so zahlreich geflossen, daß nur die Fachpresse genügend Platz fand, sie alle zu verwenden. Für die Pressearbeit hatte die amerikanische Raumfahrtbehörde schon immer viel Geld ausgegeben. Ganze Bündel von Informationsmaterial und Broschüren wurden und werden zur beliebigen Verwendung durch die Journalisten, Rundfunk- und Fernsehreporter zur Verfügung gestellt.

Am Raketenstartplatz Kap Canaveral und beim Kontrollzentrum Houston werden umfangreiche Pressezentren unterhalten, in denen die Berichterstatter alle Einrichtungen vorfinden, die sie für das Verfassen und die Übermittlung ihrer Berichte in die Heimatredaktionen benötigen. An allen Plätzen stehen überdies zahlreiche Informanten zur Verfügung, die bereitwillig Auskünfte erteilen oder sie so schnell wie möglich beschaffen, wenn sie selbst über bestimmte Einzelheiten nicht Bescheid wissen.

Diese großzügige Informationspolitik sollte mit dem 15. Start eines Raumtransporters eingeschränkt werden, weil die Militärs darauf bestanden. So sollte der Starttermin, also Tag und genaue Uhrzeit, nicht im voraus – wie sonst üblich – veröffentlicht werden, um den Sowjets keine Gelegenheit zu geben, den zum Absetzen eines militärischen Aufklärungssatelliten gestarteten Raumtransporter von Anfang an zu orten und aus seiner Umlaufbahn Rückschlüsse auf die des Satelliten ziehen zu können. Auch die Dauer des Flugs sollte zunächst geheimgehalten werden.

Zusätzlich sollte das unmittelbar am wolkenkratzerhohen Montagegebäude der NASA gelegene Pressezentrum von Kap Kennedy während der Vorbereitungszeit des militärischen Unternehmens geschlossen werden, damit keine Fotos von der Nutzlast gemacht werden konnten. Zudem sollten alle Techniker von den Montagearbeiten ausgeschlossen werden, deren Zuverlässigkeit nicht über alle Zweifel erhaben war oder die nicht unbedingt bei diesen Arbeiten benötigt wurden.

Die US-Luftwaffe hält solche Vorsichtsmaßnahmen für angebracht, solange sie ihre Weltraumflüge noch vom NASA-Startgelände in Kap Canaveral aus durchführen muß, weil ihr eigener militärischer Weltraumbahnhof im kalifornischen Vandenberg nördlich von Los Angeles noch nicht fertiggestellt ist. Von hier aus will die Luftwaffe von 1986 an jährlich bis zu zehn Geheimmissionen starten, bei denen große, „Himmelsspione" genannte Aufklärungssatelliten ausgesetzt, wenn nötig wieder eingefangen oder Weltraumwaffen erprobt werden sollen. Einen Vorteil bietet dabei die geographische Lage. Von Vandenberg aus können – anders als in Florida – Raketen oder Raumtransporter in nördliche Richtung verschossen und damit auf polare Umlaufbahnen gebracht werden, die es ermöglichen, alle bewohnten Teile der Erde und damit auch die ganze Sowjetunion zu überfliegen.

Auch eine fünf Kilometer lange Rollbahn ist in Vandenberg gebaut worden, die es ermöglicht, daß der Raumtransporter wieder an seinem Startort landen und schneller für seinen nächsten Flug vorbereitet werden kann. Mit der Inbetriebnahme von Vandenberg wird hier die *Discovery* stationiert werden, die in Zukunft alle militärischen Raumflüge der USA ausführen soll. Kommandanten und Piloten der Raumfähre werden weiterhin von der NASA gestellt, die Luftwaffe wird jedoch mehr und mehr ihre Geheim-Astronauten einsetzen, die für besondere Aufgaben im Weltraum ausgebildet worden sind. Ihre Zahl soll in absehbarer Zeit auf 50 erhöht werden, während das Astronautenkorps der NASA aus 80 Frauen und Männern besteht.

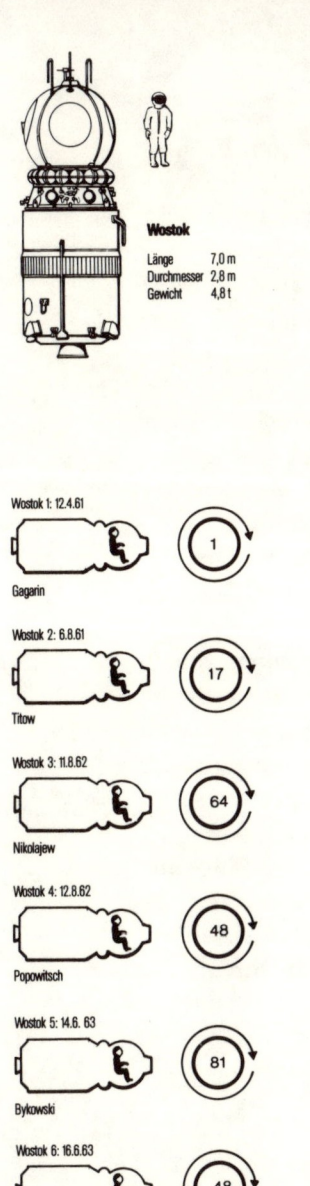

Wostok
Länge   7,0 m
Durchmesser 2,8 m
Gewicht   4,8 t

Wostok 1: 12.4.61
Gagarin — 1

Wostok 2: 6.8.61
Titow — 17

Wostok 3: 11.8.62
Nikolajew — 64

Wostok 4: 12.8.62
Popowitsch — 48

Wostok 5: 14.6.63
Bykowski — 81

Wostok 6: 16.6.63
Tereschkowa   Erste Frau im Weltraum — 48

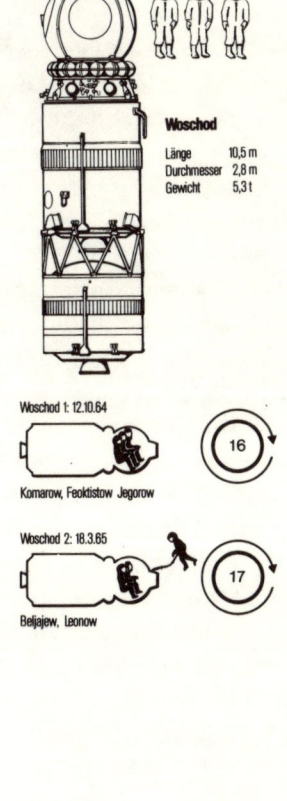

Woschod
Länge   10,5 m
Durchmesser   2,8 m
Gewicht   5,3 t

Woschod 1: 12.10.64
Komarow, Feoktistow Jegorow — 16

Woschod 2: 18.3.65
Beljajew, Leonow — 17

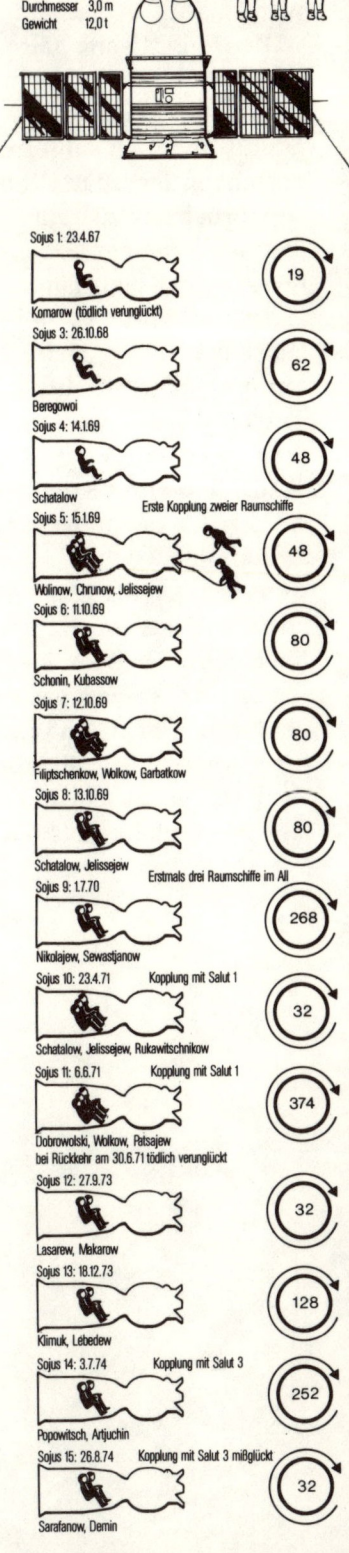

Sojus
Länge   7,2 m
Durchmesser 3,0 m
Gewicht   12,0 t

Sojus 1: 23.4.67
Komarow (tödlich verunglückt) — 19

Sojus 3: 26.10.68
Beregowoi — 62

Sojus 4: 14.1.69
Schatalow — 48

Erste Kopplung zweier Raumschiffe

Sojus 5: 15.1.69
Wolinow, Chrunow, Jelissejew — 48

Sojus 6: 11.10.69
Schonin, Kubassow — 80

Sojus 7: 12.10.69
Filiptschenkow, Wolkow, Garbatkow — 80

Sojus 8: 13.10.69
Schatalow, Jelissejew — 80

Erstmals drei Raumschiffe im All

Sojus 9: 1.7.70
Nikolajew, Sewastjanow — 268

Sojus 10: 23.4.71   Kopplung mit Salut 1
Schatalow, Jelissejew, Rukawitschnikow — 32

Sojus 11: 6.6.71   Kopplung mit Salut 1
Dobrowolski, Wolkow, Patsajew
bei Rückkehr am 30.6.71 tödlich verunglückt — 374

Sojus 12: 27.9.73
Lasarew, Makarow — 32

Sojus 13: 18.12.73
Klimuk, Lebedew — 128

Sojus 14: 3.7.74   Kopplung mit Salut 3
Popowitsch, Artjuchin — 252

Sojus 15: 26.8.74   Kopplung mit Salut 3 mißglückt
Sarafanow, Demin — 32

Anzahl der
Erdumrundungen

Aufenthalt
außerhalb des
Raumflugkörpers

Bemannte Raumflüge der UdSSR

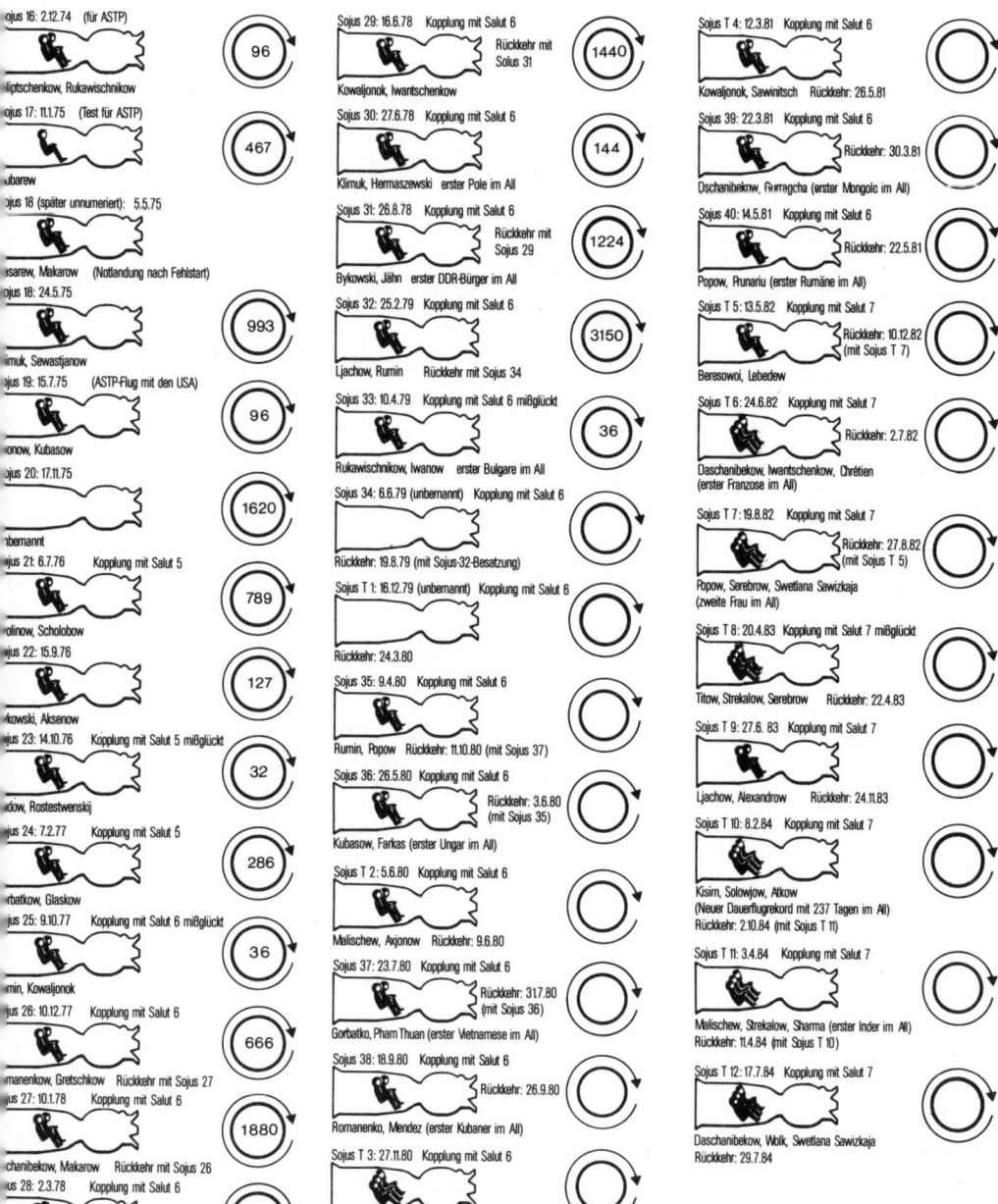

ojus 16: 2.12.74 (für ASTP) — 96
liptschenkow, Rukawischnikow

ojus 17: 11.1.75 (Test für ASTP) — 467
ubarew

ojus 18 (später unnumeriert): 5.5.75
asarew, Makarow (Notlandung nach Fehlstart)

ojus 18: 24.5.75 — 993
imuk, Sewastjanow

ojus 19: 15.7.75 (ASTP-Flug mit den USA) — 96
onow, Kubasow

ojus 20: 17.11.75 — 1620
nbemannt

jus 21: 6.7.76 Kopplung mit Salut 5 — 789
olinow, Scholobow

jus 22: 15.9.76 — 127
kowski, Aksenow

jus 23: 14.10.76 Kopplung mit Salut 5 mißglückt — 32
dow, Rostestwenskij

jus 24: 7.2.77 Kopplung mit Salut 5 — 286
batkow, Glaskow

jus 25: 9.10.77 Kopplung mit Salut 6 mißglückt — 36
min, Kowaljonok

jus 26: 10.12.77 Kopplung mit Salut 6 — 666
manenkow, Gretschkow Rückkehr mit Sojus 27

jus 27: 10.1.78 Kopplung mit Salut 6 — 1880
chanibekow, Makarow Rückkehr mit Sojus 26

us 28: 2.3.78 Kopplung mit Salut 6 — 144
barjow, Remek erster Tscheche im All

Sojus 29: 16.6.78 Kopplung mit Salut 6 — Rückkehr mit Solus 31 — 1440
Kowaljonok, Iwantschenkow

Sojus 30: 27.6.78 Kopplung mit Salut 6 — 144
Klimuk, Hermaszewski erster Pole im All

Sojus 31: 26.8.78 Kopplung mit Salut 6 — Rückkehr mit Sojus 29 — 1224
Bykowski, Jähn erster DDR-Bürger im All

Sojus 32: 25.2.79 Kopplung mit Salut 6 — 3150
Ljachow, Rumin Rückkehr mit Sojus 34

Sojus 33: 10.4.79 Kopplung mit Salut 6 mißglückt — 36
Rukawischnikow, Iwanow erster Bulgare im All

Sojus 34: 6.6.79 (unbemannt) Kopplung mit Salut 6
Rückkehr: 19.8.79 (mit Sojus-32-Besatzung)

Sojus T 1: 16.12.79 (unbemannt) Kopplung mit Salut 6
Rückkehr: 24.3.80

Sojus 35: 9.4.80 Kopplung mit Salut 6
Rumin, Popow Rückkehr: 11.10.80 (mit Sojus 37)

Sojus 36: 26.5.80 Kopplung mit Salut 6 — Rückkehr: 3.6.80 (mit Sojus 35)
Kubasow, Farkas (erster Ungar im All)

Sojus T 2: 5.6.80 Kopplung mit Salut 6
Malischew, Axjonow Rückkehr: 9.6.80

Sojus 37: 23.7.80 Kopplung mit Salut 6 — Rückkehr: 31.7.80 (mit Sojus 36)
Gorbatko, Pham Thuan (erster Vietnamese im All)

Sojus 38: 18.9.80 Kopplung mit Salut 6 — Rückkehr: 26.9.80
Romanenko, Mendez (erster Kubaner im All)

Sojus T 3: 27.11.80 Kopplung mit Salut 6
Kisim, Makarow, Strekalow
Rückkehr: 10.12.80

Sojus T 4: 12.3.81 Kopplung mit Salut 6
Kowaljonok, Sawinitsch Rückkehr: 26.5.81

Sojus 39: 22.3.81 Kopplung mit Salut 6 — Rückkehr: 30.3.81
Dschanibeknw, Gurragcha (erster Mongole im All)

Sojus 40: 14.5.81 Kopplung mit Salut 6 — Rückkehr: 22.5.81
Popow, Prunariu (erster Rumäne im All)

Sojus T 5: 13.5.82 Kopplung mit Salut 7 — Rückkehr: 10.12.82 (mit Sojus T 7)
Beresowoi, Lebedew

Sojus T 6: 24.6.82 Kopplung mit Salut 7 — Rückkehr: 2.7.82
Daschanibekow, Iwantschenkow, Chrétien (erster Franzose im All)

Sojus T 7: 19.8.82 Kopplung mit Salut 7 — Rückkehr: 27.8.82 (mit Sojus T 5)
Popow, Serebrow, Swetlana Sawizkaja (zweite Frau im All)

Sojus T 8: 20.4.83 Kopplung mit Salut 7 mißglückt
Titow, Strekalow, Serebrow Rückkehr: 22.4.83

Sojus T 9: 27.6. 83 Kopplung mit Salut 7
Ljachow, Alexandrow Rückkehr: 24.11.83

Sojus T 10: 8.2.84 Kopplung mit Salut 7
Kisim, Solowjow, Atkow
(Neuer Dauerflugrekord mit 237 Tagen im All)
Rückkehr: 2.10.84 (mit Sojus T 11)

Sojus T 11: 3.4.84 Kopplung mit Salut 7
Malischew, Strekalow, Sharma (erster Inder im All)
Rückkehr: 11.4.84 (mit Sojus T 10)

Sojus T 12: 17.7.84 Kopplung mit Salut 7
Daschanibekow, Wolk, Swetlana Sawizkaja
Rückkehr: 29.7.84

Bemannte Raumflüge der UdSSR

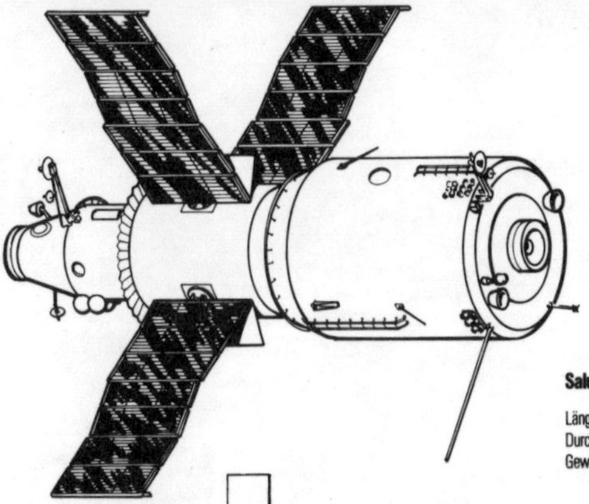

Salut

Länge 15,00 m
Durchmesser 4,15 m
Gewicht 19 t

Sojus T 13: 6.6. 85   Kopplung mit Salut 7

Dschanibekow, Sawinitsch

Salut 1: 19.4.71–11.10.71

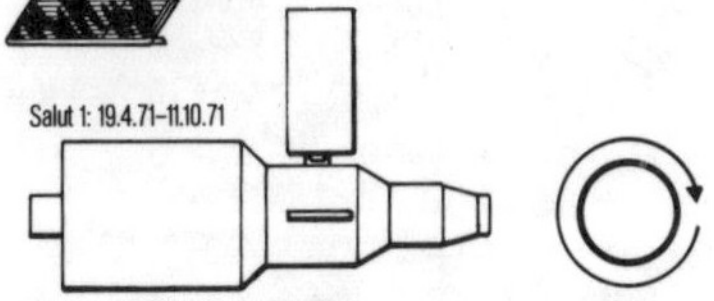

Kopplung mit Sojus 10 und Sojus 11

Salut 2: 3.4.73

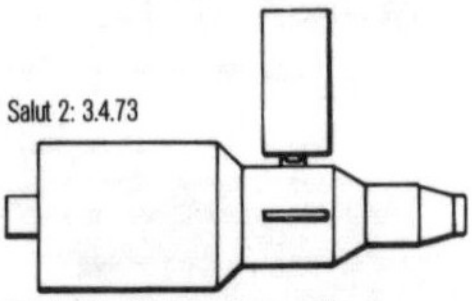

Bei Eintritt in die Erdumlaufbahn ein Wrack

Salut 3: 25.6.74–24.1.75

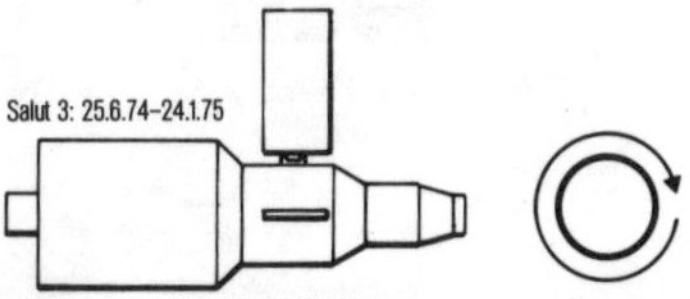

Kopplung mit Sojus 14, mit Sojus 15 mißglückt

Salut 4: 26.12.74–3.2.77

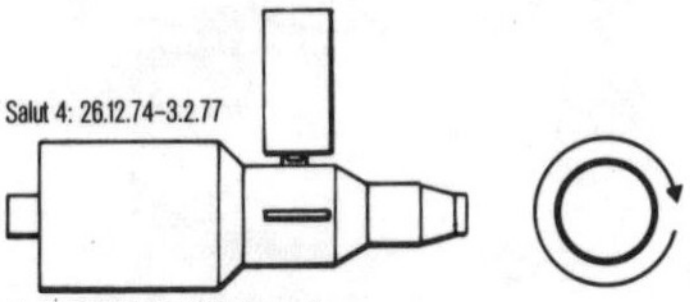

Kopplung mit Sojus 20 (unbemannt)

Salut 5: 22.6.76–8.8.77

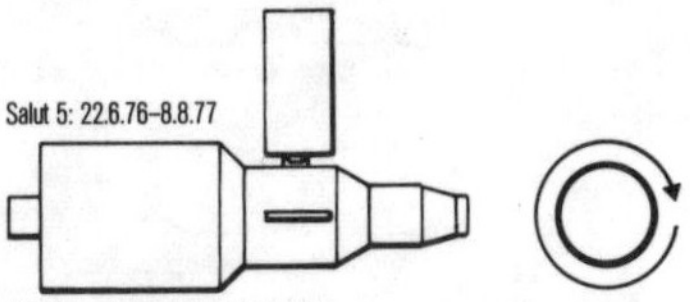

Kopplung mit Sojus 21, mit Sojus 24
mit Sojus 23 mißglückt.

Salut 6: 29.9.77–28.7.82

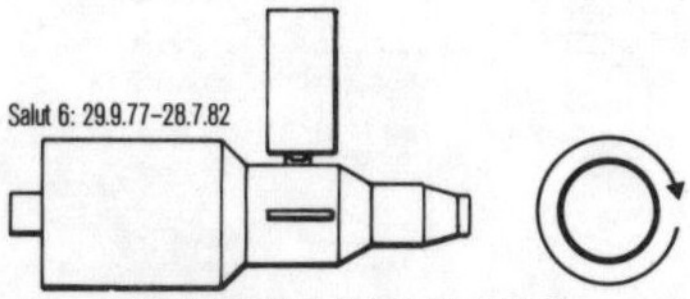

Kopplung mit Sojus 26, 27, 28, 29, 30, 30, 31, 32, 34, 35, 36,
37, 38, 39, 40, T 1, T 2, T 3 und T 4.
Mißlungene Kopplungsmanöver mit Sojus 25 und 33

Salut 7: 20.4.81

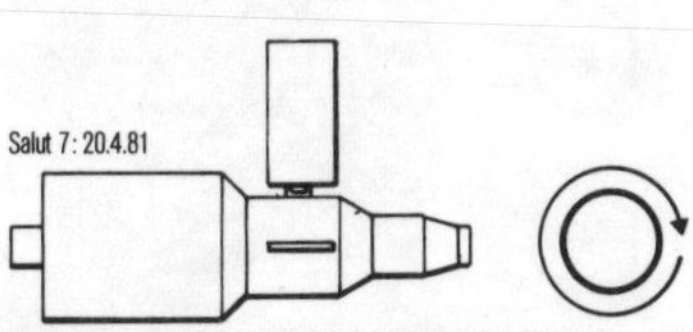

Kopplungsmanöver mit Sojus T 5, T 6, T 7, T 9, T 10, T 11, T 12, T 13
Mißlungenes Kopplungsmanöver mit Sojus T 8

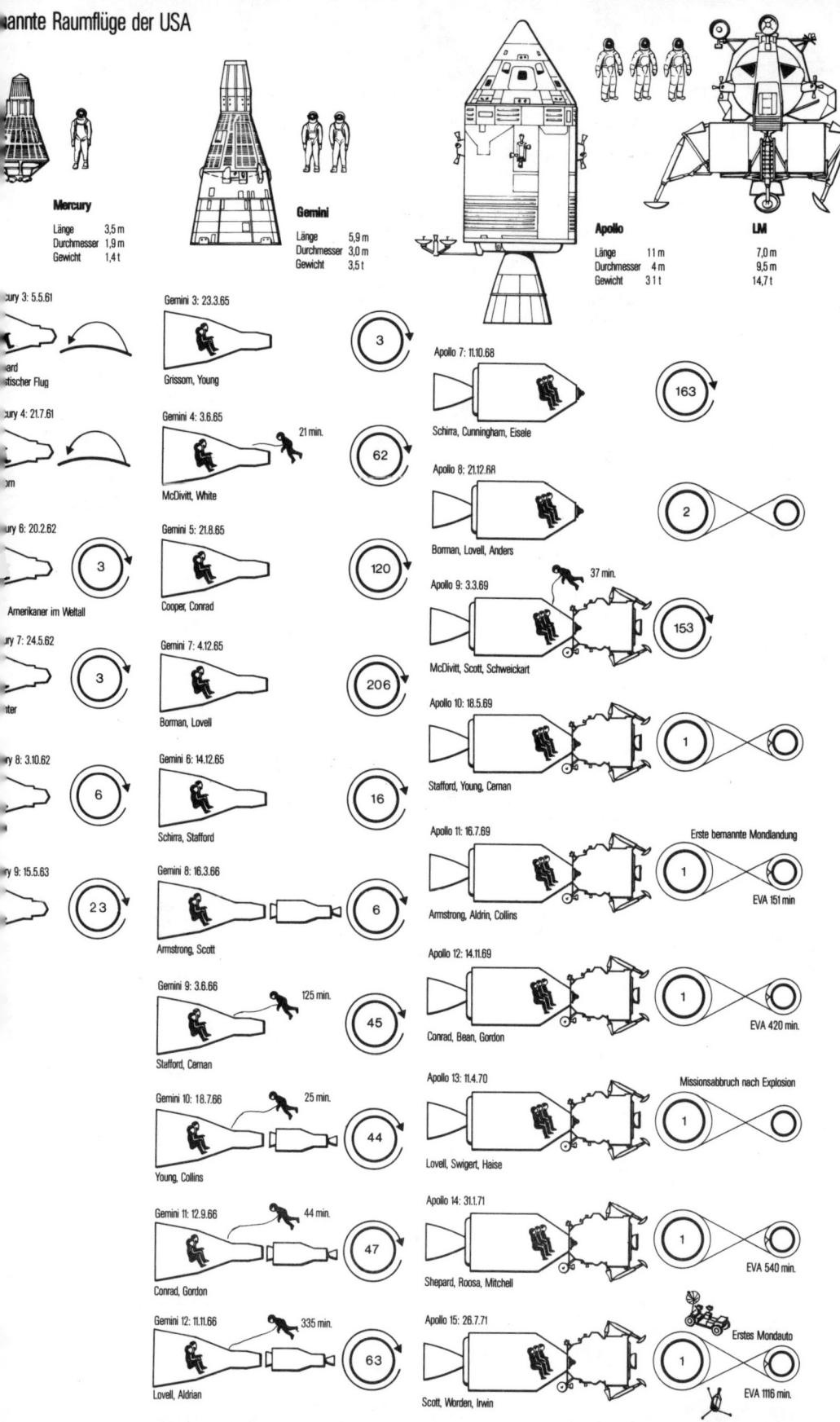

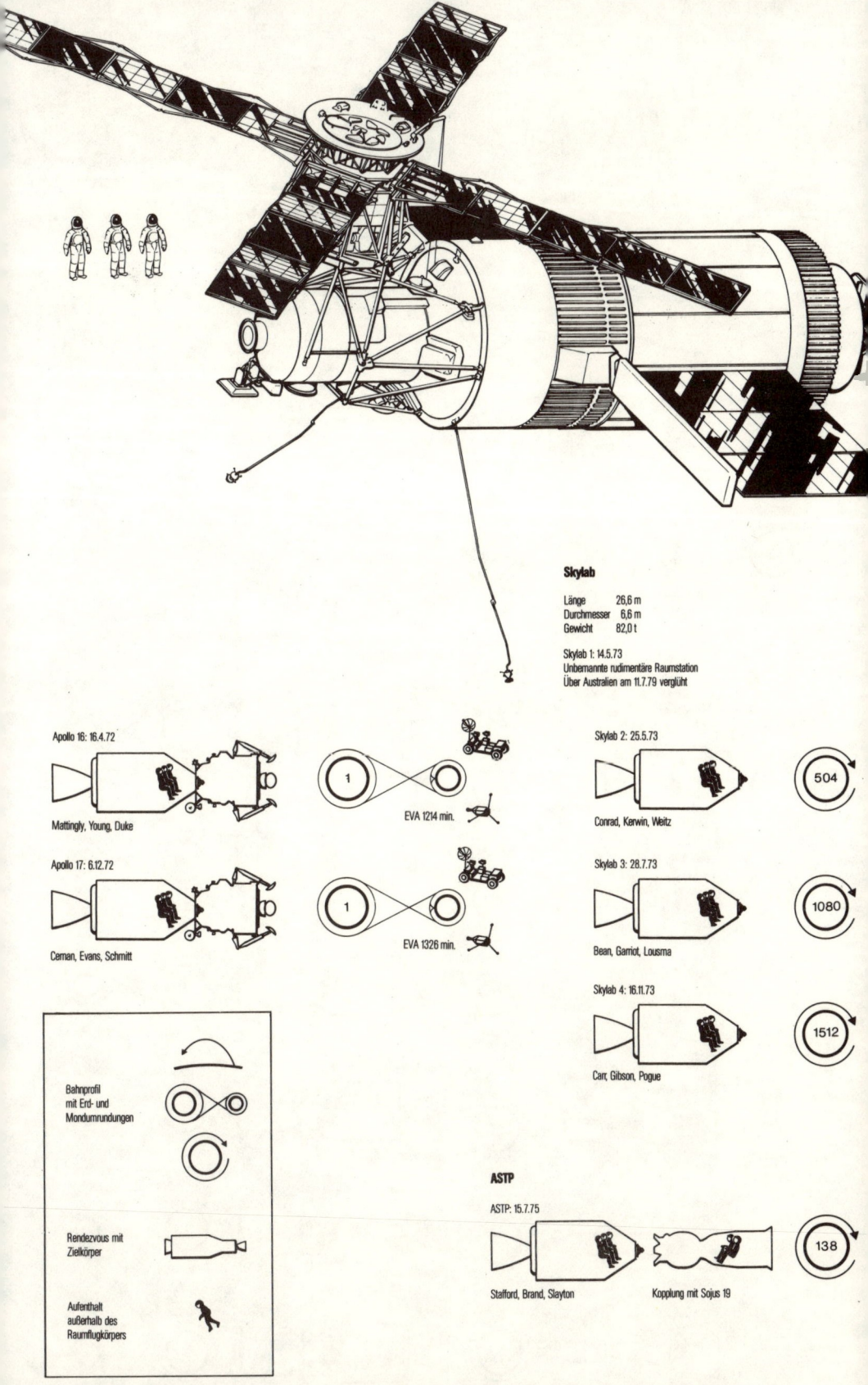

Skylab

Länge   26,6 m
Durchmesser 6,6 m
Gewicht   82,0 t

Skylab 1: 14.5.73
Unbemannte rudimentäre Raumstation
Über Australien am 11.7.79 verglüht

Apollo 16: 16.4.72

Mattingly, Young, Duke

EVA 1214 min.

Apollo 17: 6.12.72

Cernan, Evans, Schmitt

EVA 1326 min.

Skylab 2: 25.5.73

Conrad, Kerwin, Weitz

504

Skylab 3: 28.7.73

Bean, Garriot, Lousma

1080

Skylab 4: 16.11.73

Carr, Gibson, Pogue

1512

Bahnprofil
mit Erd- und
Mondumrundungen

Rendezvous mit
Zielkörper

Aufenthalt
außerhalb des
Raumflugkörpers

ASTP

ASTP: 15.7.75

Stafford, Brand, Slayton

Kopplung mit Sojus 19

138

Space Shuttle

e Transport System (STS) mit Orbiter, Tank für Flüssigkeitstreibstoffe und zwei Feststoffraketen

e	56,14 m	Orbiter		
e	23,79 m	Länge	37,24 m	
gewicht	2041 to	Höhe	17,27 m	
mtschub		Spannweite	23,79 m	
aupttriebwerke + 2 Raketen) 30,6 Mio Newton		Ladebucht Länge	18,28 m	
last	28 to	Ladebucht Breite	4,57 m	

STS 1 (Columbia):
Young, Crippen
12.4.81
Landung: 14.4.81 in Edwards Air Force Base (Kalifornien)

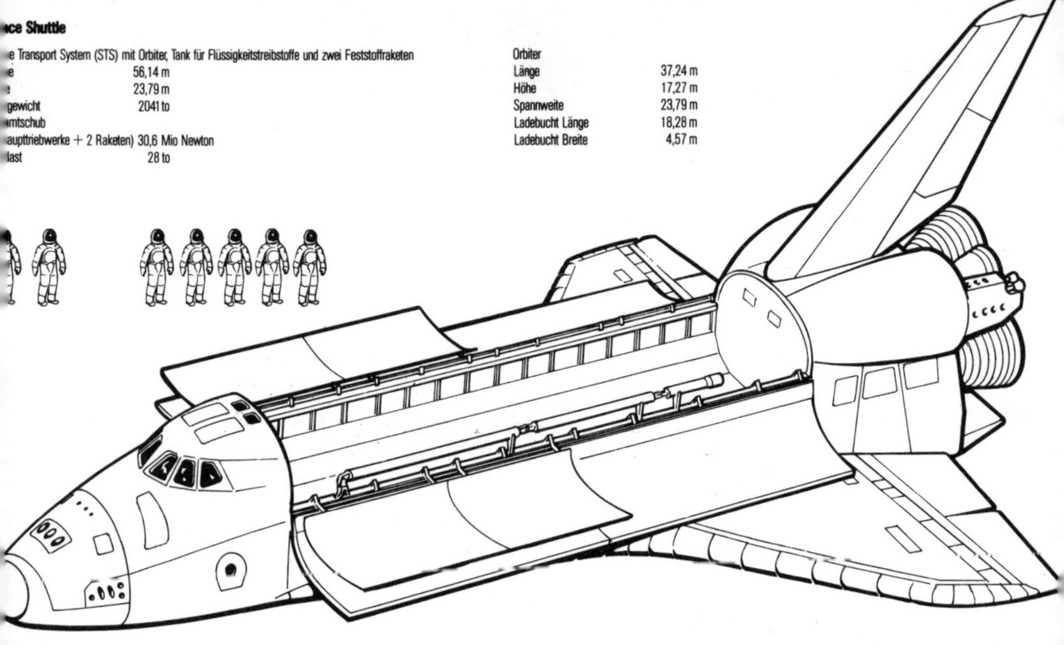

STS 2 (Columbia)
Engle, Truly
12.11.81
Landung: 14.11.81 in Edwards

STS 3 (Columbia)
Lousma, Fullerton
22.3.82
Landung: 30.3.82 in White Sands (New Mexiko)

STS 4 (Columbia)
Mattingly, Hartsfield (letzter Testflug)
27.6.82
Landung: 4.7.82 auf Betonpiste in Edwards

STS 5 (Columbia)
Brand, Overmyer, Allen, Lenoir (erster Arbeitsflug)
11.11.82
Landung: 16.11.82 in Edwards

STS 6 (Challenger)
Weitz, Bobko, Peterson, Musgrave
4.4.83
Landung: 9.4.83 in Edwards (Erstflug des zweiten Raumtransporter)

STS 7 (Challenger)
Crippen, Hauck, Sally Ride, Fabian, Thagard (erste Amerikanerin im All)
18.6.83
Landung: 24.6.83 in Edwards statt wie geplant in Kap Canaveral

STS 8 (Challenger)
Truly, Brandenstein, Thornton, Bluford, Gardner (Bluford erster Farbiger im All)
30.8.83
Landung: 5.9.83 in Edwards (erste Nachtlandung)

41A oder STS 9 (Columbia)
Garriott, Lichtenberg, Shaw, Young, Parker, Merbold (erster Westdeutscher im All)
28.11.83
Landung: 9.12.83 in Edwards (Acht Stunden Verspätung)

41B oder STS 10 (Challenger)
Brand, Gibson, McNair, McCandless, Stewart (erster Test eines Raumschlittens)
3.2.84
Landung: 11.2.84 in Kap Canaveral

41C oder STS 11 (Challenger)
Crippen, van Hoften, Nelson, Hart, Scobee (erste Satellitenreparatur)
6.4.84
Landung: 13.4.84 in Edwards

41D oder STS 12 (Discovery)
Hartsfield, Coats, Judy Resnik, Hawley, Mullane, Walker (Erstflug des dritten Raumtransporters)
30.8.84
Landung: 5.9.84 in Edwards

41G oder STS 13 (Challenger)
Crippen, Leestma, Kathryn Sullivan, Sally Ride, McBride, Scully-Power, Garneau (erstmals zwei Frauen und erstmals ein Kanadier im All)
5.10.84
Landung: 12.10.84 Kap Canaveral

51 A oder STS 19 (Discovery)
Hauck, Walker, Fischer, Gardner, Allen
Landung: 15.11.84

Die wichtigsten Raumfahrtbegriffe

A 1 (A = Aggregat) Erste flugfähige Rakete der Reichswehr aus dem Jahre 1933.

A 2 Zweite Raketenentwicklung des Heereswaffenamtes, von der zwei Exemplare 1934 von der Insel Borkum abgefeuert wurden und eine Höhe von 2.200 m erreichten.

A 3 Ein in Kummersdorf gebautes 650 cm langes und 750 kg schweres Aggregat, das 450 kg flüssigen Treibstoff faßte und einen Schub von 1.500 kg entwickelte.

A 4 Erste Großrakete der Welt, die als Waffe die Bezeichnung V 2 (V = Vergeltungswaffe) erhielt. Die 14,3 m lange und 165 cm im Durchmesser messende Rakete hatte ein Startgewicht von 12,8 t und konnte 8,796 t Treibstoff aufnehmen, die in rund 68 sec verbrannt waren. Erster erfolgreicher Abschuß am 3. Oktober 1942 von Peenemünde auf der Insel Usedom aus.

Ablationsschicht Kunstharz-Schicht, die bei Hitzeentwicklung schmilzt und die darunterliegenden Teile des Raumschiffs (beim Wiedereintritt in die Atmosphäre) schützt.

Abort Englische Bezeichnung für den vorzeitigen Abbruch eines Raumflugs.

Absoluter Nullpunkt Bei minus 273° Celsius. Beginn der Kelvin-Skala.

Adapter Verbindungsteil an oder zwischen Raketen und Raumschiffen, um die unterschiedlichen Breitenmaße einander anzugleichen.

Aerodynamik Mechanik der gasförmigen und flüssigen Körper. Lehre von den Bewegungsgesetzen der Gase.

Agena Oberstufe amerikanischer Raketen, mehrfach zündbar.

AGS (Anti Gyro System) Gegensteuerung gegen unkontrollierbare Drehbewegungen amerikanischer Raumschiffe.

Apogäum Erdfernster Punkt einer Umlaufbahn um die Erde.

Apollo Amerikanisches Drei-Mann-Raumschiff, Name für das Mondlandungsprogramm.

Apolunum Mondfernster Punkt einer Umlaufbahn um den Mond.

Äquator Größter Kreis der Erdkugel. Der Erdäquator mißt 40077 km.

Astronautik Wissenschaft der Weltraumfahrt.

Atlantis Name des vierten Raumtransporters der Amerikaner, der im Herbst 1985 seinen Erstflug machen sollte.

Atlas Militärische Flüssigkeitsrakete der amerikanischen Luftwaffe mit eineinhalb Stufen, die interkontinentale Reichweiten erreicht.

Atlas Agena Verbindung der Atlas mit einer schubstarken Agena-Oberstufe.

Atlas Centaur Kombination der Atlas mit einer Centaur-Oberstufe für den Transpoirt von Mond- und Raumsonden.

Atmosphäre Gashülle eines Himmelskörpers. Die Erdatmosphäre besteht aus einem Gemisch verschiedener Gase: 75,5% Stickstoff, 22,2% Sauerstoff, 1,28% Argon, 0,04% Kohlendioxyd, außerdem in geringsten Mengen Edelgase.

Atom Kleinster Teil eines chemischen Elements. Im Mittelpunkt der Atomkern, der aus Protonen mit einer positiven elektrischen Ladung und aus Neutronen ohne elektrische Ladung besteht. Zu jedem Proton gehört ein Elektron mit negativer elektrischer Ladung.

372

Baikonur Sowjetischer Raketenstartplatz nördlich des Aralsees, wo die meisten Raumfahrtunternehmen der Sowjetunion ihren Ausgang nehmen. Auch unter dem Namen Tyuratam bekannt, nach der in der Nähe gelegenen Kosmonautensiedlung.

Ballistik Lehre von der Bewegung geworfener oder geschossener Körper. Eine ballistische Bahn ist die Flugbahn eines Körpers, die durch die Schwerkraft, die Anfangsgeschwindigkeit, die Masse und den Luftwiderstand bestimmt wird.

Beschleunigung Änderung einer Geschwindigkeit in einer Zeiteinheit.

Blackout Unterbrechung der Funkverbindung eines Raumschiffs mit der Bodenstation während des Wiedereintritts in die dichteren Luftschichten.

Boilerplate Testraumfahrzeug, das in seiner Struktur mit dem Original übereinstimmt, aber nicht alle Ausrüstungsgegenstände enthält.

Booster Englisch für: Startstufe einer Rakete.

Brennkammer Wichtiger Teil des Raketentriebwerks, in dem die Treibstoffe verbrannt und durch eine Düse entlassen werden, wodurch der Rückstoß entsteht. Die Rakete ist eine Verbrennungskraftmaschine wie Benzinmotoren oder Gasturbinen.

Brennschluß Der Augenblick, in dem der Verbrennungsvorgang in der Brennkammer eines Raketentriebwerks abgeschlossen ist. Zumeist sind die Treibstoffe zu diesem Zeitpunkt verbraucht.

Brennstoff Fester oder flüssiger Treibstoff, dem Sauerstoff für die Verbrennung zugeführt werden muß.

Cape Canaveral Kap auf der Halbinsel Florida, auf dem im Jahre 1950 die ersten Raketenstarts unternommen wurden. Der wichtigste Grund für die Wahl dieses Ortes war die günstige Lage in Äquatornähe und eine ideale Schußbahn in südöstlicher Richtung, die bis zur Antarktis über den Atlantischen Ozean führt. (Seit 1963 *Kap Kennedy*.)

Challenger Name des zweiten Raumtransporters der USA, der am 4. April 1983 seinen Jungfernflug machte.

Columbia Name des Raumschiffs Apollo 11, das mit der Mondfähre Eagle (Adler) am 16. Juli 1969 zur ersten Mondlandung startete.

Columbia Name der ersten Raumfähre der NASA. (Erster Start: 12. April 1981).

Command module Die Besatzungskabine amerikanischer Raumschiffe, in der die wichtigsten Steuer- und Kontrollinstrumente untergebracht sind. Sie kehrt als einziges Bauteil nach einem Weltraumflug zur Erde zurück.

Computer Elektronisches Gerät zum Rechnen und zur Datenspeicherung.

Countdown Ablauf der Vorbereitungszeit vor dem Start einer Rakete, wobei die letzten Stunden, Minuten und Sekunden „heruntergezählt" (wörtlich) werden. In diesem Zeitraum werden die letzten Überprüfungen aller Bauteile vorgenommen.

Discovery Name der dritten US-Raumfähre (Erster Start: 30. August 1984).

Docking Kopplungsmanöver zweier Raumfahrzeuge.

Düse Verengung eines Druckrohrs zur Umsetzung von Gasdruck in Geschwindigkeit.

Energie Die Möglichkeit, Arbeit zu leisten oder zu erzeugen. Dieser wichtige physikalische Begriff umfaßt viele Formen: elektrische, chemische, mechanische Energie und Wärmeenergie.

Erde Von Menschen bewohnter, dritter Planet des Sonnensystems. Durchmesser am Äquator 12757 km. Umlaufzeit um die Sonne 23 Stunden, 56 Minuten und 4 Sekunden. Mittlere Temperatur auf der Tagseite 22° Celsius.

Erste Kosmische Geschwindigkeit Die Geschwindigkeit, die ein Satellit erreichen muß, um eine Kreisbahn um die Erde einzuschlagen, wo sich Schwerkraft und Fliehkraft die Waage halten. Diese Geschwindigkeit beträgt auf der Erdoberfläche 7,91 km/sec.

Eureca Name einer europäischen freifliegenden Forschungsplattform nach der englischen Bezeichnung European Retrieval Carrier.

EVA (Extra Vehicular Activity) Außenbordtätigkeit eines Astronauten.

Explorer Erster amerikanischer Erdsatellit, astronomische Bezeichnung 1958 Alpha. Explorer 1 wurde am 31. Januar 1958 von Cape Canaveral aus durch eine Jupiter-C-Rakete gestartet.

Feststoffrakete Rakete mit einem Treibstoff, der in fester Form in die Brennkammer gelangt. Die Treibstoffmischung besteht aus einer chemischen Verbindung und einem Sauerstoffträger, so daß sie ohne Luftzutritt auch im Weltraum und unter Wasser gezündet und verbrannt werden kann.

Fixsterne Selbstleuchtende Himmelskörper (wie unsere Sonne), die so weit von der Erde entfernt sind, daß ihre Bewegungen nur über eine längere Zeitdauer hinweg zu beobachten sind. Im Altertum wurden sie daher so im Gegensatz zu den Wandelsternen (Planeten) bezeichnet, deren Bewegungen um die Sonne deutlich zu erkennen waren. Der nächste Fixstern nach der Sonne, die rund 8 Lichtminuten von der Erde entfernt ist, heißt Alpha Centauri mit einem Abstand von 4,3 Lichtjahren. Allein die Zahl der Fixsterne in der Milchstraße wird auf 30 Milliarden geschätzt.

Fliehkraft Ein auf einer Kreisbahn sich bewegender Körper erfährt eine dauernde Beschleunigung in Richtung auf den Kreismittelpunkt hin, die durch eine entgegengesetzt wirkende Kraft aufgehoben wird. Diese radial nach außen gerichtete, gleich große Kraft heißt Fliehkraft, auch Zentrifugalkraft genannt.

Flüssigkeitsrakete Raketentriebwerk mit flüssigen chemischen Treibstoffen, im Gegensatz zu Feststoffraketen. Die wichtigsten Treibstoffkombinationen bestehen aus Wasserstoffsuperoxyd, Methanol und Hydrazinhydrat, aus Salpetersäure und Anilin sowie aus Flüssigsauerstoff und Alkohol.

Flüssigsauerstoff Der am häufigsten verwendete Oxydator bei Flüssigkeitsraketen. Sein Siedepunkt liegt bei minus 182° Celsius.

g Physikalische Abkürzung für die Schwerebeschleunigung, die auf der Erdoberfläche 9,81 m/sec oder 1 g beträgt. Wird ein Körper mit der fünffachen Größe beschleunigt, so wird er mit 5g belastet.

Galaxis Milchstraße, auch Milchstraßensystem.

Gemini Zweisitzige amerikanische Raumfahrtkapsel und Name für das mit diesem Raumschiff durchgeführte Raumfahrtprogramm.

GMT (Greenwich Mean Time) Die Weltzeit, die auf den durch die Sternwarte von Greenwich bei London verlaufenden nullten Meridian oder Längengrad bezogen ist. Sie ist identisch mit der Westeuropäischen Zeit und wird in der Luft- und Weltraumfahrt als Standardzeit benutzt.

Gravitation Die allgemeine Massenanziehung der Körper. Das Gravitationsfeld eines Körpers erstreckt sich durch den ganzen Weltraum, wird jedoch mit zunehmender Entfernung schwächer. Die Kraft, mit der sich zwei Körper gegenseitig anziehen, ist laut dem von dem englischen Physiker Isaac Newton aufgestellten Gravitationsgesetz der Größe der Massen proportional und dem Quadrat ihres Abstands umgekehrt proportional.

Hitzeschild Schutzschild eines Raumfahrtkörpers für den Wiedereintritt in die Erdatmosphäre. Der Schild besteht aus Legierungen mit sehr hohem Schmelzpunkt, die durch auftretende Hitze weggeschmolzen werden und dadurch verhindern, daß das Raumschiff in der Reibungshitze verglüht.

Höhenforschung Erforschung der hohen Atmosphäre der Erde mit Hilfe von Flugzeugen, Ballons, Raketen oder Satelliten.

Hydrazinhydrat Chemische Verbindung, im flüssigen Zustand bestehend aus farblosem, an der Luft stark rauchendem Hydrazin und Wasser. Ist wegen ihrer Beständigkeit als Raketentreibstoff geschätzt.

Hypergole Treibstoffe Bezeichnung für eine Treibstoffkombination, die bei dem Zusammentreffen ihrer aus Brennstoff und Sauerstoff bestehenden Bestandteile chemisch reagiert und sich dabei von selbst entzündet.

Impuls Produkt aus Masse und Geschwindigkeit eines Körpers, auch Bewegungsgröße genannt.

Inklination Der Winkel, den die Ebene der Umlaufbahn eines Körpers zum Erdäquator bildet. Der Winkel bestimmt gleichzeitig, welche Breitengrade auf der Erde von dieser Umlaufbahn berührt werden. Bei einer Inklination von 30 Grad bewegt sich das Raumschiff zwischen dem 30. Breitengrad südlicher und nördlicher Breite.

Interkontinentalrakete Ballistische Rakete mit interkontinentaler Reichweite, mit Sprengkopf ausgerüstet.

Interplanetarer Raum Der Raum zwischen Erde und Planeten.

Interstellarer Raum Der Raum zwischen den Fixsternen des Milchstraßensystems.

IUS Abkürzung für die amerikanische Oberstufe Intertial Upper Stage, mit deren Hilfe Satelliten aus dem Raumtransporter in einen geostationären Orbit getragen werden.

Jupiter Mittelstreckenrakete des amerikanischen Heeres mit einer Reichweite von 2500 km, die als Jupiter C auch als Trägerrakete in der Weltraumfahrt eingesetzt wurde und den ersten amerikanischen Satelliten Explorer in eine Erdumlaufbahn trug.

Kap Kennedy siehe *Cape Canaveral.*

Kilopond Physikalische Maßeinheit der Kraft, wird besonders zur Angabe des Schubs von Raketentriebwerken verwendet (Abkürzung 1 kp). Die Kraft 1 kp verleiht der Masse 1 die Beschleunigung 1 g.

Kometen Himmelskörper, die sich auf exzentrischen Umlaufbahnen um die Sonne bewegen. Alle Kometenbahnen sind Kegelschnitte um die Sonne. Ihre Zahl ist nicht genau bekannt, einige Astronomen rechnen mit 100 Milliarden.

Konjunktion Stellung eines Planeten zur Erde oder zur Sonne.

Korona Strahlenkranz der Sonne, der von der Erde aus nur bei einer totalen Sonnenfinsternis zu erkennen ist. Sie besteht aus einer dünnen Gasatmosphäre, in der Temperaturen bis zu einer Million Grad Celsius herrschen.

Kosmische Strahlung Aus dem Weltraum kommende Teilchenstrahlung aus energiereichen Protonen und Atomkernen, deren Ursprung noch nicht bis ins letzte erforscht ist.

Kosmos Das Weltall oder die Ordnung der Welt und des Weltraums. Der aus dem Griechischen kommende Begriff bedeutet soviel wie Ordnung.

Kosmos Serie sowjetischer Forschungssatelliten mit unterschiedlichen Aufgaben. Bisher wurden mehrere hundert Satelliten dieser Klasse gestartet.

Lichtgeschwindigkeit Ausbreitungsgeschwindigkeit von Licht- und elektromagnetischen Wellen im luftleeren Raum. Sie beträgt genau 299796 km/sec, wird jedoch allgemein auf 300000 km/sec aufgerundet.

Lichtjahr Astronomisches Längenmaß, entsprechend der Entfernung, die das Licht in einem irdischen Jahr zurücklegt, nämlich 9,46 Billionen km.

LOX (Liquid Oxygen) Flüssigsauerstoff.

Luna Serie sowjetischer Mondsonden, die den Erdtrabanten umkreisen oder auf ihm landen.

Lunar-Module Amerikanisches Mondlandefahrzeug, bestehend aus einer Ab- und Aufstiegsstufe.

Lunar Orbiter Amerikanische Mondsonden, die den Mond umkreisen und Fotoaufnahmen zur Erde funken.

Lunik Ursprüngliche sowjetische Bezeichnung für Mondsonden (jetzt: *Luna*).

Lunologen Mondforscher.

Mariner Amerikanische Mars- und Venussonden.

Masse Physikalische Bezeichnung für die Eigenschaft der Materie, einer Bewegungsänderung Widerstand entgegenzusetzen. Der Zusammenhang von Kraft, Masse und erzielter Beschleunigung läßt sich durch die Gleichung Kraft = Masse mal Beschleunigung verdeutlichen.

Mercury Einsitziges amerikanisches Raumfahrzeug und Bezeichnung für das entsprechende Raumfahrtprogramm.

Meteore Auf die Erde eindringende kosmische Materie von unterschiedlicher Größe, die bei dem Eintauchen in die Erdatmosphäre aufleuchtet. Die bis zur Erdoberfläche vordringenden Reste von Meteoren nennt man Meteoriten.

Milchstraße Ansammlung von rund 100 Milliarden Fixsternen, zu denen auch die Sonne gehört. Das auch Galaxis genannte System hat eine scheibenförmige Ausdehnung mit einem Durchmesser von 100000 Lichtjahren.

Mission Englisch für: Raumflugunternehmen.

MMU Manned Maneuvring Unit ist die amerikanische Bezeichnung für einen Raumschlitten, der von dem Astronauten Bruce McCandless erstmals beim zehnten Raumtransporterflug erprobt wurde.

Mockup Holzmodell eines Raumfahrzeugs in natürlicher Größe – ohne die zu einem Originalmodell gehörenden Einbauteile.

Module Baugruppe eines Raumfahrzeugs.

Mond Einziger Satellit der Erde. Der Monddurchmesser beträgt 3476 km. Umkreist die Erde in 27,32 Tagen und hat eine Eigenrotation, die der der Erde entspricht, so daß er dieser ständig die gleiche Seite zukehrt. Die Oberfläche des Mondes ist durch Beobachtungen von der Erde und durch Aufnahmen von Mondsonden her gut bekannt. Bis zur Mondlandung mit dem amerikanischen Raumschiff Apollo 11 wurde er von den bemannten Raumschiffen Apollo 8 und Apollo 10 in unterschiedlichen Entfernungen umkreis.

MSC (Manned Spacecraft Center) Raumfahrtzentrum bei Houston in Texas.

MSFC (George C. Marshall Space Flight Center) Raumfahrtzentrum Huntsville (Alabama).

NASA (National Aeronautics and Space Administration) Amerikanische Raumfahrtbehörde in Washington mit mehreren Forschungszentren und Raketenstartplätzen. Gegründet am 1. Oktober 1958.

Nutzlast Das Gewicht eines Forschungskörpers oder eines Raumschiffs auf einer Rakete.

Orbit Englisch für: Umlaufbahn eines Raumflugkörpers (Erdorbit und Mondorbit).

Oxydation Chemische Reaktion, bei der einem Element Sauerstoff zugeführt wird. Jeder Verbrennungsvorgang ist eine Oxydation, ebenso das Rosten von Eisen.

Oxydator Sauerstoffträger für die Verbrennung von Raketentreibstoffen.

Perigäum Erdnächster Punkt einer Umlaufbahn um die Erde.

Perihel Sonnennächster Punkt einer Umlaufbahn um die Sonne.

Perilunum Mondnächster Punkt einer Umlaufbahn um den Mond.

Pioneer Amerikanische Forschungssonden, auch zum Mond.

Planet Himmelskörper, der auf einer elliptischen Bahn die Sonne umkreist. Das Sonnensystem umfaßt vier innere und erdähnliche Planeten (Merkur, Venus, Erde, Mars) und fünf äußere große Planeten (Jupiter, Saturn, Uranus, Neptun und Pluto).

Planetoiden Kleinere Planeten (auch Asteroiden genannt), von denen weit über 50000 bekannt sind. Für ihren Ursprung hat man keine Erklärung.

Radar Entfernungsbestimmung mittels elektrischer, von Metallteilen zurückgeworfener Wellen nach der englischen Abkürzung von Radio Detection and Ranging.

Ranger Amerikanische Mondsonde.

Raumanzug Schutzanzug für den Weltraum, der mit Druckluft gefüllt und mit Sauerstoff für die Atmung des Raumfahrers versorgt wird.

Raumfahrt Die Bewegung bemannter und unbemannter Flugkörper außerhalb der irdischen Atmosphäre; innerhalb dieser nicht klar zu ziehenden Grenze verkehrt die Luftfahrt.

Raumschiff Bezeichnung für ein zumeist bemanntes Raumfahrzeug.

Raumstation In einer niedrigen Erdumlaufbahn ständig bemannter Arbeits- und Wohnplatz für mehrere Astro- oder Kosmonauten, der im Weltraum montiert wird und mit Hilfe von Raumschiffen oder Raumtransportern versorgt wird.

Raumtransporter Ein von den Amerikanern entwickeltes und gebautes wiederverwendbares Raumfahrzeug, von dem die NASA fünf in Auftrag gegeben hat.

RCS (Reaction Control System) Kontrollsystem für die Lageveränderung und Lagestabilisierung von Raumschiffen.

Rendezvous Die angesteuerte Begegnung zweier Raumfahrzeuge auf einer Umlaufbahn.

Rückstoß Nach dem Newtonschen Gesetz die Gegenwirkung einer Kraft auf einen Körper. Grundprinzip der Raketentechnik.

Salut Name der sowjetischen Orbitalstation, die vorübergehend bis zu sechs Kosmonauten aufnehmen kann. In Salut 7 stellten die Kosmonauten Leonid Kisim, Wladimir Solowjow und Oleg Atkow vom 8. Februar bis zum 2. Oktober 1984 mit 237 Tagen Aufenthalt im Weltraum einen neuen Dauerflugrekord auf.

Satelliten Begleiter. Künstliche Satelliten werden alle unbemannten Raumflugkörper genannt, die die Erde, den Mond oder einen anderen Planeten in einer gleichbleibenden oder auch veränderlichen Bahn umkreisen.

Saturn 5 Größte und schubstärkste Rakete der Amerikaner.

Schub Bezeichnung für die Antriebskraft einer Rakete. Die Maßeinheit hierfür ist das Kilopond (kp).

Schwerelosigkeit Physikalischer Zustand eines Körpers, dessen auf ihn einwirkende Kräfte sich gegenseitig aufheben und ihn dadurch gewichtlos machen. Dies gilt für alle Massenteile, also auch menschliche Körper, die sich in einer Kreisbahn um die Erde befinden.

Service Module Antriebs- und Versorgungseinheit eines Raumschiffs.

Simulator Übungsgerät für Raumfahrer.

Sonne Erdnächster Fixstern und Mittelpunkt des Sonnensystems mit seinen neun Planeten. Mittlere Entfernung zur Erde 149,5 Millionen km. Der Sonnendurchmesser beträgt 1,4 Millionen km und ist damit 109mal größer als der Erddurchmesser. Die Temperatur an der Oberfläche liegt bei 5700° Celsius. Die Sonne rotiert in 27,27 Tagen einmal um ihre Achse. Die Energie stammt aus Kernprozessen, bei denen ständig Helium aus Wasserstoff aufgebaut wird.

Sojus Sowjetisches dreisitziges Raumschiff (deutsch: Vereinigung).

Spacelab Europäisches Raumlabor, das in der Nutzlastbucht des amerikanischen Raumtransporters *Space Shuttle* mitgeführt werden kann.

Space Shuttle Wiederverwendbarer Raumtransporter der NASA. (Erstflug: 12. April 1981).

Space Tug Amerikansiche Bezeichnung für einen Raumschlepper, der von einer Raumstation aus operieren soll, aber noch nicht in der Entwicklung ist.

SPAS Name des Shuttle Pallet Satellite, der von dem deutschen Raumfahrtunternehmen Messerschmitt-Bölkow-Blohm (MBB) in eigener Initiative gebaut wurde und seine Bewährungsprobe abgelegt hat.

Sputnik Erster Erdsatellit (Iskustwienny Sputnik Zemlie = künstlicher Begleiter der Erde), der in der Sowjetunion gebaut wurde. Sputnik I wurde am 4. Oktober 1957 gestartet, er erhielt die astronomische Bezeichnung 1957 Alpha.

Startfenster Zeitraum, in dem ein Start eines Raumflugkörpers im Hinblick auf die Erreichung seines Ziels am günstigsten ist.

STS ist die Abkürzung für Space Transport System des US-Raumtransporters Space Shuttle; mit ihr wurden die ersten acht Flüge gekennzeichnet.

Surveyor Amerikanische Mondsonde, die weich auf dem Erdtrabanten landete und Fotos und Meßergebnisse zur Erde funkte.

TDRS Abkürzung für Tracking and Data Relay Satellite, einen Relaissatelliten, mit dem große Datenmengen bei wissenschaftlichen Flügen des Raumtransporters zur Erde übertragen werden können.

Telemetrie Übertragung von Meßwerten auf dem Funkweg aus dem Weltraum zu einer Bodenstation auf der Erde.

Titan Amerikanische ballistische Rakete über interkontinentale Entfernungen.

Vakuum Luftleerer Raum.

Van-Allen-Gürtel Strahlungsgürtel um die Erde, der aus Protonen und Elektronen besteht. Der Gürtel wurde von dem amerikanischen Satelliten Explorer I entdeckt und nach dem Erbauer des Strahlungsmessers, dem Physiker James A. Van Allen, benannt.

Venus Sowjetische Sonden.

Weltraumstation Größere, in einer Erdumlaufbahn zusammengebaute Station, die über einen längeren Zeitraum bemannt ist.

Woschod Sowjetisches Raumschiff mit einer zweiköpfigen Besatzung (deutsch: Sonnenaufgang). Mit diesem Raumschiff wurden zwei bemannte Raumfahrtunternehmen durchgeführt.

Wostok Erstes sowjetisches Raumschiff (deutsch: Osten). Mit ihm startete der Kosmonaut Jurij Gagarin am 12. April 1961 zum ersten bemannten Raumflug der Geschichte.

Zentrifuge Gerät zum Trennen von Stoffen verschiedener Dichte mit Hilfe der Fliehkraft. In der Raumflugmedizin ein Gerät, mit dem die Wirkung hoher Beschleunigung auf den menschlichen Körper untersucht wird. Die Testperson sitzt am Ende eines Hebels, der sich um eine Achse dreht.

Zweite kosmische Geschwindigkeit Geschwindigkeit, die zur Überwindung der Anziehungskraft eines Himmelskörpers notwendig ist, auch Fluchtgeschwindigkeit genannt. Sie hängt von der Dichte des Körpers ab und beträgt auf der Erdoberfläche 11,2 km/sec, auf dem Mond jedoch nur 2,38 km/sec.

Register